21 世纪 ̄ ̄ ̄ ̄ 教材

工程流体力学

第 2 版

主　编　张明辉　陈庆光
副主编　张永超　聂志峰　滕桂荣
参　编　韩宝坤　朱绪力　刘　冰　郭兰兰

机 械 工 业 出 版 社

工程流体力学是连续介质力学的一个重要分支,是研究流体(液体和气体)的力学运动规律及其应用的学科,主要研究在各种力的作用下,流体本身的静止状态和运动状态,以及流体和固体壁面之间、流体和流体之间、流体与其他运动形态之间的相互作用和流动的规律。本书除了介绍流体力学的基本概念、基本方程、工程应用等传统内容以外,还增加了国际发展前沿的流体力学案例、创新实验和科技小制作及运用流体力学理论知识解决实际工程问题等环节。本书以流体力学的理论为基础,以工作任务为驱动,精选教学内容,通过案例导入、综合实例和拓展提高环节,使学生在掌握流体力学的基本概念、原理和理论的基础上,全面提升利用流体力学知识分析、解决问题的能力和创新意识。

另外,为精准对接机械工程领域高水平应用创新型人才的培养目标,本书在原有理论教学内容和知识体系的基础上,增加了课程思政专题环节,把我国在工程流体力学领域的重要成就、杰出科学家、先进成果、重大工程与爱国主义精神有机结合,以激发学生的家国情怀,增强学生文化自信和民族自豪感,引导学生树立正确的价值观、职业道德、法律法规意识等,让潜心钻研、严谨治学、报效国家成为学生的价值追求,在向学生传播知识的同时,塑造学生的灵魂、品行和人格,把学生培养成为有理想信念、有道德操守、有渊博学识的创新型人才。

全书共分10个项目,内容包括绪论、流体及其物理性质、流体静力学、流体运动学、流体动力学基础、黏性流体流动及阻力、孔口出流与有压管流、边界层理论基础、相似原理和量纲分析及气体动力学基础。

本书可作为普通高等院校本科机械类、能源动力工程、交通运输工程、工程力学等专业的教材,也可作为远程教育、成人教育、高等职业教育的教学用书,还可供从事相关工作的研究生、工程技术人员参考。

图书在版编目(CIP)数据

工程流体力学/张明辉,陈庆光主编. —2 版. —北京:机械工业出版社,2023.10(2025.1重印)

21 世纪普通高等教育系列教材

ISBN 978-7-111-73336-2

Ⅰ.①工… Ⅱ.①张… ②陈… Ⅲ.①工程力学-流体力学-高等学校-教材 Ⅳ.①TB126

中国国家版本馆 CIP 数据核字(2023)第 107612 号

机械工业出版社(北京市百万庄大街22号 邮政编码100037)

策划编辑:张金奎　　　　　　责任编辑:张金奎 李 乐
责任校对:肖 琳 张 薇　　　封面设计:王 旭
责任印制:李 昂

北京中科印刷有限公司印刷

2025 年 1 月第 2 版第 2 次印刷

184mm×260mm · 20.5 印张 · 505 千字

标准书号:ISBN 978-7-111-73336-2

定价:59.80 元

电话服务　　　　　　　　　网络服务

客服电话:010-88361066　　机 工 官 网:www.cmpbook.com
　　　　　010-88379833　　机 工 官 博:weibo.com/cmp1952
　　　　　010-68326294　　金 书 网:www.golden-book.com

封底无防伪标均为盗版　　机工教育服务网:www.cmpedu.com

第2版前言

2018 年出版的第 1 版《工程流体力学》教材，得到了国内一些院校的选用，在教学实践中受到了这些院校广大师生的欢迎。为推动课程思政课堂教学改革，实现思想政治教育与知识体系教育的有机统一，编者对第 1 版进行了修订，把理想信念、职业道德、奉献精神、工程伦理等思想政治教育核心元素融入书中。

在原有内容和知识体系的基础上，本书在每个项目中增加了课程思政专题，在向学生传播专业知识的同时，引导学生树立正确的价值观、职业道德、法律法规意识等，使学生能够坚定"四个自信"，把学生培养成为有理想信念、有道德操守、有渊博学识的创新型人才。

另外，本书具备了网络支持功能，是传统纸质教材与移动网络教学有机结合的多媒体教材，从而实现了移动学习功能。扫描二维码可获得 43 个知识点的微视频讲解。本书还配有可供教师使用的多媒体课件、试卷库及详解、作业题库及讨论专题等，拟将本书作为授课教材的教师可填写书后所附《教学支持申请表》获取。

本书课程思政专题内容的编写和正文修订工作是由陈庆光和张明辉共同执笔完成的，张永超等参加了对修订内容的讨论。二维码内容由张明辉提供。

本书的出版得到了山东科技大学机械电子工程学院和教务处的大力支持和资助，特别是机械电子工程学院的李双立书记和孙静副院长，编者在此致以诚挚的谢意！本书的编写参考和借鉴了相关书籍及网上材料，在此向这些文献的作者表示感谢！

由于编者水平有限，加之编写时间匆促，书中难免会有缺点、错误之处，望广大读者批评指正。由于首次尝试利用二维码辅助教学，读者如有任何宝贵的意见和建议，可以随时联系我们（m. h. zhang@ sdust. edu. cn）进行改进，不胜感谢！

编　者

第1版前言

随着普通高等院校教学改革的不断深入，基于工作过程的课程改革在普通高等院校教学工作中全面开展，相应的课程体系、教学内容都应体现应用型创新人才的培养目标，本书正是在汲取了近几年教学实践成功经验的基础上编写而成的。

工程流体力学课程属于专业基础课，是基础课与专业课之间的桥梁，课程理论性强，基本概念抽象，流动方程复杂，与实际工程联系密切，为此本书以流体力学的理论为基础，以工作任务为驱动，精选教学内容，让学生认清问题的本质，掌握分析问题的方法，学会解决问题的技巧，并能够灵活应对工程实际问题，以构建创新能力培养的课程构架。本书除了介绍流体力学的基本概念、基本方程、工程应用等传统内容外，在书中还增加了国际发展前沿的流体力学案例、创新实验和科技小制作及运用流体力学理论知识解决实际工程问题等环节，为发展学生的科学想象力和创造力提供了更为广阔的空间。

本书内容丰富，共包含 10 个项目，每个项目由"案例导入""教学目标""任务""拓展提高""思考与练习"五大部分构成，除项目 1 外，其余项目还包含一个"综合实例"模块，充分体现实践性、应用性，让学生真正做到学以致用。每个项目都将"案例导入"作为切入点，提出问题给学生设置悬念，由浅入深、循序渐进地展开主体内容讲述；融合于项目任务中的综合实例，有利于学生理解和巩固知识点，着重知识的迁移和技能的强化，并让学生学会触类旁通、举一反三，提高知识运用能力。项目中的"拓展提高"部分都是反映流体力学研究的成果，为学生深入进行流体力学的研究提供一些有益的参考。"思考与练习"部分在内容的选择和编排上考虑了初学者的需求，侧重普及性和实用性。全书从感性认知、理性定义、理论计算及工程应用多角度阐述了工程流体力学的内涵。

本书由张明辉、滕桂荣任主编，陈庆光、郭兰兰、聂志峰任副主编。项目 1 由陈庆光编写；项目 2 由聂志峰编写；项目 3 由张永超、刘冰、李见波和李志敏编写；项目 4 和项目 5 由滕桂荣编写；项目 6~项目 9 由张明辉编写；项目 10 由郭兰兰编写。张明辉负责全书的统稿工作。书中参考了书后参考文献中的部分内容，在此向文献作者致以诚挚的谢意！

由于编者水平有限，加之编写时间仓促，书中缺点、错误在所难免，望广大读者批评指正。

编　者

目　录

项目 1

绪论

流体与人类的生产和生活密切相关。自然界中，从包围着整个地球的大气到江河湖海中的水，都是流体。可以说，人类生活在一个被流体包围着的世界里。流体力学是在人类同自然界的斗争和生产实践中逐渐发展起来的，它专门研究流体在静止和运动时的受力情况与运动规律，研究流体在静止和运动时的压强分布、流速变化、流量大小、能量损失以及与固体壁面之间的相互作用力等问题。随着科学和技术的发展，流体力学已经深入科学技术的各个领域与国民经济的各个部门。

【案例导入】

塔科马海峡大桥坍塌与卡门涡街

1940 年 11 月 7 日，刚刚建成通车四个月的塔科马海峡大桥（Tacoma Narrows Bridge）在低风速中由于颤振而坍塌，震惊了世界桥梁界。

位于美国华盛顿州的塔科马海峡大桥，横跨普吉特海湾，自 1938 年 9 月开始修建，于 1940 年 7 月 1 日通车（见图 1.1），当时为美国第三长的悬索桥，一度被称作"工程界的珍珠港"。该桥在建造前，原任金门大桥（金门大桥，世界著名桥梁之一，为钢桁梁悬索桥，位于美国加利福尼亚州旧金山的金门海峡之上，曾保持多项世界纪录达几十年之久，于 1933 年开始建造，1937 年建成通车）设计师和顾问工程师的莫伊塞夫（Moisseiff）建议采用 2.4m 深的浅支持梁，这不但降低了成本，而且也使桥梁构型更为优雅。然而在铺设桥面之后，人们很快发现该桥在风中会像波浪一样摆动，便给它起了一个诨名——舞动的格蒂（Galloping Gertie）。直至通车时，这一问题仍然存在，但多数人依旧坚信该桥具有足够的结构强度。

然而事与愿违，仅仅四个月后，塔科马海峡大桥在 19m/s 的低速风中出人意料地发生了剧烈扭曲振动，并且振动幅度逐渐加大至惊人的 9m，随后桥面倾斜至约 45°，使吊杆逐一拉断并诱发桥面钢梁折断，轰然坠落于普吉特海湾之中（见图 1.2）。这一过程恰巧被一支当时在此进行外景拍摄的电影队记录下来，并在随后流传开来，在科学界和工程界引起了强烈震动。

众多科学家开始对塔科马海峡大桥的坍塌原因进行研究，这其中就包括钱学森先生的导师、著名的空气动力学家冯·卡门（T. von Karman，1881—1963）。当听说华盛顿州的州长想要尽快按照同样的设计方案重新修建塔科马海峡大桥时，冯·卡门感到政府的这一举措并不妥当，他凭借科学家特有的敏锐，意识到桥梁设计中极有可能存在缺陷。为了模拟桥在风中的状态，冯·卡门找来一个塔科马海峡大桥的模型，他将模型放于书桌上，并用电风扇吹风。他很快便发现，当振动频率达到模型的固有频率时，模型将会发生剧烈的共振。他由此得出结论：正是卡门涡街（卡门涡街，流体力学中的重要现象，指在一定条件下，流体绕过某些物体时，会产生两排非对称的旋涡，它们相互交错排列，各个旋涡和对面两个旋涡的中间点对齐，如图1.3所示。例如，水流过桥墩、风吹过烟囱都可能会产生卡门涡街）导致了桥梁发生共振，从而引发了坍塌事故。后来冯·卡门与助手一道，在风洞（风洞是一种空气动力学中用来产生气流的设备，试验时将模型或实物置于风洞中，利用人造气流，测定并研究空气在物体周围流动时所产生的作用）中对塔科马海峡大桥模型进行了进一步的试验分析，再次证明了他之前的推论。正如冯·卡门1954年在《空气动力学的发展》一书中写道：塔科马海峡大桥的毁坏，是由周期性脱落的旋涡产生的共振引起的。卡门涡街交替脱落时会产生振动，并发出声响效应，这种声响是由于卡门涡街周期性脱落时引起的流体中的压强脉动所造成的声波，如我们平时所听到的风吹电线的风鸣声就是涡街脱落引起的。

图 1.1 塔科马海峡大桥通车当日的情形

图 1.2 塔科马海峡大桥轰然坠入普吉特海湾瞬间

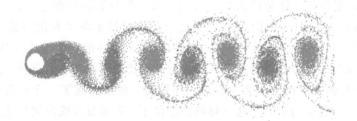
图 1.3 卡门涡街示意图

　　在获得了足够的证据后，冯·卡门迅速给州长发送了一份电报，其中写道：如果按照原先的设计重新建造，那么新桥也会像之前一样坍塌。不久，州长将冯·卡门和桥梁设计师们召集起来，准备对塔科马海峡大桥的倒塌事件进行详细论证考察。一番唇枪舌剑之后，冯·卡门最终说服了对空气动力学所知甚少的桥梁设计师们。

　　自此以后，为了避免空气颤振对桥梁的危害，卡门涡街成了桥梁设计中必须考虑的关键问题之一，而对桥梁模型的风洞测试也成了桥梁试验中必备的重要一环。随着更多科学家加入对塔科马海峡大桥的研究，桥梁结构学与空气动力学得到了极大的发展，一门新的学科——桥梁风工程学也很快应运而生。谁也不曾想到，一次惨重的工程事故，竟推动了一门新学科的诞生！如今在世界上很多关于桥梁、结构或物理课程的课堂上，教师们仍会常常提到这一案例。

【教学目标】

1. 了解流体的定义及流体力学的研究内容与学科性质；
2. 了解流体力学的发展史；
3. 明确流体力学的研究方法；
4. 了解流体力学的研究领域与相关学科。

任务 1 流体力学的研究内容与学科性质

自然界中的物质通常以三种状态存在：固态、液态和气态。这三种状态下物质分子之间的结构是不同的。反映在宏观上，固体能保持其固定的形状和体积；液体有固定的体积但无固定的形状；气体则无固定的形状和体积。由于液体和气体都具有无固定形状、能够流动的共同特点，所以通常统称为流体。流体与固体的主要区别在于变形方面。在外力作用下，固体虽然会发生微小的变形，但只要不超出弹性极限，在去除外力以后，固体的变形可以消失而恢复原状。而流体在静止状态下，只能承受压力，不能承受剪切力。而且不论所受的剪切力多么小，只要作用的时间足够长，原先处于静止状态的流体都将会发生连续不断的变形并流动，直到所受的剪切力消失为止。流体一般也不能承受拉力。流体的这种特性就是其易流动性。从这个意义上说，只要具有易流动性的物质都可以定义为流体。因此，除了液体和气体为流体外，等离子体、熔化的金属等也属于流体。

流体和固体所具有的上述不同特性，是因为其内部的分子结构和分子之间的作用力不同而造成的。一般来说，流体的分子间距比固体的分子间距大得多，流体分子之间的作用力相对于固体要小得多，流体的分子运动比固体剧烈，因此流体就具有易流动性，也不能保持一定的形状。液体与气体的差别是气体比液体更容易被压缩，而且气体也不能形成自由表面。表 1.1 列出了流体与固体、液体与气体之间的不同。

表 1.1　流体与固体的不同

类　　型	固体	流体	
		液体	气体
有无固定的形状	有	无	无
有无固定的体积	有	有	无
能否形成自由表面	能	能	否
能否承受一定的拉力	能	否	否
能否承受一定的剪切力	能	否（静止时）	否（静止时）
能否承受一定的压力	能	能	能但易于被压缩

1. 流体力学的研究内容

流体力学是研究流体的平衡与宏观机械运动规律以及流体与周围物体之间相互作用的一

门学科，它是力学的一个重要分支。流体力学研究的对象是流体（包括液体和气体）。在人们的生活和生产活动中随时随地都会遇到流体，大气和水是最常见的两种流体。

流体力学基础理论一般可分为流体静力学、流体运动学和流体动力学三部分。流体静力学主要研究流体处于静止或相对平衡状态下，作用在流体上的各种力之间的关系，即流体平衡的规律；流体运动学主要从几何的观点研究流体运动所遵循的规律，而不考虑流体受力和能量损失；流体动力学主要研究在流体运动时产生和施加在流体上的力与流体速度和加速度之间的关系。

流体力学在工程技术中有着广泛的应用。例如，在电力工业中的火电站、核电站、水电站等，工作介质为流体，而作为带动发电机发电的汽轮机、水轮机、燃气轮机以及输送流体的泵与风机均属于流体机械，这些流体机械的设计必须服从流体流动的规律；在机械行业中润滑、冷却、液压传动、气力输送以及液压和气动控制问题的解决都必须依靠流体力学的理论；在造船工业、航空工业、冶金工业、煤炭工业、石油工业以及土木建筑中的给水排水、采暖通风等工业部门中也都有大量的流体力学问题；海洋中的波浪、环流、潮汐，大气中的气旋、季风、龙卷风，乃至地球深处熔浆的流动也都是流体力学问题。此外，血液也是一种特殊的流体，血液在血管中的流动，心肺肾等脏器中生理流体的运动规律，人工心脏、呼吸机的设计都要利用流体力学的基本原理。由此可见，流体力学是一门非常重要的学科。

2. 流体力学的分类

按照**研究方法的不同**，流体力学又可分为理论流体力学、实验流体力学和计算流体力学三种。理论流体力学主要采用严密的数学推理方法，力求准确性和严密性，寻求流体运动的普遍解；实验流体力学将实际流动问题概括为相似的实验模型，在实验中观察现象、测量数据并进而按照一定的方法推测实际结果；计算流体力学是随着计算机的发展而发展起来的一种方法，其基本原理是利用各种数值方法编制计算机程序近似求解流体流动的控制方程组，获得各空间和时间离散点处的数值解，从而揭示流场结构及其形成机理等规律。

综上可见，流体力学是一门基础性很强的和应用性很广的学科。在许多实际的工程领域里，流体力学一直起着非常重要的作用。通常，人们又把侧重于工程应用的流体力学称为**工程流体力学**。从学科的角度来看，**工程流体力学**是介乎基础科学和工程技术之间的一门技术学科。一方面根据基础科学中的普遍规律，结合流体的特点建立理论基础，同时又紧密联系工程实践，发展学科内容。**工程流体力学**的基本任务在于建立描述流体运动的基本方程，确定流体流经各种通道（内流问题）及绕流不同形状的物体（边界层问题）时速度、压强的分布规律，探求能量转换及各种损失的计算方法，并解决流体与约束其运动的固体壁面之间的相互作用问题。

由于在各种热能动力设备和流体机械设备中采用水、空气、蒸汽、油、烟气等流体作为工作介质，因此，只有掌握了流体基本的运动规律，才能真正了解这些设备的性能和运行规律，进而更好地设计和使用这些设备。所以，**工程流体力学**是机械工程、过程装备与控制工程、热能与动力工程、材料成型与控制工程、航空航天工程、土木工程、水利工程、采矿工程等专业本科学生一门重要的专业技术基础课，它为这些专业后续专业课程的学习打下必要的理论和技术基础。

任务 2 流体力学的发展史

1. 流体力学萌芽阶段

和许多其他学科一样，流体力学来自于生产实践，其发展经历了漫长的岁月。流体力学的研究可以追溯到很远。远古时代，箭弩的发明反映了原始人对箭头的流线型降低摩阻及箭尾的稳定性问题的探索。在我国，墨家经典《墨子》中就有关于浮力规律的探讨，其他如：北魏贾思勰的《齐民要术》、西汉哲学著作《淮南子》，以及后来的《太平寰宇记》《考工记》等都有关于流体力学问题的记载。曹冲称象、怀丙捞铁牛等都是利用流体力学知识的脍炙人口的故事。

人类最初对流体的认识是从供水、灌溉、航行等方面开始的，所以古代的流体力学同人类的生产活动有着密切的关系。远在几千年前，人们在同自然界的长期斗争中，已经开始建造水利工程和最简单的水利机械。例如，4000多年前的大禹治水、疏通江河，说明我国古代已有大规模的治河工程；在我国公元前256—公元前251年间，李冰父子带领劳动人民修建的都江堰水利工程，历经2000多年至今仍可用于防洪和灌溉；隋朝时开凿的贯通中国南北，北起涿郡（北京）南至余杭（杭州）的大运河，对构造南北交通发挥了巨大作用；北宋时期，在京杭大运河上修建的真州船闸与14世纪末荷兰的同类船闸相比，约早300多年。此外，我国古代劳动人民还利用定水头下孔口出流的原理发明了刻漏和铜壶滴漏，随后又发明了水磨、水碾等。大约与此同时，古罗马人建成了大规模的供水管道系统等。由于没有相应的数学和机械知识，那时关于流体的认识，只是对客观世界直接的定性认识和一些从实践中总结出来的经验性的东西，尚未上升为理论。然而，正是这些经验的积累，为流体力学的发展奠定了基础。

2. 流体力学基础阶段

把流体力学真正当作一门科学来研究则是在西方。流体力学的最早文献中记载着阿基米德（Archimedes），他是古希腊的数学家和发明家，发表了流体静力学的第一部著作《论浮体》，精确地给出了"阿基米德定律"，从而奠定了物体平衡和沉浮的理论基础。但在其后的1000多年中，即在漫长的中世纪，流体力学研究几乎没有新的进展。

直到15世纪初，伴随着欧洲的文艺复兴，流体力学研究才又一次繁荣兴起。达·芬奇（Da Vinci，1452—1519）研究了水波、管流、水力机械、鸟的飞翔原理等问题，并设计建造了一座小型水渠；伽利略（Galileo，1564—1642）在流体静力学中应用虚位移原理，提出运动物体的阻力随着流体介质密度和速度的增加而增大；帕斯卡（Pascal，1623—1662）提出了密闭流体能传递压强的帕斯卡原理。

到了18世纪，由于欧洲资本主义蓬勃兴起，自然科学的发展突飞猛进，流体力学也有了长足进步。流体力学最基本、最主要的理论都是在这一时期建立起来的，并涌现出一批杰出人物，他们为流体力学的发展做出了巨大贡献。牛顿（Newton，1643—1727）研究了流体中运动物体所受到的阻力，建立了牛顿内摩擦定律，为黏性流体力学奠定了理论基础；丹尼尔·伯努利（Daniel Bernoulli，1700—1782）从能量守恒出发，建立了反映流体位势能、压强势能和动能之间能量转换关系的伯努利方程；欧拉（Euler，1707—1783）提出了流体的连续介质模型，建立了用微分方程组描述无黏流体运动的欧拉方程；拉格朗日（Lagrange，

1736—1813）论证了速度势的存在，并提出了流函数的概念，为分析流体的平面无旋流动开辟了道路；亥姆霍兹（Helmholtz，1821—1894）提出了表征旋涡基本性质的旋涡定理等。上述研究是从理论上或数学上研究理想的、无摩擦的流体运动，采用将流体及其受力条件理想化的方法，忽略次要因素，建立描写流体运动的方程，称为流体动力学（fluid dynamics）。

19 世纪，工程师们迫切需要解决带有黏性影响的工程问题。纳维（Navier，1785—1836）和斯托克斯（Stokes，1819—1903）提出了著名的描述黏性流体基本运动的纳维-斯托克斯方程（简称 N-S 方程），为流体动力学的发展奠定了基础。然而 N-S 方程在数学上解析求解困难，不能满意地解决工程问题，于是人们采取试验先行的办法，对理论不足的部分通过反复试验，总结规律，得到经验公式或半经验公式用于实践，形成了以试验方法来获取经验公式的水力学（hydraulics）。弗劳德（Froude，1810—1879）提出了船模试验的相似准则数——Fr，建立了现代船模试验技术的基础；雷诺（Reynolds，1842—1912）用试验证实了黏性流体的两种流动状态——层流与湍流的客观存在，并找到了试验研究黏性流体流动规律的相似准则数——Re，以及判断层流与湍流的临界雷诺数，为流动阻力和损失的研究奠定了基础。在流体动力学和水力学空前发展的条件下，人们试图将二者结合起来解决实际问题。1904 年，普朗特（Prandtl，1875—1953）提出了流体边界层的概念，即在流体接近固体边界的一薄层（边界层）内，摩擦力起主要作用；而在边界层以外，流体运动则可以近似地看作无摩擦的理想流体的运动。边界层概念的提出为形成理论与实践并重的现代流体力学奠定了基础。所以人们称普朗特为现代流体力学之父。此后，流体动力学和水力学进一步发展，因而更具科学性。一些描述流体运动的基本方程以及当时验证的一些实验结果至今仍在使用。1933 年尼古拉兹（Nikuradse，1894—1979）公布了他以不同粒径的砂粒制成的人工粗糙管内水流阻力系数的实测结果——尼古拉兹试验曲线；1939 年科尔布鲁克（Colebrooke）提出了过渡区阻力系数计算的经验公式；1944 年穆迪（Moody）绘制出了实用管道的阻力系数图——穆迪图。至此，有压管流的水力计算已渐趋成熟。

3. 流体力学飞跃发展阶段

20 世纪初，飞机的出现极大地促进了空气动力学的发展。库塔（Kutta，1867—1944）和茹可夫斯基（Joukowski，1847—1921）找到了翼型升力和绕翼型环流之间的关系，为近代高效能飞机设计奠定了基础；冯·卡门发现了卡门涡街，并在湍流边界层理论、超声速空气动力学、火箭及喷气技术等方面做出了巨大的贡献。同时，以普朗特等为代表的一批科学家，建立了以无黏性流体为基础的机翼理论，阐明了机翼怎样会受到升力，从而使空气能把很重的飞机托举到天空。机翼理论的正确性，使无黏性流体的理论被人们重新认识，它在工程设计中的指导作用也得到了肯定。空气动力学为流体力学在 20 世纪迅速发展开辟了新的道路。机翼理论和边界层理论的建立是流体力学发展史上的一次重大飞跃。20 世纪 40 年代以后，由于喷气推进和火箭技术的应用，飞行器速度超过声速，实现了航天飞行；关于炸药或天然气等介质中发生爆炸形成的爆炸波理论，为研究原子弹、炸药等起爆后，激波在空气或水中的传播奠定了基础。从 20 世纪 50 年代起，电子计算机不断完善，计算技术被引入流体力学领域，使以前因计算过于繁杂而影响进一步探讨的流体力学问题逐步得以解决，计算流体动力学（Computational Fluid Dynamics，CFD）在今天已成为研究流体力学的重要方法。同时，流体力学与其他学科相互渗透，形成了许多交叉学科，例如生物流体力学、地球流体力学、化学流体力学、液压流体力学、电磁流体力学、高温气体动力学、两相流体力学、流变学等。这些新型学科的出现和发展，为流体力学这一古老学科赋予了新的生机和活力。

纵观流体力学的发展历史，可以看出：

1）生产和生活的需要是产生和发展科学技术的原动力，没有水利、航运、航空、化工、石油、能源等方面的需要，就没有现在的流体力学。

2）在流体力学的发展过程中，试验（和工程技术中的实践）是最先使用的一种方法，流体力学中的一切重要现象和原理，几乎都是通过它发现的，它对流体力学的发展具有特别重要的意义。

3）流体力学的研究内容也遵循从简单到复杂、从具体到抽象和从特殊到一般的原则，从单相无黏性流体的定常运动发展到多相非牛顿流体的湍流运动，从单纯的力学发展为复杂的交叉学科，从单纯的动量传递发展为动量、热量、质量同时传递。

4）流体力学虽已取得巨大进展，但一些重要的基本问题如湍流、涡旋运动、流动稳定性、非定常流动与非线性水波等仍未得到圆满解决。众多的流体力学新分支或交叉学科均尚处于发展的初期，这些工作均有待于流体力学工作者的进一步努力。

5）13 世纪以前，我国在流体力学原理的应用方面做出过巨大贡献，曾经领先于世界。近代也出现了像钱学森、周培源、郭永怀等流体力学领域国际知名的科学家。20 世纪 40 年代以后，我国在流体力学理论研究方面也取得过不少成绩，不仅建造了众多的实验设备，解决了大量的生产实际问题，而且还培养了一支具有较高理论和实验水平的人才队伍，为今后进一步发展我国的流体力学事业奠定了坚实的基础。

任务 3 流体力学的研究方法

从流体力学的发展史可以看出，流体力学是在不断总结生产实践与试验研究的基础上产生并逐步发展起来的，在不同的历史时期，有着不同的研究方法。

18 世纪中叶以前是流体力学的发展初期，主要运用初等数学来解决流体静力学与运动学问题，只涉及少量的流体动力学问题，采用的实验与测量方法也比较简单。18 世纪中叶以后，开始形成独立的流体力学学科，并运用高等数学，采用理论分析的方法来研究流体的平衡与机械运动规律，流体动力学得到了较大的发展。在这方面，欧拉和拉格朗日是"理论流体力学"的奠基人。20 世纪 60 年代以后，计算技术和计算方法的飞速发展，使得基于数值计算方法的计算流体力学得以用于实际的研究中。

如今，实验观测、理论分析和数值计算以及三者的有机结合已成为包括流体力学在内的现代自然科学研究的基本手段和方法。

1. 实验观测

实验观测包括现场观测和实验室模拟观测。

现场观测是指对自然界固有的流动现象或已有工程的全尺寸流动现象，利用各种仪器进行系统观察，从而总结出流体运动的规律并借以预测流动现象的演变。过去对天气的观测和预报，基本上就是这样进行的。但现场流动现象的发生不能控制，发生条件几乎不可能完全重复出现，从而影响到对流动现象和规律的研究；现场观测还要花费大量物力、财力和人力。因此，人们建立实验室，使这些现象能在可以控制的条件下出现，以便于观察和研究。

实验室模拟观测是指在实验室内，流动现象可以在短得多的时间内和小得多的空间中多次重复出现，可以对多种参量进行隔离并系统地改变实验参量。在实验室内，人们也可以造成自然界很少遇到的特殊情况（如高温、高压等），可以使一般情况下无法看到的现象显示出来。

现场观测常常是对已有事物、已有工程的观测，而实验室模拟却可以对还没有出现的事物、没有发生的现象（如待设计的工程、机械等）进行观察，使之得到改进。因此，实验室模拟观测是研究流体力学的重要方法。但是，要使实验数据与现场观测结果相符合，必须使流动相似条件完全得到满足。不过对缩尺模型来说，某些相似准则数（如：雷诺数 Re 和弗劳德数 Fr 等）不易同时满足，某些工程问题的大雷诺数也难以达到。所以在实验室中，通常是针对具体问题，尽量满足某些主要相似条件和参数，然后通过现场观测验证或校正实验结果。

实验观测研究的一般过程是：在相似理论的指导下建立模拟实验系统，用流体测量技术测量流动参数，处理和分析实验数据。实验结果能反映工程中的实际流动规律，发现新现象，检验理论结果等，但结果的普适性较差。

如图 1.4 所示，典型的流体力学试验有风洞试验、水洞试验、水池试验等类型。

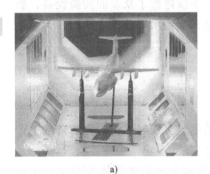 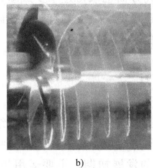 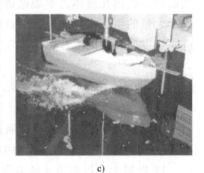

a) b) c)

图 1.4 流体力学试验类型
a) 风洞试验 b) 水洞试验 c) 水池试验

现代流动测量技术在计算机、光学和图像技术配合下，在提高空间分辨率和实时测量方面已取得长足进步。常用的流场测量与显示技术有：热线热膜风速仪（HWFA）；激光多普勒测速仪（LDV）、全场多普勒测速仪（DGV）、粒子图像测速仪（PIV）；高速摄影（high-speed photography）；全息照相（holograph）；瑞利散射技术（FRS）；平面激光诱导荧光（PLIF）；阴影法；流速、压强、密度常规仪器测量等。

2. 理论分析

理论分析是指根据流体运动的普遍规律如质量守恒、动量守恒、能量守恒等，利用数学分析的手段，研究流体的运动，解释已知的现象，预测可能发生的结果。

理论分析方法的一般过程大致如下。

（1）建立力学模型 一般做法是，针对实际流体的力学问题，分析其中的各种矛盾并抓住主要方面，对问题进行简化从而建立反映问题本质的"力学模型"。流体力学中最常用的基本模型有：连续介质假设、牛顿流体、不可压缩流体、理想流体、平面流动等。

（2）建立数学模型 针对流体运动的特点，用数学方法将质量守恒、动量守恒、能量守恒定律表达出来，从而得到连续性方程、动量方程和能量方程。此外，根据具体情况有时还需要补充建立某些流动参量之间的关系式（如状态方程），或者其他方程（如湍流模型）。这些方程统称为流体力学的基本方程组。流体运动在时间和空间上常有一定的限制，因此，应给出初始条件和边界条件。整个流动问题的数学模型就是建立起封闭的、流动参量必须满足的流动控制方程组，并给出恰当的初始条件和边界条件。

（3）求解方程组 在给定的初始条件和边界条件下，利用数学方法，求方程组的解。由于这些方程组是非线性的偏微分方程组，难以求得解析解，必须加以简化，这也是建立力学模型的原因之一。力学家经过多年努力，探索出许多数学方法或技巧来解这些方程组（主要是简化了的方程组），得到一些解析解。

（4）分析计算结果 求出方程组的解以后，结合具体流动，解释这些解的物理含义和流动机理。通常还要将这些理论求解结果同实验结果进行比较，以确定所得解的准确程度和力学模型的适用范围。

3. 数值计算

1946 年第一台电子计算机问世以后，数值计算技术得到了飞速的发展，有限差分法（Finite Difference Method，FDM）、有限元法（Finite Element Method，FEM）、有限体积法（Finite Volume Method，FVM）、边界元法（Boundary Element Method，BEM）、谱分析法（Spectral Analysis Method，SAM）、格子玻尔兹曼方法（Lattice Boltzmann Method，LBM）等计算方法相继派生出来，并且在求解各种流体力学的问题中得到了广泛的应用，流体力学中的数值计算已成为继理论分析和试验研究之后的第三种重要的研究方法，是目前对于各种复杂的流体流动问题求解压力场、速度场的主要工具。而且可以预见，随着计算机计算速度和容量的提高，以及计算方法的不断进步，数值计算在复杂流体力学的求解中将发挥越来越重要的作用。

数值计算就是把采用简化模型后的方程组或封闭的流体力学基本方程组，通过计算机数值计算的方法来求解。利用数值计算方法进行流体力学问题研究的一般过程是：对流体力学的数学方程做简化和数值离散化，编制程序做数值计算，将计算结果与实验结果进行比较。

电子计算机的出现和发展，使许多原来无法用理论分析求解的复杂流体力学问题有了求得数值解的可能性。数值计算可以部分或完全地代替某些实验，从而节省实验费用。尤其是近年来数值模拟计算方法发展很快，其重要性也与日俱增。

必须说明的是，虽然数值计算方法可用来计算理论分析方法无法求解的数学方程，通常比实验方法节省时间和费用，但它毕竟是一种近似解方法，其适用范围受到数学模型的正确性和计算机性能的限制。

解决流体力学问题时，现场观测、实验室模拟、理论分析和数值计算这几方面是相辅相成的。实验需要理论指导，才能从分散的、表面上缺乏联系的现象和实验数据中分析总结出规律性的结论。反之，理论分析和数值计算也要依靠现场观测和实验室模拟给出物理图案或实测数据，以建立流动的力学和数学模型；最后，还须依靠实验来检验这些模型的完善程度。此外，实际流动往往非常复杂（例如湍流），理论分析和数值计算在数学和计算方面都会遇到巨大的困难，有时甚至得不到具体结果，只能通过现场观测和实验室模拟进行研究。

总之，流体力学的上述三种研究方法各有利弊，不能相互取代，而是需要取长补短、有

9

机结合才能推进流体力学的发展。表1.2对三种研究方法各自的优势和局限性进行了比较。随着计算机技术和现代测量技术（如激光、同位素和电子仪器等）的不断发展及其在流体力学研究中的应用，流体力学必将取得更大的发展，并在工程和生产实际中发挥更大的作用。

表1.2 三种研究方法比较

研究方法	优　势	局　限　性
理论分析	对流动机理解析表达，因果关系清晰	受基本假设局限，少数情况下才有解析结果
试验研究（模型试验）	直接测量流动参数，找到经验性规律	成本高，对测量技术要求高，不易改变工况，存在比尺效应
数值模拟	扩大理论求解范围，成本低，易于改变工况，不受比例尺限制	受理论模型和数值模型局限，存在计算误差

任务 4　流体力学的研究领域与相关学科

从流体力学的发展过程可以看出，它的产生和发展，始终是与社会生产实践紧密地联系在一起的。只要工程中涉及流体的运动及流体和固体的相互作用，就要以流体力学为基础来进行分析和研究。流体力学既是一门重要的应用技术学科，又具有很强的基础学科性质。许多近代科学的重大成就都源于流体力学的研究。国家自然科学基金委员会《自然科学学科发展战略调研报告》中指出：由流体力学中发现的规律，逐渐渗透到其他科学领域并最终形成具有普遍意义的理论的科学发展道路，今后仍将在整个自然科学的发展中继续起着重要作用。

目前，已经很难找出一个技术领域与流体力学没有任何的联系。因此，流体力学与我国科学技术的发展和现代化建设都有着密切的联系，例如，研究大气和海洋运动可以做好天气与海情预报，以便为农业、渔业、航空、航海、国防和人民生活服务；研究各种空间飞行物体如飞机、人造卫星、导弹、炮弹和各种水上或水下运动物体如船舰、潜艇、鱼雷等的运动，可以了解它们的空气和水动力性能，以便获得阻力小、稳定性高的最佳物体外形；研究河流渠道和各种管路系统内的流动，可以掌握其运动规律，特别是流体与各种界壁之间的作用力，以便获得耗能少、安全性高的工程设计；研究核反应堆，动力设备中的冷却系统、热交换器、水暖系统以及各种化工设备中的流动，不仅可以了解它们的运动规律，而且可以掌握它们在壁面处的传热传质规律等。此外，油气田的开发，地下水的利用，以及机械的润滑等均与流体力学密切相关。特别是近数十年来，流体力学与相邻学科相结合，发展了许多新的交叉分支学科，极大地充实了流体力学的研究内容和扩大了其应用领域。

进入20世纪50年代后期，人类飞行与进入太空的愿望均已基本实现，流体力学的研究内容，有了明显的转变，除了对一些较难、较复杂的问题，如湍流、流动稳定性与转捩、涡旋动力学和非定常流继续研究外，更主要的是转而研究石油、化工、能源、环保等领域中的流体力学问题，并与有关邻近学科相互渗透，形成许多新分支或交叉学科。一般来说，这些新的分支或交叉学科所研究的问题或现象都比较复杂，要想很好地解决它们，实际上是对流体力学工作者的一次大挑战。因为现有的流体力学运动方程组并不能完全准确地描述这些新现象和新问题，试图用现有的运动方程组和单纯计算的方法去解决这些问题也是相当困难的。唯一可行的道路是采用纯实验的方法或实验与计算相结合的方法。在后一种方法中，即先用实验方法获得一些有用的经验数据，然后与计算方法相结合进行半经验的数值计算，并将所得结果与纯实验结果进行比较。近年来在一些新分支或交叉学科（如多相流体力学、生物流体力学等）中采用这种方法，获得了较好的效果，大大推动了新分支或交叉学科实验技术的发展。

拓 展 提 高

在日常生活或工程应用中，有一些流体力学现象或设计与人们的直观感觉是不相符的，但这些看似不合理的现象或设计恰恰反映了流体的某种运动规律。下面举几个这方面的例子。

1. 超声速流的加速

人们一般都认为流体在面积逐渐变小的通道中流动时，其流动将逐渐加速。如消防龙头和灌溉用的喷头就是面积逐渐变小的通道。不过这种情况一般发生在中速的水流流动或低速、亚声速的气体流动中。气体在超声速流动时，只有在面积逐渐变大的通道中，流动才获得加速，这与人们的直观感觉是不相符的。

对于亚声速变截面流动，截面积增加时，流速减小，压强增加，变化规律符合不可压缩流体的流动规律。亚声速气流做加速降压流动时，过流断面积一定是逐渐减小的。欲使气流加速，则必须使用渐缩管道，如图 1.5 所示。

在超声速流动的情况下，为可压缩流体，运动规律与亚声速变截面流动相反。当过流截面积增加时，流速增加，压强降低；反之，超声速气流做减速升压流动时，过流截面积一定是逐渐减小的。欲使气流加速，则必须采用渐扩管道，如图 1.6 所示。

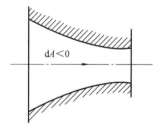

图 1.5　渐缩管道

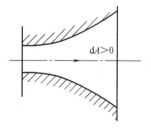

图 1.6　渐扩管道

将气流从亚声速向超声速转变，或者从超声速向亚声速转变，用单纯的收缩管或单纯的扩张管都是无法实现的。亚声速与超声速的相互转换需要采用拉瓦尔喷管（见图 1.7）这种特殊装置来实现。拉瓦尔喷管由收缩段、喉部及扩张段组成。这种先收敛后扩张的管道形状是从初始亚声速流获得超声速流的必要条件，称为拉瓦尔喷管的几何条件。

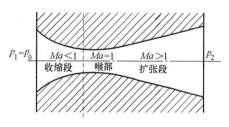

图 1.7　拉瓦尔喷管结构示意图

2. 汽车运动中的阻力

汽车发明于19世纪末，当时人们凭直觉认为汽车高速前进时的阻力主要来自前部对空气的撞击，而与汽车后部无关。因此，早期的汽车后部是陡峭的，称为箱型车（见图1.8a），阻力系数很大，约为0.8。然而，随着流体力学理论的发展，人们发现汽车的阻力实际上主要来自后部形成的尾流，称为形状阻力。也就是说，不合适的尾流将加大汽车的阻力，通过汽车尾部形状的改进，可大大降低其阻力。于是，从20世纪30年代起，人们开始运用流体力学原理改进汽车尾部形状，曾出现过甲壳虫型（见图1.8b），阻力系数降至0.6；20世纪五六十年代，又将汽车改进为船型（见图1.8c），阻力系数为0.45；80年代通过风洞试验对汽车进行系统研究之后，又改进为鱼型（见图1.8d），阻力系数为0.3；以后进一步改进为楔型（见图1.8e），阻力系数为0.2；90年代以后，科研人员研制开发的未来型汽车（见图1.8f），阻力系数仅为0.137。经过近80年的研究与改进，汽车阻力系数从最初的0.8降至0.137，阻力减小为原来的1/5。目前，在汽车外形设计中流体力学性能的研究已占主导地位，合理的外形可以使汽车具有更好的动力学性能和更低的油耗。因此可以说，汽车的发展历程也在某种程度上体现了流体力学不断发展和完善的过程。

图1.8　汽车尾部形状的改进

a) 箱型车　b) 甲壳虫型　c) 船型　d) 鱼型　e) 楔型　f) 未来型

3. 高尔夫球的表面

高尔夫球运动（见图 1.9）起源于 15 世纪的苏格兰，当时人们凭直觉认为表面光滑的球飞行阻力小，可以飞得更远，因此用皮革制球。后来人们发现旧的、皮革表面已龟裂和有许多划痕的高尔夫球反而飞得更远（见图 1.10），于是非常迷惑不解。直到 20 世纪流体力学中建立了边界层理论之后才解开这个谜。为了使高尔夫球飞

图 1.9　起源于 15 世纪的苏格兰的高尔夫球运动

得更远，人们不断地改进球的表面，从螺旋线、网纹到方格纹等。如果仔细观察现在的高尔夫球，你会发现球的表面是粗糙的，而且人为地做成了许多均匀分布的凹坑（见图 1.11）。现在的高尔夫球可以一杆打过 200m 远，其飞行阻力大约仅为光滑表面球的五分之一。原因是对于高尔夫球这样的非流线型物体，人为地增加表面粗糙度的方法，可促使层流边界层较早地转变为湍流边界层，使分离点后移减小了尾流区（见图 1.12）从而减少了压差阻力。虽然增加球表面的粗糙度会增大摩擦阻力，但分离点后移却大大降低了压差阻力，使总阻力降低了。这种方法对于以压差阻力为主的非流线型物体的减阻非常有效。

图 1.10　早期的高尔夫球（皮革已龟裂）　　　图 1.11　现在的高尔夫球（表面有凹坑）

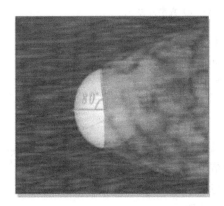

图 1.12　光滑和粗糙表面的高尔夫球飞行时的尾流区

4. 机翼升力的产生

飞机机翼的剖面又叫作翼型，一般翼型的前端圆钝、后端尖锐，上表面拱起、下表面较

平，呈鱼侧形。前端点叫作前缘，后端点叫作后缘，两点之间的连线叫作翼弦。当气流迎面流过机翼时，流线分布情况如图 1.13 所示。原来是一股气流，由于机翼的插入，被分成上下两股。气流绕过机翼后，在后缘又汇合成一股。

图 1.13　气流绕流机翼的流线分布

机翼的升力来自翼型的下部还是上部？人们直观的感觉是气流冲击着机翼的下表面，从而把飞机托举在空中。19 世纪初建立的流体力学绕翼环量理论，彻底改变了人们的这种直观认识。

机翼升力的成因比较复杂，因为需要考虑实际流体的黏性、可压缩性等诸多条件。目前大多采用的是库塔-茹可夫斯基定理，它是工程师计算飞机升力最精确的方法。升力来源于机翼上下表面气流的速度差导致的上下表面的压差力。但机翼上下表面速度差的成因有多种解释，通常科普用的等时间论和流体连续性理论均不能完整地解释速度差的成因。航空界常用二维机翼理论，主要依靠库塔条件、绕翼环量、库塔-茹可夫斯基定理和伯努利定理来解释。升力产生的原理就是因为绕翼型环量（起动涡）的存在（见图 1.14a），导致机翼上下表面流速不同和压力不同，压差力的方向垂直于相对气流向上（见图 1.14b）。

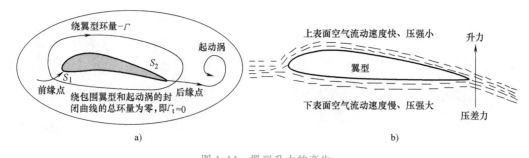

图 1.14　翼型升力的产生
a）绕翼型环量和起动涡　b）翼型升力

实验测量和计算均表明，机翼升力的产生主要靠上表面吸力的作用，而不是靠下表面正压力的作用（见图 1.15），一般机翼上表面形成的吸力占总升力的 60%~80%，下表面的正压力形成的升力只占总升力的 20%~40%。可见，机翼上表面的吸力对升力的贡献远比下表面的压力要大。所以不能认为：飞机被支托在空中主要是空气从机翼下面冲击机翼的结果。

飞机飞行在空气中会有各种阻力，阻力是与飞机运动方向相反的空气动力，它阻碍飞机的前进，按阻力产生的原因可分为摩擦阻力、压差阻力、诱导阻力

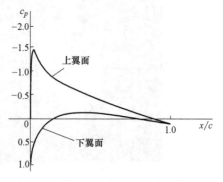

图 1.15　翼型上下表面的压力系数分布

和干扰阻力。这四种阻力是对低速飞机而言，至于高速飞机，除了也有这些阻力外，还会产生波阻等其他阻力。

对于一些流动，人们不能仅凭直觉认识的原因在于：①空气是看不见摸不着的，水也是无色透明的，因此，人们无法用感官直接观察到真实的流动状况；②受人类的生活起居环境所限，人们已适应和具备如低速一类环境的场合和经验，对于超声速这一类的高速和超高速的流动缺乏了解，诚然由于这种流动变化太快，肉眼也的确难以辨认。另外，对流体力学的知识了解不够也是重要原因之一。由于我们生活在空气和水的环境中，适当多了解和掌握一些流体力学的知识，不仅可以对身边的一些自然现象和生活中遇到的流动问题进行深入了解，提高生活趣味和品位，而且还可以对个人所从事的专业起到触类旁通的作用，有助于提高自身的专业水平。

思政专题：天府之源　水利鼻祖——都江堰水利工程

在美丽富饶的川西平原上，有一个完整的农田灌溉系统——都江堰水利工程（见图1.16），这是我国最早的规模宏大的水利工程，也是全世界至今为止，年代最久、唯一留存、以无坝引水为特征的宏大水利工程。都江堰水利工程被誉为"世界水利文化的鼻祖"和"世界古代水利工程的典范"，是"世界自然和文化双遗产"，同时被列入"世界灌溉工程遗产"名录。

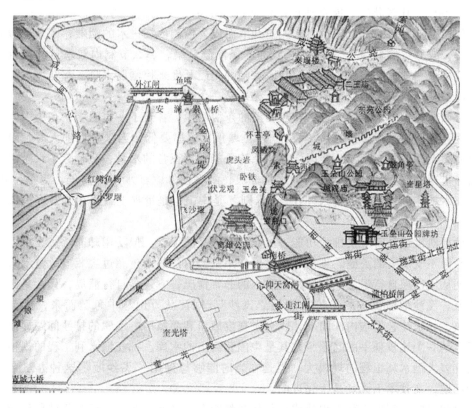

图 1.16　都江堰水利工程示意图

都江堰建在岷江上。岷江是四川省的一条重要河流，流量很大。在我国古代，岷江经常暴发洪水，淹没和淤平农田，洪水退后又常常发生干旱，给当地带来严重的灾患。为了彻底解决水患并引水灌溉农田，公元前256年，秦昭王时蜀郡守李冰和他的儿子，在前人治水的基础上，采用了"分流守江，筑堰引水""引水以灌田，分洪以减灾"的治水方针，率领当地百姓在灌县附近修建了都江堰这项浩大的水利工程。

都江堰水利工程主要由鱼嘴分水堤、飞沙堰泄洪道和宝瓶口引水口三大主体工程构成。三者有机配合，相互制约，协调运行，引水灌田，分洪减灾，具有"分四六，平潦旱"的功效，科学且近乎完美地解决了江水自动分流、自动排沙、控制进水流量等问题，消除了水患，使川西平原成为"水旱从人"的"天府之国"。目前都江堰灌溉面积已达40余县，1998年超过1000万亩。了解和看过都江堰水利工程的中外专家、学者和游人都无不为之赞叹。

鱼嘴分水堤是修建在岷江中的一道分水堤坝，是都江堰的分水工程，因其形如鱼嘴而得名，它迎向岷江上游，根据江水流量的大小，按照比例把汹涌而来的岷江水分为内江和外江。西边叫作外江，俗称"金马河"，是岷江的正流，主要用于泄洪排水，经灌县、乐山入长江；东边沿山脚的叫作内江，是人工引水渠道，主要用于灌溉，将江水经宝瓶口引水口引入成都平原。在古代没有泄洪闸泄洪、拦河坝挡水，却能做到泄洪和灌溉两不误，可以说鱼嘴的设计构思是非常巧妙的。

宝瓶口在都江堰水利工程中起"节制闸"的作用，是内江的引水口，高约30m、宽20m、长100m，比较狭窄，能自动控制内江的进水量，是前山（今名灌口山、玉垒山）伸向岷江的长脊上凿开的一个口子，是人工开凿而成为控制内江进水的咽喉，因其形似瓶口而功能奇特，故称"宝瓶口"。如果说内江是一条灌溉总渠，那么节制内江水量的宝瓶口则是渠首。现代水利工程一般都是通过控制取水闸的闸门开度来控制取水量，都江堰水利工程在建造时能够利用瓶口的地形来控制流量，无疑是一个创举。

为了调节流入宝瓶口的水量，在江心洲的东西两岸，各筑了一道石堤，名为内金刚堤和外金刚堤。与内金刚堤连接的是"飞沙堰"，堰顶比堤岸要低，当水势特别大时，内江过多的水可溢过飞沙堰流向外江，使内江灌溉系统既能保持正常的水量，又解除了水涝之患。内江的石壁上还刻有24格"水则"，即水位标尺，一看便知岷江水位的高低。当水位达到12格时，江水就能漫过飞沙堰排入外江。"水则"是中国也是世界上最早用来观测河流水情的水位标尺。

飞沙堰泄洪道具有泄洪排沙功能，虽然它看似平淡无奇，但功用却非常大，可以说是确保成都平原不受水灾的关键。飞沙堰的主要作用是当内江的水量超过宝瓶口流量上限时，多余的水便从飞沙堰自行溢出；如遇特大洪水的非常情况，它还会自行溃堤，让大量江水回归岷江正流。飞沙堰泄洪道的另一功能是"飞沙"，岷江从万山丛中急驰而来，挟着大量泥沙、石块，如果让它们顺内江而下，就会淤塞宝瓶口和灌溉区。水库的排沙问题即使在现代水利界也是一个比较棘手的问题，尤其是中国黄河上的水库。都江堰水利工程的规模虽然没有现代许多大型水利工程的规模大，但是在当时能够想到用"飞沙堰"这种办法来解决泥沙淤积问题，在技术上无疑是很先进的。

举世闻名的都江堰水利工程建成的年代虽然距今已经非常久远，但其仍然留给我们许多启示和值得思考的问题。

"思政内容"与现实的结合点

（1）都江堰的科学性在于，在当时工程施工设备、金属制造、工程材料等非常落后的情况下，能充分利用自然地形和现实条件，巧妙地实现了现代水利工程所努力达到的"兴利除害、在保护自然的前提下进行开发"的理念，既做到了防洪、灌溉、排沙、抗旱等综合功能要求，又不对自然环境进行过度改造和造成破坏。这与我国现在倡导的"人与自然和谐共生"的理念是完全契合的。

（2）并不是说都江堰水利工程的技术水平超过了现代水利技术，事实上都江堰水利工程的规模与现代水利工程相比还是有天壤之别的。但是，都江堰水利工程所蕴含的一些设计理念仍值得我们学习和借鉴。

（3）都江堰水利工程在当时条件有限的情况下，达到了现代水利工程才能实现的某些功能，充分体现了我国古代劳动人民的智慧，也使我们更加坚定"文化自信"。

课程思政素材出处

［1］　都江堰［EB/OL］．［2023-03-01］．https：//baike. so. com/doc/1983004-2098661. html.
［2］　刘玉泉，朱克勤. 浅谈都江堰工程中流体力学原理的运用［J］. 力学与实践，2008，30（4）：102-105.

思　考　与　练　习

1. 流体的定义和流体力学的研究内容。
2. 流体力学的发展史。
3. 流体力学的研究方法。
4. 流体力学的研究领域与相关学科。
5. 要使高尔夫球飞得更远，表面应光滑还是粗糙？现在的高尔夫球表面为什么有许多小凹坑？
6. 汽车运动的阻力来自前部还是后部？
7. 机翼升力产生的原理。
8. 了解都江堰水利工程中流体力学原理的运用。
9. 流体力学在体育运动中的应用。

项目 2
流体及其物理性质

物质的自然存在形式主要有三种：固态、液态和气态。从力学的角度看，固态物质与液态物质和气态物质相比有很大的不同：固体具有固定的形状并且具有抵抗压力、拉力和剪切力的能力，因而在外力作用下，通常只发生较小的变形，而且到一定程度后变形就停止。而液体和气体没有固定的形状，所以它们仅能抵抗压力而不能抵抗拉力和剪切力，它们在剪切力的作用下将产生连续不断的变形即流动，因而液体和气体又统称为流体。本项目首先介绍流体的特征和对微观流体的处理方法，即连续介质假说，在此基础上讨论流体的物理特性，包括：流体的密度和重度、可压缩性和膨胀性，并对流体的黏性进行分析和讨论。

【案例导入】

神奇的"香蕉球"

毫无疑问，足球是世界上最普及的第一大球类运动，我们经常可以在足球比赛中看到，尤其是在球门前罚任意球的情况下，面对对方防守队员组成的人墙和守门员把守的大门，足球先是以一段弧线绕过人墙，当所有人以为足球就要飞出底线时，足球又忽然改变了方向，

并从高处快速下落应声入门，这一切对于视线被人墙遮挡的守门员来说太过于突然，没有足够的反应时间去做出判断，只得眼睁睁地看着足球入门。这就是颇为神奇的"香蕉球"，如图 2.1 所示。"香蕉球"是指足球被踢出去后，足球在空中向前并做弧线运动的踢球技术，又称弧线球。弧线球常用于攻方在对方禁区附近获得直接任意球时，利用其弧线运行状态，避开人墙直接射门得

图 2.1　香蕉球

分，因为球运动的路线是弧形的，像香蕉形状，因此以"香蕉球"得名。

1. 马格努斯效应与香蕉球

20 世纪 50 年代，德国物理学教授海因里希·马格努斯一直研究空气流经旋转的气缸时所产生的效果，并最先解释了"经过控制的旋转"现象。马格努斯研究的这种现象同样适用于旋转的足球。

如果不使足球发生旋转的话（见图 2.2），气流就会对称地掠过足球表面，不会使球的飞行发生偏转。图 2.3 所示为足球旋转但空气不流动的情况，这时空气会随着足球做旋转运动。图 2.4 所示为足球旋转的同时，气流掠过足球表面的情况。由于足球旋转，气流的流动方式受到影响，造成与上一种情况不同的压力和偏转力，促使足球的运动路线发生改变。一般来说，在距球门 25m 远的地方开出来的带旋转的任意球能够侧向偏转 3~5m。带旋转的任意球技术起源于 20 世纪 50 年代的南美足球比赛，而一些巴西球员加盟欧洲顶级俱乐部后，这种技术开始迅速传播。

图 2.2　足球只平动　　　　　图 2.3　足球只旋转　　　　　图 2.4　足球平动加旋转

实际上，在静止黏性流体中等速旋转的圆柱，会带动周围的流体做圆周运动，流体的运动速度随着其到柱面的距离的增大而减小。这样的流动可以用圆心处有一强度为 Γ 的点涡（见图 2.3）来模拟。因此，马格努斯效应可用无黏性不可压缩流体绕圆柱的有环量流动来解释。

2. 用伯努利原理分析香蕉球

（1）伯努利原理　伯努利原理指出：在水流或气流里，如果流速小，压强就大；如果流速大，压强就小。足球在空中高速旋转并向前运动时，属于刚体的一般运动，包括刚体的平移、定轴转动和定点运动等形式。一般运动刚体上任一点的速度，等于基点的速度与该点随刚体绕基点转动速度的矢量和。如图 2.5 所示，足球的两侧一边空气流速度大，一边空气流速度小；相对来讲，空气在足球的两侧也就一边流速大，一边流速小。根据伯努利原理，足球受到了一个横向的压力差，这个压力差促使足球向旁侧偏离，而足球又不断向前飞行，在这种情况下，足球同时参与了两个直线运动，于是便沿一条弯曲的弧线运动了。

气流速度大，压强小

气流方向

气流速度小，压强大

图 2.5　旋转足球空中运动

（2）伯努利原理在足球中的应用　伯努利原理是流体力学中的基本原理，流体运动速度越快，压强越小，且球面上的压强又是往各个方向都有的。

那么假设足球旋转起来，并且本身又以一定的速度做定向运动，在垂直于定向运动的方向上，足球的上半面和下半面因为速度叠加，它们的运动速度是不一样的，这样上、下两表面附近的空气相对于足球运动的速度也是不同的，运动速度快的压强小，运动速度慢的压强大。所以如果足球是旋转着被抛出的话，将至少受两个力，一个是重力，方向向下，另一个是飘力，垂直于足球运动方向。假设足球是以 45° 抛出的，我们会发现这时的合力会稍稍偏离垂直方向，因此此时足球运动方向与合力的夹角就不再是 45°+90°，而是偏大一点。相反，如果是以稍小于 45° 的角度抛出，合力方向与足球运动方向的夹角会接近于 45°+90°，此时恰好对应于抛体飞行最远的条件。

当物体旋转时，会带着与它直接接触的那部分流体一起旋转。这部分流体又会对相邻的流体产生同样的影响，这样物体就得到一个跟它一起旋转的附面层。假设球左边附面层中的空气方向与气流方向相同，而右边方向则相反。这种方向的差异，导致球的两边所受压强不同。在左边即附面层的空气与气流方向一致的一边，会形成一个低压区域，而另一边则形成高压区域。球两边压力差的净结果是，球受到一个合力作用，这个合力使球偏离直线运动路线。

3. 香蕉球的运用

网球、乒乓球中的"弧圈球"等，球体在飞行中强烈旋转，轨迹呈曲线状，着地后会向其他方向反弹，使对方无法防守，也是可用此理论加以解释的。"弧圈球"其实是另一种弯曲度向下的"香蕉球"。当对方来球下降时，让挥拍速度达到最大值，击球瞬间通过"用手腕拧球"，尽量将球"吸"在胶皮上，使摩擦力大于撞击力。这样打出的急剧上旋球便会产生马格努斯效应，球的飞行路径即"第一弧线"向下拐弯，弹起后的"第二弧线"则低沉平直，并急剧前冲和迅速下坠，令人难以招架。弧圈型上旋球是日本人中西义治从拉攻技术中分离出来的。20 世纪 50 年代，欧洲选手的削球曾经雄霸世界乒坛，别尔切克、西多等名将的"加转球"号称"只有起重机才能拉得起来"。而日本运动员发明的弧圈型上旋球却在 20 世纪 60 年代大破欧洲削球高手组成的联队。经过多年变革和演进，今天的弧圈球已经成为世界乒坛最富攻击力的主流技术。

【教学目标】

1. 掌握流体的概念、特征，理解连续介质假说；
2. 学会计算流体的密度和重度；
3. 掌握流体的压缩与膨胀特性及其计算方法；
4. 理解并掌握牛顿内摩擦定律，动力黏度和运动黏度，并注意其单位；
5. 了解流体的表面张力。

任务1 流体的连续介质理论

1. 流体质点的概念

流体是由分子构成的，根据热力学理论，这些分子（无论液体或气体）在不断地随机运动和相互碰撞着。因此，在分子这一层级，流体之间总是存在着间隙，其质量在空间的分布是不连续的，其运动在时间和空间上都是不连续的。但是，在流体力学和与之相关的科学领域中，人们感兴趣的往往不是个别分子的运动，而是大量分子的统计平均特性，如密度、压强和温度等，而且，为了准确地描述这些统计特性的空间分布，需要在微分即"质点"的尺度上讨论问题。为此，必须首先建立流体质点的概念。

建立流体质点的概念可借助于物质物理量的分子统计平均方法。以密度为例，在流体中任取体积为 ΔV 的微元，其质量为 Δm，则其平均密度可表示为

$$\rho_{\mathrm{m}} = \frac{\Delta m}{\Delta V} \tag{2.1}$$

显然，为了描述流体在"质点"尺度上的平均密度，ΔV 应该取得尽量小；但另一方面，ΔV 的最小值又必须有一定限度，超过这一限度，分子的随机进出将显著影响微元体的质量，使密度成为不确定的随机值。因此，两者兼顾，采用使平均密度为确定值（与分子随机进出无关）的最小微元 ΔV_1 作为质点尺度的量度，并将该微元定义为流体质点，其平均密度就定义为流体质点的密度，即

$$\rho = \lim_{\Delta V \to \Delta V_1} \frac{\Delta m}{\Delta V} \tag{2.2}$$

推广到一般，流体质点就是使流体统计特性为确定值（与分子随机进出无关）的最小微元 ΔV_1，而流体质点的密度、压强和温度等均是指 ΔV_1 内的分子统计平均值。

举例来说，在一般关于流体运动的工程和科学问题中，将描述流体运动的空间尺度细分到 0.01mm 数量级已经足够精确。在三维空间，该尺度相当于 $10^{-6}\mathrm{mm}^3$，如果令 $\Delta V_1 = 10^{-6}\mathrm{mm}^3$，则在标准大气压条件下，$\Delta V_1$ 中的空气分子就有 2.69×10^{10} 个之多，足以使其统计平均特性与个别分子的运动无关；但另一方面，与一般工程问题的特征几何尺度相比，ΔV_1 的尺度又可忽略不计，完全可将其视为"质点"。因此，在一般的工程和科学问题中，完全可将流体视为由连续分布的质点构成，而流体质点的物理性质及其运动参量就作为研究流体整体运动的出发点，并由此建立起流体连续介质模型。

2. 流体连续介质模型

（1）连续介质假说　流体力学所研究的不是流体分子的微观运动，而是大量分子运动的宏观表现（即流体的宏观机械运动），而且分子的间隙相对于流动空间完全可以忽略。因此，宏观上把流体看成是由无限多质点组成的连续介质，即流体质点是组成宏观流体的最小单元，质点之间没有间隙。实验表明，当研究流体的宏观机械运动时，连续介质假说是正确的。

（2）连续介质假说的意义　将微观不连续的流体当作宏观的连续介质处理后，其宏观物理量，例如压强、温度和密度等参量在流动空间中就是连续分布的。这样，不仅在理论分析中可以利用数学中的连续函数和场论这些强有力的工具，也为实验研究提供了可能。

（3）连续介质假说的局限性　连续介质模型是人们为研究方便而提出的宏观流体模型。

1）当分析黏性产生的原因时，还必须考虑流体的微观结构和分子的微观运动；

2）当研究稀薄气体流动和激波结构时，该假说也不再适用，而用统计力学和运动理论。

任务 2　流体的密度和重度

1. 流体的密度

单位体积的流体所具有的质量称为密度，用 ρ 表示。若流体是均匀的，则流体中任意点的密度为

$$\rho = \frac{m}{V} \tag{2.3}$$

式中，m 是流体的质量，单位是 kg；V 是流体的体积，单位是 m^3。

因此，密度的单位是 kg/m^3。

若流体是非均匀（nonuniform）的，在流体中任意一点取包围该点的流体微团（由流体质点组成），其质量为 Δm，体积为 ΔV，则该点的密度为

$$\rho = \lim_{\Delta V \to 0} \frac{\Delta m}{\Delta V} = \frac{\mathrm{d}m}{\mathrm{d}V} \tag{2.4}$$

密度只与流体的种类有关，不随地理位置变化。

几种常见流体的密度见表 2.1。

表 2.1　标准大气压下和 20℃时常见流体的密度和动力黏度

液体			气体		
名称	密度 $\rho/(\mathrm{kg/m^3})$	动力黏度 $\mu/10^{-5}\mathrm{Pa \cdot s}$	名称	密度 $\rho/(\mathrm{kg/m^3})$	动力黏度 $\mu/10^{-5}\mathrm{Pa \cdot s}$
水	998	101	空气	1.205	1.81
原油	856	720	水蒸气	0.747	1.01
汽油	678	29	氢气	0.084	0.90
甘油	1258	149000	氧气	1.330	2.00
水银	13550	156	一氧化碳	1.160	1.82
油精	795	105	二氧化碳	1.840	1.48
煤油	808	192	甲烷	0.668	1.34

2. 流体的重度

单位体积的流体所具有的重量称为重度，用 γ 表示。若流体是均匀（uniform）的，则流体中任意点的重度为

$$\gamma = \frac{G}{V} \tag{2.5}$$

式中，G 是流体所受的重力，即流体的重量，单位是 N；V 是流体的体积，单位是 m^3。

因此，重度的单位是 N/m^3。

因为 $G = mg$，由式（2.3）和式（2.5），很容易得到

$$\gamma = \rho g \tag{2.6}$$

任务3 流体的力学特性

从力学的角度看，流体显著区别于固体的特点是：流体具有易变形性、可压缩性、黏性和液体的表面张力特性等性质。

1. 流动性

流体没有固定的形状，其形状取决于限制它的固定边界；流体在受到很小的切应力时，就要发生连续不断的变形，直到切应力消失为止，这就是流体的易变形性或称为流动性。简言之，流动性即流体受到切应力作用发生连续变形的现象。

流体中存在切应力是流体处于运动状态的充分必要条件。受切应力作用处于连续变形状态的流体称为运动流体；反之，不受切应力作用的流体处于静止状态，称为静止流体。

2. 流体的可压缩性

流体不仅形状容易发生变化，而且在压强作用下体积也会发生改变，流体受压体积缩小的性质称为流体的可压缩性。流体的可压缩性通常用体积压缩系数或者体积模量来表征。

体积压缩系数 β_p 定义为：一定温度下，单位压强变化所引起的体积相对变化量。用公式表示为

$$\beta_p = -\frac{\mathrm{d}V/V}{\mathrm{d}p} = -\frac{1}{V}\frac{\mathrm{d}V}{\mathrm{d}p} \tag{2.7}$$

体积压缩系数 β_p 的单位是 m^2/N。负号表示体积与压强的变化方向相反，β_p 恒为正。β_p 越大，流体的可压缩性越大。

若体积为 V 的流体具有的质量为 m，因为 $m = \rho V = \text{const}$，所以有 $\dfrac{\mathrm{d}\rho}{\rho} = -\dfrac{\mathrm{d}V}{V}$，代入式 (2.7)，得到体积压缩系数 β_p 的另一种形式，即

$$\beta_p = -\frac{1}{V}\frac{\mathrm{d}V}{\mathrm{d}p} = \frac{1}{\rho}\frac{\mathrm{d}\rho}{\mathrm{d}p} \tag{2.8}$$

体积模量 E 可表达为

$$E = \frac{1}{\beta_p} = \rho\frac{\mathrm{d}p}{\mathrm{d}\rho} \tag{2.9}$$

体积模量 E 的单位是 Pa。E 值越大，说明流体越难被压缩。20℃时水的体积模量列于表 2.2。除某些特殊流动问题（如水击）外，工程实际中常将液体视为不可压缩流体。

表 2.2　20℃时水的体积模量

压强 $p/10^5\,\mathrm{Pa}$	4.90	9.81	19.61	39.23	78.45
体积模量 $E/10^9\,\mathrm{Pa}$	1.94	1.98	2.02	2.08	2.17

3. 流体的膨胀性

流体受热体积增加的性质称为膨胀性。膨胀性的大小用膨胀系数 β_t 来表示，其定义为：压强不变时，单位温度变化所引起的体积相对变化量，用公式表示为

$$\beta_t = \frac{\mathrm{d}V/V}{\mathrm{d}T} = \frac{1}{V}\frac{\mathrm{d}V}{\mathrm{d}T} \tag{2.10}$$

膨胀系数 β_t 的单位是 K^{-1}。

与可压缩性一样，液体的膨胀性也很小。除温度变化很大的场合，在一般工程问题中不必考虑液体的膨胀性。

通常情况下，气体的密度随压强和温度的变化很明显。对于实际气体，当压强不大于 10MPa 时，遵循理想气体状态方程

$$p = \rho RT \tag{2.11}$$

式中，T 是热力学温度，单位是 K，且 $T(\mathrm{K}) = 273.15 + t(℃)$；$R$ 是气体常数，对于空气，$R = 287.1\,\mathrm{N\cdot m/(kg\cdot K)}$。

可见，当温度或压强发生变化时，气体的密度都将发生变化，因此，通常都视气体为可压缩流体。但是，当气体的流速小于 70m/s 或气流马赫数 $Ma < 0.3$，且压强和温度变化不大

时（如空气在通风机或通风网路中流动），可将气体近似当作不可压缩流体处理，使问题大为简化，误差也可以接受。

例 2-1 厚壁容器中盛有 $0.5m^3$ 的水，初始压强为 2×10^6Pa。当压强增至 6×10^6Pa 时，问水的体积减小了多少？

【解】 取水的体积模量 $E=2\times10^9Pa$，由式（2.7）和式（2.9）得

$$\beta_p=-\frac{1}{V}\frac{dV}{dp}=-\frac{V_2-V_1}{V(p_2-p_1)}=\frac{V_1-V_2}{V(p_2-p_1)}=\frac{1}{E}\quad(V_2-V_1<0)$$

体积减小量为

$$V_1-V_2=\frac{V(p_2-p_1)}{E}=\frac{0.5\times(6-2)\times10^6}{2\times10^9}m^3=10^{-3}m^3$$

---

4. 流体的黏性

（1）黏性及其表现 将 A、B 两个圆盘浸在某种液体中，如图 2.6 所示。当 A 盘以转速 n 旋转时，可以发现 B 盘经一定时间后也将以低于 A 盘的转速 n' 旋转。若 A 盘转速增加，B 盘转动也加快。A、B 两个圆盘并没有直接接触，正是由于液体的黏性作用导致 B 盘随 A 盘的转动而旋转。当 A 盘转动时，因吸附作用，紧靠 A 盘的一层液体也随 A 盘转动，进而带动紧靠它的上一层液体，就这样一层一层带动下去，直至将 B 盘带动起来。

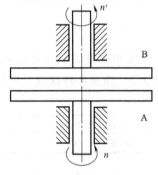

图 2.6 黏性的表现

上述分析中，假定流体是分层流动的，层与层之间因速度不等而产生相对运动，速度快的流层带动速度慢的流层；反之，速度慢的流层阻止速度快的流层。带动力和阻力是一对作用力和反作用力，即流层间的内摩擦力，也叫作黏性摩擦力。

流层之间相对运动的结果使流体产生了剪切变形。流体的黏性就是阻止发生剪切变形的一种特性，而内摩擦力则是黏性的动力表现。黏性是流体的一种属性，只有存在相对运动时才表现出来。

（2）牛顿内摩擦定律 为探求流体内摩擦力的影响因素，牛顿率先进行了大量实验，并于 1686 年提出了确定流体做层流时的内摩擦力关系式——**牛顿内摩擦定律**。

在两块相距 h、水平放置的平行平板（见图 2.7）之间充满某种流体。下板固定不动，上板在水平力 F 的拖动下以速度 U 做匀速直线运动。当 U 不是很大时，板间各层流体的速度自下而上是线性增加的。

显然，拖动力 F 是为了克服流体对上板的摩擦阻力 T 而施加的。若上板的面积是 A，实验证明，$F\propto AU/h$。加上比例常数 μ，则 $T=F=\mu AU/h$。单位面积上的切应力 τ 为

$$\tau=\frac{F}{A}=\mu\frac{U}{h}\qquad(2.12)$$

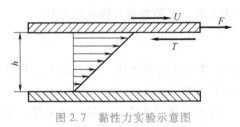

图 2.7 黏性力实验示意图

切应力 τ 的单位是 N/m^2 或 Pa。

为使结论一般化,现分析图 2.8 所示的流动。因速度分布是非线性的,设想用相距为 Δy 的两平面 t—t 和 t'—t' 将流体截开。对这两平面之间的流体而言,可近似认为流体的速度从 u 线性地增加到 $u+\Delta u$,速度差为 Δu。对比图 2.7 所示的情形,可得切应力 $\tau=\mu\Delta u/\Delta y$。当 $\Delta y\rightarrow 0$ 时,平面 t—t 和 t'—t' 重合,$\Delta u/\Delta y=\mathrm{d}u/\mathrm{d}y$。于是,流体的切应力为

$$\tau=\mu\frac{\mathrm{d}u}{\mathrm{d}y} \tag{2.13}$$

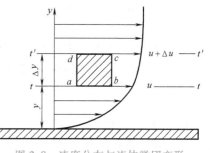

式中,μ 是液体的动力黏度,单位是 Pa·s;$\mathrm{d}u/\mathrm{d}y$ 是速度梯度。

式 (2.13) 就称为**牛顿内摩擦定律**,也称**牛顿切应力公式**。切应力 τ 作用在垂直于 y 的流体面上,方向与流体面的取向有关:参照图 2.8,若流体面 $abcd$ 内侧速度减小,则切应力 τ 指向 u 的正方向;反之,若流体面 $abcd$ 内侧速度增大,则切应力 τ 指向 u 的反方向。

图 2.8 速度分布与流体微团变形

例 2-2 图 2.9 中相距为 $h=10\mathrm{mm}$ 的两固定平板间充满动力黏度 $\mu=1.49\mathrm{Pa\cdot s}$ 的甘油,若两板间甘油的流动速度分布为 $u=4000y(h-y)$,则

1)若上板的面积 $A=0.2\mathrm{m}^2$,求使上板固定不动所需的水平作用力 F;

2)求 $y=h/3$、$y=2h/3$ 和 $y=h/2$ 处的切应力,并说明正负号的意义。

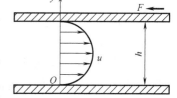

图 2.9 充满甘油的两固定平板

【解】 1)先求两板间切应力的分布。由牛顿内摩擦定律表达式 (2.13),得

$$\tau=\mu\frac{\mathrm{d}u}{\mathrm{d}y}=4000\mu(h-2y) \tag{a}$$

设紧贴上板面的流体所受的切应力为 τ_0(向左),则上板受到流体的切应力 $\tau_0'=-\tau_0$(向右),相应的内摩擦力为

$$F'=-A\tau_0=[-0.2\times4000\times1.49\times(0.01-2\times0.01)]\mathrm{N}=11.92\mathrm{N}(方向向右)$$

要使上板固定所需的力 $F=-F'$(方向向左,如图 2.9 所示)。

2)由式 (a) 可求 $y=h/3$ 处的切应力

$$\tau=\left[4000\times1.49\times\left(0.01-2\times\frac{0.01}{3}\right)\right]\mathrm{Pa}=19.9\mathrm{Pa} \tag{b}$$

即 $\tau=19.9\mathrm{Pa}>0$,说明若用一平面在 $y=h/3$ 处截开,下层流体(靠近坐标原点一侧的流体)受到上层流体的驱动,τ、u 同方向。

$y=2h/3$ 处的切应力

$$\tau = \left[4000 \times 1.49 \times \left(0.01 - 2 \times \frac{2 \times 0.01}{3} \right) \right] Pa = -19.9 Pa \qquad (c)$$

即 $\tau = -19.9 Pa < 0$，说明若用一平面在 $y = 2h/3$ 处截开，下层流体（靠近坐标原点一侧的流体）受到上层流体的阻滞，τ、u 反方向。

$y = h/2$ 处的切应力

$$\tau = \left[4000 \times 1.49 \times \left(0.01 - 2 \times \frac{0.01}{2} \right) \right] Pa = 0$$

即 $\tau = 0$，说明流体不受剪切力作用。

（3）黏性的量度　量度黏性大小的物理量有两个：动力黏度和运动黏度。

1）动力黏度 μ 是表征流体动力特性的黏度，且其表达式为

$$\mu = \frac{\tau}{du/dy} \qquad (2.14)$$

动力黏度在数值上等于速度梯度 $du/dy = 1$ 时的切应力。μ 越大的流体其流动时的阻力也越大，动力黏度的单位为 $Pa \cdot s$（或 $N \cdot s/m^2$）。目前使用的单位还有泊（P）和厘泊（cP），换算关系：$1 Pa \cdot s = 10 P = 1000 cP$。

2）运动黏度 ν 是表征流体运动特性的黏度，且其表达式为

$$\nu = \frac{\mu}{\rho} \qquad (2.15)$$

运动黏度的单位为 m^2/s。目前使用的单位还有斯托克斯（St）和厘斯（cSt），换算关系：$1 m^2/s = 10^4 St = 10^4 cm^2/s = 10^6 cSt$。

从单位中看出，运动黏度只含运动要素（时间和长度），不含动力要素，更能反映流体的运动特性。ν 越小，流体的流动性越好。

黏度的影响因素有温度和压强，但压强的影响很小，通常只需考虑温度的影响。而温度对液体和气体黏性的影响又不同：**温度升高时，液体的黏性降低，气体的黏性升高。**这是因为液体的黏性主要是液体分子之间的内聚力引起的，温度升高时，内聚力减弱，故黏性降低；而造成气体黏性的主要原因在于气体分子的热运动，温度越高，热运动越剧烈，故黏性越大。

不同温度下，水和空气的黏度可查表2.3和表2.4。

工程中还常用恩氏黏度 $°E$（量纲为一）来表示液体（特别是润滑油）的运动黏度，测量装置称为恩氏黏度计。测量时，将 $200 cm^3$ 被测液体装入圆筒中，加热到一定温度（通常是50℃）并保持恒定。然后让其靠自重流过直径为 2.8mm 的小孔，记下所需的时间 t。而后再取20℃相同体积的蒸馏水流过该小孔的时间 t_0。则该液体的恩氏黏度为

$$°E = \frac{t}{t_0} \qquad (2.16)$$

$$\nu = \left(0.0732 °E - \frac{0.0631}{°E} \right) \times 10^{-4} \qquad (2.17)$$

根据黏度的不同取值，可以把流体分为：

1）**黏性流体**：具有黏性的流体，实际流体都是黏性流体。

2）**理想流体**：完全没有黏性，即 $\mu = 0$ 的流体。在黏性影响不大（势流区）或黏性表现不出来（如流体处于静力平衡）时，完全可以将黏性流体当作理想流体来处理，解析结果是完全正确的。

表 2.3 标准大气压下水的物理性质

温度 $t/℃$	密度 $\rho/\text{kg} \cdot \text{m}^{-3}$	重度 $\gamma/\text{N} \cdot \text{m}^{-3}$	动力黏度 $\mu/10^{-3}\text{Pa} \cdot \text{s}$	运动黏度 $\nu/10^{-6}\text{m}^2 \cdot \text{s}^{-1}$	体积模量 $E/10^9\text{Pa}$
0	999.8	9805	1.781	1.785	2.02
5	1000.0	9807	1.518	1.519	2.06
10	999.7	9804	1.307	1.306	2.10
15	999.1	9798	1.139	1.139	2.15
20	998.2	9789	1.002	1.003	2.18
25	997.0	9777	0.890	0.893	2.22
30	995.7	9764	0.798	0.800	2.25
40	992.2	9730	0.653	0.658	2.28
50	988.0	9689	0.547	0.553	2.29
60	983.2	9642	0.466	0.474	2.28
70	977.8	9589	0.404	0.413	2.25
80	971.8	9530	0.354	0.364	2.20
90	965.3	9466	0.315	0.326	2.14
100	958.4	9399	0.282	0.294	2.07

表 2.4 标准大气压下空气的物理性质

温度 $t/℃$	密度 $\rho/\text{kg} \cdot \text{m}^{-3}$	重度 $\gamma/\text{N} \cdot \text{m}^{-3}$	动力黏度 $\mu/10^{-3}\text{Pa} \cdot \text{s}$	运动黏度 $\nu/10^{-6}\text{m}^2 \cdot \text{s}^{-1}$
−50	1.583	15.52	1.461	0.923
−20	1.395	13.68	1.628	1.167
0	1.293	12.68	1.716	1.327
5	1.270	12.45	1.746	1.375
10	1.247	12.24	1.775	1.423
15	1.225	12.01	1.800	1.469
20	1.205	11.82	1.824	1.513
25	1.184	11.61	1.849	1.561
30	1.165	11.43	1.873	1.608
40	1.128	11.06	1.942	1.716
60	1.060	10.40	2.010	1.896
80	1.000	9.81	2.099	2.099
100	0.946	9.28	2.177	2.301
200	0.747	7.33	2.589	3.466

任务 4 牛顿流体和非牛顿流体

1. 牛顿流体与非牛顿流体的概念

牛顿的切应力公式（2.13）表明：在平行的层状流动条件下，流体切应力与速度梯度之间成正比关系，即 $\tau = \mu(\mathrm{d}u/\mathrm{d}y)$。确实有一大类流体，它们在平行层流条件下，其切应力 τ 与速度梯度 $\mathrm{d}u/\mathrm{d}y$ 表现出线性关系，这类流体被称为牛顿型流体，简称牛顿流体。实践表明，气体和低分子量液体及其溶液都属于牛顿流体，其中包括最常见的空气和水。

牛顿流体的黏度 μ 是流体物性参数，与速度梯度 $\mathrm{d}u/\mathrm{d}y$ 无关。

但是，工程实际中还有许多重要流体并不满足牛顿切应力公式所描述的规律。虽然这些流体的切应力 τ 通常总可表示成速度梯度 $\mathrm{d}u/\mathrm{d}y$ 的单值函数

$$\tau = f(\mathrm{d}u/\mathrm{d}y) \tag{2.18}$$

但 τ 与 $\mathrm{d}u/\mathrm{d}y$ 的函数关系却是非线性的，将这类流体统称为非牛顿流体。聚合物溶液、熔融液、料浆液、悬浮液以及一些生物流体如血液、微生物发酵液等均属于非牛顿流体。

从黏性的角度，非牛顿流体最大的特点就是其黏度与流体自身的运动（或形变）相关，不再是物性参数；非牛顿流体的种类不同，其切应力 τ 与速度梯度 $\mathrm{d}u/\mathrm{d}y$ 之间也表现出不同的非线性行为。

2. 非牛顿流体及其黏度特性

图 2.10a 所示是典型非牛顿流体的切应力 τ 与速度梯度 $\mathrm{d}u/\mathrm{d}y$ 之间的关系，同时也标出了牛顿流体（曲线斜率为 μ）、理想流体（$\tau = 0$）和弹性固体（$\mathrm{d}u/\mathrm{d}y = 0$）以供对比。图中的非牛顿流体类型有：膨胀性流体、假塑性流体、宾汉（Bingham）理想塑性体。

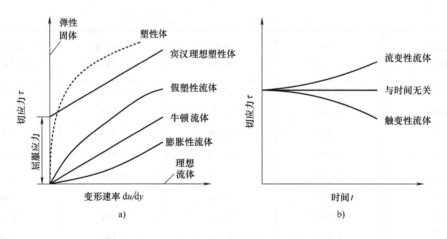

图 2.10　牛顿流体与非牛顿流体的黏度特性

a）切应力与变形速率的关系　b）切应力与变形时间的关系

膨胀性流体：τ-$\mathrm{d}u/\mathrm{d}y$ 曲线斜率随变形速率增加而增大，因此称为剪切增稠流体（变形速率增加提高其黏性）。属于这类流体的有淀粉、硅酸钾、阿拉伯树胶的悬浮液等。

假塑性流体：τ-$\mathrm{d}u/\mathrm{d}y$ 曲线斜率随变形速率增加而减小，因此称为剪切变稀流体（变形速率增加降低其黏性）。属于这类流体的有聚合物溶液、聚乙烯/聚丙烯熔体、涂料/泥浆悬

浮液等。

膨胀性流体、假塑性流体以及牛顿流体的 τ-du/dy 曲线都通过原点，即一旦受到切应力作用就有变形速率，不能像固体那样以确定的变形抵抗切应力，所以统称为**真实流体**。

宾汉理想塑性体：能抵抗一定的切应力，即变形速率为零时切应力不为零。宾汉理想塑性体有确切的屈服应力 τ_0，在切应力 $\tau \leq \tau_0$ 时无流动发生（$du/dy = 0$）；$\tau > \tau_0$ 后切应力与变形速率呈线性关系，表现出牛顿流体的行为，即

$$\tau = \tau_0 + \mu_0 \frac{du}{dy} \ (\tau \leq \tau_0 \ \text{时，} du/dy = 0) \tag{2.19}$$

由于宾汉理想塑性体能在一定程度上像固体那样以确定的变形抵抗切应力，因此可以将其看成半是固体半是流体，如钻井泥浆、污水泥浆、某些颗粒悬浮液等。

依时性流体：更复杂的一类非牛顿流体。这类流体的 τ-du/dy 关系不仅非线性，而且还随经受切应力的时间而变化，即在变形速率保持恒定时，其切应力要随时间变化，如图 2.10b 所示。其中，切应力随时间增加而增加的流体称为流变性流体，如石膏水溶液；切应力随时间增加而减小的流体则称为触变性流体，油漆即是如此。

为了方便描述非牛顿流体，人们提出了广义的**牛顿切应力公式**

$$\tau = \eta \frac{du}{dy} \tag{2.20}$$

式中，系数 η 同样反映流体的内摩擦特性，称为广义的牛顿黏度。对牛顿流体，$\eta = \mu$，属于流体的物性参数；对非牛顿流体，η 不再是常数，它不仅与流体的物理性质有关，而且还与受到的切应力或剪切速率有关，即流体的流动情况要改变其内摩擦特性。为此提出了描述非牛顿流体内摩擦特性的"黏度函数"模型，如 Ostwald-de Waele 的指数模型、Ellis 模型以及 Carreau 模型等。其中指数模型可表达为

$$\eta = \eta_R \left| \left(\frac{du}{dy} \right)_R \right|^{n-1} \tag{2.21}$$

式中，$(du/dy)_R$ 称为参考或相对剪切速率（速度梯度），数值上与剪切速率相等，量纲为一；η_R 称为稠度系数，也可看成是当剪切速率为 1s^{-1} 时的流体黏度，单位为 Pa·s。从式 (2.21) 可以得到各种流体的定义：

1）当 $n = 1$ 时，$\eta = \eta_R = \mu$，为牛顿流体；

2）当 $n < 1$ 时，为假塑性流体（或剪切变稀流体）；

3）当 $n > 1$ 时，为膨胀性流体（或剪切增稠流体）。

任务 5 表面张力

与气体接触的液体表面，由于表面两侧分子引力作用的不平衡，会使液体表面处于张紧状态，即使液体表面承受拉伸力，液体表面承受的这种拉伸力称为表面张力。

由于表面张力的存在，液体表面总是呈收缩的趋势，如空气中的自由液滴、肥皂泡等总是呈球状。表面张力不仅存在于与气体接触的液体表面，而且在互不相溶液体的接触界面上也存在表面张力。在一般的流体流动问题中表面张力的影响很小，可以忽略不计。但在研究诸如毛细现象、液滴与气泡的形成、某些具有自由液面的流动等问题时，表面张力就成为重

要的影响因素。

1. 表面张力系数

液体表面单位长度流体线上的拉伸力称为表面张力系数，通常用希腊字母 σ 表示，其单位是 N/m。图 2.11 所示为置于容器中的静止液体，考察液面上连接 A、B 两点的流体线，由于表面张力的存在，该线段一侧所受拉伸力处处垂直于该线段且平行于液面，按表面张力系数 σ 的定义，若该流体线长度为 l，则垂直作用于该线段的总拉伸力 f 就可以表示为

$$f = \sigma l \qquad (2.22)$$

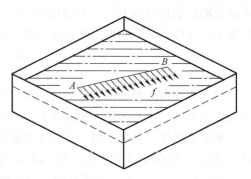

表面张力系数 σ 属于液体的物性参数，但同一液体其表面接触的物质不同，有不同的表面张力系数。表面张力系数随温度升高而降低，但不显著。如水从 0℃ 变化到 100℃ 时，其与空气接触的表面张力系数 σ 的变化范围为 0.0756 ~ 0.0589N/m。

图 2.11 液体表面的表面张力

2. 弯曲液面的附加压力差——拉普拉斯公式

对于液体表面为曲面的情况，表面张力的存在将使液体自由表面两侧产生附加压力差。现分析如下。

如图 2.12 所示，在凸起的弯曲液面上任选一点 o，以 o 点法线 n 为交线作出两个垂直相交的平面，这两个平面与弯曲液面相交得到两条切线 aa' 和 bb'，其对应的圆心角分别为 $\mathrm{d}\beta$ 和 $\mathrm{d}\alpha$，曲率半径分别为 R_1 和 R_2；然后分别平行于 aa'、bb' 作出四边形微元面 $aa'bb'$。

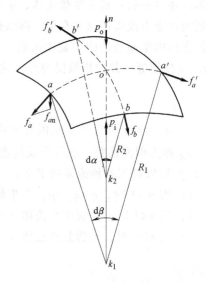

其中，微元面上 a、a'、b、b' 点所在边的长度分别为

$$\mathrm{d}l_a = \mathrm{d}l_{a'} = R_2\mathrm{d}\alpha, \ \mathrm{d}l_b = \mathrm{d}l_{b'} = R_1\mathrm{d}\beta$$

微元面 $aa'bb'$ 的面积为

$$\mathrm{d}A = R_2 R_1 \mathrm{d}\beta\mathrm{d}\alpha$$

现分析 a 点所在边上的表面张力。该边上表面张力 $f_a = \sigma\mathrm{d}l_a$ 且与液面相切，在法线 n 方向的投影为

图 2.12 弯曲液面的附加压力差

$$f_{an} = -f_a\sin\frac{\mathrm{d}\beta}{2} = -\sigma\mathrm{d}l_a\sin\frac{\mathrm{d}\beta}{2} \approx -\frac{1}{2}\sigma R_2\mathrm{d}\alpha\mathrm{d}\beta = -\frac{1}{2}\frac{\sigma}{R_1}\mathrm{d}A$$

$$(2.23)$$

同理可得点 a'、b、b' 所在边上的表面张力在法线 n 方向的投影分别为

$$f_{a'n} = -\frac{1}{2}\frac{\sigma}{R_1}\mathrm{d}A \qquad (2.24)$$

$$f_{bn} = f_{b'n} = -\frac{1}{2}\frac{\sigma}{R_2}\mathrm{d}A \qquad (2.25)$$

于是，将上述 4 个表面张力分量相加，可得微元面 dA 上表面张力在法线方向上的合力

$$f_{an}+f_{a'n}+f_{bn}+f_{b'n}=-\sigma\left(\frac{1}{R_1}+\frac{1}{R_2}\right)\mathrm{d}A \tag{2.26}$$

设液面两侧压强分别为 p_o（凸出侧）和 p_i（凹陷侧），则静止液面所受法线方向的总力有如下平衡关系：

$$p_i\mathrm{d}A-p_o\mathrm{d}A-\sigma\left(\frac{1}{R_1}+\frac{1}{R_2}\right)\mathrm{d}A=0$$

由此得到

$$p_i-p_o=\sigma\left(\frac{1}{R_1}+\frac{1}{R_2}\right) \tag{2.27}$$

式（2.27）即为计算弯曲液面附加压力差的拉普拉斯公式。该式表明：由于表面张力的存在，弯曲液面两侧会产生附加压力差，而且凹陷一侧的压强（p_i）总高于凸出一侧的压强（p_o），对于凹形液面，同样如此；特别地，对于直平面液面，因为 $R_1=R_2=\infty$，所以 $p_i-p_o=0$，即没有附加压力差现象；对于球形液面，因为 $R_1=R_2=R$，所以

$$p_i-p_o=\frac{2\sigma}{R} \tag{2.28}$$

此外，可以证明，通过曲面上一点的任意一对正交法切线的曲率半径倒数之和 $\left(\frac{1}{R_1}+\frac{1}{R_2}\right)$ 都相等，所以实践中只要找到其中一对正交法切线的曲率半径即可。例如对于圆柱面，母线与圆周线就是一对正交法切线，其曲率半径分别为 ∞ 和 R，所以 $(1/R_1+1/R_2)=1/R$。

例 2-3   图 2.13 所示是一个球形液膜（如肥皂泡等），其表面张力系数为 σ；因为液膜很薄，内、外表面半径均视为 R。试求液膜内、外表面的压力差。

【解】   考察液膜外侧点 C、内侧点 A 和液膜中点 B。由于液膜有内、外两个液面，所以根据拉普拉斯公式（2.27），表面张力在 A 和 B 两点之间造成的压力差为

$$p_A-p_B=\left(\frac{1}{R_1}+\frac{1}{R_2}\right)\sigma=\frac{2\sigma}{R}$$

而 B 和 C 两点之间的压力差为

$$p_B-p_C=\left(\frac{1}{R_1}+\frac{1}{R_2}\right)\sigma=\frac{2\sigma}{R}$$

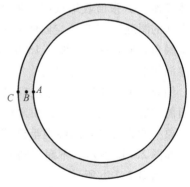

图 2.13   球形液膜

由上述两式消去 p_B 则得

$$p_A-p_C=\frac{4\sigma}{R}$$

这表明球形液膜内侧的压力较外侧的压力高 $4\sigma/R$。

3. 毛细现象与湿润效应

（1）毛细现象 观察发现，如果将直径很小的两支玻璃管分别插在水和水银两种液体中，管内外的液位将有明显的高度差，如图 2.14 所示，这种现象称为毛细现象。毛细现象是由液体对固体表面的湿润效应和液体表面张力所决定的一种现象。事实上，液体不仅对图 2.14 中的细玻璃管有毛细现象，对狭窄的缝隙和纤维及粉体物料构成的多孔介质也有毛细现象，与所接触的液体一起产生毛细现象的固体壁面可以通称为毛细管。毛细现象是微细血管内血液流动、植物根茎内营养和水分输送、多孔介质内流体流动的基本研究对象之一。

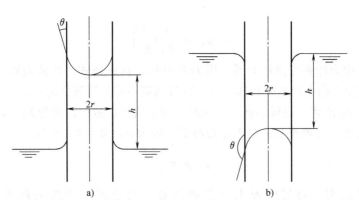

图 2.14　毛细现象

a）玻璃管插入水中　b）玻璃管插入水银中

（2）湿润效应 **湿润效应**是液体和固体相互接触时的一种界面现象。润湿是指液体与固体接触时，前者要在后者表面上四散扩张；不润湿则是指液体在固体表面不扩张而收缩成团。液体对固体表面的润湿可用液体与固体界面之间的接触角 θ 来表征，如图 2.15 所示。液体能润湿管壁时，θ 为锐角，反之为钝

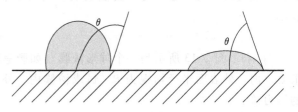

图 2.15　液体与固体界面的接触角

角。例如，水和水银与洁净玻璃壁面接触，其接触角 θ 分别为 0° 和 140°，故水在洁净玻璃表面能四散扩张润湿玻璃，而水银则收缩成球形不能润湿玻璃。液体对固体的润湿与否在毛细现象中的表现是：润湿则毛细管中液位高于管外液位，且自由液面形成的弯月面是凹陷的，如图 2.14a 所示；不润湿则毛细管中液位低于管外液位，且自由液面形成的弯月面是凸出的，如图 2.14b 所示。

毛细现象和润湿效应都是由相互接触的液体和固体分子之间的吸引力决定的。液体分子间的引力作用使液体表现出内聚和附着两种效应。内聚使液体具有抵抗拉应力的能力，附着使液体能黏附在物体表面，且这两种效应与液体所接触的物体表面性质密切相关。液体与物体表面接触时，如内聚效应占优，液体将趋于收缩并产生毛细抑制现象，如附着效应占优，则液体将润湿物体表面并产生毛细爬升现象。

4. 表面张力的计算

毛细管内、外的液面高差如图 2.16 所示，取上升高度 h 段内的液体，分析其竖直方向

受力。液柱底部与管外液面在同一水平面，所受压强与液柱表面压强相同，均为大气压强但方向相反，是一对平衡力。此外，液柱竖直方向受力还有液柱重力 G 和弯月面与管壁接触周边表面张力 f 的竖直分量。

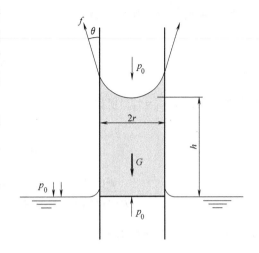

忽略弯月面中心以上部分液体重力，液柱所受的重力为

$$G = \pi r^2 h \rho g$$

液柱弯月面与毛细管接触周边的表面张力，其竖直方向的分量为

$$f_z = 2\pi r \sigma \cos\theta$$

由 $G = f_z$ 可得

$$h = \frac{2\sigma\cos\theta}{\rho g r} \tag{2.29}$$

图 2.16 毛细升高液柱受力分析

应用式（2.29）需要说明的是：

1）对于 θ 为钝角的情况，h 为负值，表明管内液面低于管外液面；

2）因忽略了弯月面中心以上部分液体重力，由此式计算的 h 值略高于实际值，且这种差别随 r 增加而增大；

3）当管径大于 12mm 时毛细效应可以忽略不计。

式（2.29）反映了毛细管中液面爬升高度 h 与液面表面张力系数 σ、液体与固体界面之间的接触角 θ 以及毛细管半径 r 之间的关系，在实践中可用于测定液体的表面张力系数。

综 合 实 例

如图 2.17 所示，面积为 $A = 1200\mathrm{cm}^2$ 的平板放在厚度为 $h = 2.4\mathrm{mm}$ 且有不同黏度的油层上，其中一种油的黏度为 $\mu_1 = 0.142\mathrm{Pa \cdot s}$，油层厚为 $h_1 = 1.0\mathrm{mm}$；另外一种油的黏度为 $\mu_2 = 0.235\mathrm{Pa \cdot s}$，油层厚为 $h_2 = 1.4\mathrm{mm}$。当平板以匀速 $v = 0.5\mathrm{m/s}$ 被拖动时，求平板上所受到的内摩擦力 F。

【解】 已知：

$$A = 1200\mathrm{cm}^2, \qquad v = 0.5\mathrm{m/s}$$
$$\mu_1 = 0.142\mathrm{Pa \cdot s}, \ h_1 = 1.0\mathrm{mm}$$
$$\mu_2 = 0.235\mathrm{Pa \cdot s}, \ h_2 = 1.4\mathrm{mm}$$

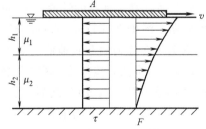

图 2.17 不同黏度的油层上平板受力

假设两种液体分界面上的速度为 u，则由牛顿内摩擦定律

$$\tau = \mu \frac{\mathrm{d}u}{\mathrm{d}y}$$

可得第一种液体中的切应力为

$$\tau_1 = \mu_1 \frac{v-u}{h_1}$$

第二种液体中的切应力为

$$\tau_2 = \mu_2 \frac{u-0}{h_2}$$

因为在分界面上 $\tau_1 = \tau_2$，所以

$$\mu_1 \frac{v-u}{h_1} = \mu_2 \frac{u-0}{h_2}$$

$$u = \frac{\mu_1 h_2 v}{\mu_1 h_2 + h_1 \mu_2} = \frac{0.142 \times 1.4 \times 0.5}{0.142 \times 1.4 + 0.235 \times 1.0} \mathrm{m/s} = 0.23 \mathrm{m/s}$$

故平板上所受的内摩擦力为

$$F = \tau_1 A = \mu_1 \frac{v-u}{h_1} A = 4.6 \mathrm{N}$$

拓展提高：酒泪与马兰戈尼效应

轻轻摇晃葡萄酒杯之后，酒液在杯壁上均匀地旋转。停下以后，酒液会以弧形或者条纹形状沿着杯壁流回到酒中，这种现象被称为"挂杯"，雅称为酒泪，如图2.18所示。酒泪表明酒精、糖分和甘油的含量较高，干浸出物（除残糖以外所有非挥发性精华物质）也可能比较丰富，相对来说这款酒的口感也会比较丰腴。许多刚接触葡萄酒的新手大概都听过这样的说法：酒泪越多，酒质越好。所以，许多人喜欢通过观察酒泪去判断酒质，以为酒泪的密度越高、流动速度越慢、持续时间越长，葡萄酒的品质越高。

最早关注挂杯现象的学者是19世纪的英国物理学家詹姆斯·汤姆森（James Thomson），他在1855年发表了论文《在葡萄酒和其他酒类表面观察到的一些奇特运动》，初步认为挂杯是一种由液体表面张力作用引

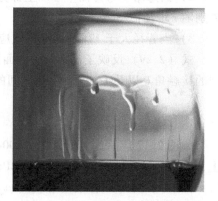

图2.18 酒泪沿玻璃杯内壁滑落

起的"热毛细对流"。10年之后，意大利帕维亚大学的物理学博士卡罗·马兰戈尼（Carlo Marangoni）又发表了一篇论文，进一步系统地解释了这种现象，被学术界命名为"马兰戈尼效应"（Marangoni effect）。由于美国物理学家威拉德·吉布斯（Willard Gibbs）后来进一步丰富和发展了马兰戈尼的学说，有时也称其为"吉布斯-马兰戈尼效应"（Gibbs-Marangoni effect）。

具体到葡萄酒，由于酒精的挥发速度高于水分，当酒精挥发后，酒杯内壁酒液的水分表面张力就会越来越大，在表面张力的作用下，酒液就被拉扯成一道道酒泪，并在自身重量的作用下徐徐下滑。另外，由于葡萄酒还含有残糖和甘油，这些黏性物质也会影响到酒泪的密度及下滑速度。残糖和甘油的含量越高，酒泪的分布越密集，下滑的速度越缓慢。

思政专题：桥梁界的"珠穆朗玛峰"——港珠澳大桥

2018年10月23日，习近平总书记在出席港珠澳大桥开通仪式上说，港珠澳大桥的建设创下多项世界之最，非常了不起，体现了一个国家逢山开路、遇水架桥的奋斗精神，体现了我国综合国力、自主创新能力，体现了勇创世界一流的民族志气。这是一座圆梦桥、同心桥、自信桥、复兴桥。大桥建成通车，进一步坚定了我们对中国特色社会主义的道路自信、理论自信、制度自信、文化自信，充分说明社会主义是干出来的，新时代也是干出来的！对港珠澳大桥这样的重大工程，既要高质量建设好，全力打造精品工程、样板工程、平安工程、廉洁工程，又要用好管好大桥，为粤港澳大湾区建设发挥重要作用。

1983年，港商胡应湘首次倡议建造；2004年3月，前期工作协调小组办公室成立；2009年12月15日，港珠澳大桥工程正式开工建设；2017年7月7日，主体工程全线贯通；2018年5月23日，建设完工；2018年10月23日，港珠澳大桥正式开通（见图2.19）。从设计到开通，港珠澳大桥前后历时35年！筹备6年，建设9年，15年坚守，3万多人参与；全长55km、6.7km海底沉管隧道；成就多项世界之最，堪称桥梁史上的奇迹。港珠澳大桥建成通车在中国乃至世界桥梁建设史上都具有里程碑意义，它标志着中国从桥梁大国走向桥梁强国。

图2.19　港珠澳大桥江海直达船航道桥"海豚三塔"景观

港珠澳大桥主桥为三座大跨度钢结构斜拉桥，每座主桥均有独特的艺术构思。青州航道桥塔顶结型撑吸收"中国结"文化元素，将最初的直角、直线造型"曲线化"，使桥塔显得纤巧灵动、精致优雅。江海直达船航道桥主塔塔冠造型取自"白海豚"元素，与海豚保护区的海洋文化相结合。九州航道桥主塔造型取自"风帆"，寓意"扬帆起航"，与江海直达船航道塔身形成序列化造型效果，桥塔整体造型优美、亲和力强，具有强烈的地标韵味。东西人工岛汲取"蚝贝"元素，寓意珠海横琴岛盛产蚝贝。香港口岸的整体设计富于创新，且美观、符合能源效益。旅检大楼采用波浪形的顶篷设计，为支撑顶篷，大楼的支柱呈树状，下方为圆锥形，上方为枝杈状展开。最靠近珠海市的收费站设计成弧形，前面是一个钢柱，后面由几根钢索拉住，就像一个巨大的锚。大桥水上和水下部分的高差近100m，既有横向曲线又有纵向高低，整体如一条丝带一样纤细轻盈，把多个节点串起来，寓意"珠联璧合"。前山河特大桥采用波形钢腹板预应力组合箱梁方案，采用符合绿色生态特质的天蓝色涂装，造型轻巧美观，与当地自然生态景观浑然天成；桥体矫健轻盈，似长虹卧波，天蓝色波形腹板与前山河水道遥相辉映，如同水天一色，在风起云涌之间形成一道绚丽的风景线。针对跨海工程"低阻水率""水陆空立体交通线互不干扰""环境保护"以及"行车安全"等苛刻要求，港珠澳大桥采用了"桥、岛、隧三位一体"的建筑形式；大桥全路段呈S形曲线，桥墩的轴线方向和水流的流向大致取平，既能缓解司机驾驶疲劳、又能减少桥墩阻水率，还能提升建筑美观度。结合桥梁建设的经济性、美观性等诸多因素以及通航等级要求，港珠澳大桥主桥的三座通航孔桥全部采用斜拉索桥，由多条 $8\sim23t$、$1860MPa$ 的超高强度平行钢丝巨型斜拉缆索从约 $3000t$ 自重主塔处张拉承受约 $7000t$ 重的梁面；整座大桥具有跨径大、桥塔高、结构稳定性强等特点。

港珠澳大桥地处外海，气象水文条件复杂，HSE 管理（健康 Health、安全 Safety 和环境 Environment 三位一体的管理体系）难度大。伶仃洋地处珠江口，平日涌浪暗流及每年的南海台风都极大地影响高难度和高精度要求的桥隧施工；海底软基深厚，即工程所处海床面的淤泥质土、粉质黏土深厚，下卧基岩面起伏变化大，基岩深埋基本处于 $50\sim110m$ 范围；海水氯盐可腐蚀常规的钢筋混凝土桥结构。作为主体工程之一的 CB03 标段，施工难度极大。此标段共需预制安装墩台 68 座，墩台最大重量近 $3600t$，其中部分墩台处于伶仃海域深海区，受自然环境因素影响较大，设计对垂直度要求极高。据项目部工作人员回忆，巨型桥墩从预制、运输到整体埋置，可以说举步维艰。项目部在建造墩台预制场时发现，地基底部全是淤泥。但他们没有灰心和抱怨，建设者们先进行"地基加固"，经过 4 个月的连续奋战，建成了一座现代化的大型墩台预制场，成为 CB03 标段海上作业的大后方。

伶仃洋是弱洋流海域，大量的淤泥不仅容易在新建桥墩、人工岛屿或在采用盾构技术开挖隧道过程中堆积并阻塞航道、形成冲积平原，而且会干扰人工填岛以及预制沉管的安置与对接；同时，淤泥为生态环境的重要成分，过度开挖可致灾难性破坏。故桥隧工程既要满足低于 10% 阻水率的苛刻要求，又不能过度转移淤泥。为降低建筑阻水率，保持航道畅通，港珠澳大桥采用中国自主研制的半刚性结构沉管隧道，具有低水化热、低收缩的沉管施工混凝土配合比，提高了混凝土的抗裂性能，并满足隧道 120 年内不漏水要求。沉管隧道安放和对接的精准度要求极高，沉降控制范围在 10cm 之内，基槽开挖误差范围在 0m~0.5m 之间。沉管隧道最终接头是一个巨大楔形钢筋混凝土结构，重 6000t，为中国首个钢壳与混凝土浇筑，由外墙、中墙、内墙和隔板等组成的"三明治"梯形结构沉管，入水后会受洋流、浮力等影响而变化姿态；为了保证吊装完成后顺利止水，高低差需控制在 15mm 以内。

伶仃洋立体空间区域内包括重要的水运航道和空运航线，伶仃洋航道每天有 4000 多艘船只穿梭，毗邻周边机场，通航大桥的规模和施建受到很大限制，部分区域无法修建大桥，只能采用海底隧道方案。深海作业，首先要解决的问题是水。项目部采用的"胶囊止水法"既降低成本，还可以突破 10m 的水深限制。但这种新方法技术难度高，鲜有成功先例，也没有相似经验可借鉴。项目工作人员回忆说，我们为自己设置目标："不能光满足于完成任务，更要借此实现工艺上的跨越"。靠着这股不服输的精神，研发出一种全新的止水材料，在模拟实验中可以承受 20m 水深的压力。

另外，外海施工，夏天台风袭击，冬天北风肆虐，海面风高浪急。CB04 标段党支部书记罗锦鸿介绍说，大家最初出海施工，"都是先吐上一两天，再晕上一周，才开始慢慢适应船上生活。有时候风浪太大，整艘船上下晃动整晚睡不着。"苦中作乐，大家自嘲："我们住的是 360°海景房。""世纪工程，有我一笔！" 2016 年 3 月 31 日，看着 CB04 标段非通航孔桥工区最后一片钢箱梁吊装完成，罗锦鸿与现场的工程师和工人们，一起涌到合龙的桥面上庆祝，嘴角露出骄傲的微笑。

对于这项"超级工程"，港珠澳大桥主体工程的参建单位有上百家，如果说沉管安装实现精准对接是技术创新要求，如何实现参建单位之间的"无缝对接"则是完成技术创新的管理保障。上百家建设单位、上万建设者群策群力，他们从祖国各地汇聚在伶仃洋，吼起南腔北调的劳动号子，建成了这项世界公路建设史上技术最复杂、施工难度最大、工程规模最庞大的桥梁。作为跨海集群建设工程，港珠澳大桥在建造技术上是集大成的集群创新。它既是技术的大桥，也是文化的大桥。

"思政内容"与现实的结合点

1）港珠澳大桥先后攻克了人工岛快速成岛、深埋沉管结构设计、隧道复合基础等十余项世界级技术难题，带动了 20 个基地和生产线的建设，形成了拥有中国自主知识产权的核心技术，建立了中国跨海通道建设工业化技术体系。

2）让学生真正领悟到，三百六十行，每一行都有必须具备的素养，每一个岗位都有需要坚守的自觉，每一个人都有应该彰显的担当。通过价值引领、知识传授、技能培养的有机融合，最终实现教书、育人、育才的有机统一。

3）把工程流体力学领域的先进成果、重大工程与爱国主义精神有机结合，激发学生的家国情怀，增强学生的"文化自信"和民族自豪感。

课程思政素材出处

[1] 港珠澳大桥［EB/OL］.［2023-03-03］. https：//baike. so. com/doc/2175720-2302210. html.
[2] 蔡秀萍. 攻坚克难铸就世界一流桥梁——记港珠澳大桥管理局总工程师苏权科［J］. 中国人才，2022（2）：40-42.

思 考 与 练 习

1. 什么是流体？其特征是什么？流体与固体有何区别？

2. 何谓连续介质假说？引入的目的是什么？

3. 什么是流体的黏性？温度对流体黏性的影响如何？

4. $1.5m^2$ 的容器中装满了油。已知油的重量为 12591N。求油的重度 γ 和密度 ρ。

5. 空气［$R=287.1J/(kg \cdot K)$］的压强为 10^5 Pa、温度为 20℃ 时，分别求其压缩系数 β_p 和膨胀系数 β_t。

6. 相对密度为 0.89 的石油，在温度为 20℃ 时的运动黏度为 40cSt，求动力黏度。

7. 图 2.20 所示为一平板在油面上做水平运动，已知运动速度 $u=1m/s$，板与固定边界的距离 $\delta=1mm$，油的动力黏度 $\mu=1.147Pa \cdot s$，由平板所带动的油层的运动速度呈直线分布，求作用在平板单位面积上的黏性阻力。

8. 图 2.21 所示为活塞式液压缸，其直径 $D=12cm$，活塞直径 $d=11.96cm$，活塞长度 $L=4cm$，油的动力黏度 $\mu=0.65Pa \cdot s$，当活塞移动速度为 0.5m/s 时，试求拉回活塞所需要的力 F。

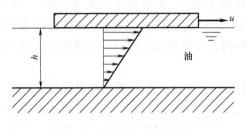

图 2.20　平板在油面运动

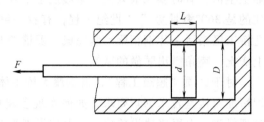

图 2.21　活塞式液压缸运动

9. 如图 2.22 所示，质量为 $m=5\mathrm{kg}$、底面积为 $S=40\mathrm{cm}\times60\mathrm{cm}$ 的矩形平板，以 $U=1\mathrm{m/s}$ 的速度沿着与水平面成倾角 $\theta=30°$ 的斜面做等速下滑运动。已知平板与斜面之间的油层厚度 $\delta=1\mathrm{mm}$，假设由平板所带动的油层的运动速度呈线性分布。求油的动力黏度。

10. 如图 2.23 所示，转轴的直径 $d=0.36\mathrm{m}$，轴承的长度 $l=1\mathrm{m}$，轴与轴承的缝隙宽度 $\delta=0.23\mathrm{mm}$，缝隙中充满动力黏度 $\mu=0.73\mathrm{Pa\cdot s}$ 的油，若轴的转速 $n=200\mathrm{r/min}$。求克服油的黏性阻力所消耗的功率。

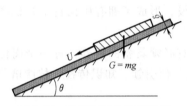

图 2.22　沿斜面运动的矩形板

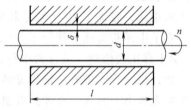

图 2.23　轴承的转动

11. 如图 2.24 所示，直径为 d 的两个圆盘相互平行，间隙中的液体动力黏度为 μ，若下盘固定不动，上盘以恒定角速度 ω 旋转，此时所需力矩为 T，求间隙厚度 δ 的表达式。

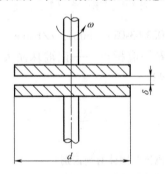

图 2.24　两个相互平行的圆盘

项目 3
流体静力学

流体的静止状态是指流体质点相对于参考坐标系没有运动，流体质点与质点之间不存在相对运动，处于相对平衡的状态。它包含两种情况：一是相对于地球而言，流体质点没有运动，这种静止称为绝对静止；二是流体质点相对地球有运动，但流体质点之间没有相对运动，这种静止称为相对静止或相对平衡。

流体静力学是研究流体处于绝对静止和相对静止状态下的基本规律及其在工程上应用的学科。具体地说，它是研究流体平衡时其内部的压强分布以及流体与固体壁面的相互作用力。由于流体处于绝对静止或相对静止状态时，各流体质点之间没有相对运动，速度梯度等于零，切应力也等于零，这样流体的黏性就显现不出来。因此，流体静力学的理论不论对理想流体，还是对黏性流体都是适用的。

【案例导入】

神奇的饮水鸟：只需要一杯水的"永动机"

饮水鸟是一种古老的中国玩具，外形像只鸟，主体由玻璃制成。鸟的身体是一根玻璃管，鸟头是管上端的一个小球，鸟尾是管下端的一个大球。球内装有液体，管下端浸入液面。密闭的鸟身架在一个类似鸟腿的基座上，头部粘有尖嘴、尾部粘有羽毛，如图 3.1 所示。饮水鸟的神奇之处在于，在它面前放杯水，它就会俯下身去，把嘴浸入水中"喝"一口，然后直立起来。可是刚直立一会儿又会俯下身去"喝"一口，然后再次直立起来。饮水鸟就这样不停地点头"喝"水，犹如一台永动机。有人曾将饮水鸟送给爱因斯坦，当他看过并明白其原理后，十分惊叹饮水鸟的设计。因此这个玩具又被叫作"爱因斯坦也吃惊的玩具"。

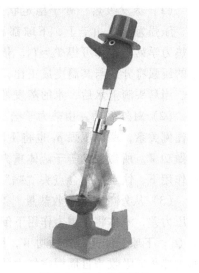

图 3.1　饮水鸟的结构

1. 饮水鸟的工作原理

饮水鸟看上去没有任何外来动力，却能不停地点头"喝"水，难道真是一台永动机？事实上，它只是一种遵守热力学定律的典型热机。饮水鸟的头和躯体分别为两个薄壁玻璃球（以下简称"上球"和"下球"），其间以一根玻璃管连通，内装乙醚液体，构成一个密闭容器。由于乙醚液体易挥发，因此液面上方充满乙醚的饱和气。鸟头四周包有一层易吸水的布。平时，鸟身略向前倾，如图 3.2a 所示。启动时，给鸟头滴少许水，布上的水在蒸发时大量吸热，使上球内的乙醚饱和气在降温的同时降压，又因为温度降低，乙醚蒸气变得过饱和了，有少量乙醚蒸气凝结成液体，乙醚蒸气的量变少，气体体积进一步缩小，并放热阻止温度降低。此时下球中的饱和气压大于上球中的气压，下球中的乙醚液体沿玻璃管往上压，下球压强变小，里面的蒸气变得不饱和，少量乙醚汽化，下球里的乙醚蒸气的量变大，同时从乙醚液体吸热，于是整个鸟的重心上移，从而打破了支点的平衡状态，如图 3.2b 所示。鸟身随上升的乙醚液体逐渐前倾，当鸟嘴接触液面时，上下球刚好通过玻璃管连通，下球中的部分气体进入上球，两部分气体混合，当上、下球中压强一致时，失去气体压力支持的液体将在自身重力的作用下倒流回下球，饮水鸟的重心再次下移，于是渐渐直立起来，回到初始状态，如图 3.2c 所示。

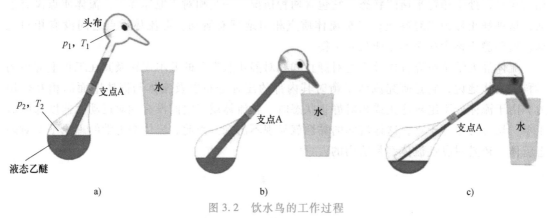

a)　　　　　　　　　　　b)　　　　　　　　　　　c)

图 3.2　饮水鸟的工作过程

2. 热力学原理

从热力学角度，分析饮水鸟的工作过程，包括三个阶段：蒸发吸热、对外做功、从外部热源吸收热量。

（1）蒸发吸热　处于稳定状态时，上球中的温度为 T_1、压强为 p_1，下球中的温度为 T_2、压强为 p_2。由于上、下球都和外界大气接触，因此分别和外界大气处于热平衡状态。由热力学第零定律可得 $T_1 = T_2$。依据理想气体的状态方程 $pV = nRT$，体积不变时，上、下球中的压强将分别与其温度成正比，此时饮水鸟的重心刚好落在支点上，整个系统处于稳定状态。当鸟头滴上水后，水的蒸发带走上球中的部分热量 Q_1。

（2）对外做功　由热力学公式 $Q_1 = nC_{V,m}\Delta T$，上球的温度 T_1 将下降。由于 p_1 与 T_1 成正比例关系，所以压强 p_1 也将下降。于是上、下球间出现压力差，下球中的气体将推动液体做功 W。所做的功等于液体重力势能的增加量。液体上升又使整个装置重心上移。在重力矩作用下，饮水鸟就会点头"喝"水。

（3）从外部热源吸收热量　当鸟头刚刚接触水面时，上、下球的气体正好连通。没有了压力差，液体将在重力作用下倒流回下球，饮水鸟就直立起来。由于蒸发吸热过程带走热量 Q_1，下球气体又对外做功 W，因此混合后的气体平均温度会降低。上、下球中的气体将通过热传递吸收来自周围空气中的热量 Q，使整个装置重新回到最初时的平稳位置，并开始下一轮循环。

通过以上分析可得：$Q = Q_1 + W$，这说明饮水鸟并不违背热力学第一定律，只是由于它所消耗的能量不易察觉，才被误认为永动机。

神奇的饮水鸟充分体现了我国古代劳动人民的聪明才智，为我们提供了利用天然能源的新方法。我们可以将饮水鸟看成一个热机，下球周围的空气是热源，包在鸟头上的湿布是冷源，它是通过降温获得温差，而不同于以往热机通过升温获得温差。从能源开发的角度，这一点值得我们借鉴。

资料来源：杨瑞博. 饮水鸟中的热力学原理 [J]. 现代物理知识. 2007（02）：53-54.

【教学目标】

1. 掌握作用在流体上的力及静压强的特性；
2. 理解欧拉平衡微分方程及等压面的概念；
3. 掌握重力场中的静力学基本方程，运用其求解工程实际问题；
4. 了解压强的单位和压强的测量方法；
5. 掌握液体相对平衡方程，运用其求解工程实际问题；
6. 学会计算静止流体对壁面的作用力。

任务 1　作用在流体上的力

无论是静止或运动的流体都受到外力的作用。作用在流体上的力按其物理性质来看，有重力、弹性力、摩擦力、表面张力等。如按其作用的方式来分，这些力分为表面力和质量力两类。

1. 表面力

表面力是流体内部各部分之间或流体和其他物体之间通过毗邻流体接触表面作用在流体上的力，其大小和受作用的表面面积成正比。由于流体内部不能承受拉力，所以表面力又可分为垂直于作用面的压力和平行于作用面的切力。

在流体中任取一体积为 V、表面面积为 A 的分离体作为研究对象，则分离体以外的流体必定通过接触面对分离体有作用力，如图 3.3 所示。在分离体表面 a 点附近取一微元面积 ΔA，设作用在它上面的表面力为 ΔF，则 ΔF 可以分解为沿法线方向 n 的法向力 ΔF_n 和沿切线方向 τ 的切向力 ΔF_τ。以微元面积 ΔA 分别除上述两分力得 $\Delta F_n / \Delta A$、$\Delta F_\tau / \Delta A$。取极限便可求得作用于 a 点的法向应力和切向应力，用数学表达式可写成

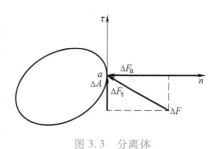

图 3.3　分离体

$$\sigma = \lim_{\Delta A \to 0} \frac{\Delta F_n}{\Delta A} \tag{3.1}$$

$$\tau = \lim_{\Delta A \to 0} \frac{\Delta F_\tau}{\Delta A} \tag{3.2}$$

习惯上把流体的内法向应力称作流体压强，用 p 表示，其单位为 Pa（$1\text{Pa} = 1\text{N/m}^2$）。

显然，流体压强表征的是作用在流体单位面积上法向力的大小。

2. 质量力

质量力是流体质点受某种力场的作用力，它的大小与流体的质量成正比。对于均质流体，质量力也必然和受作用流体的体积成正比，所以质量力又称为体积力。在重力场中，流体质点受地球引力的作用产生的重力，以及当研究流体的加速运动时，应用达朗贝尔原理虚加在流体质点上的惯性力，均属于质量力，此外，磁场对磁流体的作用力也是一种质量力。

单位质量的流体所受的质量力称为单位质量力。设作用在质量 Δm 的流体上的总质量力为 ΔF，则单位质量力为

$$f= \lim_{\Delta m \to 0} \frac{\Delta F}{\Delta m} = \lim_{\Delta V \to 0} \frac{\Delta F}{\rho \Delta V}$$

式中，ρ 为流体的密度；V 为流体的体积；$\Delta m \to 0$ 和 $\Delta V \to 0$ 的含义是流体微团趋于流体质点。

单位质量力在直角坐标系中的3个分量用 f_x、f_y、f_z 表示，则

$$f_x = \frac{F_x}{m}, \quad f_y = \frac{F_y}{m}, \quad f_z = \frac{F_z}{m} \tag{3.3}$$

单位质量力在数值上和单位上均与所对应的加速度相同。例如，若作用在流体上的质量力只有重力，那么，在 z 轴铅垂向上的直角坐标系中质量力的3个分量分别为

$$f_x = 0, \quad f_y = 0, \quad f_z = -g \tag{3.4}$$

式中，负号表示重力的方向是垂直向下的，正好与 z 轴方向相反。

例 3-1 如图 3.4 所示，一运水汽车沿与水平面成 $\alpha = 30°$ 的斜坡匀减速向上行驶，其加速度为 $a = -2\text{m/s}^2$，试求作用在单位质量水体上的质量力。

【解】 由题意，作用在水体上的单位质量力为

$$f_x = -a\cos\alpha$$
$$f_y = 0$$
$$f_z = -g - a\sin\alpha$$

因此，

$$f_x = (2 \times \cos30°)\,\text{N/kg} = 1.732\,\text{N/kg}$$
$$f_y = 0$$
$$f_z = (-9.8 + 2 \times \sin30°)\,\text{N/kg} = -8.8\,\text{N/kg}$$

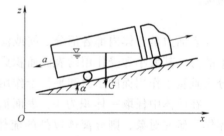

图 3.4 运水汽车沿斜面行驶

任务 2 流体静压强特性

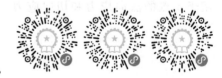

无论流体是处于绝对静止状态还是相对静止状态，由于流体质点间没有相对运动，流体的黏性不起作用，内摩擦切应力 $\tau = 0$，又由于处于静止状态的流体不能承受拉应力，所以处于静止状态的流体质点间的相互作用只能是压应力的形式表现出来。

当流体处于绝对静止或相对静止状态时，作用在与之接触的表面上的压应力称为流体的静压强，表示一点上流体静压力的强度。其表达式为

$$p = \frac{F}{A} \qquad (3.5)$$

式中，p 为流体的静压强，单位为 N/m^2 或 Pa；F 为垂直作用于流体表面上的力，单位为 N；A 为作用面的面积，单位为 m^2。

压强的单位还有 atm（标准大气压）、某流体液柱高度、bar（巴）和 kgf/cm^3；它们之间的换算关系为

$$1atm = 1.033 kgf/cm^2 = 760 mmHg = 10.33 mH_2O$$

$$1atm = 1.0133 bar = 1.0133 \times 10^5 Pa = 0.10133 MPa$$

静压强是衡量流体质点应力状态的标量，它有两个基本特性。

（1）静压强作用的垂向性 流体静压强的方向与受压面垂直并指向受压面，即流体静压强的方向只能沿作用面的内法线方向，且与作用面的内法线方向一致。

证明：在静止流体中任取一截面 ab，将其分为 I、II 两部分。取 II 为分离体，I 对 II 的作用由 ab 面上连续分布的应力所代替，如图 3.5 所示。假设 ab 面上任一点的应力 p 的方向不是沿着作用面的法线方向，则 p 可以分解为法向应力 σ 和切向应力 τ。

假设切向应力 $\tau \neq 0$，则在切向应力的作用下，流体将发生相对运动，产生流动，这与流体处于静止状态的前提条件不符，所以静止流体中切向应力 τ 必为零。

假设法向应力 σ 是沿法线的外法线方向，则流体将受到一个拉力的作用，这与流体不能承受拉力的特性不符。

由此可以得出，流体静压强的方向是唯一的：沿作用面的内法线方向，或者说，流体静压强的方向与受压面垂直并指向受压面。

由此可推知，静止流体对容器的作用力的方向必垂直于容器壁而且指向壁面，如图 3.6 所示。

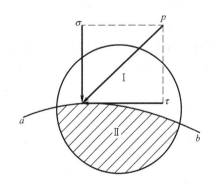

图 3.5 流体静压强的方向

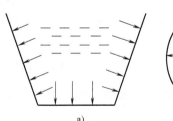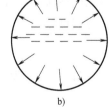

图 3.6 静压强的方向

（2）静压强的各向等值性 某一固定点上流体静压强的大小与作用面的方位无关，也就是同一点上各个方向的流体的静压强大小相等。

证明：在静止流体中任取一点 O，包含 O 点作一微小直角四面体 $OABC$，如图 3.7 所示。

为方便起见，取三个正交面与坐标平面方向一致，正交的三个边长分别为 dx、dy、dz。

分析作用在四面体上的力，包括如下内容。

1）表面力。由于四面体取得足够小，可以认为作用于 OBC、OAC、OAB、ABC 四个微小面上的压强是均布的，分别为 p_x、p_y、p_z 和 p_n。则在相应各面上作用的表面力为压强乘以该作用面的面积。即

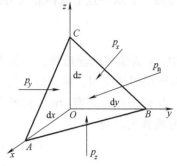

图 3.7　微小四面体分离体

$$P_x = p_x \frac{dydz}{2}$$

$$P_y = p_y \frac{dxdz}{2}$$

$$P_z = p_z \frac{dxdy}{2}$$

$$P_n = p_n A_n$$

式中，A_n 为斜面的面积。

2）质量力。设单位质量力在 x、y、z 轴上的分量分别为 f_x、f_y、f_z，四面体的体积 $V = \frac{1}{6} dxdydz$，四面体内流体的质量为 $m = \frac{1}{6}\rho dxdydz$。它所受的质量力 F 在各坐标轴方向的分量可以表示为

$$F_x = \frac{1}{6}\rho dxdydz \times f_x$$

$$F_y = \frac{1}{6}\rho dxdydz \times f_y$$

$$F_z = \frac{1}{6}\rho dxdydz \times f_z$$

根据平衡条件，四面体处于静止状态，各个方向的作用力应平衡，即

$$\sum F_x = 0, \ \sum F_y = 0, \ \sum F_z = 0$$

先考察四面体 x 方向上的受力平衡。四面体在压力与质量力的作用下处于平衡状态，故合力的坐标分量为零。令 $\langle n, x \rangle$ 表示倾斜面的单位内法线向量 n 与 x 轴的夹角，x 方向平衡方程可写成

$$P_x - P_n \cos\langle n, x \rangle + F_x = 0 \tag{3.6}$$

将 P_x、F_x 和 P_n 的表达式代入式（3.6），利用关系 $A_n \cos\langle n, x \rangle = \frac{1}{2} dydz$，得到

$$\frac{1}{2} p_x dydz - \frac{1}{2} p_n dydz + \frac{1}{6}\rho dxdydz f_x = 0 \tag{3.7}$$

式（3.7）两边同除以 $\frac{1}{2} dydz$，则有

$$p_x - p_n + \frac{1}{3}\rho dx f_x = 0$$

当微元四面体无限缩小到顶点 O 时，$dx \to 0$，上式第三项是可忽略的高阶小量，于是

得到

$$p_x = p_n$$

同理，依据四面体在 y、z 方向的受力平衡，能分别得出 $p_y = p_n$ 与 $p_z = p_n$。最后得到

$$p_x = p_y = p_z = p_n$$

因为倾斜面方向 n 可以任取，上式表明：静止流体中，同一点上压应力各向等值。于是，可把各向压应力表示成一个标量 $p = p(x, y, z)$，称其为静压强，它是随空间位置连续变化的标量函数。对于非惯性坐标系下相对静止的流体，可以把惯性力包括在 f 中，故上述两个基本性质也适应于这种流体。

任务 3　流体平衡微分方程

流体静力学的中心问题是寻求静止流体中压强分布规律，作用在静止流体上的力只有质量力和压力，所以只要建立静止流体质量力与压力的关系，就可求出压强分布规律。

1. 流体平衡微分方程的建立

为了研究流体平衡（静止或相对静止）时的压强分布规律，须根据力的平衡关系求得平衡微分方程。为此，在平衡流体中取一正交微元六面体，如图 3.8 所示。该六面体的各边与相应的坐标轴 x、y、z 平行，长度分别为 dx、dy、dz。设微元体的密度为 ρ，则它在表面力和质量力作用下处于平衡状态。为了简便起见，下面以 y 方向的受力平衡进行分析。x 方向和 z 方向的受力平衡问题可类似分析。

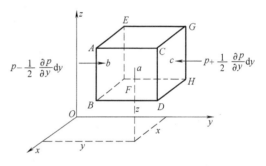

图 3.8　正交微元六面体

（1）表面力　设六面体中心点 a 处的坐标为 (x, y, z)，则该点的压强为 $p = p(x, y, z)$。若以 b、c 分别表示 $ABFE$ 面和 $CDHG$ 面的中心点，由于静压强 $p = p(x, y, z)$ 是坐标的连续函数，所以在 a 点将其按泰勒级数展开，并略去二阶以上的无穷小项，则 b、c 点的静压强可写成

$$p - \frac{1}{2}\frac{\partial p}{\partial y}dy \quad \text{和} \quad p + \frac{1}{2}\frac{\partial p}{\partial y}dy$$

由于微元六面体的面可以取得足够小，所以将其中心点的压强看作整个面上的平均压强，因此，$ABFE$ 面和 $CDHG$ 面上的表面力为

$$\left(p - \frac{1}{2}\frac{\partial p}{\partial y}dy\right)dxdz \quad \text{和} \quad \left(p + \frac{1}{2}\frac{\partial p}{\partial y}dy\right)dxdz$$

（2）质量力　设作用在微元六面体上的单位质量力在三个坐标轴上的分力为 f_x、f_y、f_z。流体的密度为 ρ，微元六面体的体积为 $dV = dxdydz$，则在 y 方向的质量力为

$$f_y \rho dxdydz$$

（3）平衡方程　因微元六面体处于平衡状态，所以作用在其上的表面力和质量力在任意坐标轴上的投影总和等于零。对于 y 轴，由 $\sum F_y = 0$，得

$$\left(p-\frac{1}{2}\frac{\partial p}{\partial y}\mathrm{d}y\right)\mathrm{d}x\mathrm{d}z-\left(p+\frac{1}{2}\frac{\partial p}{\partial y}\mathrm{d}y\right)\mathrm{d}x\mathrm{d}z+f_y\rho\mathrm{d}x\mathrm{d}y\mathrm{d}z=0$$

化简得

$$f_y\,\rho\mathrm{d}x\mathrm{d}y\mathrm{d}z-\frac{\partial p}{\partial y}\mathrm{d}x\mathrm{d}y\mathrm{d}z=0 \tag{3.8}$$

若以六面体的质量 $\rho\mathrm{d}x\mathrm{d}y\mathrm{d}z$ 除式（3.8）各项，则得在 y 轴方向单位质量的平衡微分方程

$$f_y-\frac{1}{\rho}\frac{\partial p}{\partial y}=0 \tag{3.9}$$

同理可得

$$f_x-\frac{1}{\rho}\frac{\partial p}{\partial x}=0 \tag{3.10}$$

$$f_z-\frac{1}{\rho}\frac{\partial p}{\partial z}=0 \tag{3.11}$$

将式（3.9）~式（3.11）写成方程组的形式

$$\left.\begin{array}{l}f_x-\dfrac{1}{\rho}\dfrac{\partial p}{\partial x}=0\\[2mm]f_y-\dfrac{1}{\rho}\dfrac{\partial p}{\partial y}=0\\[2mm]f_z-\dfrac{1}{\rho}\dfrac{\partial p}{\partial z}=0\end{array}\right\} \tag{3.12}$$

将式（3.12）改写成矢量式为

$$\boldsymbol{f}-\frac{1}{\rho}\nabla p=\mathbf{0} \tag{3.13}$$

式（3.13）就是流体的平衡微分方程，它是欧拉（Euler）于 1755 年首次提出，又称欧拉平衡微分方程。它表示流体在质量力和表面力作用下的平衡条件。

2. 压力差方程

将式（3.12）中各方程分别对应乘以 $\mathrm{d}x$、$\mathrm{d}y$、$\mathrm{d}z$，然后三式相加得

$$\rho(f_x\mathrm{d}x+f_y\mathrm{d}y+f_z\mathrm{d}z)=\frac{\partial p}{\partial x}\mathrm{d}x+\frac{\partial p}{\partial y}\mathrm{d}y+\frac{\partial p}{\partial z}\mathrm{d}z \tag{3.14}$$

因压强 p 是坐标的连续函数，故 p 的全微分为

$$\mathrm{d}p=\frac{\partial p}{\partial x}\mathrm{d}x+\frac{\partial p}{\partial y}\mathrm{d}y+\frac{\partial p}{\partial z}\mathrm{d}z$$

因此式（3.14）可表示为

$$\mathrm{d}p=\rho(f_x\mathrm{d}x+f_y\mathrm{d}y+f_z\mathrm{d}z) \tag{3.15}$$

式（3.15）是欧拉平衡微分方程三个独立方程的综合表达式，是欧拉平衡微分方程的另一种形式，它表明坐标的增量（位移）为 $\mathrm{d}x$、$\mathrm{d}y$、$\mathrm{d}z$ 时，静压强的增量为 $\mathrm{d}p$，表示某两点的压强差，故又称压力差方程。压强的增量取决于质量力，一般来说单位质量力的分量 f_x、f_y、f_z 是已知的，代入式（3.15）后积分，即可求得压强分布规律。

3. 平衡微分方程的普遍积分式

如流体是不可压缩的液体，$\rho=\mathrm{const}$（均质），将式（3.12）中的前两式分别对 y、x 求偏导数，则有

$$\rho\frac{\partial f_x}{\partial y}=\frac{\partial^2 p}{\partial x\partial y}$$

$$\rho\frac{\partial f_y}{\partial x}=\frac{\partial^2 p}{\partial y\partial x}$$

因函数的二次偏导数与求导的先后次序无关，故有

$$\frac{\partial f_x}{\partial y}=\frac{\partial f_y}{\partial x}$$

同理可得

$$\frac{\partial f_y}{\partial z}=\frac{\partial f_z}{\partial y}$$

$$\frac{\partial f_x}{\partial z}=\frac{\partial f_z}{\partial x}$$

写成方程组的形式

$$\left.\begin{array}{c}\dfrac{\partial f_x}{\partial y}=\dfrac{\partial f_y}{\partial x}\\[6pt]\dfrac{\partial f_y}{\partial z}=\dfrac{\partial f_z}{\partial y}\\[6pt]\dfrac{\partial f_x}{\partial z}=\dfrac{\partial f_z}{\partial x}\end{array}\right\}\tag{3.16}$$

由数学分析可知，式（3.16）是表达式 $f_x\mathrm{d}x+f_y\mathrm{d}y+f_z\mathrm{d}z$ 为某函数全微分的必要且充分条件，设该函数为 U，则

$$\mathrm{d}U=f_x\mathrm{d}x+f_y\mathrm{d}y+f_z\mathrm{d}z=\boldsymbol{f}\cdot\mathrm{d}\boldsymbol{l}\tag{3.17}$$

而函数 U 的全微分又可写成

$$\mathrm{d}U=\frac{\partial U}{\partial x}\mathrm{d}x+\frac{\partial U}{\partial y}\mathrm{d}y+\frac{\partial U}{\partial z}\mathrm{d}z$$

因此可得

$$f_x=\frac{\partial U}{\partial x},\quad f_y=\frac{\partial U}{\partial y},\quad f_z=\frac{\partial U}{\partial z}\tag{3.18}$$

函数 U 在三个坐标轴方向的偏导数分别等于单位质量力在该方向的分量，理论力学中把具有这一性质的力场称为有势力场或保守力场，把函数 U 称为力的势函数，重力是有势的，质量力有势是流体静止的必要条件。由式（3.17）可知，势函数 U 的全微分即为单位质量力 $\boldsymbol{f}$ 在空间位移 $\boldsymbol{l}$ 距离所做的功，有势力做功与路径无关。

将式（3.18）代入式（3.15）得到

$$\mathrm{d}p=\rho\left(\frac{\partial U}{\partial x}\mathrm{d}x+\frac{\partial U}{\partial y}\mathrm{d}y+\frac{\partial U}{\partial z}\mathrm{d}z\right)=\rho\mathrm{d}U\tag{3.19}$$

积分后可得

$$p = \rho U + C \qquad (3.20)$$

初始条件：当 $U = U_0$ 时，$p = p_0$，则 $C = p_0 - \rho U_0$，因此

$$p = p_0 + \rho(U - U_0) \qquad (3.21)$$

式（3.21）即为不可压缩流体平衡微分方程的普遍积分式。式中，$\rho(U-U_0)$ 只与 ρ 和质量力有关，与 p_0 无关，因此当 p_0 增大或减小时，液体内各点的压强也将增大或减小同样的数值，也就是说，在平衡不可压缩液体中，作用在其部分边界上的压强变化将等值地传递到液体内部其他各点，这就是帕斯卡原理。

4. 等压面

（1）等压面方程　在平衡流体中，压强相等的各点所组成的面称为等压面。等压面可能是平面，也可能是曲面。在等压面上 $p = \text{const}$，$\mathrm{d}p = 0$，因流体密度 $\rho \neq 0$，则由式（3.15）可得等压面微分方程

$$f_x \mathrm{d}x + f_y \mathrm{d}y + f_z \mathrm{d}z = 0 \qquad (3.22)$$

式（3.22）即为等压面方程。

（2）等压面的性质　等压面具有以下两个重要特性。

● **在平衡的流体中，通过任意一点的等压面，必与该点所受的质量力互相垂直。**

证明如下：

在等压面上任一点处，沿任意方向取一位于等压面上的微元线段 $\mathrm{d}\boldsymbol{l}$，在坐标轴上的投影为 $\mathrm{d}x$、$\mathrm{d}y$、$\mathrm{d}z$，设该点上的单位质量力 $\boldsymbol{f}$ 在坐标轴上的投影为 f_x、f_y、f_z。

因为两矢量 $\boldsymbol{f}$ 和 $\mathrm{d}\boldsymbol{l}$ 的点积

$$\boldsymbol{f} \cdot \mathrm{d}\boldsymbol{l} = f_x \mathrm{d}x + f_y \mathrm{d}y + f_z \mathrm{d}z = 0$$

但是 $\boldsymbol{f} \neq \boldsymbol{0}$，$\mathrm{d}\boldsymbol{l} \neq \boldsymbol{0}$，所以只有 $\boldsymbol{f}$ 和 $\mathrm{d}\boldsymbol{l}$ 正交才能满足。又因 $\mathrm{d}\boldsymbol{l}$ 的方向是任意的，所以质量力与等压面垂直。

根据这一特性，已知质量力的方向可以确定等压面的形状；反之也可根据等压面的形状确定质量力方向。例如，当质量力仅为重力时，因重力的方向总是垂直的，所以其等压面必是水平面。

● **当两种互不相混的液体处于平衡时，它们的分界面必为等压面。**

证明如下：

在两种互不掺混的液体的分界面上任意取两点，设这两点的静压差为 $\mathrm{d}p$，两种液体的密度分别为 ρ_1 和 ρ_2。由于分界面同属于两种液体，故应同时满足流体的平衡微分方程（3.22），即

$$\mathrm{d}p = \rho_1(f_x \mathrm{d}x + f_y \mathrm{d}y + f_z \mathrm{d}z)$$
$$\mathrm{d}p = \rho_2(f_x \mathrm{d}x + f_y \mathrm{d}y + f_z \mathrm{d}z)$$

因为 $\rho_1 \neq \rho_2$，所以只有满足 $\mathrm{d}p = 0$ 和 $f_x \mathrm{d}x + f_y \mathrm{d}y + f_z \mathrm{d}z = 0$ 时，上述两式才能同时成立，即分界面为等压面。

如图 3.9 所示，容器中为同一种液体，液体重度为 γ，容器左侧液面压强为 p_1，容器右侧液面压强为 p_2，在重力作用下，其等压面为水平面，图中所示的 $O_1—O_1$、$O_2—O_2$、$O_3—O_3$ 的连接面均为等压面。图 3.10 所示为盛有不相混的两种液体的容器，两种液体的重度分别为 γ_1、γ_2，容器左侧液面压强为 p_1，容器右侧液面压强为 p_2，在重力作用下，其等

压面为两种液体的分界面，且等压面由同一种液体连通，如图所示 O—O 的连接面为等压面。

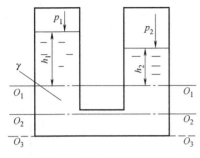

图 3.9 同一液体的等压面

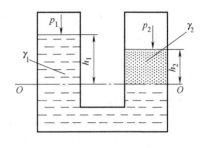

图 3.10 不同液体的等压面

任务 4 重力场中静力学基本方程

1. 静力学基本方程

在重力场中，作用在静止流体上的质量力只有重力。图 3.11 所示为重力场中的静止液体。液体的自由面简称液面，液面以上为气体。液面附近的气体内总含有液体蒸气，但蒸气作用通常可以忽略，故液面压强就是气体压强 p_0。若取铅直向上方向为 z 轴正向，平面 xOy 位于液面上。则单位质量的重力在各坐标轴的投影为

$$f_x = 0, \quad f_y = 0, \quad f_z = -g$$

将上式代入平衡微分方程（3.15）得

$$\mathrm{d}p = -\rho g \mathrm{d}z = -\gamma \mathrm{d}z$$

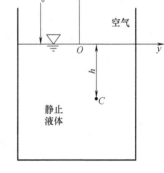

图 3.11 重力场中的静止液体

移项得

$$\mathrm{d}z + \frac{\mathrm{d}p}{\gamma} = 0$$

对于不可压缩流体，γ＝常数。积分上式得

$$z + \frac{p}{\gamma} = C \tag{3.23}$$

式中，C 为积分常数，其大小由边界条件确定。

在图 3.12 中，液体中任意两点 1 和 2 的坐标分别为 z_1、z_2，压强分别为 p_1、p_2，则式（3.23）又可写成

$$z_1 + \frac{p_1}{\gamma} = z_2 + \frac{p_2}{\gamma} = C \tag{3.24}$$

式（3.23）与式（3.24）称为**流体静力学基本方程**，它只适用在重力作用下处于平衡状态的不可压缩流体。

2. 静力学基本方程的物理意义

流体静力学基本方程（3.23）与方程（3.24）虽然简单，但却有重要的实用价值。为

了深刻理解公式的含义，下面分析方程的能量意义和几何意义。

如图 3.12 所示，质量为 m 的流体质点 A 相对于某一水平基准面的高度为 z，则其位能为 mgz，对于单位质量流体，其位能为 $mgz/mg=z$，因此，式（3.23）第一项 z 表示单位质量流体相对于某一水平基准面的位能。从几何上看，z 就是流体质点 A 距某一水平基准面的高度，称为**位置水头**。

如在图 3.12 中，A 点处连接一个顶部抽成完全真空的玻璃闭口测压管，由于 A 点具有一定的压强，故测压管中的液体会上升一定高度，在液体上升的过程中，压差克服液柱的重力做功，从而增加液柱的位能，因此，式（3.23）中第二项 p/γ 的能量意义表示单位重量流体的压强能。从几何上看，它是由于压强 p 的作用而产生的液柱高度，故称它为**压强水头**。

单位重量流体的位能与压强能之和，即 $z+p/\gamma$ 称为单位重量流体的总势能。而从几何上说，位置水头与压强水头之和称为静水头。

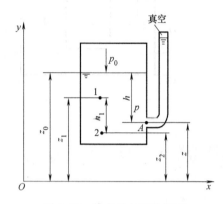

图 3.12　静力学方程的推证

流体静力学基本方程（3.23）中的积分常数 C 可以用平衡液体自由表面上的边界条件来求得，当 $z=z_0$ 时，$p=p_0$，将此边界条件代入式（3.23），得 $C=z_0+p_0/\gamma$，于是

$$z+\frac{p}{\gamma}=z_0+\frac{p_0}{\gamma}$$

移项得

$$p=p_0+\gamma(z_0-z)$$

或

$$p=p_0+\gamma h \tag{3.25}$$

这是流体静力学基本方程的又一种表达式。它反映了不可压缩流体的静压强分布规律。从式（3.25）可以看出，液体内任一点的静压强由两部分组成，即自由液面（自由液面是液体与大气接触的面）上的压强 p_0 和液柱的自重引起的静压强 γh。当自由液面压强 p_0 一定时，流体内部的压强只是 h 的函数，压强随深度 h 的增大而增大。深度相等的各点其压强都相等，因此等压面为水平面。压强分布只与位置坐标有关，而与容器形状无关，因此，当两个容器用同一种流体相连通时，同一种流体在同一高度上的压强相等。

从式（3.25）中还可看出，由于流体内任一点的压强都包含液面的压强 p_0，因此，液面压强 p_0 有任何变化都会引起流体内部所有质点压强的同样变化。必须指出，液体内一点的压强有时不用液面压强为基础，而是用另一点比较方便，其规律相同。例如图 3.12 中，若已知 1 点的压强 p_1 和 h_1，则 2 点的压强 $p_2=p_1+\gamma h_1$。

例 3-2　如图 3.13 所示，有一未盛满水的封闭容器。当水面压强 $p_0=1.2\times10^5\mathrm{Pa}$ 时，求水面下深度 $h=0.8\mathrm{m}$ 处 B 点的静压强。

【解】　此题为流体静压强公式 $p=p_0+\gamma h$ 的应用。

$$p_B = p_0 + \gamma h = 1.2 \times 10^5 \text{Pa} + (9.8 \times 10^3 \times 0.8) \text{Pa} = 1.2784 \times 10^5 \text{Pa}$$

例 3-3　如图 3.14 所示，在盛有油和水的圆柱形容器顶部加荷重 $F = 5788$N 的活塞，已知 $h_1 = 50$cm，$h_2 = 30$cm，大气压强 $p_a = 10^5$Pa，活塞直径 $d = 0.4$m，$\gamma_{油} = 7840$N/m^3，求 B 点的静压强。

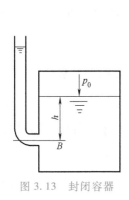

图 3.13　封闭容器　　　　　　　　　　图 3.14　圆柱形容器

【解】　此题为利用等压面和流体静压强公式 $p = p_0 + \gamma h$ 求液体内某点的静压强。活塞底面的压强可按静力平衡条件确定

$$p = p_a + \frac{4F}{\pi d^2}$$

通过 B 点作一水平面 1—1，根据等压面特性知：1—1 为等压面。

$$p_A = p + \gamma_{油} h_1$$

$$p_B = p_C = p_A + \gamma_{水} h_2$$

$$p_B = p_a + \frac{4F}{\pi d^2} + \gamma_{油} h_1 + \gamma_{水} h = 1.53 \times 10^5 \text{Pa}$$

任务 5　静压强的测量

1. 压强的表示方法

流体中任意一点压强的大小，按其量度基准（即零点）的不同，有下列三种表示方法：

（1）绝对压强　以绝对真空（完全真空）为基准点计算的压强值称为绝对压强，以字母 p 表示。

（2）相对压强　以当地大气压强为基准点计算的压强值称为相对压强，以字母 p_g 表示。绝对压强 p 减去当地大气压强 p_a，便可得到相对压强值，即

$$p_g = p - p_a \tag{3.26}$$

由式（3.26）知，绝对压强等于相对压强加上大气压强，即

$$p = p_a + p_g \tag{3.27}$$

在多数实际工程问题中，因流体所受的大气压强是互相平衡的，所以，真正起作用的是

相对压强，故一般多采用相对压强来表示静压强。譬如，一般压强表上指示的零压就是大气压强，压强表的读数反映了流体的压强与周围空气的压强差，故压强表上的刻度是相对压强，因此，相对压强在工程上又习惯称为表压强或计示压强。

（3）真空压强　如果流体在某点的绝对压强小于大气压强，则称该处具有真空。真空的大小可以用真空压强或真空度来表示。真空压强是指大气压强与绝对压强的差值，也称真空值。换句话说，真空值就是被测试流体的绝对压强低于大气压强的部分，用字母 p_v 表示，即

$$p_v = p_a - p \tag{3.28}$$

比较式（3.26）与式（3.28），可以看出，相对压强与真空值有如下关系：

$$p_v = -p_g \tag{3.29}$$

式（3.29）表明真空值就是相对压强的负值，因此，真空值也称为负压。相对真空值是指真空值与当地大气压强比值的百分数，通常用 H_v 表示，即

$$H_v = \frac{p_a - p}{p_a} \times 100\% = \frac{p_v}{p_a} \times 100\% \tag{3.30}$$

绝对压强 $p = 0$ 时的真空值称为绝对真空，此时的真空值最大。理论上，最大真空值等于当地大气压强，但在实际上绝对真空是不存在的。当有液体存在时，随着真空值的增加，绝对压强相应降低，当其减小到液体的饱和蒸汽压时，液体就会沸腾而产生蒸汽，使真空区域内保持与其温度相对应的饱和蒸汽压。

为了区别以上几种压强的表示方法，可将它们之间的关系表示在图 3.15 中。

由图中可以看出：

1）从绝对压强为零算起的压强为绝对压强，从大气压强为零算起的压强是相对压强，绝对压强与相对压强的基准相差一个大气压强 p_a。

2）点 1 的绝对压强 p_1 大于大气压强 p_a，其相对压强 p_{1g} 为正值，称点 1 处于正压。

3）点 2 的绝对压强 p_2 小于大气压强 p_a，其相对压强 p_{2g} 为负值，即点 2 处于负压。这时的相对压强 p_{2g} 的绝对值就是点 2 的真空值 p_{2v}。

应当指出，当大气压强随海拔即气象因素发生变化时，若绝对压强保持不变，则相对压强和真空值将随大气压强的变化而变化。

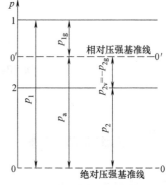

图 3.15　绝对压强、相对压强及真空值之间的关系

大致来说，在工程技术问题中，属于流体的物性和状态的有关公式、计算、资料数据等多采用绝对压强，如完全气体状态方程、饱和蒸汽压等的压强值。

属于流体工程的强度、测试等有关压强值多采用计示压强，例如，计算受压容器强度、管道附件公称压强、高压加热器水侧压强、泵与风机进出口压强等。

低于大气压的容器的压强多采用真空值或真空度，例如水泵或风机进口等。

以上区分都不是绝对的，遇到有关压强参数时，应具体分析。

2. 压强的单位

常用的压强单位有以下三种：

1）用单位面积上所承受的力表示。其单位为帕斯卡（简称帕，符号为 Pa），$1Pa = 1N/m^2$，常用的还有 kPa 和 MPa。在液压传动中常用 MPa 表示，$1MPa = 10^6Pa$，在工程中常采用 kgf/cm^2。

2）用液柱高度表示。工程上常用一个标准大气压下，4℃ 的水柱或 0℃ 的水银柱高度表示，单位是毫米水柱或毫米汞柱，符号分别是 mmH_2O 或 mmHg。这种表示方法既形象又准确，在绝对压强小于 0.2MPa 的范围内被广泛应用在工程技术上。特别是测量压强时使用这种表示方法十分方便。

3）用大气压表示。这种单位有两种：一种是标准大气压（又称物理大气压），符号为 atm，它是指 0℃ 时在纬度 45° 处海平面上大气的平均绝对压强值；另一种是工程大气压，符号是 at，它指的是每平方厘米的面积上受到 1 kgf 的压强值。

各种压强计量单位间的换算关系见表 3.1。

表 3.1　压强单位换算表

帕斯卡	巴	标准大气压	工程大气压	毫米汞柱	毫米水柱
N/m^2	bar	atm	at	mmHg	mmH_2O
1	$1×10^{-5}$	$9.869×10^{-6}$	$1.02×10^{-5}$	$7.5×10^{-3}$	0.102
$1×10^5$	1	0.9869	1.02	$7.5×10^2$	$1.02×10^4$
$1.013×10^5$	1.013	1	1.033	760	$1.033×10^4$
$9.806×10^4$	0.9806	0.96787	1	735.559	$1.0×10^4$
133.322	$1.33322×10^{-7}$	$1.316×10^{-3}$	$1.36×10^{-3}$	1	13.595
9.806	$9.806×10^{-5}$	$9.678×10^{-5}$	$1×10^{-4}$	$7.35559×10^{-4}$	1

例 3-4　将 1atm 换算为以 mmHg 及 mH_2O 为单位的数据。

【解】　由 $1atm = 1.013×10^5\ Pa$，可分别求得

$$1atm = \frac{1.013×10^5}{1000×9.807}mH_2O = 10.33mH_2O$$

$$1atm = \frac{1.013×10^5}{13600×9.807}mHg = 0.76mHg = 760mmHg$$

例 3-5　由某压强表测出的读数为 5at，试换算成以 MPa 表示的绝对压强。

【解】　因为压强表测的为表压值，根据表 3.1 查得 $1at = 9.806×10^4Pa$；因题目未给出当地大气压强，故当地大气压强可按 $1.013×10^5Pa$ 计算。因为 $p = p_a + p_g$，所以有

$$p = (5×9.806×10^4 + 1.013×10^5)Pa = 591600Pa = 0.5916MPa$$

3. 静压强的测量

流体静压强的测量仪表主要有液柱式、金属式和电测式三大类。液柱式仪表测量精度高，但量程较小，一般用于低压实验场所。金属式仪表利用金属弹性元件的变形来测量压强，可测计示压强的叫作压力表，可测真空度的叫作真空表。电测式仪表是将弹性元件的机

械变形转化成电阻、电容、电感等，便于远距离测量及动态测量。由于电测式压力计与流体力学基本理论联系不大，故在此只介绍液柱式和金属式测压仪表。

（1）测压管　简单的测压管就是一根玻璃管，一端连在要测量压强处的容器壁上，另一端开口与大气相通。根据管内液面上升的高度，便可得出容器中液体某点的静压强数值，如图3.16所示。其测量原理为在压强作用下，液体在玻璃管中上升 h 高度，设被测液体的密度为 ρ，大气压强为 p_a，可得 M 点的绝对压强为

$$p = p_a + \rho g h$$

M 点的计示压强（表压强）为

$$p_g = p - p_a = \rho g h$$

于是，用上述公式和测得的液柱高度 h，可计算得到容器中液体的计示压强及绝对压强。但这种测压管多用于测量小于 1.96×10^4 Pa 的压强。如果压强大于此值，就不便使用。

将上述测压管改成图3.17所示形式，则为倒式测压管或真空计。量取 h_v 的数值，便可计算出容器 D 中自由液面处的真空度。

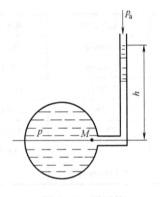

图 3.16　测压管

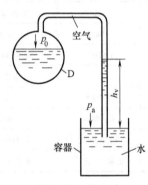

图 3.17　真空计

注意：为减少毛细管（capillary tube）作用而引起的误差，测压管内径应不小于5mm。

（2）U形管测压计　为了克服测压管测量范围和工作液体的限制，常使用U形测压管和U形管真空计来测量3个大气压以内的压强。在管内装有测压用的工作液体，称为封液，是与被测流体不相混的。常用的封液有水、水银（mercury）、油及酒精（alcohol）等。

图3.18a所示是被测点的压强大于大气压强的情况，在U形管中过两种流体的分界面作通过左右两支管的等压面，列等压面方程

$$p_1 = p + \gamma h, \quad p_2 = p_a + \gamma_g h_1$$

由于 $p_1 = p_2$，所以被测处的压强为

$$p = p_a + \gamma_g h_1 - \gamma h \tag{3.31}$$

相对压强为

$$p_g = p - p_a = \gamma_g h_1 - \gamma h \tag{3.32}$$

同理，对图3.18b所示被测点的压强小于大气压强的情况，可推算出被测处的绝对压强

$$p = p_a - \gamma_g h_1 - \gamma h \tag{3.33}$$

真空度表示为

$$p_v = p_a - p = \gamma_g h_1 + \gamma h \tag{3.34}$$

若被测流体为气体时，由于气体的重度很小，γh 一项可忽略不计。

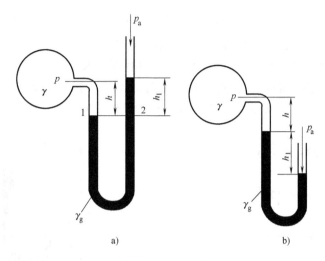

图 3.18　U 形管

（3）杯式测压计和多支 U 形管测压计　杯式测压计是一种改良的 U 形测压管，如图 3.19 所示。它是由一个内盛水银的金属杯与装在刻度板上的开口玻璃管相连接而组成的测压计。一般测量时，杯内水银面升降变化不大，可以略去不计，故以此面为刻度零点。要求精确测量时，可移动刻度零点，使之与杯内水银面齐平。设水和水银的重度分别为 γ、γ_g，则 C 点的绝对压强为

$$p_C = p_a + \gamma_g h - \gamma L \tag{3.35}$$

多支 U 形管测压计是几个 U 形管的组合物，如图 3.20 所示。当容器 A 中气体的压强大于 3 个大气压时，可采用这种形式的测压计。如果容器内是气体，U 形管上端接头处也充以气体时，气体重量影响可以忽略不计，容器 A 中气体的相对压强为

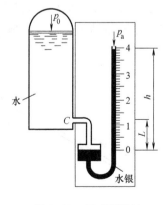

图 3.19　杯式测压计

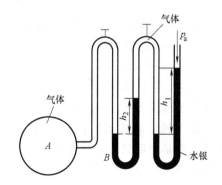

图 3.20　多支 U 形管测压计

$$p_A = \gamma_g h_1 + \gamma_g h_2 \tag{3.36}$$

如果 U 形管上部接头处充满的是水，则图中 B 点的相对压强为

$$p_B = \gamma_g h_1 + (\gamma_g - \gamma) h_2 \tag{3.37}$$

求出 B 点压强后，可以推算出容器 A 中任意一点的压强。

（4）差压计　在工程实际中，有时并不需要具体知道某点压强的大小而是要了解某两点的压强差，测量两点压强差的仪器叫作差压计。差压计用于测量两点间的压差。如图 3.21 所示的 U 形管差压计，根据等压面原理（同种液体在同一水平面上的压强相等）可求得 A、B 两点的压强差

$$p_A = p_1 + \gamma h_A, \quad p_B = p_3 + \gamma h_B$$

由等压面关系

$$p_1 = p_2 = p_3 + \gamma_g h_1$$

所以

$$p_A = p_B + \gamma h_A - \gamma h_B + \gamma_g h_1$$

因为

$$h_A + h_1 = h + h_B$$

所以

$$h_A - h_B = h - h_1$$

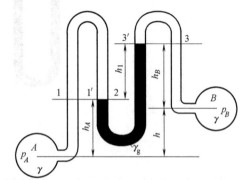

图 3.21　差压计

从而可得

$$p_A - p_B = \gamma(h_A - h_B) + \gamma_g h_1 = (\gamma_g - \gamma) h_1 + \gamma h \tag{3.38}$$

（5）微压计　当测量微小压强或压差时，为了提高测量精度，可采用微压计。微压计一般用于测量气体压强，它在一个较大截面的容器上安装一个可调倾斜角的测压管（$A_2 \gg A_1$），容器中装有封液（一般采用如酒精等重度比较小的液体），重度为 γ_g，如图 3.22 所示。被测气体的相对压强为

$$p = \gamma_g l \sin\alpha \tag{3.39}$$

由式（3.39）可见，在微压计中，通过将垂直的测量高度读数 h 变换成斜长读数 l，放大了读数，其值可放大 $1/\sin\alpha$ 倍，从而减少了读数误差，提高了测量精度，但也不能过小，否则斜管中的液面的读数也不易读准确。

（6）金属压强表与真空表　金属式测压仪器具有构造简单，测压范围广，携带方便，测量精度足以满足工程需要等优点，因而在工程中被广泛采用。常用的金属式测压计有弹簧管压力计，它的工作原理是利用弹簧元件在被测压强作用下产生弹簧变形带动指针指示压力。

图 3.23 所示为弹簧管压力计，它的主要部分为一环形金属管，管的截面为椭圆形，开口端

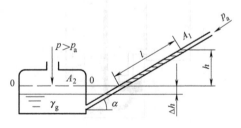

图 3.22　微压计

与测点相遇，封闭端有联动杆与齿轮相连。当大气进入管中时，指针的指示值为零，当传递压力的介质进入管中时，由于压力的作用使金属伸展，通过拉杆和齿轮带动，使指针在刻度盘上指出压强数值。压力表测出的压强是相对压强，又称表压强。习惯上称只测正压的表叫作压力表。

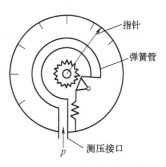

另有一种金属真空计，其结构与压力表类似。当大气压进入管中时，指针的指示值仍为零，当传递压力的介质进入管中时，由于压强小于大气压强，金属管将发生收缩变形，这时指针的指示值为真空值。通常称这种只测负压的表为真空表。

图 3.23　弹簧管压力计

例 3-6　如图 3.24 所示，在容器的侧面装一支水银 U 形测压管。已知 $h_m = 1m$，$h_1 = 0.3m$，$h_2 = 0.4m$，则容器液面的相对压强为多少，相当于多少工程大气压？

【解】　由图 3.24 可知，N—N 为等压面，故有

$$p_N = \rho_g g h_m = p_0 + \rho g (h_1 + h_2)$$

则容器液面的相对压强为

$$p_0 = \rho_g g h_m - \gamma (h_1 + h_2) = [13660 \times 9.8 \times 1 - 1000 \times 9.8 \times (0.3 + 0.4)] Pa = 127008 Pa$$

一个工程大气压为 98060Pa，故液面相对压强采用工程大气压可表示为

$$\frac{p_0}{p_{at}} = \frac{127008}{98060} = 1.295$$

例 3-7　图 3.25 所示是由 U 形管连接的两个相同圆杯所组成的微压计，两杯中分别装入互不混合而又密度相近的两种工作液体，如酒精溶液和煤油。当气体压强 $\Delta p = p_1 - p_2 = 0$ 时，两种液体的初始交界面在标尺 O 点处，已知 U 形管直径 $d = 5mm$，杯直径 $D = 50mm$，酒精溶液 $\gamma_1 = 8500 N/m^3$，煤油 $\gamma_2 = 8130 N/m^3$。试确定使交界面升至 $h = 280mm$ 时的压强差 Δp。

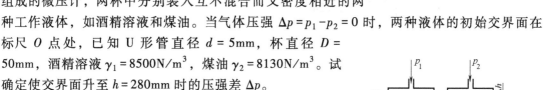

图 3.24　U 形测压管

【解】　设两杯中初始液面距离为 h_1 及 h_2。当 U 形管中交界面上升 h 时，左杯液面下降及右杯液面上升均为 Δh，由初始平衡状态可知

$$\gamma_1 h_1 = \gamma_2 h_2 \tag{1}$$

由于 U 形管与杯中升降的液体体积相等，可得

$$\Delta h \times \frac{\pi}{4} D^2 = h \times \frac{\pi}{4} d^2, \quad \Delta h = \left(\frac{d}{D}\right)^2 h \tag{2}$$

以变动后的 U 形管中的交界面为基准，分别列出左右两边的液体平衡基本公式可得

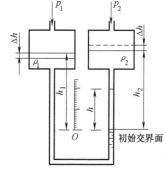

图 3.25　杯式微压计

$$p_1 + \gamma_1 (h_1 - \Delta h - h) = p_2 + \gamma_2 (h_2 + \Delta h - h) \tag{3}$$

将式（1）及式（2）代入式（3）后整理，可得

$$\Delta p = p_1 - p_2 = \left[\gamma_1 - \gamma_2 + (\gamma_1 + \gamma_2)\left(\frac{d}{D}\right)^2 \right] h$$

$$= \left\{ \left[8500 - 8130 + (8500 + 8130)\left(\frac{5}{50}\right)^2 \right] \times 0.28 \right\} Pa$$

$$= 150.2 Pa$$

换算成水柱，得

$$h = \frac{\Delta p}{\gamma} = \frac{150.2}{9800} mH_2O = 0.015 mH_2O = 15 mmH_2O$$

由计算结果可知，测量的压强差只有 15mmH₂O 时，而用微压计却可以得到 280mm 的读数，这充分显示出微压计的放大效果。U 形管与杯直径之比及两种液体的重度差越小，则放大效果越显著。

例 3-8 图 3.26 所示为烟气脱硫除尘工程中的气水分离器，其右侧装一个水银 U 形测压管，量得 $\Delta h = 200mm$，此时分离器中水面高度 H 为多少？

【**解**】 分离器中水面处的真空度为

$$p_v = \gamma \Delta h = (133280 \times 0.2) Pa = 26656 Pa$$

自分离器到水封槽中的水，可以看成是静止的，在 A、B 两点列出流体静力学基本方程

$$0 + \frac{p_a}{\gamma} = H + \frac{p_B}{\gamma} = H + \frac{p_a - p_v}{\gamma}$$

故

$$H = \frac{p_v}{\gamma} = \frac{26656}{9800} m = 2.72 m$$

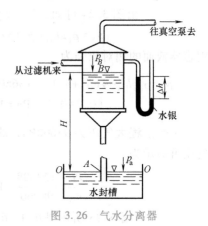

图 3.26 气水分离器

任务6 液体的相对平衡

在工程实践中，我们还会遇到流体相对于地球运动，但流体与容器之间及流体内各质点之间没有相对运动的情况，这种情况称为相对平衡。因为质点间无相对运动，所以流体内部或流体与边壁之间都不存在切应力。在相对平衡液体中，质量力除重力外，还需计入惯性力，使流体运动的问题，形式上转化为静力平衡问题，直接利用平衡微分方程及其全微分方程计算。

1. 匀加速直线运动容器中液体的相对平衡

设装有液体的容器沿着与水平基准面成角 α 的斜面向上以匀加速度 a 做直线运动。液体在非惯性坐标系中在重力和惯性力两种质量力的作用下处于相对平衡状态。建立图 3.27 所示坐标系，作用在单位质量液体上的质量力为

$$f_x = 0 \\ f_y = -a\cos\alpha \\ f_z = -g - a\sin\alpha \Bigg\} \tag{3.40}$$

下面分别求出流体静压强的分布规律和等压面方程。

（1）流体静压强分布规律　将式（3.40）代入压力差方程（3.15），得

$$dp = \rho(f_x dx + f_y dy + f_z dz) = -\rho(a\cos\alpha dy + g dz + a\sin\alpha dz)$$

积分得

$$p = -\rho(ay\cos\alpha + gz + az\sin\alpha) + C$$

引进边界条件：$y = 0$，$z = 0$ 时，$p = p_0$，可求得积分常数 $C = p_0$，于是

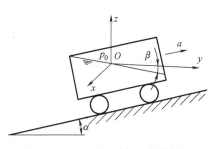

图 3.27　匀加速直线运动的容器

$$p = p_0 - \rho(ay\cos\alpha + gz + az\sin\alpha) \tag{3.41}$$

式（3.41）为等加速直线运动容器中液体的静压强在空间的分布规律。

（2）等压面方程　将单位质量力代入等压面方程 $f_x dx + f_y dy + f_z dz = 0$ 得

$$a\cos\alpha dy + g dz + a\sin\alpha dz = 0$$

积分得

$$ay\cos\alpha + gz + az\sin\alpha = C \tag{3.42}$$

式（3.42）即为等压面方程，不同的积分常数 C 对应着不同的等压面。等压面为一族平行的倾斜面，其斜率为

$$\frac{dz}{dy} = -\frac{a\cos\alpha}{g + a\sin\alpha} \tag{3.43}$$

（3）自由液面方程　自由液面（与大气直接接触的面）为等压面中的一个特例，由于在自由液面上：$y = 0$，$z = 0$，则式（3.42）的常数 $C = 0$。故自由液面方程为

$$ay\cos\alpha + gz + az\sin\alpha = 0 \tag{3.44}$$

式（3.44）代表通过坐标原点的一个倾斜面，它与水平面（y 方向）的夹角为

$$\beta = \arctan\left(\frac{-a\cos\alpha}{g + a\sin\alpha}\right) \tag{3.45}$$

（4）相关问题的讨论

1）$\alpha = 0$，即容器沿水平方向向右匀加速运动

流体静压强分布规律

$$p = p_0 - \rho(ay + gz)$$

等压面方程

$$ay + gz = C$$

自由液面与水平面（y 方向）的夹角为

$$\beta = \arctan\left(-\frac{a}{g}\right)$$

2) $\alpha = \dfrac{\pi}{2}$，即容器沿竖直方向向上匀加速运动

流体静压强分布规律

$$p = p_0 - \rho z(a+g)$$

等压面方程

$$(g+a)z = C$$

自由液面与水平面（y 方向）的夹角为

$$\beta = 0$$

3) $\alpha = -\dfrac{\pi}{2}$，即容器沿竖直方向向下匀加速运动

流体静压强分布规律：

$$p = p_0 - \rho z(g-a)$$

等压面方程：

$$(g-a)z = C$$

自由液面与水平面（y 方向）的夹角为

$$\beta = 0$$

例 3-9 一个长 $L = 1\,\mathrm{m}$，高 $H = 0.5\,\mathrm{m}$ 的油箱，其内盛油的深度 $h = 0.2\,\mathrm{m}$，油可经底部中心流出，如图 3.28 所示。问油箱做匀加速直线运动的加速度 a 为多大时将中断供油？油的重度 $\gamma = 6800\,\mathrm{N/m^3}$。

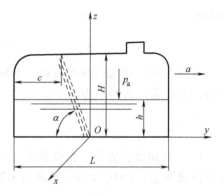

图 3.28 匀加速直线运动的油箱

【解】 假设油箱的宽度为 b。油箱内的体积

$$V = hLb$$

以加速度 a 做匀加速直线运动后，油面倾斜，底部油面越过中心后，将中断供油，这时油的体积为

$$V = \frac{1}{2}\left(\frac{L}{2}+c\right)Hb$$

运动前后油箱内油的体积相等，即

$$hLb = \frac{1}{2}\left(\frac{L}{2}+c\right)Hb$$

由此得

$$c = \frac{2L(h-0.25H)}{H} = \frac{2\times 1\times(0.2-0.25\times 0.5)}{0.5}\,\mathrm{m} = 0.3\,\mathrm{m}$$

油面倾角的正切为

$$\tan\alpha = \frac{H}{0.5L-c} = \frac{0.5}{0.5\times 1-0.3} = 2.5$$

油箱运动的加速度为

$$a = g\tan\alpha = (9.807\times 2.5)\,\mathrm{m/s^2} = 24.518\,\mathrm{m/s^2}$$

例 3-10 如图 3.29 所示，仅在重力场作用下的无盖水箱高 $H = 1.2\,\mathrm{m}$，长 $L = 3\,\mathrm{m}$，静止

时盛水深度 $h = 0.9\text{m}$。现水箱以 $a = 0.98\text{m/s}^2$ 的加速度沿水平方向做直线运动。若取水的密度 $\rho = 1000\text{kg/m}^3$，水箱中自由水面的压强 $p_0 = 98000\text{Pa}$。试求：

（1）水箱中自由水面的方程和水箱中的压强分布。

（2）水箱中的水不致溢出时的最大加速度 $a_{\max}$。

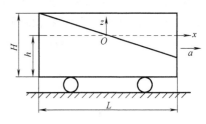

图 3.29　水箱沿水平方向运动

【解】（1）如图 3.29 所示，将固定在水箱上的运动坐标系的原点置于静止时自由水面的中点 O 处，z 轴垂直向上，x 轴与加速度的方向一致。则水箱运动时单位质量水受到的质量力为

$$f_x = -a, \quad f_y = 0, \quad f_z = -g$$

代入非惯性坐标系中的压强全微分公式 $\mathrm{d}p = \rho(f_x\mathrm{d}x + f_y\mathrm{d}y + f_z\mathrm{d}z)$，得

$$\mathrm{d}p = -\rho(a\mathrm{d}x + g\mathrm{d}z) \tag{a}$$

积分得

$$p = -\rho(ax + gz) + C_1$$

利用边界条件确定积分常数 C_1：

在坐标原点 O（$x = z = 0$）处，$p = p_0$，得 $C_1 = p_0$

由式（a）可得水箱内的压强分布

$$p = p_0 - \rho(ax + gz) = 98000 - 1000 \times (0.98x + 9.8z)$$

对于水箱中的等压面，有 $\mathrm{d}p = 0$，所以由式（a）可得等压面的微分方程

$$a\mathrm{d}x = -g\mathrm{d}z$$

积分得

$$z = -\frac{a}{g}x + C_2$$

上式给出了一族斜率为 $-a/g$ 的倾斜平面，就代表水箱加速运动的一族等压面，自由水面是等压面中的一个，因自由水面通过坐标原点，可确定积分常数 $C_2 = 0$。因此自由水面方程为

$$z = -\frac{a}{g}x = -\frac{0.98}{9.8}x = -0.1x$$

（2）假设水箱以加速度 $a_{\max}$ 运动时，其中的水刚好没有溢出，且此时水箱右侧水的深度为 h'，则根据加速前后水的体积不变的性质可得

$$Lh = \frac{(h' + H)L}{2} \tag{b}$$

又根据水箱做水平匀加速直线运动时，自由表面的斜率与几何长度之间的关系为

$$\frac{a_{\max}}{g} = \frac{H - h'}{L} \tag{c}$$

式（b）和式（c）联立求解，得

$$a_{\max} = \frac{2(H-h)}{L}g = \left[\frac{2(1.2-0.9)}{3} \times 9.8\right]\text{m/s}^2 = 1.96\text{m/s}^2$$

2. 匀角速度旋转容器中液体的平衡

盛有液体的容器绕其中心铅直轴做匀角速度旋转运动时，由于重力和离心惯性力的作用，液面成为一个类似漏斗形状的旋转面，如图 3.30 所示。设液体中任取一点 A 的坐标为 (r, θ, z)，该处单位质量液体的重力为 g、离心力为 $\omega^2 r$，则单位质量力的分量分别为

$$f_x = \omega^2 r\cos\alpha = \omega^2 x, \quad f_y = \omega^2 r\sin\alpha = \omega^2 y, \quad f_z = -g$$

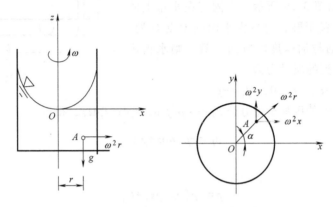

图 3.30 容器做匀角速度回转运动

（1）等压面方程 将单位质量力的分量代入等压面微分方程 $f_x dx + f_y dy + f_z dz = 0$ 中得

$$\omega^2 x dx + \omega^2 y dy - g dz = 0 \tag{3.46}$$

积分式（3.46）得

$$\frac{\omega^2 x^2}{2} + \frac{\omega^2 y^2}{2} - gz = C \tag{3.47}$$

或者写成

$$\frac{\omega^2 r^2}{2} - gz = C \tag{3.48}$$

由式（3.48）可以看出，等压面是一组绕 z 轴旋转的抛物面。

（2）自由液面方程 根据等压面方程，在自由液面上，当 $r = 0$ 时，$z = 0$，得 $C = 0$；当 $r \neq 0$ 时，$z = z_0$，得自由液面方程

$$\frac{\omega^2 r^2}{2} - gz_0 = 0$$

$$z_0 = \frac{\omega^2 r^2}{2g} \tag{3.49}$$

（3）流体静压强分布规律 将单位质量力的分量代入压差公式 $dp = \rho(f_x dx + f_y dy + f_z dz)$ 中得

$$dp = \rho(\omega^2 x dx + \omega^2 y dy - g dz) \tag{3.50}$$

积分式（3.50）得

$$p = \rho\left(\frac{\omega^2 x^2}{2} + \frac{\omega^2 y^2}{2} - gz\right) + C = \rho\left(\frac{\omega^2 r^2}{2} - gz\right) + C \tag{3.51}$$

在自由液面上，当 $r = 0$ 时，$z = 0$，静压强 $p = p_0$，得 $C = p_0$，因此

$$p = p_0 + \rho\left(\frac{\omega^2 r^2}{2} - gz\right) \tag{3.52}$$

将 $z_0 = \dfrac{\omega^2 r^2}{2g}$ 代入式（3.52），得

$$p = p_0 + \rho g(z_0 - z) = p_0 + \rho gh \tag{3.53}$$

式中，h 为任一点在自由液面（旋转抛物面）下的深度。

式（3.53）仍和绝对静止流体静压强分布规律式（3.25）形式一样，所不同的是此时自由液面为旋转抛物面，在旋转的作用下，液体的静压强比 $\omega = 0$ 时多了 $\rho\dfrac{\omega^2 r^2}{2}$。机械工程中的离心铸造就是利用这一作用，以获得高质量的铸件。

例 3-11　有一盛水的旋转圆筒，如图 3.31 所示，直径 $D = 1\text{m}$，高 $H = 2\text{m}$，静止时水深为 $h = 1.5\text{m}$。求：

（1）为使水不从筒边溢出，旋转角速度 ω 应控制在多大？

（2）当 $\omega = 6\text{rad/s}$ 时，筒底 G、C 点处的相对压强（相对于自由水面）分别为多少？

【解】

（1）若将坐标原点放在筒底的中心位置 G 处，并假设自由表面最低点的高度为 $r = 0$，$z = H_0$，则由

$$f_x = \omega^2 x, \quad f_y = \omega^2 y, \quad f_z = -g$$
$$\mathrm{d}p = \rho(f_x \mathrm{d}x + f_y \mathrm{d}y + f_z \mathrm{d}z)$$

可推出自由水面（为一等压面）的方程

$$z = \frac{\omega^2 r^2}{2g} + H_0 \tag{a}$$

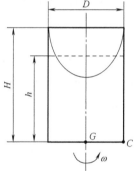

图 3.31　盛水的旋转圆筒

根据在水没有溢出的情况下，旋转前后水的体积不变的性质，可得

$$\int_0^{D/2} 2\pi r\left(H_0 + \frac{\omega^2 r^2}{2g}\right)\mathrm{d}r = \frac{\pi D^2}{4}h$$

由此可求得

$$H_0 = h - \frac{\omega^2 D^2}{16g} \tag{b}$$

将式（b）代入自由表面方程（a）得

$$z = h + \frac{\omega^2}{2g}\left(r^2 - \frac{D^2}{8}\right) \tag{c}$$

若使 ω 达到某一最大值而水不溢出，则有 $r = D/2$ 时，$z = H$，代入式（c），得

$$\omega = \sqrt{\frac{2g(H-h)}{\left(\dfrac{D}{2}\right)^2 - \dfrac{D^2}{8}}} = \sqrt{\frac{2\times 9.8\times(2.0-1.5)}{\dfrac{1}{4} - \dfrac{1}{8}}}\,\text{rad/s} = 8.854\text{rad/s}$$

（2）旋转容器中任意一点的相对压强可表达为

$$p = \rho g \left(\frac{\omega^2 r^2}{2g} + H_0 - z \right) = \rho g \left(\frac{\omega^2 r^2}{2g} + h - \frac{\omega^2 D^2}{16g} - z \right) \qquad \text{（d）}$$

将 G 点条件：$r=0$，$z=0$ 代入式（d）得

$$p_G = \rho g \left(h - \frac{\omega^2 D^2}{16g} \right) = \left[1000 \times 9.8 \times \left(1.5 - \frac{6^2 \times 1^2}{16 \times 9.8} \right) \right] \text{Pa} = 12450 \text{Pa}$$

同理，将 C 点条件：$r=D/2$，$z=0$ 代入得

$$p_C = \rho g \left(\frac{\omega^2 D^2}{8g} + h - \frac{\omega^2 D^2}{16g} \right) = \left[1000 \times 9.8 \times \left(1.5 + \frac{6^2 \times 1^2}{16 \times 9.8} \right) \right] \text{Pa} = 16950 \text{Pa}$$

任务7 液体作用在平面上的总压力

许多工程设备和构筑物（如闸门、插板、水箱、油罐、压力容器等）在设计时常需要确定静止液体作用在其表面上的总压力的大小、方向和位置。

最简单的情况就是确定液体作用在水平面上的总压力。如果容器的底面面积为 A，所盛流体的密度为 ρ，液深为 h，液面上的大气压强为 p_a，仅由液体产生的作用在底面上的总压力为

$$F = p_g A = \rho g h A$$

可见，仅由液体产生的作用在底面上的总压力，只与液体的密度、底面面积和液深有关。如图 3.32 所示的形状不同而底面面积均为 A 的四个容器，若装入同一种液体，其液深也相同，自由表面上均作用着大气压强，则液体作用在底面上的总压力必然相等，这一现象称为静水奇象。

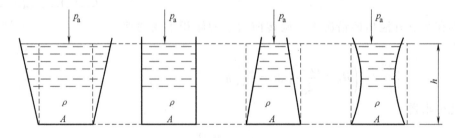

图 3.32 静水奇象

下面讨论在一般情况下液体作用在平面上的总压力。

设在静止液体中有一与水平方向的倾斜角为 α、形状任意的平面，其面积为 A，液面上和斜面外侧均为大气压强。参考坐标系如图 3.33 所示，x、y 轴取在平面上，z 轴垂直于平面。由于平面上各点的水深各不相同，故各点的静压强也不相同。根据流体静压强第一特性，平面上各点的静压强均垂直并指向该平面，即为平面的内法线方向，组成一个平行力系。

1. 总压力的大小

在平面上取一微元面积 $\text{d}A$，液深为 h。设自由表面上的压强为 p_0，则作用在微元面积上

的合力为

$$dF = pdA = (p_0 + \rho gh)\,dA = (p_0 + \rho gy\sin\alpha)\,dA$$

沿面积 A 积分，得作用在平面 A 上的总压力为

$$F = \iint\limits_A dF = p_0 A + \rho g\sin\alpha\iint\limits_A ydA$$

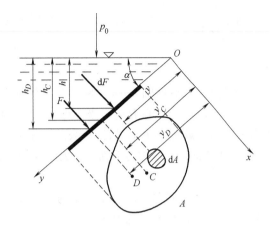

式中，$\iint\limits_A ydA = y_C A$ 为整个平面面积 A 对 x 轴的面积矩；y_C 为平面 A 的形心 C 到 x 轴的距离。

如果 h_C 为形心 C 点的淹深，则

$$F = p_0 A + \rho g\sin\alpha y_C A = p_0 A + \rho gh_C A \qquad (3.54)$$

图 3.33　倾斜平面上的液体总压力

若作用在液面上的压强只是大气压强，而平面外侧也作用着大气压强，在这种情况下仅由液体产生的作用在平面上的总压力为

$$F' = \rho g\sin\alpha y_C A = \rho gh_C A \qquad (3.55)$$

即液体作用在平面上的总压力为一假想体积的液重。该假想体积是以平面面积为底，以平面形心淹深为高的柱体。或者说，平面上的平均压强为形心处的压强，总压力即为形心处的压强与面积的乘积。

2. 总压力的作用点

总压力的作用线与平面的交点为总压力的作用点，也称为压力中心，如图 3.33 中的 D 点。由合力矩定理知，总压力对 x 轴之矩应等于各微元面积上的压力对 x 轴之矩的代数和，即

$$Fy_D = \iint\limits_A y(p_0 + \rho gy\sin\alpha)\,dA$$

$$(p_0 + \rho gy_C\sin\alpha)Ay_D = p_0\iint\limits_A ydA + \rho g\sin\alpha\iint\limits_A y^2 dA = p_0 y_C A + \rho g\sin\alpha J_x$$

式中，$J_x = \iint\limits_A y^2 dA$ 是面积 A 对 Ox 轴的惯性矩。

故压力中心的坐标值为

$$y_D = \frac{p_0 y_C A + \rho g\sin\alpha J_x}{(p_0 + \rho gy_C\sin\alpha)A} \qquad (3.56)$$

若作用在液体自由表面的压强为大气压强，而平面外侧也作用着大气压强，则仅由液体产生的总压力作用点的坐标

$$y'_D = \frac{\rho gJ_x\sin\alpha}{\rho gy_C\sin\alpha A} = \frac{J_x}{y_C A} \qquad (3.57)$$

根据惯性矩的平行移轴定理 $J_x = J_{Cx} + y_C^2 A$，J_{Cx} 为平面面积 A 对于通过其形心 C 且平行于 Ox 轴的轴线的惯性矩。将此关系代入式（3.57）得

$$y'_D = y_C + \frac{J_{Cx}}{y_C A} \qquad (3.58)$$

因为 $\dfrac{J_{Cx}}{y_C A}$ 恒为正值，故 $y_D' > y_C$，即压力中心 D 必在平面形心 C 的下面，其间的距离

为 $\dfrac{J_{Cx}}{y_C A}$。

若平面具有对称轴 n—n，则压力中心 D 及形心都处在 n—n 轴上。如果平面无对称轴，则还需要确定压力中心 D 的 x 坐标值 x_D，可用与前面相同的方法对 Oy 轴求合力矩及各分力的力矩之和，就可得出 x_D 的计算公式。工程上遇到的许多平面都是对称的，因而可以不计算 x_D，许多非完全对称的平面，常常也可以分成几个规则面积加以处理。

例 3-12　平板 A 高为 H_0，宽为 B，半面浸在水中，试求平板 A 与液面平齐（见图 3.34a）、液面下落 h_0（见图 3.34b）、平板 A 下沉 h_0（见图 3.34c）时，平板 A 上的总作用力及形心和压力中心的变化情况。

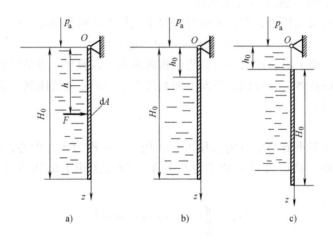

图 3.34　半面浸在水中的平板

【解】　将 z 轴取在平板 A 的对称轴上。

（1）对于图 3.34a，形心坐标 $z_{Ca} = \dfrac{H_0}{2}$。

平板上的总作用力 F_a 为

$$F_a = \iint_A \mathrm{d}F_a = \int_0^{H_0} \rho g h B \,\mathrm{d}h = \frac{\rho g B H_0^2}{2}$$

压力作用的中心坐标为

$$z_{Da} = \frac{\displaystyle\iint_A h\,\mathrm{d}F_a}{F_a} = \frac{\displaystyle\int_0^{H_0} \rho g h^2 B\,\mathrm{d}h}{\dfrac{\rho g B H_0^2}{2}} = \frac{2H_0}{3}$$

（2）对于图 3.34b，形心坐标 $z_{Cb} = \dfrac{H_0 - h_0}{2}$。

平板上的总作用力 F_b 为

$$F_b = \iint_A \mathrm{d}F_b = \int_0^{H_0-h_0} \rho g h B \mathrm{d}h = \frac{\rho g B(H_0 - h_0)^2}{2}$$

压力作用的中心坐标为

$$z_{Db} = \frac{\iint_A (h+h_0)\mathrm{d}F_b}{F_b} = \frac{\int_0^{H_0-h_0}(h+h_0)\rho g h B \mathrm{d}h}{\dfrac{\rho g B(H_0-h_0)^2}{2}} = \frac{2}{3}H_0 + \frac{1}{3}h_0$$

（3）对于图 3.34c，形心坐标 $z_{Cc} = h_0 + \dfrac{H_0}{2}$。

平板上的总作用力 F_c 为

$$F_c = \iint_A \mathrm{d}F_c = \int_{h_0}^{H_0+h_0} \rho g h B \mathrm{d}h = \frac{\rho g B(H_0^2 + 2H_0 h_0)}{2}$$

压力作用的中心坐标为

$$z_{Dc} = \frac{\iint_A h\,\mathrm{d}F_c}{F_c} = \frac{\int_{h_0}^{H_0+h_0}\rho g h^2 B \mathrm{d}h}{\dfrac{\rho g B(H_0^2 + 2H_0 h_0)}{2}} = \frac{2}{3}\left[H_0 + h_0 + \frac{h_0^2}{H_0 + 2h_0}\right]$$

比较知，$F_c > F_a > F_b$，$z_{Dc} > z_{Da} > z_{Db}$，即自由液面下降时，总作用力减小，而压力作用中心升高；平面下沉时，总作用力变大，压力作用中心下移。

任务 8 液体作用在曲面上的总压力

在工程技术中，例如各类圆柱形容器、储油罐、球形压力罐、水塔、弧形闸门等的设计，都会遇到静止液体作用在曲面上总压力的计算问题。由于作用在曲面上各点的流体静压强都垂直于容器壁，这就形成了复杂的空间力系。求总压力的问题便成为空间力系的合成问题。由于工程中用得最多的是二维曲面，所以下面仅研究静止液体作用在二维曲面上的总压力。

设有一承受液体压强的二维曲面，其面积为 A。若参考坐标系的 y 轴与此二维曲面的母线平行，则曲面 ab 在 xOy 平面上的投影便成为曲线 ab，如图 3.35 所示。

若在曲面 ab 上任意点取一微元面积 $\mathrm{d}A$，它的淹深为 h，则仅液体作用在它上面的总压力为

$$\mathrm{d}F_p = \rho g h \mathrm{d}A$$

为了进行计算，简要将 $\mathrm{d}F_p$ 分解为水平与竖直两个微元分力，并将此两微元分力在整个面积 A 上积分，这样便可求得作用在曲面上的总压力的水平分力和竖直分力，进而求出总压力的大小、方向及作用点。

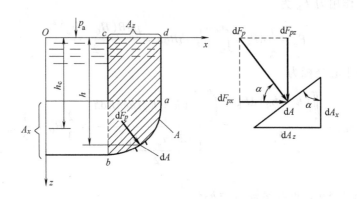

图 3.35 二维曲面上的液体总压力

1. 总压力的大小和方向

（1）总压力的水平分力　设 α 为微元面积 $\mathrm{d}A$ 的法线与 x 轴的夹角，则微元水平分力为

$$\mathrm{d}F_{px}=\rho gh\mathrm{d}A\cos\alpha$$

由图 3.35 知，$\mathrm{d}A\cos\alpha=\mathrm{d}A_x$，故总压力的水平分力

$$F_{px}=\rho g\iint\limits_{A_x}h\mathrm{d}A_x \tag{3.59}$$

式中，$\iint\limits_{A_x}h\mathrm{d}A_x=h_cA_x$ 为面积 A 在 yOz 坐标面上的投影面积 A_x 对 y 轴的面积矩，故式（3.59）可写为

$$F_{px}=\rho gh_cA_x \tag{3.60}$$

即液体作用在曲面上总压力的水平分力等于液体作用在该曲面对铅直坐标面 yOz 的投影面 A_x 上的总压力。同液体作用在平面上的总压力一样，水平分力 F_{px} 的作用线通过 A_x 的压力中心。

（2）总压力的竖直分力　由图 3.35 可知，微元竖直分力 $\mathrm{d}F_{pz}=\rho gh\mathrm{d}A\sin\alpha$，$\mathrm{d}A\sin\alpha=\mathrm{d}A_z$，故总压力的竖直分力为

$$F_{pz}=\rho g\iint\limits_{A_z}h\mathrm{d}A_z \tag{3.61}$$

式中，$\iint\limits_{A_z}h\mathrm{d}A_z=V_p$ 为曲面 ab 上的液柱体积 $abcd$（图 3.35 中的阴影部分），常称为压力体，故式（3.61）可写为

$$F_{pz}=\rho gV_p \tag{3.62}$$

即液体作用在曲面上总压力的竖直分力等于液柱体积 $abcd$ 内液体的重力，它的作用线通过压力体的重心。

（3）总压力　总压力的大小为

$$F_p=\sqrt{F_{px}{}^2+F_{pz}{}^2} \tag{3.63}$$

总压力与竖直线间的夹角由下式确定：

$$\tan\theta = \frac{F_{px}}{F_{pz}} \tag{3.64}$$

2. 总压力的作用点

由于总压力的竖直分力 F_{pz} 的作用线通过液柱体积 $abcd$ 的重心而指向受压面，水平分力 F_{px} 的作用线通过 A_x 的压力中心而指向受压面，故总压力的作用线必通过这两条作用线的交点 D' 且与竖直线成 θ 角，如图 3.36 所示，这条总压力的作用线与曲面的交点 D 就是总压力在曲面上的作用点。

3. 压力体

压力体是从积分式 $\iint\limits_{A_z} h \mathrm{d}A_z$ 得到的一个体积，它是一

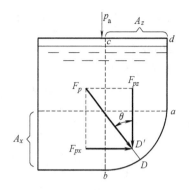

图 3.36 总压力在曲面上的作用点

个纯数学概念，与该体积内是否有液体存在无关。压力体一般是由三种面所围成的封闭体积，即受压曲面、自由液面或其延长面以及通过受压曲面边界向自由液面或其延长面所做的铅垂柱面。在特殊情况下，压力体也可能是由两种面（如浮体）或一种面（如潜体）所围成的封闭体积。

图 3.37 所示为两个形状、尺寸和各点淹深相同的 ab 和 $a'b'$ 曲面，分别盛有同密度的液体。ab 的凹面向着液体，而 $a'b'$ 的凸面向着液体。由压力体的定义可知，这两个压力体的体积是相等的，因而垂直分力的大小是相等的，但方向相反。图 3.37a 中，压力体内充满液体，垂直分力向下。此时的压力体称为正压力体或实压力体；图 3.37b 中，压力体中无液体，垂直分力向上，此时的压力体称为负压力体或虚压力体。

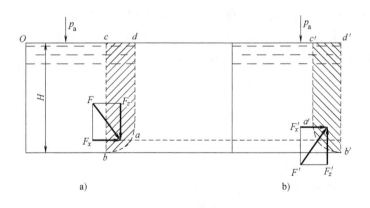

图 3.37 实压力体与虚压力体

例 3-13 一圆弧形闸门如图 3.38 所示。已知闸门宽 $b = 4\mathrm{m}$，半径 $r = 2\mathrm{m}$，圆心角 $\varphi = 45°$，闸门旋转轴恰与水面齐平，试求作用在闸门上的静水总压力。

【解】 闸门前水深为

$$h = r\sin\varphi = (2 \times \sin45°)\mathrm{m} = 1.414\mathrm{m}$$

作用在闸门上的静水总压力的水平分力为

$$F_x = \rho g h_C A_x = \frac{1}{2}\gamma h^2 b = \left(\frac{1}{2}\times 9800\times 1.414^2\times 4\right)\text{N}$$

$$= 39188\text{N}$$

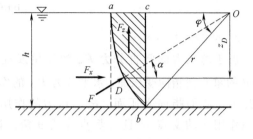

竖直分力为

$$F_z = \gamma V_p = \gamma b A_{abc} = \gamma b (A_{aOb} - A_{cOb})$$

$$= \gamma b \left(\frac{1}{8}\pi r^2 - \frac{1}{2}h^2\right)$$

图 3.38　圆弧形闸门

$$= \left[9800\times 4\times\left(\frac{1}{8}\times 3.14\times 2^2 - \frac{1}{2}\times 1.414^2\right)\right]\text{N} = 22356\text{N}$$

故静水总压力的大小和方向分别为

$$F = \sqrt{F_x^2 + F_z^2} = \sqrt{39188^2 + 22356^2}\ \text{N} = 45116\text{N}$$

$$\alpha = \arctan\left(\frac{F_z}{F_x}\right) = \arctan\left(\frac{22356}{39188}\right) = 29.70°$$

由于力 F 必然通过闸门的旋转轴 O，因此，其作用点的垂直位置（距水面）为

$$z_D = r\sin\alpha = (2\times\sin 29.70°)\text{m} = 1\text{m}$$

综合实例

如图 3.39 所示，液体转速计由直径为 d_1 的中心圆筒和重力为 W 的活塞及与其连通的两根直径为 d_2 的细管组成，内装水银。细管中心线距圆筒中心轴的距离为 R。当转速计的转速变化时，活塞带动指针上、下移动。试推导活塞位移 h 与转速 n 之间的关系式。

【解】　（1）转速计静止不动时，细管与圆筒中的液位差 a 是由于活塞的重力所致，即

$$W = \rho g \frac{\pi}{4}d_1^2 a$$

$$a = \frac{4W}{\rho g \pi d_1^2}$$

（2）当转速计以角速度 ω 旋转时，活塞带动指针下降 h，两细管液面上升 b，根据圆筒中下降的体积与两细管中上升的体积相等，得

$$\frac{\pi}{4}d_2^2\times 2b = \frac{\pi}{4}d_1^2 h$$

$$b = \frac{d_1^2}{2d_2^2}h$$

（3）取活塞底面中心为坐标原点，z 轴向上。根据

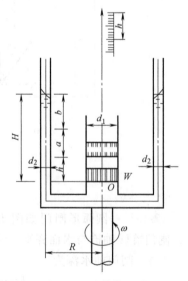

图 3.39　液体转速计

等角速旋转容器中压强分布公式

$$p = \rho\left(\frac{\omega^2 x^2}{2} + \frac{\omega^2 y^2}{2} - gz\right) + C = \rho\left(\frac{\omega^2 r^2}{2} - gz\right) + C$$

当 $r = R$、$z = H$ 时，

$$p_g = 0 \text{（计示压强）}$$

$$C = \rho g\left(H - \frac{\omega^2 R^2}{2g}\right)$$

故有

$$p_g = \rho g\left[\frac{\omega^2(r^2 - R^2)}{2g} + H - z\right]$$

这时，活塞的重力应与水银作用在活塞底面上的压强的合力相等，故有

$$W = \int_0^{d_1/2} p_g \times 2\pi r \mathrm{d}r = 2\pi\rho g\int_0^{d_1/2}\left[\frac{\omega^2(r^2 - R^2)}{2g} + H\right]r\mathrm{d}r = \frac{\pi}{4}d_1^2\rho g\left[\frac{\omega^2}{2g}\left(\frac{d_1^2}{8} - R^2\right) + H\right]$$

或

$$\frac{4W}{\pi d_1^2 \rho g} = \frac{\omega^2}{2g}\left(\frac{d_1^2}{8} - R^2\right) + H = \frac{\omega^2}{2g}\left(\frac{d_1^2}{8} - R^2\right) + a + b + h$$

得

$$h = \frac{1}{2g}\frac{R^2 - d_1^2/8}{1 + d_1^2/(2d_2^2)}\omega^2$$

而

$$\omega = \frac{\pi n}{30}$$

故有

$$n = \frac{30}{\pi}\left\{\frac{2gh\left[1 + d_1^2/(2d_2^2)\right]}{R^2 - d_1^2/8}\right\}^{1/2}$$

拓展提高：浮体和潜体的稳定性

在工程实际中，常需要求解浸没在静止流体中的潜体和漂浮在液面上的浮体所受的流体总压力，即所谓的浮力问题，例如漂浮在湖面上的物体所受的力等。

1. 阿基米德原理

设有一物体完全浸没在静止的流体中，如图 3.40 所示。先研究物体表面所受水平方向的流体压力。为此，将物体分成许多极其微小的水平棱柱体，其轴线平行于 z 轴，如图中的 M 所示。因水平棱柱体的两端面积极其微小，可认为在同一高程，且其上各点的流体压强相等。所以，作用在微元面积上的流体的两端压力的大小相等，而方向相反。因此，作用在物体全部表面上的力在水平方向的合力等于零。相类似地，作用在物体全部表面上沿 y 轴的水平分力的合力也为零。

再研究物体表面所受竖直方向的流体压力。为此，将物体分成许多极其微小的铅垂棱柱

体，其轴线平行于 z 轴，如图中 N 所示。因铅垂棱柱体的两端面的面积 dA（dA_z）极其微小，可以认为是平面，且两者面积相等。两端面的铅垂深度差为 h；作用在微元铅垂棱柱体顶面和底面上的流体压力的合力 dF_z 的方向向上，其大小为

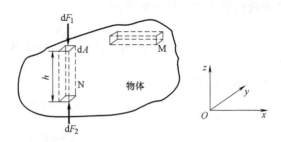

图 3.40 浸没在流体中的物体受力

$$dF_z = \rho g h dA = \rho g dV \qquad (3.65)$$

式中，dV 为微元铅垂棱柱体的体积。

作用在物体全部表面上的力在铅垂方向的合力 F_z 为

$$F_z = \int_V \rho g dV = \rho g V \qquad (3.66)$$

式中，ρ 为流体的密度；V 为浸没于流体中的物体体积。

式（3.66）表明：作用在浸没于流体中物体的总压力（即浮力）的大小等于物体所排开的同体积的流体的重量，方向向上，作用线通过物体的几何中心（也称浮心），这就是阿基米德原理。

阿基米德原理对于漂浮在液面的物体（浮体）来说，也是适用的，此时式（3.66）中的物体体积不是整个物体的体积，而是浸没在液体中的那部分体积。

一切浸没于流体中或者漂浮在液面上的物体，均受到两个作用力：物体的重力 G 和浮力 F_z。重力的作用线通过重心而垂直向下，浮力的作用线通过浮心而竖直向上。根据重力 G 和浮力 F_z 的大小，有以下三种可能性：

（1）当 $G > F_z$ 时，物体继续下沉。

（2）当 $G = F_z$ 时，物体可以在流体中任何深度处维持平衡。

（3）当 $G < F_z$ 时，物体上升，减小浸没在液体中的物体体积，从而减小浮力。当所受浮力等于物体重力时，则达到平衡。

2. 潜体及浮体的稳定性

上面提到的重力和浮力相等，只是潜体维持平衡的必要条件。只有物体的重心和浮心同时位于同一铅垂线上，潜体才会处于平衡状态。

潜体在倾斜后恢复其原来平衡位置的能力，称为潜体的稳定性。当潜体在流体中倾斜后，能否恢复原来的平衡状态，按照重心 C 和浮心 D 在同一铅垂线上的相对位置，有三种可能性：

（1）重心 C 位于浮心 D 的下方，如图 3.41a 所示。潜体如有倾斜，重力 G 和浮力 F_z 能形成一个使潜体恢复到原来平衡位置的转动力矩，使潜体能恢复原位。这种情况下的平稳称为稳定平衡。

（2）重心 C 位于浮心 D 之上，如图 3.41b 所示。潜体如有倾斜，重力 G 和浮力 F_z 将产生一个使潜体继续倾斜的转动力矩，潜体不能恢复其原位。这种情况的平衡称为不稳定平衡。

（3）重心 C 和浮心 D 相重合，如图 3.41c 所示。潜体如有倾斜，重力 G 和浮力 F_z 不会产生转动力矩，潜体处于随遇平衡状态下不再恢复原位。这种情况下的平衡称为随遇平衡。

从以上的讨论可以知道，为了保持潜体的稳定，潜体的重心必须位于浮心以下。

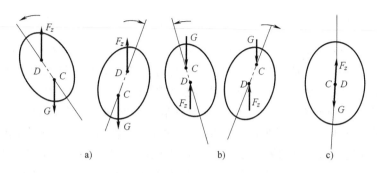

图 3.41 潜体的稳定性分析

浮体的平衡条件和潜体一样，如图 3.42 所示。浮体的重心位置 C 不因倾斜面改变（如果在容器内装有自由液面的液体，则容器倾斜后重心不在原来的位置上），而浮心则因浸入液体中的那一部分体积形状的改变，从原来的 D 点移动到 D' 的位置。浮体与自由表面相交的平面称为浮面，垂直于浮面并通过重心 C 的垂直线称为浮轴。当浮体处于原来的平衡位置时，浮心和重心都在浮轴上；倾斜后浮力和浮轴不重合，相交于定倾中心 M。定倾中心 M 到浮心 D 的距离称为定倾半径，以 ρ 表示。重心和原浮心的距离为偏心距，以 e 表示。

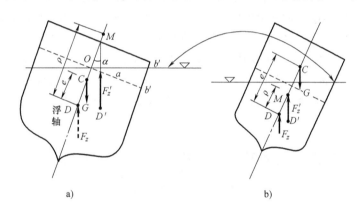

图 3.42 浮体的稳定性分析

浮体倾斜后能否恢复其原平衡位置，取决于重心和定倾中心的相对位置，存在以下三种情况：

（1）$\rho > e$，即 M 点高于 C 点，如图 3.42a 所示。这时重力 G 和倾斜后的浮力 F_z 构成一个使浮体恢复到原来平衡位置的转动力矩，浮体处于稳定平衡状态。

（2）$\rho < e$，即 M 点低于 C 点，如图 3.42b 所示。这时重力 G 和倾斜后的浮力 F_z 构成一个使浮体继续转动的转动力矩，浮体处于不稳定平衡状态。

（3）$\rho = e$，即 M 点与 C 点重合。这时重力 G 和倾斜后的浮力 F_z 不会产生转动力矩，浮体处于随遇平衡状态。

从以上的讨论可以知道，为了保持浮体的稳定，浮体的定倾中心 M 必须高于物体的重心 C，即 $\rho > e$。但是，重心 C 在浮心 D 之上时，其平衡仍有可能是稳定的，这由图 3.42a 可以看出。

思政专题：探索万米海洋深渊——"奋斗者"号

习近平 2020 年 11 月 28 日致信祝贺"奋斗者"号全海深载人潜水器成功完成万米海试并胜利返航："奋斗者"号研制及海试的成功，标志着我国具有了进入世界海洋最深处开展科学探索和研究的能力，体现了我国在海洋高技术领域的综合实力。从"蛟龙"号、"深海勇士"号到今天的"奋斗者"号，你们以严谨科学的态度和自立自强的勇气，践行"严谨求实、团结协作、拼搏奉献、勇攀高峰"的中国载人深潜精神，为科技创新树立了典范。

"奋斗者"号是中国研发的万米载人潜水器（见图 3.43），于 2016 年立项，由"蛟龙"号、"深海勇士"号载人潜水器的研发力量为主的科研团队承担。其目的是在马里亚纳海沟进行科学考察与试验，建立和发展我国海斗深渊生物学、海斗深渊生态学、海斗深渊地学等多个学科体系，并以此为引导，进一步攻克全海深探测装备关键技术，推动我国深海科学和深海装备技术的跨越发展。

2020 年 6 月 19 日，中国万米载人潜水器正式命名为"奋斗者"号。因为"奋斗者"号"更贴切我国现在的时代精神，充分体现我国科技团队的奋斗精神、不畏艰险的精神，充分刻画出我国载人深潜团队的伟大形象。2020 年 10 月 27 日，"奋斗者"号在马里亚纳海沟成功下潜突破 1 万 m 达到 10058m，创造了中国载人深潜的新纪录。11 月 10 日 8 时 12 分，"奋斗者"号在马里亚纳海沟成功坐底，坐底深度 10909m，再创中国载人深潜的新纪录，并带回了海沟底部的岩石、海水、生物等珍贵样品。11 月 13 日 8 时 04 分，"奋斗者"号载人潜水器在马里亚纳海沟再次成功下潜突破 10000m。11 月 17 日 7 时 44 分，"奋斗者"号再次下潜突破 1 万 m。11 月 19 日，"奋斗者"号再次突破万米海深复核科考作业能力。11 月 28 日，习近平致信祝贺"奋斗者"号全海深载人潜水器成功完成万米海试并胜利返航。

图 3.43 "奋斗者"号

马里亚纳海沟挑战者深渊被称为"地球第四极"，也是地球上环境最恶劣的区域之一，水压高、温度低、没有阳光、地震频发……，用"奋斗者"号副总设计师胡震的话来说，"我们挑战的是全球最深处。特别是狭窄的球形载人舱能够载三人下潜到万米深，这在国际上都是非常了不起的"！"奋斗者"号的研制成功标志着我国在大深度载人深潜领域已经达到世界领先水平，也让人类探索万米深渊从此拥有了一个强大的新平台。

　　挑战全球海洋最深处，首先要攻克的难关就是巨大的水压。海沟 1 万 m 深处，水压超过 1100atm，相当于 2000 头非洲象踩在一个人的背上。如何让"奋斗者"号做到不惧高压极端环境，在万米海底自由行走？载人舱作为整个潜水器里规格最大的一个耐压容器，是全海深载人潜水器的核心关键部件，是人类进入万米深海的硬件保障和安全屏障，其成败直接关系着整个潜水器的成败。在万米海深的极端压力条件下，按照"奋斗者"号的目标尺寸和厚度要求，以往潜水器使用的材料都已不能达标，需要找到一种高强度、高韧性、可焊接的钛合金。然而，国际上没有制造先例，也找不到国外厂家生产，唯一的出路就是我们自己造。为此，中国科学院金属研究所联合国内多家企业和研究所，组建起全海深钛合金载人舱研制"国家队"，经过一系列调研论证、研究实验，突破了载人舱材料、成型、焊接等一系列关键技术瓶颈。独创的新型钛合金材料，成功解决了载人舱材料所面临的强度、韧性和可焊性等难题，终于制造出由新型钛合金材料制成的宽敞而结实的载人舱。

　　另外，深海一片漆黑，地形环境高度复杂，"奋斗者"号如何避免"触礁"风险？中国科学院沈阳自动化研究所的科研人员，针对深渊复杂环境下大惯量载体多自由度航行操控、系统安全可靠运行等技术难题进行了攻关，让"奋斗者"号的控制系统实现了基于数据与模型预测的在线智能故障诊断、基于在线控制分配的容错控制以及海底自主避碰等功能。除此之外，科研人员还给"奋斗者"号装上了一双高度灵活且有力的"手"，在开展万米作业时，具有强大的作业能力，顺利完成岩石、生物抓取及沉积物取样器操作等精准作业任务。这项技术填补了我国应用全海深液压机械手开展万米深水作业的空白。

　　据了解，"奋斗者"号连续和重复多次的万米级海试，不但验证了潜水器总体性能稳定和系统工作可靠，能够满足大深度载人潜水器的安全规范要求；同时，通过使用我国生产的载人舱、浮力材料、锂电池、推进器、海水泵、机械手、声学通信、液压泵、水下定位、航行控制、成像声呐等关键设备和重要技术，也为国产水密接插件提供了万米深度的试验机会，全面验证了载人潜水器的全海深作业能力和实用价值，更为后续的运维应用奠定了基础。相关专家认为，"奋斗者"号研制及海试的成功，显著提升了我国载人深潜的技术装备能力和自主创新水平，推动了潜水器向全海深谱系化、功能化发展，为探索深海科学奥秘、保护和合理利用海洋资源提供了又一利器，为引导公众关心认识海洋、提升全民海洋意识、加快建设海洋强国做出了突出贡献。

　　回顾中国深海载人潜水器的发展史，从 1986 年只能下潜 300m 的 7103 救生艇，到能够万米深潜的"奋斗者"号，只经历了 35 年的时间，中国科技发展的脚步越迈越大，其中包含了无数科技工作者的奋斗，他们为了探索人类向往的星辰大海，保卫国家的安定，甘愿奉献出自己的一生，他们才是这个时代最美的奋斗者。

"思政内容"与现实的结合点

　　（1）"奋斗者"号全海深载人潜水器的研制，集结了中国船舶集团第七〇二研究所、中国科学院深海科学与工程研究所等 20 家科研院所、13 家高校、60 余家企业的近千名科研人员，是在"蛟龙"号、"深海勇士"号载人潜水器研制与应用的良好基础上，组织开展了一系列关键技术的攻关才得以成功的。通过思政专题的学习，让学生真正领悟到，每一项事业的成功，都需要团结协作精神。正如列夫·托尔斯泰所说："个人离开社会不可能得到幸福，正如植物离开土地而被抛弃到荒漠里不可能生存一样。"叔本华也曾说过："单个的人是软弱无力的，就像漂流的鲁滨逊一样，只有同别人在一起，他才能完成许多事业。"

（2）在马里亚纳海沟深海区域历时 59 天的常规万米海试取得初步成功，期间"奋斗者"号在 7700~10900m 深度下潜共 28 次，其中就有七次超过了万米。"奋斗者"号连续和重复多次的万米级海试，验证了潜水器总体性能稳定和系统工作可靠，同时向全世界宣示了中国潜水区域高频次连续深海作业的能力。通过思政专题的学习，让学生树立起对自然、科学和职业的敬畏、对工作的热情与执着、对产品安全与质量负责的态度，只有将一丝不苟、精益求精的工匠精神融入工作的每一个环节，才能做出打动人心的一流产品。

课程思政素材出处

［1］ "奋斗者"号［EB/OL］. ［2023-03-07］. https：//baike. so. com/doc/29784054-31336969. html.

［2］ 唐琳. "奋斗者"号坐底 10909 米创造中国载人深潜新纪录［J］. 科学新闻. 2022, 24（3）：23.

思 考 与 练 习

1. 流体静压强有哪两个特性？如何证明？

2. 流体平衡微分方程的物理意义是什么？

3. 等压面有什么性质？

4. 写出流体静力学基本方程的几种表达式。说明流体静力学基本方程的适用范围以及物理意义、几何意义。

5. 什么是绝对压强、计示压强和真空压强？它们之间有什么关系？

6. 不同形状的储液容器，若深度相同，容器底面积相同，试问液体作用在底面的总压力和液体的重力是否相同？为什么？

7. 什么是压力体？确定压力体的方法和步骤是什么？

8. 一封闭盛水容器如图 3.44 所示，U 形管测压计液面高于容器液面 $h = 1.5$m，求容器液面的相对压强 p_0。

9. 图 3.45 所示为量测容器中 A 点压强的真空计。已知 $z = 1$m，$h = 2$m。求 A 点的真空值 p_v 及真空度 h_v。

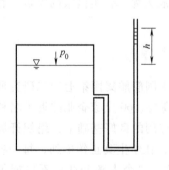

图 3.44 盛水的封闭容器

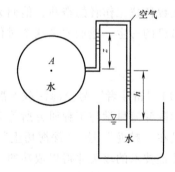

图 3.45 压强真空计

10. 一直立煤气管道如图 3.46 所示。在底部测压管中测得水柱差 $h_1 = 10\mathrm{mm}$，在 $H = 20\mathrm{m}$ 高度处的测压管中测得 $h_2 = 11.5\mathrm{mm}$，管外空气重度 $\gamma_a = 12.6\mathrm{N/m^3}$，求管中静止煤气的重度 γ。

11. 图 3.47 所示为一圆柱形容器，直径为 $d = 300\mathrm{mm}$，高 $H = 500\mathrm{mm}$，容器内装水，水深为 $h = 300\mathrm{mm}$，使容器绕垂直轴做匀角速旋转，试确定水正好不溢出来的转速 n。

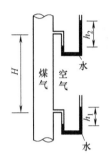

图 3.46　直立煤气管道

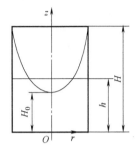

图 3.47　圆柱形容器匀速旋转

12. 一油罐车以匀加速度 $a = 1.5\mathrm{m/s^2}$ 向前行驶，求油罐内自由表面与水平面间的夹角 α；若车尾部 B 点在运动前位于油面下深 $h = 1.0\mathrm{m}$，距中心为 $x_B = 1.5\mathrm{m}$，如图 3.48 所示，求油罐车加速运动后该点的压强。（油的密度 $\rho = 815\mathrm{kg/m^3}$）

13. 如图 3.49 所示，一圆筒高 $H = 0.7\mathrm{m}$，半径 $R = 0.4\mathrm{m}$，内装 $V = 0.25\mathrm{m^3}$ 的水，以匀角速度 $\omega = 10\mathrm{rad/s}$ 绕竖直轴旋转。因筒中心开孔通大气，顶盖的质量 $m = 5\mathrm{kg}$，试确定作用在顶盖上螺栓上的力。

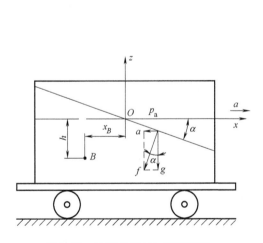

图 3.48　油罐车以匀加速度行驶

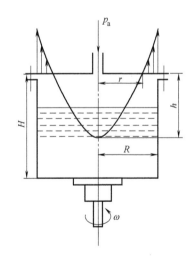

图 3.49　与大气连通的旋转圆筒

14. 水箱底部 $\alpha = 60°$ 的斜平面上，若有直径 $d = 0.5\mathrm{m}$ 的圆形泄水阀，阀的转动轴过中心 C 而垂直底面，如图 3.50 所示。为使箱内水不经阀口外泄，试求阀的转动轴上施加的锁紧转矩。

15. 宽 $B = 1\mathrm{m}$、倾角为 $\alpha = 60°$ 的闸门铰接于 A，如图 3.51 所示。已知 $h_0 = 1\mathrm{m}$，$H_0 = 3\mathrm{m}$，试确定垂直方向上提升闸门所需力（不计闸门自重及摩擦力）F 的大小。

16. 与水平液面成 α 角的斜壁有半径为 R 的圆孔，现用半球面将孔堵上，孔心深度为 H，如图 3.52 所示。求球面所受的液体作用力 F 的大小及方向（不计大气压强）。

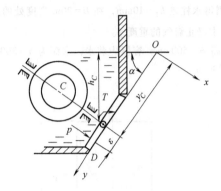

图 3.50 水箱底部泄水阀

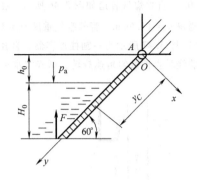

图 3.51 阀门示意图

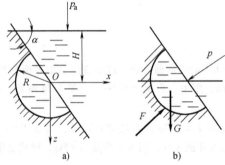

图 3.52 半球壁面

流动性是流体的最基本特征，流体经常处于流动状态。流体的流动是充满某个空间区域的无数个流体质点的运动的集合。流体运动学运用速度、加速度和表示流体微团旋转的涡量等运动要素来描述流体的运动特征。流体运动学的基本任务是：确立流动的描述方法，确定质点加速度的表示方式；建立有关流动和流场的基本概念；根据质量守恒定律确定连续性方程；分析流体微团的运动和变形规律；提出理想流体无旋流动的分析方法。

【案例导入】

离 岸 流

2012 年 8 月 4 日当天，韩国的高温天气吸引了 80 万游客来到韩国最有名的海云台海水浴场。海云台的海事警察表示，当天上午 10 点 45 分，在第 5 和第 7 瞭望台之间出现一股巨大的离岸流，143 名游客被水流卷走。图 4.1 所示为救生船在事发现场。66 名游客被水流卷到 70~80m 以外的海域，在寻求救生员救助后，安全回到海滩。其余 40 余名游客在午间时候被救。当天晚间时候，救生员再次救回了最后的 30 余名游客。

离岸流，是一股射束似的狭窄而强劲的水流，它以垂直或接近垂直于海岸的方向向外海流去，如图 4.2 所示，箭头位置为离岸流。这束水流虽然不长，但速度很快，流速可高达 2m/s 以上，每股的持续时间为两三分钟甚至更长。因为这种水流常可将游泳者带离岸边，所以又称为回卷流。

图 4.1　海云台海水浴场发生离岸流

图 4.2　离岸流

1. 离岸流的成因

导致离岸流的因素有很多，其中最常见的就是水流冲破沙洲的阻挡。沙洲是沿海岸靠外的一侧堆积起来的狭长沙丘。它们是由波浪和潮水的运动形成的。大的沙洲形成后，会沿着海岸产生某种类似于水池的地貌。波浪向上朝着沙洲运动时，会提供足够的作用力将水推到水池中，但退落的水流则很难越过沙洲返回大海。这就像堵上塞子的浴缸：浴缸中的水受到重力的向下拉力，但被塞子所阻挡；与此类似，退落的波浪受到海洋（以及重力）的向外作用力，但又被沙洲挡在海滩上，如图 4.3 所示。在某些情况下，退落的水流会产生足够大的向后的压力，从而在沙洲的某些部位形成突破。在其他时候，水则会沿平行于海滩的方向流动，直到水流到达沙洲的某个低点为止。无论是哪种情况，在水池中积聚的水一旦找到了出口，就会急速冲入海中，就像拔掉浴缸的塞子后，浴缸中的水会迅速流出一样。

形成的离岸流会吸入水池中的水，然后在沙洲的另一端将其排出。由于波浪不断地将更多的水推进沙洲与海滩间的水池，离岸流将持续几分钟甚至数小时之久。某些离岸流只是昙花一现，而另外一些则会长期停留在一个地区。一般来说，离岸流最强的部分是从海边到沙洲出口之间的一条直线，如图 4.4 所示。不过，离岸流也会吸入水池两侧的水。这样，离岸流将先沿与海滩平行的方向把人冲到侧面，然后再把人向外拖，使人远离海滩。当退落的波浪通过沙洲的出口向外涌时，会与处于海平面的海水相遇，它的压力将立即下降。水流的整体形状就像一朵蘑菇。如果离岸流的强度很大，可能会在海滩上看到它。强离岸流会阻挡传来的波浪，搅起海底的沙子。

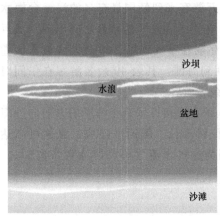

| 图 4.3 离岸流的成因 | 图 4.4 离岸流的组成 |

2. 离岸流的危害

离岸流包括裂流根、流颈和流头三部分。离岸流会在人毫无防备的情况下突然出现。离岸流在任何天气条件下都可能发生，它会出现在多种类型的海滩上。与因猛烈撞击而发出巨大声响的波浪不同，离岸流不会引起人的注意，直到人身陷其中才会发觉。离岸流的强度和状态因波浪、潮汐、天文、风力、风向等多种因素而改变，所以不可预见。它有巨大的能量，有时连海面上的救生艇也会被吞噬掉，因此一旦遇上离岸流，会十分危险。流颈是最危险的地方，不但狭窄流急，而且因高速产生的负压还会将靠近的游泳者"吸"入。

据统计，澳大利亚是世界上离岸流最多的国家之一。悉尼和墨尔本等地的多处海滨浴场都有沙洲-海沟地貌,因此多有离岸流导致的溺水事件发生。在美国,每年约有150起死亡事件是由离岸流引起的。在佛罗里达州,每年约死于离岸流的人数超过了因雷暴、飓风和龙卷风而死的人数总和。大约有80%的海滩援救事件与离岸流有关。我国的青岛第一海水浴场、厦门椰风寨海滨浴场也是离岸流的高发地。

【教学目标】

1. 了解流体流动的两种描述方法,掌握质点加速度的表示方式;
2. 掌握有关流动和流场的基本概念;
3. 学会根据质量守恒定律推导连续性方程的微分形式和积分形式;
4. 了解流体微团的运动和变形规律,掌握流函数和势函数的求解方法。

任务 1　流体运动的描述方法

充满运动流体的空间称为流场。描述流场中流体的运动规律有两种方法:拉格朗日法和欧拉法。

1. 拉格朗日法

拉格朗日法着眼于流体质点,通过追踪研究流场中单个流体质点的运动规律,进而研究流体的整体运动规律。流场中的流体质点是连续分布的,表征流体质点运动和物性的参数(以后统称运动参数,如位移、速度、压强、密度、温度等)也是连续的。可以用空间坐标来表示某一流体质点的所在位置。若任意时刻某个流体质点位于直角坐标系 (x,y,z) 处,则这个流体质点的运动轨迹可以用下面的函数来描述:

$$\left.\begin{array}{l} x=x(a,b,c,t) \\ y=y(a,b,c,t) \\ z=z(a,b,c,t) \end{array}\right\} \tag{4.1a}$$

式 (4.1a) 中 (a,b,c) 为某时刻 t_0 该质点在所处的位置 (x_0,y_0,z_0),称为拉格朗日变量。拉格朗日变量是该质点不同于其他质点的标志。不同的质点有不同的一组拉格朗日变量 (a,b,c) 值。

若用矢量来表示式 (4.1a),则流体质点任意时刻的空间位置的矢径为

$$\boldsymbol{r}=x\boldsymbol{i}+y\boldsymbol{j}+z\boldsymbol{k}=\boldsymbol{r}(a,b,c,t) \tag{4.1b}$$

拉格朗日法表示的流体质点的速度为

$$\boldsymbol{u}(a,b,c,t)=\frac{\mathrm{d}}{\mathrm{d}t}\boldsymbol{r}(t)=\frac{\partial \boldsymbol{r}(a,b,c,t)}{\partial t} \tag{4.2}$$

拉格朗日法表示的流体质点的加速度为

$$\boldsymbol{a}(a,b,c,t)=\frac{\mathrm{d}}{\mathrm{d}t}\boldsymbol{u}(t)=\frac{\partial \boldsymbol{u}(a,b,c,t)}{\partial t}=\frac{\partial^2 \boldsymbol{r}(a,b,c,t)}{\partial t^2} \tag{4.3}$$

拉格朗日法提供了各质点的详细时变过程的直接描述,具有物理概念明确,直观性强的

特点。然而，要表达运动要素的空间分布或质量守恒定律的具体形式时，拉格朗日法牵涉烦琐的数学计算。在流体运动分析中，更有实际意义的往往是运动要素的空间分布特性，并非各质点轨迹的变化细节。因此在流体运动分析中，基于场法的欧拉法更为常用。

2. 欧拉法

欧拉法着眼于流场中的空间点，通过研究流体流过固定空间点的质点运动规律，进而研究流场内的流体运动规律。即在确定的空间点上来考察流体的流动，将流体的运动和物理参数直接表示为空间坐标和时间的函数，而不是沿运动轨迹去追踪流体质点。

欧拉法以流场为研究对象，属于场法。场的核心属性是空间连续性和各点值的确定性。流体运动符合连续介质模型，在某个瞬时各空间点上必定有流体质点经过，其运动速度是确定性的。所有空间点上速度矢量的集合，构成一个瞬时的速度矢量场，简称流速场。在直角坐标系中直接表述为

$$\boldsymbol{u} = \boldsymbol{u}(x, y, z, t) = u_x \boldsymbol{i} + u_y \boldsymbol{j} + u_z \boldsymbol{k} \tag{4.4}$$

(x, y, z) 是空间点，流速 $\boldsymbol{u}$ 是在 t 时刻占据空间点 (x, y, z) 的那个流体质点的速度矢量。自变量 (x, y, z, t) 称为欧拉变量。

按欧拉法，与流动问题有关的任意物理量 ϕ（可以是矢量，也可以是标量）均可表示为欧拉变量的函数

$$\phi = \phi(x, y, z, t) \tag{4.5}$$

例如，流场中的密度 ρ 和压强 p 可以分别表示为

$$\rho = \rho(x, y, z, t)$$
$$p = p(x, y, z, t)$$

3. 欧拉法的质点加速度

需要注意的是，加速度是同一流体质点的速度对时间的变化率，通过速度求加速度，必须跟踪流体质点，即应该在拉格朗日观点下进行。而欧拉法表述的流速场是流经空间点的流体质点速度。因此在利用欧拉法表述的流速场求质点加速度时，不能仅考虑速度对时间的变化率，还要考虑质点流经不同空间点所发生的速度变化造成的加速度。如图 4.5 中水管出流，当水头 H 不随时间 t 变化时，质点流过管内固定点 A、B 的流速表达式将与时间 t 无关，即速度表达式对 t 的变化率为 0。考察此时有流体质点自 A 流至 B 点的过程，由于管径缩小使得 B 点流速大于 A 点流速，因此在此过程中流体质点必有加速度存在。若水头 H 随时间 t 变化，则质点加速度包括速度表达式对时间变化率和空间变化率造成的加速度两部分。

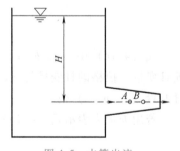

图 4.5 水管出流

如式（4.4）表述的流速场，t 时刻在空间点 i 的质点速度为

$$\left. \begin{aligned} u_{xi} &= u_x(x_i, y_i, z_i, t) \\ u_{yi} &= u_y(x_i, y_i, z_i, t) \\ u_{zi} &= u_z(x_i, y_i, z_i, t) \end{aligned} \right\} \tag{a}$$

对流速场以点 i 为基准进行泰勒展开，只取到一阶微分项，则

$$
\left.
\begin{aligned}
u_x &= u_{xi} + \left(\frac{\partial u_x}{\partial x}\right)_i \mathrm{d}x + \left(\frac{\partial u_x}{\partial y}\right)_i \mathrm{d}y + \left(\frac{\partial u_x}{\partial z}\right)_i \mathrm{d}z \\
u_y &= u_{yi} + \left(\frac{\partial u_y}{\partial x}\right)_i \mathrm{d}x + \left(\frac{\partial u_y}{\partial y}\right)_i \mathrm{d}y + \left(\frac{\partial u_y}{\partial z}\right)_i \mathrm{d}z \\
u_z &= u_{zi} + \left(\frac{\partial u_z}{\partial x}\right)_i \mathrm{d}x + \left(\frac{\partial u_z}{\partial y}\right)_i \mathrm{d}y + \left(\frac{\partial u_z}{\partial z}\right)_i \mathrm{d}z
\end{aligned}
\right\}
\qquad (\mathrm{b})
$$

在空间点 i 的邻域内找到另一个空间点 j，使得从点 i 到 j 的空间变化为

$$
\left.
\begin{aligned}
\mathrm{d}x &= u_{xi}\,\mathrm{d}t \\
\mathrm{d}y &= u_{yi}\,\mathrm{d}t \\
\mathrm{d}z &= u_{zi}\,\mathrm{d}t
\end{aligned}
\right\}
\qquad (\mathrm{c})
$$

根据式（b），与空间 j 对应的流动速度可以表达为

$$
\left.
\begin{aligned}
u_{xj} &= u_{xi} + \left(\frac{\partial u_x}{\partial x}\right)_i u_{xi}\,\mathrm{d}t + \left(\frac{\partial u_x}{\partial y}\right)_i u_{yi}\,\mathrm{d}t + \left(\frac{\partial u_x}{\partial z}\right)_i u_{zi}\,\mathrm{d}t \\
u_{yj} &= u_{yi} + \left(\frac{\partial u_y}{\partial x}\right)_i u_{xi}\,\mathrm{d}t + \left(\frac{\partial u_y}{\partial y}\right)_i u_{yi}\,\mathrm{d}t + \left(\frac{\partial u_y}{\partial z}\right)_i u_{zi}\,\mathrm{d}t \\
u_{zj} &= u_{zi} + \left(\frac{\partial u_z}{\partial x}\right)_i u_{xi}\,\mathrm{d}t + \left(\frac{\partial u_z}{\partial y}\right)_i u_{yi}\,\mathrm{d}t + \left(\frac{\partial u_z}{\partial z}\right)_i u_{zi}\,\mathrm{d}t
\end{aligned}
\right\}
\qquad (\mathrm{d})
$$

由式（c）可知，从时刻 t 到时刻 $t+\mathrm{d}t$，流体质点将从 i 点运动到 j 点。而其速度表达式将由式（a）变为式（d）。注意到点 i 的普遍性和式（a）表示的速度与时间相关，可以得到流场内流体质点的加速度表达式为

$$
\left.
\begin{aligned}
a_x &= \frac{\partial u_x}{\partial t} + u_x\frac{\partial u_x}{\partial x} + u_y\frac{\partial u_x}{\partial y} + u_z\frac{\partial u_x}{\partial z} \\
a_y &= \frac{\partial u_y}{\partial t} + u_x\frac{\partial u_y}{\partial x} + u_y\frac{\partial u_y}{\partial y} + u_z\frac{\partial u_y}{\partial z} \\
a_z &= \frac{\partial u_z}{\partial t} + u_x\frac{\partial u_z}{\partial x} + u_y\frac{\partial u_z}{\partial y} + u_z\frac{\partial u_z}{\partial z}
\end{aligned}
\right\}
\qquad (4.6)
$$

从数学方程的角度看，式（4.4）所表示的速度场是关于欧拉变量（x，y，z，t）的函数，可以利用复合函数求导法则求得加速度。对于 x 方向的加速度，有

$$
a_x = \frac{\partial u_x}{\partial t} + \frac{\partial u_x}{\partial x}\frac{\mathrm{d}x}{\mathrm{d}t} + \frac{\partial u_x}{\partial y}\frac{\mathrm{d}y}{\mathrm{d}t} + \frac{\partial u_x}{\partial z}\frac{\mathrm{d}z}{\mathrm{d}t}
$$

而质点坐标（x，y，z）的时变率等于质点速度，即 $\mathrm{d}x/\mathrm{d}t = u_x$，$\mathrm{d}y/\mathrm{d}t = u_y$，$\mathrm{d}z/\mathrm{d}t = u_z$，由此可以得到式（4.6）中的第一式。同样的方法可以得到其余两式。

流体质点的物理量对于时间的变化率称为该物理量的质点导数，用符号 $\mathrm{D}\phi/\mathrm{D}t$ 来表示。

当物理量 ϕ 为速度时，即 $\phi = u$，则速度的质点导数是质点的加速度。为简化表达，引入哈密顿算子

$$\nabla \equiv \frac{\partial}{\partial x}\boldsymbol{i} + \frac{\partial}{\partial y}\boldsymbol{j} + \frac{\partial}{\partial z}\boldsymbol{k} \tag{4.7}$$

则式（4.6）所示的加速度可以等效表示为

$$\left.\begin{aligned} a_x &= \frac{\mathrm{D}u_x}{\mathrm{D}t} = \frac{\partial u_x}{\partial t} + (\boldsymbol{u} \cdot \nabla)u_x \\[2mm] a_y &= \frac{\mathrm{D}u_y}{\mathrm{D}t} = \frac{\partial u_y}{\partial t} + (\boldsymbol{u} \cdot \nabla)u_y \\[2mm] a_z &= \frac{\mathrm{D}u_z}{\mathrm{D}t} = \frac{\partial u_z}{\partial t} + (\boldsymbol{u} \cdot \nabla)u_z \end{aligned}\right\} \tag{4.8a}$$

加速度表达式（4.8a）可以进一步简化为矢量形式

$$\boldsymbol{a} = \frac{\mathrm{D}\boldsymbol{u}}{\mathrm{D}t} = \frac{\partial \boldsymbol{u}}{\partial t} + (\boldsymbol{u} \cdot \nabla)\boldsymbol{u} \tag{4.8b}$$

由式（4.5）可见，在欧拉法中，流体速度的质点导数或加速度包括两部分：

1）$(\boldsymbol{u} \cdot \nabla)\boldsymbol{u}$ 是随空间的变化率，由空间位置的变化引起，显示流场在空间的不均匀性，称为位变加速度，有时也被称为传输加速度或对流加速度或迁移加速度。

2）$\partial \boldsymbol{u}/\partial t$ 是随时间的变化率，表示流场的非稳态部分，称为时变加速度，有时又称为局部加速度或当地加速度，由时间的变化引起。

欧拉法中，任意物理量 ϕ 的质点导数可以写成

$$\frac{\mathrm{D}\phi}{\mathrm{D}t} = \frac{\partial \phi}{\partial t} + (\boldsymbol{u} \cdot \nabla)\phi \tag{4.9}$$

$\partial \phi / \partial t$ 称为 ϕ 的时变导数，$(\boldsymbol{u} \cdot \nabla)\phi$ 称为 ϕ 的位变导数。定义质点导数算子

$$\frac{\mathrm{D}}{\mathrm{D}t} \equiv \frac{\partial}{\partial t} + \boldsymbol{u} \cdot \nabla \tag{4.10a}$$

在直角坐标系中，质点导数算子可以表示为

$$\frac{\mathrm{D}}{\mathrm{D}t} = \frac{\partial}{\partial t} + u_x \frac{\partial}{\partial x} + u_y \frac{\partial}{\partial y} + u_z \frac{\partial}{\partial z} \tag{4.10b}$$

流场中的密度 ρ 和压强 p 的质点导数可以分别表示为

$$\frac{\mathrm{D}\rho}{\mathrm{D}t} = \frac{\partial \rho}{\partial t} + (\boldsymbol{u} \cdot \nabla)\rho \tag{4.11}$$

$$\frac{\mathrm{D}p}{\mathrm{D}t} = \frac{\partial p}{\partial t} + (\boldsymbol{u} \cdot \nabla)p \tag{4.12}$$

4. 两种方法的关系及比较

拉格朗日法和欧拉法是描述流体运动的两种不同方法。形象地说，拉格朗日法是沿流体质点运动的轨迹进行跟踪研究；而欧拉法则是在固定的空间位置上观察所流过的流体质点的运动情况。对同一流场，两种方法都可以使用。因此两种方法在数学上是可以互换的。

在拉格朗日法中，流体的运动和物理参数被表示成拉格朗日变量（a，b，c，t）的函数；在欧拉法中，流体的运动和物理参数则被表示成欧拉变量（x，y，z，t）的函数。因此，两种方法之间的关系就是拉格朗日变数和欧拉变数之间的数学变换。

（1）拉格朗日法是研究流体质点本身运动规律的一种方法，这种方法看似简单，实际上却比较复杂，因为任意时刻流体质点的位置及其运动轨迹 $x = x(a$，b，c，$t)$，$y = y(a$，b，c，$t)$，$z = z(a$，b，c，$t)$ 并不容易知道，因此，使用拉格朗日法有不少困难。只有在需要研究流体质点本身的运动时才采用拉格朗日法。例如，研究波浪运动、台风路径等问题，但分析也比较复杂。

（2）在流体力学研究中大多采用欧拉法，主要原因有：

1）采用欧拉法研究流体运动得到的是流场，可以采用场论这一有力的数学工具。

2）采用欧拉法得到的运动微分方程是一阶偏微分方程组，如：

$$a_x = \frac{Du_x}{Dt} = \frac{\partial u_x}{\partial t} + u_x \frac{\partial u_x}{\partial x} + u_y \frac{\partial u_x}{\partial y} + u_z \frac{\partial u_x}{\partial z}$$

与采用拉格朗日法得到的二阶运动偏微分方程组$\left(\text{如：}a_x = \frac{\partial u_x}{\partial t} = \frac{\partial^2 x}{\partial t^2}\right)$相比求解要容易。

3）工程中解决大量实际问题时，往往并不需要知道每一个流体质点的运动情况，而只需要知道每个空间点上的运动情况就可以了。

任务2　流场的基本概念

1. 定常流动与非定常流

若流场中各个点的所有流动参数 ϕ 都不随时间变化，则这个流场就称为定常流场，相应的流动称为定常流动或稳态流动、恒定流动。对于定常流动，所有运动要素的时变导数均为零，即

$$\frac{\partial \phi}{\partial t} = 0 \tag{4.13}$$

式中，物理量 ϕ 可以是速度 $\boldsymbol{u}$、压强 p、密度 ρ。

定常流动中，欧拉变量（x，y，z）中缺少时间变量 t，所有流动参数（速度、压强等）都只是空间坐标的函数，即 $\phi = \phi(x$，y，$z)$。在定常流动中，运动参数的时变导数为 0，而位变导数可以不为 0。

运动要素不满足式（4.13）的流动称为非定常流或非稳态流、非恒定流。非定常流中，流动参数（速度、压强等）是空间坐标和时间的函数，即 $\phi = \phi(x$，y，z，$t)$，运动参数的时变导数和位变导数均可以不为 0。

如图4.6a所示，定水头孔口出流是定常流动。同一空间点的速度不随时间变化（时变加速度为0），但流场速度随空间位置变化（从 A 到 B 位变加速度不为0）。变水头孔口出流是非定常流，如图4.6b所示。同一空间点的速度随时间变化（时变加速度不为0），流场速度随空间位置也变化（位变加速度也不为0）。

流体流动的稳态或非稳态与所选定的参考系有关。如图4.7所示的匀速飞行的飞行器周围空气的流动，相对于固定在地面的坐标系 $Oxyz$ 是非稳态的，相对于固定在飞行器上的运

动坐标系 $O'x'y'z'$ 是稳态的；匀速旋转
的通风机叶轮流道中的气体流动，从
固定在地面的坐标系中观察，流动是
非定常的，在固定于叶轮上的运动参
考系中观察则是定常的。

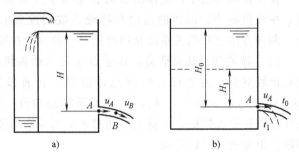

图 4.6　定常流动和非定常流

2. 迹线与流线

迹线是单个质点在运动过程中空
间位置随 t 连续变化后留下的轨迹。
迹线只与流体质点有关，对不同质点
迹线形状可能不同。采用拉格朗日法
描述流场时，迹线方程为

$$\left.\begin{array}{l} x=x(a,b,c,t) \\ y=y(a,b,c,t) \\ z=z(a,b,c,t) \end{array}\right\} \qquad (4.14)$$

从这个方程中给定 (a, b, c) 的值并消
去参数 t，就可以得到以 x，y，z 表示的某一特
定流体质点 (a, b, c) 的迹线。

在欧拉法中，将速度定义 $\boldsymbol{u} = \mathrm{d}\boldsymbol{r}/\mathrm{d}t$ 中的 $\mathrm{d}\boldsymbol{r}$
理解为质点在时间间隔 $\mathrm{d}t$ 内所移动的距离。根
据平行矢量的相应分量成比例的性质，得到流线方程

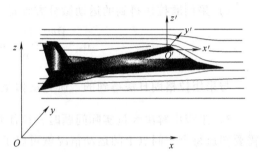

图 4.7　坐标系选择与定常流动和非定常流

$$\frac{\mathrm{d}x}{u_x(x,y,z,t)}=\frac{\mathrm{d}y}{u_y(x,y,z,t)}=\frac{\mathrm{d}z}{u_z(x,y,z,t)} \qquad (4.15)$$

流线是表示某瞬时流动方向的曲线，流线上各点的流速矢量均与流线相切。如图 4.8
所示。

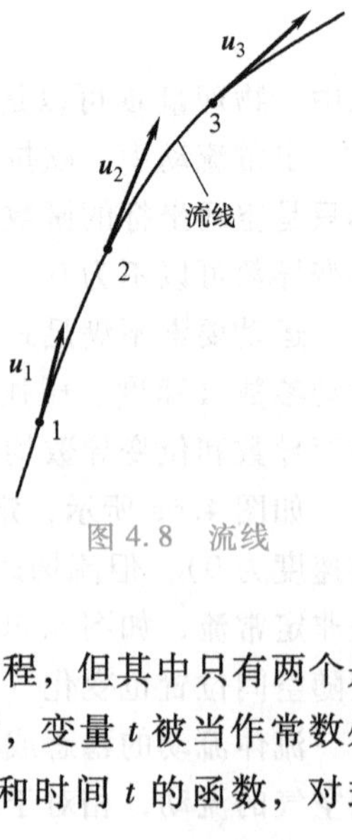

设 r 是流线上某点的位置矢径，$\boldsymbol{u}$ 是流体在该点的速度矢量。
根据流线的定义，由于速度与流线相切，所以流线微元段对应的矢
径增量 $\mathrm{d}\boldsymbol{r}$ 必然与该点的速度 $\boldsymbol{u}$ 平行。由于两个平行矢量的叉积为
0，即

$$\boldsymbol{u}\times\mathrm{d}\boldsymbol{r} = \begin{vmatrix} \boldsymbol{i} & \boldsymbol{j} & \boldsymbol{k} \\ u_x & u_y & u_z \\ \mathrm{d}x & \mathrm{d}y & \mathrm{d}z \end{vmatrix} = 0 \qquad (4.16)$$

图 4.8　流线

式（4.16）即为**流线方程的矢量表达式**。在直角坐标系中，将
式（4.16）展开得

$$\frac{\mathrm{d}x}{u_x}=\frac{\mathrm{d}y}{u_y}=\frac{\mathrm{d}z}{u_z} \qquad (4.17)$$

式（4.17）是直角坐标系中的流线微分方程，可拆开写成三个方程，但其中只有两个是
独立的。由于流线是对同一时刻而言的，所以在对式（4.17）积分时，变量 t 被当作常数处
理。在非定常流条件下，流体速度 u_x、u_y、u_z 是空间坐标 x、y、z 和时间 t 的函数，对式

（4.17）积分的结果当然就要包含时间 t，因此不同时刻有不同的流线，流线形状随时间变化。

流线是一条光滑曲线。除了在速度为零和无穷大的那些点以外，经过空间一点只有一条流线，即流线不能相交，因为在空间每一点只能有一个速度方向。流场中每一点都有流线通过，所有的流线形成**流线谱**（流谱）。流谱是表现流场的有力工具，可以形象地表现流场的结构。流谱不仅可以表示出各点的速度方向，对于不可压缩流体，还能反映出速度的大小，流线密集处，速度大，流线稀疏处，速度小。

在定常流动中，各点的流速不随时间 t 而变化，流线也不随时间而变化，任一条流线都是某质点的迹线，任一迹线必是流线，迹线与流线重合，各质点均沿着流线运动。在非恒定流中，尽管各瞬时质点速度仍与该瞬时的流线相切，但质点不一定沿着流线运动。考察图 4.8 中 t 时刻的流线，设 1、2 两点相距很近，t 时刻流速分别为 $\boldsymbol{u}_1$、$\boldsymbol{u}_2$。假如 t 时刻位于 1 点的质点在微时段 $\mathrm{d}t$ 内按常流速 $\boldsymbol{u}=\dfrac{1}{2}(\boldsymbol{u}_1+\boldsymbol{u}_2)$ 移动，则经过 $\mathrm{d}t$ 后该质点可抵达 2 点，仍然位于原流线上。然而，流场随 t 变化，在 $t+\mathrm{d}t$ 时刻 1、2 点的流速大小和方向都会改变，该质点不可能抵达 2 点。可见，流线和迹线必须严格区别对待，不可混淆。固壁边界法向上流速分量总是零，无论流动是否恒定，固壁上的质点会一直沿着壁面运动，除非遇到滞点或奇点。

例 4-1 某流场的速度分布为 $u_x=2x+t$，$u_y=-2y$，$u_z=0$。求时间 t 分别为 0 和 1 时，通过点（1，1）的流线方程。

【解】 因 $u_z=0$，流体只在 xOy 平面内流动。将速度 u_x、u_y 代入流线方程（4.17）得

$$\frac{\mathrm{d}x}{u_x}=\frac{\mathrm{d}x}{2x+t}=\frac{\mathrm{d}y}{-2y}=\frac{\mathrm{d}y}{u_y}$$

即

$$2(y\mathrm{d}x+x\mathrm{d}y)+t\mathrm{d}y=0$$

积分（将 t 视为不变量）得

$$2xy+ty=C$$

式中，C 是积分常数，由流线通过某点的坐标来确定。于是

$t=0$ 时，通过（1，1）点（$C=2$）的流线方程为 $xy=1$；

$t=1$ 时，通过（1，1）点（$C=3$）的流线方程为 $2xy+y=3$。

3. 流管、流束及总流

流场中通过任一封闭曲线 L（不能是流线）的所有流线所构成的管状曲面称为流管，如图 4.9 所示，若要保持流管内的连通性，封闭曲线 L 不可自相交。沿流管管壁法向的流速分量为零，流体质点不能穿透管壁，各瞬时只能保持在流管内部或沿着管壁运动。流管与固体管道类似但不完全相同（对于实际的黏性流动，固体管道壁面速度为 0，而流管表面速度不为 0）。由无数条流线构成的连续曲面称为流面，流面不一定是管状。非恒定流的流管仅具有瞬时意义。实际流场中，流管截面不能收缩到零，否则在此处的流速要达到无穷大，显然是不可能的。这就是说，流管不能在流场内部中断，只能始于或终于流场的边界，如自由面

或固体边界；或者成环形；或者伸展到无穷远处。

流管内所有流体质点所形成的流动称为**流束**（见图 4.10）。根据流管的性质，流束中任何质点均不能离开流束。定常流中流束的形状与位置都不随时间而变。当流束的横截面面积很小时称为微元流束，可以近似认为微元流束同一断面上各点的流动参数相等。

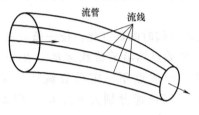

图 4.9 流管

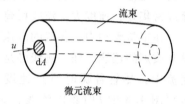

图 4.10 流束

若流管的壁面就是流场区域的周界，流管内所有流体质点所形成的流动称为总流，它代表全流场上所有质点的流动。总流所占据的空间称为流道，它是总流经过的通道。总流按其边界性质的不同可以分为三类：

（1）有压流 边界全部是固体时的流动称为有压流。有压流的特点是流体流动主要靠压强差驱动，如供水管路、通风巷道、液压管路中的流动等。

（2）无压流 总流边界部分是固体、部分是气体时的流动称为无压流，无压流的特点是流体流动主要靠重力（倾角）驱动，如明渠流、河流等。

（3）射流 总流的边界不与固体接触时称为射流。射流是靠消耗自身的动能来实现流动的。

4. 过流断面和水力直径

（1）过流断面 与总流或流束中的流线处处垂直的断面称为过流断面，如图 4.11 所示。过流断面一般是曲面，当流线平行时过流断面是平面。过流断面的面积是对流束尺度大小的量度。微元流束的过流断面面积为无穷小。

（2）水力直径 水力直径和水力半径的概念在非圆管道和明渠流计算中经常用到。总流的过流断面上，流体与固体接触的长度称为湿周，用 χ 表示。对于图 4.12a，湿周 $\chi = \pi d$；对于图 4.12b，湿周 $\chi = \overset{\frown}{ABC}$；对于图 4.12c，湿周 $\chi = AB + BC + CD$。

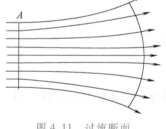

图 4.11 过流断面

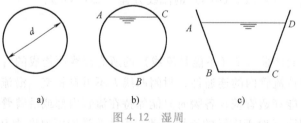

图 4.12 湿周

总流过流断面的面积 A 与湿周 χ 之比称为水力半径 R，水力半径的 4 倍称为水力直径 d_i。即

$$d_i = 4\frac{A}{\chi} = 4R \tag{4.18}$$

对于圆形管道，水力直径　　　$d_i = 4\dfrac{A}{\chi} = 4\dfrac{\dfrac{\pi d^2}{4}}{\pi d} = d$

对于边长为 a 的正方形管道，水力直径 $d_i = 4\dfrac{A}{\chi} = 4\dfrac{a^2}{4a} = a$

对于长、宽分别为 a、b 的矩形管道，水力直径 $d_i = 4\dfrac{A}{\chi} = 4\dfrac{a \times b}{2(a+b)} = \dfrac{2ab}{a+b}$

例 4-2　图 4.13 所示为半圆拱形通风巷道。已知 $R_0 = 2.3\text{m}$，$H = 1.2\text{m}$。求水力直径 d_i 和水力半径 R。

【解】　过流面积　$A = \dfrac{\pi R_0^2}{2} + 2R_0 H = 13.8295\text{m}^2$

湿周　　　　　　$\chi = \pi R_0 + 2H + 2R_0 = 14.2255\text{m}$

所以水力半径为　$R = \dfrac{A}{\chi} = 0.972\text{m}$

水力直径为　　　$d_i = 4R = 3.89\text{m}$

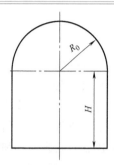

图 4.13　巷道断面

5. 流量及平均速度

单位时间内穿越某过流断面的流体体积称为**体积流量**，简称**流量**，用 Q 表示，单位为 m^3/s，工程上常用 L/s（升/秒）。因为元流断面各点的流速可视作大小相等、流向相同，若断面面积为 $\mathrm{d}A$，流速大小为 $u = |\boldsymbol{u}|$，则元流流量可写成 $\mathrm{d}Q = u\mathrm{d}A$。总流量 Q 等于元流流量 $\mathrm{d}Q$ 的积分，即

$$Q = \int_A u\mathrm{d}A$$

质量流量表示单位时间内穿越过流断面的质量，用 Q_m 表示，单位为 kg/s。元流的质量流量 $\mathrm{d}Q_\text{m} = \rho u \mathrm{d}A$，则总流的质量流量为

$$Q_\text{m} = \int_A \rho u \mathrm{d}A$$

总流过流断面 A 上 $\boldsymbol{u}$ 的平均值称为断面平均流速，用 v 表示，算式为

$$v = \frac{Q}{A} = \frac{1}{A}\int_A u\mathrm{d}A \tag{4.19}$$

平均流速 v 是一个假想的速度，在总流计算中使用非常方便，因为过流断面上准确的速度分布往往难以得到。

6. 一维、二维和三维流动

按运动要素的空间变化，流动分成一维流动、二维流动与三维流动。若运动要素是三个空间坐标的函数，则称作**三维流动**，它是流体运动的一般形式，流线经常是三维空间曲线。若运动要素只是两个空间坐标的函数而与第三个坐标无关，则称作**二维流动**。质点保持在平面上的二维流动称为平面流动。运动要素仅依赖一个空间坐标的流动称为**一维流动**。

流动的维数与流体速度的分量数不是一回事。对于图 4.14a 所示的矩形截面管道，在远离进口处：$v_x = v_y = 0$，$v_z \neq 0$，但 $v_z = v_z(x, y)$，所以流动是**二维流动**；而对于图 4.14b 所示的圆形截面管道，在远离进口处：$v_r = v_\theta = 0$，$v_z \neq 0$，但由于圆管的轴对称性，v_z 分布只与 r 有关，即 $v_z = v_z(r)$，所以流动是**一维流动**。

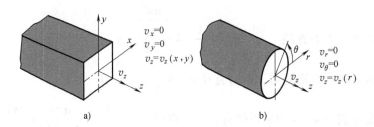

图 4.14　管内流动的维数

a）二维流动　b）一维流动

7. 均匀流和渐变流

按流线的形状，流动分成均匀流与非均匀流，非均匀流又分成渐变流与急变流。均匀流指流线为直线且相互平行的流动，否则称为**非均匀流**。工程中均匀流十分常见。图 4.15a 所示为有压管流，管段 3—4 属于均匀流，其他部分是非均匀流。断面形状和水深不变的长直渠道内的明渠为均匀流。图 4.15b 中闸孔出流，各处都是非均匀流。在均匀流中，同一流线上各点的流速大小和方向都相同，流速沿程不变，质点做匀速直线运动，迁移加速度 $(u \cdot \nabla)u = 0$。做直线运动的流体质点，没有离心力的作用，均匀流的压强剖面符合静压规律。当流线弯曲时，必须考虑离心力作用下的**曲率效应**。

流线之间夹角较小、流线虽然弯曲但曲率较小而接近直线的流动，称作渐变流。反之，无论流速大小还是方向，凡是变化较剧烈的，都称急变流。急变流的流线夹角较大或流线曲率较大。图 4.15a 中管段 1—2 可视作渐变流，管段 2—3 和管段 4—5 均应视作急变流。必须指出，渐变与急变其实是两个不严格的但却具有工程意义的概念，两者之间没有明显的、确定的界限。划分渐变流的目的与划分均匀流相同，主要为了利用流线曲率效应可忽略且动压强剖面接近静压规律的特征。流线弯曲到多大程度才能有明显的曲率效应，既取决于具体流动条件，又取决于实际设计目标。图 4.15b 中闸门出流时，流体惯性的作用使得闸门孔口出流后形成收缩。最小断面 c—c 称作收缩断面，该断面通常看作渐变流。

8. 系统和控制体

所谓**系统**，就是确定不变的物质集合。系统一经确定，它所包含的流体质点数都将确定，即系统的质量将确定不变。系统以外的物质称为外界，系统与外界的分界面称为边界。如图 4.16 所示。

系统的位置和形状可以发生变化，系统可通过边界与外界发生力的作用和能量交换，但不发生质量交换，即系统的质量是不变的。质量不变是系统的特点。显然，对于流动过程，不管划定哪一部分流体为系统，该系统都必然处于运动之中，其边界形状也会不断发生变化。因此，以系统为对象研究流体运动，

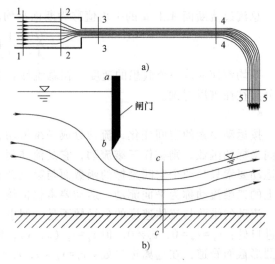

图 4.15　均匀流、渐变流和急变流示例

就必须随时对系统进行跟踪并识别其边界，这在实际流动过程中显然是很困难的。况且，工程上所关心的问题也不在于跟踪质量确定的流体的运动，而在于确定特定流场中流体的流动行为。所以在工程流体力学中，更多的是采用以控制体为对象而不是以系统为对象的研究方法。

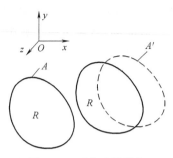

所谓**控制体**，就是根据需要所选择的具有确定位置和体积形状的流场空间。与系统不同，控制体一经选定，它在坐标系中的空间位置和形状都不再变化。如果坐标系是固定的，则称为固定控制体；如果坐标系本身是运动的，则称为运动控制体。

图 4.16 系统和控制体

控制体的表面称为控制面。在控制面上不仅可以有力的作用和能量交换，而且还可以有质量的交换。因此，一般来说，控制体的体积形状不变，但控制体内流体的质量是随时间而变化的。

利用控制体可以推导出流体系统所具有的某种物理量（如质量、动量、动量矩、能量等）随时间的变化率，由此可得到流体力学中的若干重要方程：连续性（质量守恒）方程、动量（动量守恒）方程、动量矩（动量矩守恒）方程、能量（能量守恒）方程。然而，由于有关物质运动的基本原理，包括质量守恒、动量守恒和能量守恒原理等，都是针对具有确定质量的系统而言的。

任务 3 连续性方程

质量守恒是物质必须遵从的普遍规律。流体流动时，其质量既不能产生，也不会消失，就是说，流体在流场中的流动是连续不断进行的。反映这种流动连续性的方程称为连续性方程。

1. 直角坐标系中的连续性方程

总流连续性方程表述了作为连续介质的流体流入和流出某一空间区域时所应满足的连续性条件。但对于流场中的空间点，连续性条件表现为任意点上的速度在各方向的变化率之间的制约关系。

取微元六面体为控制体 R 如图 4.17 所示，其在 x、y、z 方向的边长分别为 dx、dy、dz，其六个面两两相互平行且分别垂直于 x、y、z 方向。流体在微元体形心 C 点的密度为 ρ，速度为 $\boldsymbol{u}$，其 x、y、z 方向的分量分别为 u_x、u_y、u_z。通常，速度 $\boldsymbol{u}$ 和密度 ρ 均为空间坐标 x、y、z 和时间 t 的函数。

根据质量守恒原理，控制体内流体质量的变化应满足：在一定时间段内，控制体 R 内的质量增量应等于流入控制

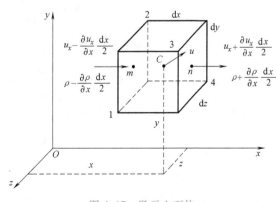

图 4.17 微元六面体

体 R 的质量减去流出控制体 R 的质量，或者说质量增量等于从外界净流入控制体 R 的质量。

假定 ρu_x 连续可微，则在忽略二阶及以上无穷小量时，面 m、n 上 ρu_x 的泰勒级数展开式分别为

$$\left.\begin{aligned}(\rho u_x)_m &= \rho u_x - \frac{\partial(\rho u_x)}{\partial x}\frac{\mathrm{d}x}{2}\\(\rho u_x)_n &= \rho u_x + \frac{\partial(\rho u_x)}{\partial x}\frac{\mathrm{d}x}{2}\end{aligned}\right\} \tag{4.20}$$

m、n 界面上 ρu_x 近似为均匀分布，$\mathrm{d}t$ 时间内沿 x 方向净流入控制体 R 的质量流量为

$$Q_{mx} = (\rho u_x)_m \mathrm{d}y\mathrm{d}z - (\rho u_x)_n \mathrm{d}y\mathrm{d}z \approx -\frac{\partial(\rho u_x)}{\partial x}\mathrm{d}x\mathrm{d}y\mathrm{d}z = -\frac{\partial(\rho u_x)}{\partial x}\mathrm{d}\overline{V}$$

仿照该式，可直接写出 y 向、z 向界面流入的净质量流量

$$Q_{my} \approx -\frac{\partial(\rho u_y)}{\partial y}\mathrm{d}\overline{V}$$

$$Q_{mz} \approx -\frac{\partial(\rho u_z)}{\partial z}\mathrm{d}\overline{V}$$

六面体内的流体是没有孔隙的连续介质，依据质量守恒定律，六面体内的流体质量 $\rho\mathrm{d}\overline{V}$ 的时变率应等于单位时段内所有界面的流入质量，即

$$\frac{\partial(\rho\mathrm{d}\overline{V})}{\partial t} = Q_{mx} + Q_{my} + Q_{mz} \tag{4.21}$$

将各 Q 的算式代入式（4.21），消去 $\mathrm{d}\overline{V}$，得到

$$\frac{\partial\rho}{\partial t} + \frac{\partial(\rho u_x)}{\partial x} + \frac{\partial(\rho u_y)}{\partial y} + \frac{\partial(\rho u_z)}{\partial z} = 0 \tag{4.22}$$

此式即为直角坐标系中的连续性方程。表达了流场中任一点的速度、密度在各方向上的变化率之间的约束关系。在导出该方程的过程中没有对流体和流动状态做任何假设，故该连续性方程对层流和湍流、牛顿流体和非牛顿流体均适用。

为了简化表达，引进矢量散度的符号。直角坐标系下流速矢量 $\boldsymbol{u}$ 的散度为

$$\boldsymbol{\nabla}\cdot\boldsymbol{u} = \frac{\partial u_x}{\partial x} + \frac{\partial u_y}{\partial y} + \frac{\partial u_z}{\partial z} \tag{4.23}$$

$\rho\boldsymbol{u}$ 也是一个矢量，其散度表达式可仿照式（4.23）写出

$$\boldsymbol{\nabla}\cdot(\rho\boldsymbol{u}) = \frac{\partial(\rho u_x)}{\partial x} + \frac{\partial(\rho u_y)}{\partial y} + \frac{\partial(\rho u_z)}{\partial z} \tag{4.24}$$

利用该式，方程（4.22）可简写成

$$\frac{\partial\rho}{\partial t} + \boldsymbol{\nabla}\cdot(\rho\boldsymbol{u}) = 0 \tag{4.25}$$

2. 连续性方程的其他几种常见形式

定常流动时，因 $\dfrac{\partial\rho}{\partial t} = 0$，所以连续性方程简化为

$$\nabla \cdot (\rho \boldsymbol{u}) = 0 \tag{4.26}$$

按照求导法则，易推出恒等式 $\nabla \cdot (\rho \boldsymbol{u}) = \boldsymbol{u} \cdot \nabla \rho + \rho \nabla \cdot \boldsymbol{u}$。利用该恒等式并引用质点导数（随体导数）概念 $\dfrac{D\rho}{Dt} \equiv \dfrac{\partial \rho}{\partial t} + u_x \dfrac{\partial \rho}{\partial x} + u_y \dfrac{\partial \rho}{\partial y} + u_z \dfrac{\partial \rho}{\partial z}$，可将连续性方程表示为另一种形式

$$\frac{d\rho}{dt} + \rho \left(\frac{\partial u_x}{\partial x} + \frac{\partial u_y}{\partial y} + \frac{\partial u_z}{\partial z} \right) = 0$$

即

$$\frac{d\rho}{dt} + \rho (\nabla \cdot \boldsymbol{u}) = 0 \tag{4.27}$$

对于不可压缩流体，不论定常与否，总有 $D\rho/Dt = 0$，所以连续性方程简化为

$$\frac{\partial u_x}{\partial x} + \frac{\partial u_y}{\partial y} + \frac{\partial u_z}{\partial z} = 0$$

即

$$\nabla \cdot \boldsymbol{u} = 0 \tag{4.28}$$

在物理意义上，**速度的散度**表示单位体积的流体在单位时间内的体积增量，通常称为**体积变形率**。对于不可压缩流体微团，不管其在流动过程中体积形状怎样变化，但其体积的大小不会改变，故体变形率为零，即 $\nabla \cdot \boldsymbol{u} = 0$。也正是这一特点，**对于不可压缩流体，无论是定常流动还是非定常流（无论定常与否），其连续性方程都是一样的。**

不可压缩流体的连续性方程不仅形式简单，而且应用广泛，因为工程实际中除了经常遇到不可压缩流体外，不少可压缩流体的流动也可按**常密度流动**处理。

由连续性方程（4.28）可知，对于不可压缩流体沿 x 方向的一维流动，$u_y = u_z = 0$，其连续性方程就简化成 $\partial u_x / \partial x = 0$。

对于可压缩流体在 x-y 平面内的二维定常流动，其连续性方程为

$$\frac{\partial (\rho u_x)}{\partial x} + \frac{\partial (\rho u_y)}{\partial y} = 0 \tag{4.29}$$

对于不可压缩流体在 x-y 平面内的二维流动，其连续性方程为

$$\frac{\partial u_x}{\partial x} + \frac{\partial u_y}{\partial y} = 0 \tag{4.30}$$

基于连续介质假设的流体运动，都必须首先满足相应的连续性方程（**不满足连续性方程的流动是不存在的**），所以**连续性方程是流体流动最基本的控制方程之一。**

3. 定常总流的连续性方程

对于图 4.18 所示定常总流，选取断面 1—1 与 2—2 之间的总流段作为控制体 Ω，设其封闭界面为 S，两断面的面积分别为 A_1、A_2。在 Ω 上积分式（4.26）得

$$\int_{\Omega} \nabla \cdot (\rho \boldsymbol{u}) \, dxdydz = 0 \tag{4.31}$$

依据高斯定理，Ω 上的体积积分可转化成封闭界面 S 上的面积积分，即

$$\int_{\Omega} \nabla \cdot (\rho \boldsymbol{u}) \, dxdydz = \oint_{S} \rho \boldsymbol{u} \cdot \boldsymbol{n} dA = 0 \tag{4.32}$$

式中，$\boldsymbol{n}$ 是控制界面 S 的单位外法线矢量。因为

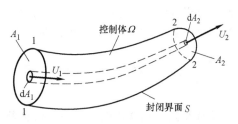

图 4.18 总流的连续性方程

$u_n = \boldsymbol{u} \cdot \boldsymbol{n}$ 是界面 S 法向上的流速分量，而总流周界上总有 $u_n = 0$，故 S 上的面积积分仅含两个断面的积分。从而得到

$$\int_{A_1} \rho \boldsymbol{u} \cdot \boldsymbol{n} \mathrm{d}A + \int_{A_2} \rho \boldsymbol{u} \cdot \boldsymbol{n} \mathrm{d}A = 0 \tag{4.33}$$

假定断面上 ρ 为常值，ρ_1、ρ_2 为两断面的密度值，v_1、v_2 代表两断面的平均流速值。于是有

$$\left. \begin{aligned} \int_{A_1} \rho \boldsymbol{u} \cdot \boldsymbol{n} \mathrm{d}A = -\rho_1 v_1 A_1 = -Q_{m1} \\ \int_{A_2} \rho \boldsymbol{u} \cdot \boldsymbol{n} \mathrm{d}A = \rho_2 v_2 A_2 = Q_{m2} \end{aligned} \right\} \tag{4.34}$$

式中，负号表示断面 A_1 的外法线矢量与流向相反。于是，质量守恒方程可写成

$$\rho_1 v_1 A_1 = \rho_2 v_2 A_2 = \rho Q = Q_m = 常数 \tag{4.35}$$

该方程称为定常总流连续性方程。它表明，定常总流各过流断面的质量流量相等。当流体密度沿程变化时，体积流量 Q 一般是沿程变化的。

也可以采用元流分析法推导上式。在图 4.18 所示恒定总流中任取一束元流，设元流进口断面的面积、流速和密度分别为 $\mathrm{d}A_1$、U_1、ρ_1，出口断面的分别为 $\mathrm{d}A_2$、U_2 和 ρ_2。因为流动恒定，元流的形状和位置都不随时间变化，没有流体穿越元流侧壁，且元流内流体没有空隙。该段元流可看作控制体。依据质量守恒定律，穿越 $\mathrm{d}A_1$ 进入控制体的质量流量等于穿越 $\mathrm{d}A_2$ 流出的质量流量，故得到

$$\rho_1 U_1 \mathrm{d}A_1 = \rho_2 U_2 \mathrm{d}A_2 = \rho \mathrm{d}Q = \mathrm{d}Q_m = 常数 \tag{4.36}$$

式中，$\mathrm{d}Q_m$ 表示质量流量。该式是恒定元流连续性方程，它表明元流的质量流量在各断面上等值。对于可压缩流体，密度 ρ 一般随压强或温度沿流线的变化而变化，故体积流量 $\mathrm{d}Q$ 是沿程变化的。在总流断面上积分，假定密度在过流断面上为常值，得到式 (4.35)。

对于不可压缩流体，元流的连续性方程 (4.36) 简化成

$$U_1 \mathrm{d}A_1 = U_2 \mathrm{d}A_2 = \mathrm{d}Q = 常数 \tag{4.37}$$

即元流的流速与过流断面面积成反比。这意味着，流线密集处流速较大，流线稀疏处流速较小。

不可压缩流体的总流连续性方程简化成

$$V_1 A_1 = V_2 A_2 = Q = 常数 \tag{4.38}$$

即恒定总流各断面的体积流量相等，断面平均流速与断面面积成反比。

当两断面之间有质量的输入或输出时，应当在连续性方程中计入其影响。例如，用于图 4.19 中分流叉管时，方程 (4.35) 应修正成 $\rho_1 Q_1 = \rho_2 Q_2 + \rho_3 Q_3$，当流动为不可压缩流体的流动时，可以简化为 $Q_1 = Q_2 + Q_3$。

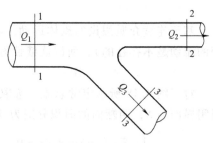

图 4.19 分叉管道

任务 4 流体微团运动的分解

流体微团是指体积微小的一团流体物质，它用于弥补质点模型无法表示变形和转动等效应的缺陷。作为力学模型，没有必要规定流体微团的尺度多大或形状如何，

仅在概念上承认它具有不为零的微小尺度且含有无数个质点即可。当流体微团运动时，其中的各质点的运动除了有随基点的平动和绕基点转动外，还有因变形引起的运动。因此，流体微团运动可以分解成刚体运动和变形两部分，其中刚体运动包括平动和转动，变形包括线变形和角变形。

1. 平面流动的微团运动分析

为直观方便，先以平面流动为例进行流体微团的运动分析，然后再推广到三维流动。在 t 时刻，从流场中取一四边形微团，边长分别为 dx、dy，如图 4.20 所示。

设定 A 点的速度为 (u_x, u_y)，以 A 为基点将速度展开成泰勒级数，略去二阶及以上的无穷小量，可以得到 B、C、D 点的速度。经过时间 dt，流体微团 $ABCD$ 到达 $A'B'C'D'$ 的位置。虽然流体微团的运动和变形过程是连续的，我们可以假定在这一过程中流体微团的运动分别经历了平动、线变形、旋转和角变形等过程。

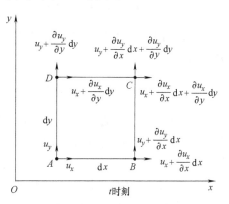

图 4.20 微团运动分析

（1）平动 由图 4.20 可知，各角点的速度分量中都包含 u_x、u_y，基点 A 移动到 A'，在 x、y 方向移动的距离分别为 $u_x dt$、$u_y dt$，B、C、D 三点分别移到 B'、C'、D'，如图 4.21 所示。

（2）线变形 如图 4.22 所示，考虑 A、B 两点在 x 方向的速度不同，经过时间 dt 线段 AB 被拉长了 $\Delta x = \dfrac{\partial u_x}{\partial x} dx dt$，流体微团在 x 方向的线变形率为

$$\varepsilon_{xx} = \frac{\Delta x}{dx dt} = \frac{\partial u_x}{\partial x} \tag{4.39}$$

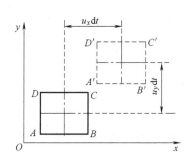

图 4.21 流体微团的平移运动

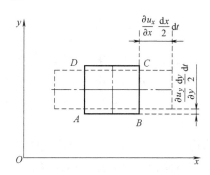

图 4.22 流体微团的线变形

同理，考虑 A、D 两点在 y 方向的速度不同，流体微团在 y 方向的线变形率为

$$\varepsilon_{yy} = \frac{\partial u_y}{\partial y} \tag{4.40}$$

（3）旋转和角变形 图 4.23 中 A、B 两点的速度在 y 方向上的速度不相同。经过时间

dt，由 A 点到 A' 点的 y 向位移为 $u_y dt$，由 B 点到 B' 点的 y 向位移为 $\left(u_y + \dfrac{\partial u_y}{\partial x}dx\right)dt$，两者位置偏差为

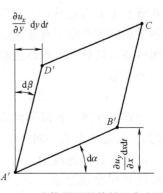

$$\Delta y_{AB} = \frac{\partial u_y}{\partial x}dx dt$$

于是线段 $A'B'$ 与原线段 AB 之间的夹角可以表示为

$$d\alpha \approx \tan(d\alpha) = \frac{\Delta y_{AB}}{dx} = \frac{\partial u_y}{\partial x}dt \qquad (4.41)$$

同理，因为 D 点与 A 点在 x 方向位移不同，$A'D'$ 边与 y 轴的夹角：

图 4.23　流体微团的旋转和角变形

$$d\beta \approx \tan(d\beta) = \frac{\partial u_x}{\partial y}dt \qquad (4.42)$$

为方便分析，忽略线变形的影响，并将图 4.23 中 t 和 $t+dt$ 时刻的基点 A 和 A' 重合在一起，如图 4.24 所示。自位置 $ABCD$ 变成平行四边形 $AB'C'D'$ 的运动可看作两个简单运动的合成：

1）转动：$ABCD$ 按固定形状转动，对角线 AC 转动到 AC'' 位置上。转动角度为 $d\theta$。

2）角变形：由转动结束的位置起始，矩形的两条边 AB'' 和 AD'' 都有角变形 $d\varphi$，方向如图 4.24 所示。变形后矩形微团变成平行四边形 $AB'C'D'$。

由图 4.24 中的几何关系得到

$$\left.\begin{array}{l} d\alpha = d\varphi + d\theta \\ d\beta = d\varphi - d\theta \end{array}\right\} \qquad (4.43)$$

将式 (4.41)、式 (4.42) 代入式 (4.43)，可以求解出 $d\varphi$ 和 $d\theta$ 的表达式。流体微团的角变形率为单位时间的角变形，即

$$\varepsilon_{xy} = \frac{d\varphi}{dt} = \frac{d\alpha + d\beta}{2dt} = \frac{1}{2}\left(\frac{\partial u_x}{\partial y} + \frac{\partial u_y}{\partial x}\right) \qquad (4.44)$$

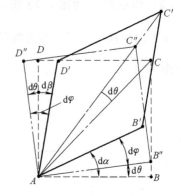

流体微团的角速度为单位时间的转角，即

$$\omega_z = \frac{d\theta}{dt} = \frac{d\alpha - d\beta}{2dt} = \frac{1}{2}\left(\frac{\partial u_y}{\partial x} - \frac{\partial u_x}{\partial y}\right) \qquad (4.45)$$

图 4.24　流体微团的旋转和角变形

2. 三维流动的微团运动分解

考察图 4.25 所示 a、b 两个质点的运动。假定流速场连续可微。设两质点相距很近，位于同一流体微团内。令 a 点坐标为 (x, y, z)，流速 $\boldsymbol{u} = (u_x, u_y, u_z)$；$b$ 点坐标 $(x+dx, y+dy, z+dz)$，相对于 a 点的速度为 $d\boldsymbol{u} = (du_x, du_y, du_z)^T$，即 $\boldsymbol{u}_b = \boldsymbol{u} + d\boldsymbol{u}$。

依据 $\boldsymbol{u}$ 的泰勒级数展开式，a、b 两个质点的速度差为

$$\left.\begin{array}{l} du_x = d\boldsymbol{r} \cdot \nabla u_x \\ du_y = d\boldsymbol{r} \cdot \nabla u_y \\ du_z = d\boldsymbol{r} \cdot \nabla u_z \end{array}\right\} \qquad (4.46a)$$

写成矩阵形式为

$$d\boldsymbol{u} = \begin{pmatrix} du_x \\ du_y \\ du_z \end{pmatrix} = \begin{pmatrix} \dfrac{\partial u_x}{\partial x} & \dfrac{\partial u_x}{\partial y} & \dfrac{\partial u_x}{\partial z} \\[2mm] \dfrac{\partial u_y}{\partial x} & \dfrac{\partial u_y}{\partial y} & \dfrac{\partial u_y}{\partial z} \\[2mm] \dfrac{\partial u_z}{\partial x} & \dfrac{\partial u_z}{\partial y} & \dfrac{\partial u_z}{\partial z} \end{pmatrix} \begin{pmatrix} dx \\ dy \\ dz \end{pmatrix} \qquad (4.46b)$$

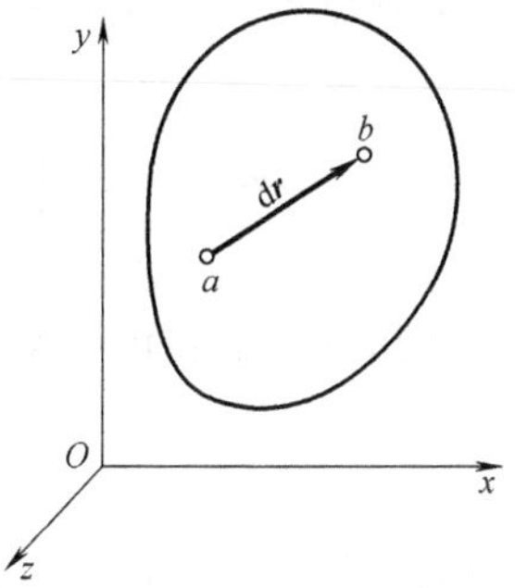

图 4.25 流体质点间相对运动

定义 $\boldsymbol{G}$ 为速度梯度矩阵，即

$$\boldsymbol{G} = \begin{pmatrix} \dfrac{\partial u_x}{\partial x} & \dfrac{\partial u_x}{\partial y} & \dfrac{\partial u_x}{\partial z} \\[2mm] \dfrac{\partial u_y}{\partial x} & \dfrac{\partial u_y}{\partial y} & \dfrac{\partial u_y}{\partial z} \\[2mm] \dfrac{\partial u_z}{\partial x} & \dfrac{\partial u_z}{\partial y} & \dfrac{\partial u_z}{\partial z} \end{pmatrix} \qquad (4.47)$$

根据亥姆霍兹速度分解定理，可以定义流体微团的变形率张量如下：

$$\boldsymbol{\varepsilon} = \begin{pmatrix} \varepsilon_{xx} & \varepsilon_{xy} & \varepsilon_{xz} \\ \varepsilon_{yx} & \varepsilon_{yy} & \varepsilon_{yz} \\ \varepsilon_{zx} & \varepsilon_{zy} & \varepsilon_{zz} \end{pmatrix} = \frac{1}{2}(\boldsymbol{G} + \boldsymbol{G}^{\mathrm{T}}) \qquad (4.48a)$$

$$\boldsymbol{\varepsilon} = \begin{pmatrix} \dfrac{1}{2}\left(\dfrac{\partial u_x}{\partial x} + \dfrac{\partial u_x}{\partial x}\right) & \dfrac{1}{2}\left(\dfrac{\partial u_x}{\partial y} + \dfrac{\partial u_y}{\partial x}\right) & \dfrac{1}{2}\left(\dfrac{\partial u_x}{\partial z} + \dfrac{\partial u_z}{\partial x}\right) \\[3mm] \dfrac{1}{2}\left(\dfrac{\partial u_y}{\partial x} + \dfrac{\partial u_x}{\partial y}\right) & \dfrac{1}{2}\left(\dfrac{\partial u_y}{\partial y} + \dfrac{\partial u_y}{\partial y}\right) & \dfrac{1}{2}\left(\dfrac{\partial u_y}{\partial z} + \dfrac{\partial u_z}{\partial y}\right) \\[3mm] \dfrac{1}{2}\left(\dfrac{\partial u_z}{\partial x} + \dfrac{\partial u_x}{\partial z}\right) & \dfrac{1}{2}\left(\dfrac{\partial u_z}{\partial y} + \dfrac{\partial u_y}{\partial z}\right) & \dfrac{1}{2}\left(\dfrac{\partial u_z}{\partial z} + \dfrac{\partial u_z}{\partial z}\right) \end{pmatrix} \qquad (4.48b)$$

流体微团的转动张量为

$$\boldsymbol{\omega} = \begin{pmatrix} 0 & -\omega_z & \omega_y \\ \omega_z & 0 & -\omega_x \\ -\omega_y & \omega_x & 0 \end{pmatrix} = \frac{1}{2}(\boldsymbol{G} - \boldsymbol{G}^{\mathrm{T}}) \qquad (4.49a)$$

$$\boldsymbol{\omega} = \begin{pmatrix} 0 & \dfrac{1}{2}\left(\dfrac{\partial u_x}{\partial y} - \dfrac{\partial u_y}{\partial x}\right) & \dfrac{1}{2}\left(\dfrac{\partial u_x}{\partial z} - \dfrac{\partial u_z}{\partial x}\right) \\[3mm] \dfrac{1}{2}\left(\dfrac{\partial u_y}{\partial x} - \dfrac{\partial u_x}{\partial y}\right) & 0 & \dfrac{1}{2}\left(\dfrac{\partial u_y}{\partial z} - \dfrac{\partial u_z}{\partial y}\right) \\[3mm] \dfrac{1}{2}\left(\dfrac{\partial u_z}{\partial x} - \dfrac{\partial u_x}{\partial z}\right) & \dfrac{1}{2}\left(\dfrac{\partial u_z}{\partial y} - \dfrac{\partial u_y}{\partial z}\right) & 0 \end{pmatrix} \qquad (4.49b)$$

式（4.46b）可以写为

$$d\boldsymbol{u} = \begin{pmatrix} du_x \\ du_y \\ du_z \end{pmatrix} = \boldsymbol{\varepsilon}\,d\boldsymbol{r} + \boldsymbol{\omega}\,d\boldsymbol{r} \qquad (4.50)$$

转动张量可以写成矢量的形式

$$\boldsymbol{\omega} = \begin{pmatrix} \omega_x \\ \omega_y \\ \omega_z \end{pmatrix} = \left(\frac{1}{2}\left(\frac{\partial u_z}{\partial y} - \frac{\partial u_y}{\partial z} \right), \quad \frac{1}{2}\left(\frac{\partial u_x}{\partial z} - \frac{\partial u_z}{\partial x} \right), \quad \frac{1}{2}\left(\frac{\partial u_y}{\partial x} - \frac{\partial u_x}{\partial y} \right) \right)^{\mathrm{T}} \tag{4.51}$$

以变形率张量和转动矢量表示的速度增量为

$$\mathrm{d}\boldsymbol{u} = \boldsymbol{\varepsilon}\mathrm{d}\boldsymbol{r} + \boldsymbol{\omega} \times \mathrm{d}\boldsymbol{r} \tag{4.52}$$

3. 有旋流动和无旋流动

根据矢量的旋度定义，有

$$\boldsymbol{\omega} = \begin{pmatrix} \omega_x \\ \omega_y \\ \omega_z \end{pmatrix} = \frac{1}{2}\,\nabla \times \boldsymbol{u} = \frac{1}{2} \begin{vmatrix} \boldsymbol{i} & \boldsymbol{j} & \boldsymbol{k} \\ \dfrac{\partial}{\partial x} & \dfrac{\partial}{\partial y} & \dfrac{\partial}{\partial z} \\ u_x & u_y & u_z \end{vmatrix} \tag{4.53}$$

对于速度场 $\boldsymbol{u}$，令

$$\boldsymbol{\Omega} = \nabla \times \boldsymbol{u} = 2\boldsymbol{\omega} \tag{4.54}$$

称 $\boldsymbol{\Omega}$ 为涡量或涡度。与速度场 $\boldsymbol{u}$ 对应，$\boldsymbol{\Omega}$ 也构成一个矢量场，称为**涡量场**。由式（4.53）和式（4.54）可知，涡量等于旋转角速率的两倍。

若流场各处都没有旋转运动，称为**无旋流**，否则称为**有旋流**。根据涡量的定义，无旋流场各点上涡量均为零，满足下列无旋条件：

$$\boldsymbol{\Omega} = \begin{pmatrix} \Omega_x \\ \Omega_y \\ \Omega_z \end{pmatrix} = \boldsymbol{0} \tag{4.55}$$

无旋流容许用一个标量函数来表示流速矢量，数学处理大为简化。对于坐标面 xOy 上的平面流动，有 $\Omega_x = \Omega_y = 0$ 和 $\boldsymbol{\Omega} = \Omega_z\boldsymbol{k}$。平面流动的无旋条件为 $\Omega_z = 0$，而不是依据流线是否为直线来判断。例如，如图 4.26 所示，$u_x(y) = y$ 和 $u_y = 0$ 的流动是均匀流，质点轨迹为直线，但 $\Omega_z = -1$，它不是无旋流。

有旋流的 $\boldsymbol{\Omega}(x, y, z, t)$ 是一个三维矢量。仿照流线的定义，可定义**涡线**来表示 $\boldsymbol{\Omega}$ 的方向，即涡线是表示 $\boldsymbol{\Omega}$ 方向的曲线，涡线处处与 $\boldsymbol{\Omega}$ 相切。通过任一封闭曲线 C 的所有涡线所构成的管状曲面称为**涡管**，它与涡矢量的关系类似于流线与流管的关系。烟圈是典型的涡管，进水口立轴旋涡和龙卷风等都是容易见到的涡管，水下螺旋桨高速转动时经常有螺旋状涡管起始于桨叶稍端且延伸到下游远处。涡线和涡管在大多场合都不如流线和流束那么直观易见。

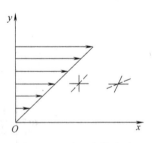

图 4.26 平面直线流动

在三维流场中任选一有向封闭曲线 C。流速沿着 C 的积分

$$\Gamma = \oint_C \boldsymbol{u} \cdot \mathrm{d}\boldsymbol{l} \tag{4.56}$$

称为曲线 C 的**速度环量**，简称**环量**。环量与涡量之间有着密切的联系。为了简便，考察 xOy 坐标面上的平面流动，设 A 表示曲线 C 围成的面积。平面域 A 上的总涡量等于 Ω_z 的面积积

分 $\iint_A \Omega_z \mathrm{d}x\mathrm{d}y = 0$，它是 A 上涡旋强度的量度。根据格林公式，封闭曲线积分可转化成面积分，则有

$$\Gamma = \oint_C (u_x \mathrm{d}x + u_y \mathrm{d}y) = \iint_A \left(\frac{\partial u_y}{\partial x} - \frac{\partial u_x}{\partial y} \right) \mathrm{d}x\mathrm{d}y = \iint_A \Omega_z \mathrm{d}x\mathrm{d}y \tag{4.57}$$

所以，环量 Γ 等于 C 包围的面积上的总涡量。通常把截面上 $|\boldsymbol{\Omega}|$ 较大的涡管称作**旋涡**或**旋涡体**。由式（4.57）可知，沿旋涡周界 C 的速度环量会很大，故旋涡中的质点常表现为圆周状封闭轨迹，或螺旋状轨迹。当流动无旋时，因为平面域 A 各点上 $\Omega_z = 0$，显然有 $\iint_A \Omega_z \mathrm{d}x\mathrm{d}y = 0$。由式（4.57）可推得：平面无旋流中任一封闭曲线 C 的速度环量必为零。

任务 5　势函数和流函数

1. 速度势函数

在无旋流场中，速度的旋度处处为 0，即 $\nabla \times \boldsymbol{u} = \boldsymbol{0}$，所以根据场论：若任一矢量场的旋度为 0，则该矢量一定是某个标量函数的梯度（因为梯度的旋度等于 0）。因此，无旋流的速度场可表示为

$$\boldsymbol{u} = \nabla\varphi = \frac{\partial\varphi}{\partial x}\boldsymbol{i} + \frac{\partial\varphi}{\partial y}\boldsymbol{j} + \frac{\partial\varphi}{\partial z}\boldsymbol{k} \tag{4.58}$$

式中，φ 称为流场的速度势函数，或简称势函数、速度势。势函数与速度之间的对应关系为

$$\frac{\partial\varphi}{\partial x} = u_x, \quad \frac{\partial\varphi}{\partial y} = u_y, \quad \frac{\partial\varphi}{\partial z} = u_z \tag{4.59}$$

将式（4.59）表示的速度场代入式（4.51），可得

$$\omega_x = \frac{1}{2}\left(\frac{\partial u_z}{\partial y} - \frac{\partial u_y}{\partial z} \right) = \frac{1}{2}\left(\frac{\partial^2\varphi}{\partial y\partial z} - \frac{\partial^2\varphi}{\partial z\partial y} \right) = 0$$

同理可得 $\omega_y = 0$，$\omega_z = 0$。即式（4.59）表示的速度场是无旋的。由此可知**流动无旋是速度场有势的充分必要条件，无旋必然有势，有势必然无旋**。因此无旋流又称为**有势流动**（简称**势流**）。

标量函数 φ 的全微分为 $\mathrm{d}\varphi = \frac{\partial\varphi}{\partial x}\mathrm{d}x + \frac{\partial\varphi}{\partial y}\mathrm{d}y + \frac{\partial\varphi}{\partial z}\mathrm{d}z$，将式（4.59）表示的速度场代入即

$$\mathrm{d}\varphi = u_x\mathrm{d}x + u_y\mathrm{d}y + u_z\mathrm{d}z \tag{4.60}$$

在圆柱坐标系中，势函数为 $\varphi(r, \theta, z)$，且有

$$u_r = \frac{\partial\varphi}{\partial r}, \quad u_\theta = \frac{\partial\varphi}{r\partial\theta}, \quad u_z = \frac{\partial\varphi}{\partial z} \tag{4.61}$$

如果不可压缩流体做无旋流，则有速度势函数 φ 存在，且使 $\boldsymbol{u} = \nabla\varphi$ 成立，代入不可压缩的连续性方程 $\nabla \cdot \boldsymbol{u} = 0$，得

$$\nabla \cdot \boldsymbol{u} = \nabla \cdot (\nabla\varphi) = \nabla^2\boldsymbol{u} = 0 \tag{4.62a}$$

式中，∇^2 称为拉普拉斯算子。式（4.62a）表明速度势函数满足拉普拉斯方程，即

$$\nabla^2\varphi = \frac{\partial^2\varphi}{\partial x^2} + \frac{\partial^2\varphi}{\partial y^2} + \frac{\partial^2\varphi}{\partial z^2} = 0 \tag{4.62b}$$

由偏微分方程理论可知，满足拉普拉斯方程的函数是**调和函数**。因此，不可压缩无旋流的速度势函数 φ 是调和函数。调和函数具有线性可叠加性，即：若 φ_1、φ_2 是拉普拉斯方程的解，则线性组合 $C_1\varphi_1+C_2\varphi_2$ 也是方程的解。调和函数的这种线性可叠加性的物理意义是，复杂的流动形式可以分解成几个简单的流动分别进行分析求解，然后再线性叠加起来得到其运动规律。

这样，不可压缩流体无旋流的运动学问题可以不直接求解速度场，而是先求解速度势函数 φ，即求解拉普拉斯方程，再根据速度势函数与速度的关系求解速度场，从而使问题得到大大的简化。

根据式（4.56）表示的速度环量的定义，在有势流中

$$\Gamma = \oint\left(u_x\mathrm{d}x + u_y\mathrm{d}y + u_z\mathrm{d}z\right) = \oint\left(\frac{\partial\varphi}{\partial x}\mathrm{d}x + \frac{\partial\varphi}{\partial y}\mathrm{d}y + \frac{\partial\varphi}{\partial z}\mathrm{d}z\right) = \oint\mathrm{d}\varphi = 0$$

因此，势流（无旋流）中任意位置处的速度环量等于0。速度环量是由于旋涡（有旋流）造成的。即速度环量 $\Gamma \neq 0$，流动必定是有旋的。但是，当 $\Gamma = 0$ 时，流场中不一定没有旋涡。因此，$\Gamma = 0$ 是流动无旋的必要条件，但不是充分条件。

2. 流函数

考虑一个常密度流体的平面流动 A，其连续性方程 $\dfrac{\partial u_x}{\partial x}+\dfrac{\partial u_y}{\partial y}=0$ 可改写为

$$\frac{\partial u_x}{\partial x} - \frac{\partial(-u_y)}{\partial y} = 0 \tag{4.63}$$

根据无旋流场的定义，此式代表另外一个速度分布为 $u_{xB}=-u_y$，$u_{yB}=u_x$ 的无旋流场 B，则流场 B 应存在速度势函数。因此存在一个标量函数 ψ，满足

$$u_x=\frac{\partial\psi}{\partial y}, \qquad u_y=-\frac{\partial\psi}{\partial x} \tag{4.64}$$

$$\mathrm{d}\psi = -u_y\mathrm{d}x + u_x\mathrm{d}y \tag{4.65}$$

函数 $\psi(x,y)$ 称为不可压缩流体平面流动 A 的**流函数**。只要流体密度是常量，无论是理想流体还是黏性流体、有旋流或无旋流，均存在流函数。但对于二维可压缩流体的流动，由于连续方程中多了 $\partial/\partial t$ 项，故只有在定常流时，才存在流函数，故 ψ 比 φ 具有更普遍的意义。三维流场不存在标量的流函数。尽管依照流函数可定义三维流场的流速矢量势，但它是一个矢量，数学处理较复杂。

在**极坐标系**中，流函数为 $\psi(r,\theta)$，则

$$u_r=\frac{\partial\psi}{r\partial\theta}, \qquad u_\theta=-\frac{\partial\psi}{\partial r} \tag{4.66}$$

如果令流函数值取为某个常数，则有 $\mathrm{d}\psi=0$，利用式（4.65）得

$$\frac{\mathrm{d}x}{u_x}=\frac{\mathrm{d}y}{u_y}$$

上式就是**流线微分方程**。因此，**等流函数线就是流线**。

在平面流场中任意两流线 $\psi=\psi_A$ 与 $\psi=\psi_B$，如图 4.27 所示。因为两流线之间的流体流量必然穿越由 A 到 B 的连线，而通过连线微元 $\mathrm{d}l$ 的流量又等于分别通过 $\mathrm{d}y$ 和 $-\mathrm{d}x$ 的流量之

和（注：沿 A 到 B 的连线方向 $\mathrm{d}x$ 为负值，故$-\mathrm{d}x$ 表示长度），于是在垂直于书面方向取单位厚度，两流线之间的体积流量可表示为

$$Q = \int_A^B \boldsymbol{u} \cdot \boldsymbol{n}\mathrm{d}l = \int_A^B (u_x\mathrm{d}y - u_y\mathrm{d}x) = \int_A^B \mathrm{d}\psi = \psi_B - \psi_A$$

$$(4.67)$$

由此可见，在流动平面单位厚度上，两条流线之间的体积流量等于这两条流线的流函数值之差。在平面不可压缩流场中，任意两条流线只能无限接近（速度趋于无穷大），但永远不能相交。

如果平面不可压缩流动是无旋的，则 $\omega_z = \dfrac{1}{2}\left(\dfrac{\partial u_y}{\partial x} - \dfrac{\partial u_x}{\partial y}\right) = 0$，

将式（4.64）代入得

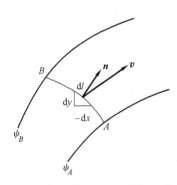

图 4.27　两流线之间的体积流量

$$\frac{\partial^2\psi}{\partial x^2} + \frac{\partial^2\psi}{\partial y^2} = 0 \qquad (4.68)$$

即对于**平面势流流动，流函数满足拉普拉斯方程**，平面不可压缩势流的流函数也是**调和函数**。

3. 速度势函数与流函数的关系

讨论的前提条件是速度势函数 φ 和流函数 ψ 两者必须都存在，因此流动被限定在：平面/轴对称不可压缩无旋流，或平面/轴对称可压缩定常无旋流。

（1）柯西-黎曼条件（Cauchy-Riemann condition）　从速度分量与势函数、流函数之间的关系，可以得到势函数与流函数之间的关系，即柯西-黎曼条件。

由平面势流速度分量与势函数 φ 和流函数 ψ 的关系

$$u_x = \frac{\partial\varphi}{\partial x}, \quad u_y = \frac{\partial\varphi}{\partial y}; \quad u_x = \frac{\partial\psi}{\partial y}, \quad u_y = -\frac{\partial\psi}{\partial x}$$

可得势函数与流函数之间的关系

$$\frac{\partial\varphi}{\partial x} = \frac{\partial\psi}{\partial y}, \quad \frac{\partial\varphi}{\partial y} = -\frac{\partial\psi}{\partial x} \qquad (4.69)$$

以上关系式称为柯西-黎曼条件。根据这些关系式，已知速度势函数可求出流函数，反之，已知流函数也可求出速度势函数。

（2）流网　令速度势函数等于常数得到的曲线族称为等势线，即 $\varphi(x, y) = c_i$（$i = 1$，2，$\cdots$，n）构成一族等势线，其中 c_1，c_2，$\cdots c_n$ 代表不同的常数。

前面讨论过，等流函数线为流线，因而，令流函数为不同的常数得到的一族曲线称为流线。流线与等势线相交，组成表示流动特性的网线称为流网，如图 4.28 所示。

可以证明**流线与等势线是正交的**。根据等势线的定义，$\varphi = \mathrm{const}$，有

$$\mathrm{d}\varphi = \frac{\partial\varphi}{\partial x}\mathrm{d}x + \frac{\partial\varphi}{\partial y}\mathrm{d}y = 0$$

由此得等势线的斜率为

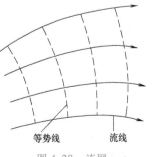

等势线　　流线

图 4.28　流网

$$\left(\frac{dy}{dx}\right)\bigg|_{\varphi=\text{const}} = -\frac{\partial\varphi/\partial x}{\partial\varphi/\partial y} = -\frac{u_x}{u_y}$$

对于流线，$\psi = \text{const}$，同理可得其斜率为

$$\left(\frac{dy}{dx}\right)\bigg|_{\psi=\text{const}} = -\frac{\partial\psi/\partial x}{\partial\psi/\partial y} = \frac{u_y}{u_x}$$

由于 $\left(\dfrac{dy}{dx}\right)_{\varphi}\left(\dfrac{dy}{dx}\right)_{\psi} = -1$，故等势线和流线是两族相互正交的曲线。

（3）势函数、流函数、速度场求解问题　对于平面势流，势函数 φ 和流函数 ψ 所满足的拉普拉斯方程都是线性偏微分方程，这类方程的解具有可线性叠加的性质，所以拉普拉斯方程的不同解可以线性地叠加成一个新的解。例如，如果 φ_1、φ_2 满足拉普拉斯方程，即 $\nabla^2\varphi_1 = 0$，$\nabla^2\varphi_2 = 0$，则其线性组合（$c_1\varphi_1 + c_2\varphi_2$）也满足拉普拉斯方程，即有 $\nabla^2(c_1\varphi_1 + c_2\varphi_2) = 0$，其中 c_1、c_2 均为常数。

一个复杂流动的速度势函数一般可由若干个简单流动的速度势函数线性叠加得到。

综合实例

已知平面直角坐标系中的二维速度场 $\boldsymbol{u} = (x+t)\boldsymbol{i} + (y+t)\boldsymbol{j}$。试求：

（1）迹线方程 $\dfrac{dx}{u_x} = \dfrac{dy}{u_y} = \dfrac{dz}{u_z} = dt$；

（2）流线方程 $\dfrac{dx}{u_x} = \dfrac{dy}{u_y} = \dfrac{dz}{u_z}$；

（3）当 $t = 0$ 时，通过（1，1）点的流体微团运动的加速度；

（4）涡量（即旋度），并判断流动是否有旋。

【解】　（1）将 $u_x = x+t$，$u_y = y+t$ 代入迹线方程 $\dfrac{dx}{dt} = u_x$，$\dfrac{dy}{dt} = u_y$ 得

$$\frac{dx}{dt} = x+t, \qquad \frac{dy}{dt} = y+t$$

下面采用变量代换法解这个微分方程。

令 $X = x+t$，$Y = y+t$，则 $x = X-t$，$y = Y-t$，代入上式，得

$$\frac{dx}{dt} = \frac{dX}{dt} - 1 = X$$

移项得

$$\frac{dX}{X+1} = dt$$

积分上式得

$$\ln(X+1) = t + c_1$$

即

$$x+t+1 = e^{t+c_1}$$

令 $a = e^{c_1}$，得

$$x = ae^t - t - 1$$

同理可求得

$$y = be^t - t - 1, \quad b = e^{c_2}$$

于是得迹线的参数方程　　　　$x = ae^t - t - 1, \quad y = be^t - t - 1$

式中，a、b 是积分常数（拉格朗日变数）。消掉时间 t，并给定 a、b 即可得到以 x、y 表示的流体质点 (a, b) 的迹线方程。

（2）将 $u_x = x + t$，$u_y = y + t$ 代入流线微分方程 $\dfrac{\mathrm{d}x}{u_x} = \dfrac{\mathrm{d}y}{u_y}$ 得

$$\frac{\mathrm{d}x}{x + t} = \frac{\mathrm{d}y}{y + t}$$

将 t 看成常数，积分上式得流线方程

$$\ln(x + t) = \ln(y + t) + \ln c$$

或　　　　　　　　　　　　　　$x + t = c(y + t)$

（3）由质点导数的定义可得流动在 x 和 y 方向的加速度分量分别为

$$a_x = \frac{\mathrm{D}u_x}{\mathrm{D}t} = \frac{\partial u_x}{\partial t} + u_x \frac{\partial u_x}{\partial x} + u_y \frac{\partial u_x}{\partial y} = 1 + (x + t) \times 1 + (y + t) \times 0 = x + t + 1$$

$$a_y = \frac{\mathrm{D}u_y}{\mathrm{D}t} = \frac{\partial u_y}{\partial t} + u_x \frac{\partial u_y}{\partial x} + u_y \frac{\partial u_y}{\partial y} = 1 + (x + t) \times 0 + (y + t) \times 1 = y + t + 1$$

所以，$t = 0$ 时，通过 $(1, 1)$ 点的流体微团运动的加速度为

$$\boldsymbol{a} = \frac{\mathrm{D}\boldsymbol{u}}{\mathrm{D}t} = a_x \boldsymbol{i} + a_y \boldsymbol{j} = (x + t + 1)\boldsymbol{i} + (y + t + 1)\boldsymbol{j} = 2\boldsymbol{i} + 2\boldsymbol{j}$$

（4）由涡量（旋度）的定义，对于题中所给的平面流动有

$$\boldsymbol{\Omega} = \nabla \times \boldsymbol{u} = \Omega_z \boldsymbol{k} = \left(\frac{\partial u_y}{\partial x} - \frac{\partial u_x}{\partial y} \right) \boldsymbol{k} = \boldsymbol{0}$$

所以流动无旋。

由 $u_x = \dfrac{\partial \varphi}{\partial x}$，得　　　$\varphi = \displaystyle\int (x + t)\,\mathrm{d}x + f(y, t) = \frac{1}{2}x^2 + xt + f(y, t)$

又由 $\dfrac{\partial \varphi}{\partial y} = u_y = y + t$，得 $f'(y, t) = y + t$，积分得

$$f(y, t) = \frac{1}{2}y^2 + yt + C(t)$$

于是　　　　　　　　　　　$\varphi = \frac{1}{2}(x^2 + y^2) + (x + y)t + C(t)$

拓展提高：平面势流和势流的叠加

1. 基本的平面势流

流体的平面势流是相当复杂的。但很多复杂的平面势流可以由一些简单的势流叠加而成，所以首先介绍几种基本的平面势流，它包括均匀流、点源和点汇、点涡等。

（1）均匀流　如图 4.29 所示，设流体做匀速直线流动，流场中各点速度的大小、方向均相同，即

$$u_x = V_\infty \cos\theta, \quad u_y = V_\infty \sin\theta$$

$$\varphi = xV_\infty \cos\theta + yV_\infty \sin\theta$$
$$\mathrm{d}\psi = -u_y \mathrm{d}x + u_x \mathrm{d}y$$
$$\psi = -xV_\infty \sin\theta + yV_\infty \cos\theta$$

当取 x 轴与来流方向一致时，则有

$$\theta = 0, \quad u_y = 0$$
$$\varphi = xV_\infty, \quad \psi = yV_\infty$$

显然，$\varphi = C$ 与 $\psi = C$ 互相垂直（斜率互为负倒数），并且都满足拉普拉斯方程。由能量守恒定律可得，当 $V_\infty = \mathrm{const}$ 时，流体势能一定。若平行流在水平面内流动，则流场中的压强处处相等。

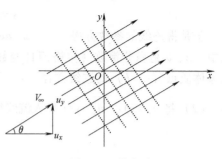

图 4.29 均匀流

（2）点源和点汇 如果在无限平面上，流体不断从一点沿径向直线均匀地向各方向流出，则这种流动称为点源，这个点称为源点，如图 4.30a 所示；若流体不断沿径向直线均匀地从各方向流入一点，则这种流动称为点汇，这个点称为汇点，如图 4.30b 所示。显然，这两种流动的流线都是从原点 O 发出的放射线，即从源点流出和向汇点流入都只有径向速度 u_r。现将极坐标的原点作为源点或汇点，则

$$u_r = \frac{\partial \varphi}{\partial r}, \quad u_\theta = 0$$
$$\mathrm{d}\varphi = u_r \, \mathrm{d}r$$

对半径为 r、单位长度的圆柱面，由质量守恒，则流体通过同一圆柱面的流量 Q 应相等。则有

$$Q = 2\pi r \times 1 \times u_r$$
$$u_r = \frac{Q}{2\pi r} \tag{4.70}$$

式（4.70）中，Q 是点源（或点汇）单位时间流入（或流出）的流量，称为点源或点汇的强度。

对于点源，$Q > 0$，可得 $u_r > 0$，取 $+Q$；对于点汇，$Q < 0$，$u_r < 0$，取 $-Q$。则

$$\mathrm{d}\varphi = \pm \frac{Q}{2\pi} \frac{\mathrm{d}r}{r}$$

积分可得

$$\varphi = \pm \frac{Q}{2\pi} \ln r = \pm \frac{Q}{2\pi} \ln \sqrt{x^2 + y^2} \tag{4.71}$$

式（4.71）为源点（或汇点）的速度势函数。当 $r = 0$ 时，φ 与 u_r 都变成无穷大，所以，源点（或汇点）是奇点。因此，式（4.70）和式（4.71）仅仅在源点（汇点）以外才适用。

由柯西-黎曼条件

$$\frac{\partial \varphi}{\partial x} = \frac{\partial \psi}{\partial y}, \quad \frac{\partial \varphi}{\partial y} = -\frac{\partial \psi}{\partial x}$$

有

$$\mathrm{d}\psi = \frac{\partial \psi}{\partial x}\mathrm{d}x + \frac{\partial \psi}{\partial y}\mathrm{d}y$$

积分可得

$$\psi = \pm \frac{Q}{2\pi}\theta \qquad (4.72)$$

对于源点（汇点），其等势线 $\varphi = \text{const}$（即 $r = \text{const}$）是半径不同的一系列同心圆，与流线 $\psi = \text{const}$（即 $\theta = \text{const}$）互相正交（如图 4.30 所示，虚线为等势线，实线为流线）。

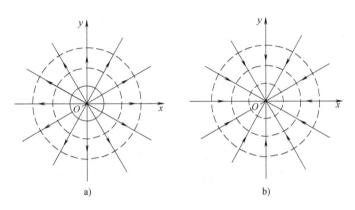

a) b)

图 4.30　点源和点汇

（3）点涡　设有一旋涡强度为 I 的无限长直线涡束，该涡束以等角速度 ω 绕自身轴旋转，并带动涡束周围的流体绕其环流。由于直线涡束为无限长，所以与涡束垂直的所有平面上的流动情况都一样。也就是说，这种绕无限长直线涡束的流动可以作为平面流动来处理。由涡束所诱导出的环流的流线是许多同心圆，如图 4.31 所示。

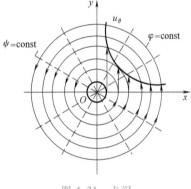

图 4.31　点涡

根据斯托克斯定理可知，沿任一同心圆周流线的速度环量等于涡束的旋涡强度，即

$$\Gamma = 2\pi r u_\theta = I = \text{const}$$

于是

$$u_\theta = \frac{\Gamma}{2\pi r}, \quad u_r = 0 \qquad (4.73)$$

因此，涡束外的速度与半径成反比。若涡束的半径 $r \to 0$，则成为一条涡线，这样的流动称为点涡，又称为纯环流。但当 $r \to 0$ 时，$u_\theta \to \infty$，所以涡点是一个奇点。

由式（4.73）可得

$$u_r = \frac{\partial \varphi}{\partial r} = 0, \quad u_\theta = \frac{1}{r}\frac{\partial \varphi}{\partial \theta} = \frac{\Gamma}{2\pi r}$$

则有

$$\mathrm{d}\varphi = \frac{\partial \varphi}{\partial r}\mathrm{d}r + \frac{1}{r}\frac{\partial \varphi}{\partial \theta}r\mathrm{d}\theta = \frac{\Gamma}{2\pi}\mathrm{d}\theta$$

积分可得速度势函数为

$$\varphi = \frac{\Gamma}{2\pi}\theta = \frac{\Gamma}{2\pi}\arctan\frac{y}{x} \tag{4.74}$$

又由

$$u_r = \frac{1}{r}\frac{\partial\psi}{\partial\theta} = 0, \quad u_\theta = -\frac{\partial\psi}{\partial r} = \frac{\Gamma}{2\pi r}$$

可得

$$\mathrm{d}\psi = \frac{\partial\psi}{\partial r}\mathrm{d}r + \frac{1}{r}\frac{\partial\psi}{\partial\theta}\mathrm{d}\theta = -\frac{\Gamma}{2\pi r}\mathrm{d}r$$

积分可得流函数为

$$\psi = -\frac{\Gamma}{2\pi}\ln r \tag{4.75}$$

当 $\Gamma > 0$ 时，环流为逆时针方向，如图 4.31 所示；当 $\Gamma < 0$ 时，环流为顺时针方向。由式（4.74）和式（4.75）可知，点涡的等势线族是经过涡点的放射线，而流线族是同心圆（如图 4.31 所示，虚线为等势线，实线为流线）。除涡点外，整个平面上都是有势流。

2. 势流叠加原理

对一些简单的有势流，可以直接求出它们的流函数和势函数。当流动较复杂时，根据流动直接求解流函数和势函数往往十分困难。此时可以将一些简单有势流进行叠加，得到较复杂的流动，这样一来，就为求解流动复杂的流场提供了一个有力的工具。

我们知道，速度势函数和流函数都满足拉普拉斯方程。凡是满足拉普拉斯方程的函数，在数学分析上都称为调和函数，所以速度势函数和流函数都是调和函数。根据调和函数的性质，即若干个调和函数的线性组合仍然是调和函数，可将若干个速度势函数（或流函数）线性组合成一个代表某一有势流动的速度势函数（或流函数）。现将若干个速度势函数 φ_1、φ_2、φ_3、…叠加，得

$$\varphi = \varphi_1 + \varphi_2 + \varphi_3 + \cdots \tag{4.76}$$

而

$$\nabla^2\varphi = \nabla^2(\varphi_1 + \varphi_2 + \varphi_3 + \cdots) = \nabla^2\varphi_1 + \nabla^2\varphi_2 + \nabla^2\varphi_3 + \cdots \tag{4.77}$$

显然，叠加后新的速度势函数也满足拉普拉斯方程。同样，叠加后新的流函数也满足拉普拉斯方程，即

$$\nabla^2\psi = \nabla^2\psi_1 + \nabla^2\psi_2 + \nabla^2\psi_3 + \cdots \tag{4.78}$$

这个叠加原理方法简单，在实际应用上有很大的意义，可以应用这个原理把几个简单的基本平面有势流动叠加成所需要的复杂有势流动。

将新的速度势函数 φ 分别对 x、y 和 z 取偏导数，就等于新的有势流动的速度分别在 x、y 和 z 轴方向上的分量：

$$\left. \begin{aligned} \frac{\partial\varphi}{\partial x} &= \frac{\partial\varphi_1}{\partial x} + \frac{\partial\varphi_2}{\partial x} + \frac{\partial\varphi_3}{\partial x} + \cdots \\ \frac{\partial\varphi}{\partial y} &= \frac{\partial\varphi_1}{\partial y} + \frac{\partial\varphi_2}{\partial y} + \frac{\partial\varphi_3}{\partial y} + \cdots \\ \frac{\partial\varphi}{\partial z} &= \frac{\partial\varphi_1}{\partial z} + \frac{\partial\varphi_2}{\partial z} + \frac{\partial\varphi_3}{\partial z} + \cdots \end{aligned} \right\}$$

$$\left.\begin{array}{l} u_x = u_{1x} + u_{2x} + u_{3x} + \cdots \\ u_y = u_{1y} + u_{2y} + u_{3y} + \cdots \\ u_z = u_{1z} + u_{2z} + u_{3z} + \cdots \end{array}\right\}$$

由此可见，叠加后所得的复杂有势流动的速度为叠加前有势流动的速度的矢量和。叠加两个或多个不可压缩平面势流流动组成一个新的复合流动，只要把各原始流动的势函数或流函数简单地代数相加，就可得到该复合流动的势函数或流函数。该结论称为势流的叠加原理。

思政专题：鞠躬尽瘁的科学宗师——吴仲华先生

2017 年 7 月 27 日是吴仲华先生 100 周年诞辰的日子。徐建中院士在 2017 年第 19 期《推进技术》杂志上发表了一篇《吴仲华先生与叶轮机械三元流动理论》的文章，徐建中院士热情地写道：作为一位杰出的科学家，他奠基的叶轮机械两类相对流面三元流动理论为航空发动机的发展做出了巨大的贡献；而他提出的总能系统理论，尤其是"温度对口，梯级利用"的原理在能源的高效清洁利用中也发挥了巨大的作用；他与我国老一辈科学家创立的工程热物理学科，今天已经在航空航天推进、能源利用和环境保护中，发挥着越来越大的作用。作为一位热爱祖国、热爱生活的科学家，他的许多动人事迹，至今仍在广泛传播，成为鼓舞我们不断攀登科学高峰的强大动力。

吴仲华（1917—1992），著名工程热物理学家，中国科学院院士，叶轮机械三元流动通用理论的创立者，中国工程热物理学科主要开拓者。吴仲华 1917 年 7 月出生于上海一个知识分子家庭，1935 年考入清华大学机械工程学系，1940 年毕业于西南联大后留校任教，1947 年获美国麻省理工学院（MIT）博士学位。毕业后获聘为美国国家航空咨询委员会（NACA，NASA 的前身）刘易斯喷气推进技术研究室研究员，从事航空发动机基础理论研究。1950 年吴仲华创立著名的叶轮机械三元流动通用理论，将当时尚无法求解的复杂三维流动分解为相互关联的两族流面的二维流动，使其求解成为可能，从而极大提高了以燃气轮机为主的叶轮机械性能，此后该理论被世界航空航天领域广泛应用。1954 年，吴仲华携全家回国，赴清华大学动力机械系任职教授，1956 年在清华大学创建燃气轮机专业，任教研组主任，同年兼任中科院新创建的动力研究室主任，1957 年被遴选为中科院技术科学部学部委员（院士）。1958 年 9 月中国科学技术大学成立，首建十三个系，吴仲华任工程热物理系主任。至 1970 年中国科学技术大学南迁合肥，吴仲华在此期间为学校工程热物理系教学工作倾注了极大精力。改革开放后，吴仲华先后担任国家科学技术委员会工程热物理学科组组长、工程热物理学会理事长、中科院工程热物理研究所所长等职，为推动中国工程热物理学科发展做出了重要贡献。1992 年 9 月，吴仲华在北京病逝。

叶轮机械是一种以连续旋转的叶片为本体，使能量在流体工质与轴动力之间相互转换的动力机械，它不同于往复活塞式机械将工质密闭在变容积的空间中，而是与环境贯通，从而较前者具有更强大的通流能力，为大幅度提高机械的功率提供了有效途径。广义地讲，叶轮机械包括燃气轮机、蒸汽轮机、风力机、水轮机等原动机（输出功）和鼓风机、水泵、螺旋桨等工作机（耗功）；狭义上的叶轮机械一般指以可压缩流体为工质的燃气轮机和汽轮机。在 20 世纪 40 年代末期，由于当时的计算机计算空间和计算速度非常有限，叶轮机械的设计仍沿用孤立叶片模型。这种方法虽然可以计算叶片平均半径处进出口流动参数的变化，但无法计算叶片的扭转、弯曲引起的三维流动问题。第二次世界大战后，各国经济迅速回升，对新兴的航空工业提出了旺盛的需求。迫切需要针对航空发动机核心部件，如风扇、压气机、涡轮等的内部流动开展系统、深入、细致的研究以提高航空发动机的性能。为此，我国科学家吴仲华教授在 NACA 工作时提出了三元流动理论（S1、S2 流面理论），将复杂的三维流场简化为按不同规律形成的无数条流线和对应流面，即将流场、流面和流线三者有机联系在一起。这样通过将复杂三维流动方程转化为一系列流面上的二维流动方程来获得相关流动参数，实现有效降维，从而大大简化了原有复杂三维流场的求解过程。使得叶轮机械内部的三维流动甚至利用当时计算机的能力也完全能够实现。

关于吴仲华先生的学术贡献，加州大学伯克利分校前校长田长霖教授曾做过一番精辟的总结：吴仲华先生一生对科学的主要贡献有两个，一是创立叶轮机械三元流动理论，这已经是举世公认的了；二是他提出了工程热物理学科，这一点还没有被充分认识，但它的意义随着时间推移，会日益显现。吴仲华先生提出的三元流理论的全称是"基于两类相对流面的叶轮机械三元流动理论"，集中反映在吴仲华先后发表的论文 Application of radial-equilibrium condition to axial-flow compressor and turbine design 和 A general theory of three-dimensional flow in subsonic and supersonic turbomachines of axial, radial, and mixed-flow types 里，在国际上被称为吴氏通用理论，其主要方程被称为吴氏方程。20 世纪 60 年代，吴仲华先生提出了使用任意非正交速度分量的叶轮机械三元流动基本方程组。吴仲华先生的论著还有《静止与运动坐标下的气动热力学基本方程——黏性力的作用与黏性项的物理意义》《使用非正交曲线坐标和非正交速度分量的三元流动基本方程及其解法》和《燃气热力性质表》等。

吴仲华先生针对复杂的叶轮机械流动，提出了简化的物理设定，创建了新的理论模型，获得了相应的求解方法与基本方程。当时计算机技术还不够发达，流体力学界普遍推崇解析分析法，而吴仲华毅然选择数值求解方法，成为从事大规模数值计算的国际领先者。基于该理论和算法，国际上针对叶轮机械内部复杂流动先后开展了相当多深入、系统的基础和关键技术研究，取得了丰硕成果，在此基础上，也大大提高了叶轮机械的效率、可靠性和安全性等性能。吴仲华先生领导研究发展的整套亚、跨、超声速计算机方法与计算机程序，在国内广泛应用，为提高中国能源利用水平做出了重大贡献，吴氏通用理论在国际上已广泛地应用于先进的航空发动机的设计中。

"思政内容"与现实的结合点

（1）吴仲华先生不仅是一位学识渊博、成就卓著的科学家，而且有一颗对祖国对人民赤胆忠诚之心。他放弃在国外的优裕条件，冲破各种困难，毅然回国，把自己的才智贡献给了新中国的社会主义事业。

（2）吴仲华先生为人正直，以严格、严肃、严谨的工作态度对待科学事业，他以渊博的学识、谦虚的为人、高深的学术造诣获得科技工程界的赞誉。先师已去，精神犹存。作为新时代的青年，应以吴仲华先生为学习榜样，为我国航空发动机事业和强国梦的早日实现努力奋斗。

课程思政素材出处

[1]　徐建中. 吴仲华先生与叶轮机械三元流动理论［J］. 推进技术，2017，38（10）：2161-2163.

[2]　林汝谋. 为祖国燃气轮机事业鞠躬尽瘁的科学宗师——纪念吴仲华先生诞辰100周年［J］. 燃气轮机技术，2017，30（3）：1-7.

[3]　叶环瑞，刘培. 吴仲华与中国科大工程热物理系的创建［J］. 高等工程教育研究，2021（4）：174-179.

思 考 与 练 习

1. 拉格朗日法与欧拉法有何不同？

2. 流线与迹线有何不同？在什么情况下流线与迹线可以重合？

3. 过流断面、流量和平均速度之间存在什么关系？点速度与平均速度有何不同？

4. 流体的连续性方程如何表示？其物理意义是什么？

5. 流体的运动形式有哪几种？如何区分有旋流与无旋流？

6. 何谓势流？何种流动存在速度势函数？速度势函数有哪些性质？

7. 何谓流函数？流函数与速度势函数之间的关系如何？

8. 二维流场中速度分布为 $u_x = 5x^3$，$u_y = -15x^2y$，试求点 $(x,y)=(1,2)$ 处的速度和加速度。

9. 已知欧拉法表示的速度场 $\boldsymbol{u} = 2x\boldsymbol{i} - 2y\boldsymbol{j}$，求流体质点的迹线方程，并说明迹线形状。

10. 已知速度分布为 $u_x = 2yt + t^3$，$u_y = 2xt$，试求 $t=2$ 时过点 $(0,1)$ 的流线方程。

11. 给定速度场：$\boldsymbol{u} = x^2y\boldsymbol{i} - 3y\boldsymbol{j} + 2z^2\boldsymbol{k}$。

（1）流动是几维流动？

（2）流动是否为不可压缩流动？

（3）求在空间点 $(x, y, z)=(3, 1, 2)$ 上质点的加速度。

12. 指出下列流场中哪些可能代表三维不可压缩流动。

（1）$u_x = x+y+z^2$，$u_y = x-y+z$，$u_z = 2xy+y^2+4$。

（2）$u_x = xyzt$，$u_y = -xyzt$，$u_z = z^2(xt-yt)/2$。

（3）$u_x = kxyt$，$u_y = -kxyzt$，$u_z = k^2z^2(xt^2-yt)/2$，其中 k 为常数。

13. 水射器如图 4.32 所示，高速水流由喷嘴射出，带动管道内的水体向截面 2 流动。已知：管道内截面 1 处的水流平均流速和射流速度分别为 $v_1 = 3\text{m/s}$ 和 $u_j = 25\text{m/s}$，管道和喷嘴的直径分别为 $D = 0.3\text{m}$ 和 $d = 85\text{mm}$，求截面 2 处的平均流速 v_2。

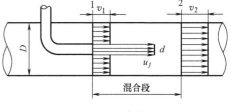

图 4.32　水射器

14. 已知有旋流动的速度分量为 $u_x = 2y+3z$，$u_y = 2z+3x$，$u_z = 2x+3y$，求旋转角速度和角变形速度。

15. 下列两个流动哪个有旋？哪个无旋？哪个有角变形？哪个无角变形？式中 a、c 为常数。

（1）$u_x = ay$，$u_y = ax$，$u_z = 0$；

（2）$u_x = \dfrac{cy}{x^2+y^2}$，$u_y = \dfrac{cx}{x^2+y^2}$，$u_z = 0$。

16. 已知：速度场 $u_x = 3bx^2 - 3by^2$，$u_y = -6bxy$，$u_z = 0$。求证：此流动是不可压缩流体的平面势流，并求

速度势函数。

17. 已知：三维速度场 $u_x = yzt$，$u_y = xzt$，$u_z = xyt$。求证：此流动是不可压缩流体的无旋流，并求速度势函数。

18. 已知二元流场的速度势为 $\varphi = x^2 - y^2$。

（1）试求 u_x 和 u_y，并检验是否满足连续条件和无旋条件；

（2）求流函数。

19. 不可压缩流场的流函数为 $\psi = 5xy$。

（1）证明流动有势，并求速度势函数；

（2）求（1，1）点的速度。

项目 5
流体动力学基础

在流体运动学中，研究了流体的运动参数（速度、加速度、位移、转角等）随空间位置和时间的变化规律，即流体运动的表现形式；本项目将在流体静力学和运动学的基础上，研究运动要素与作用在流体上的力之间的关系。按照认知的过程，先从理想流体出发，建立流体动力学基本方程，再根据黏性流体的特性对得到的基本理论进行补充和修正。鉴于黏性流体数学处理上的困难，通常通过实验方法加以修正。

【案例导入】

无处不在的伯努利原理

1. 离奇撞船

1912 年秋，"奥林匹克"号——当时世界上最大的远洋货轮之一正在艳阳高照的滔滔太平洋中劈波斩浪。凑巧的是，离这座"漂浮的城市"约 100m，比它小得多的铁甲巡洋舰"哈克"号几乎平行地高速行驶着。忽然，"哈克"号好像中了"魔"——调转船头，猛然朝"奥林匹克"号直冲而去。更匪夷所思的是，在这千钧一发之际，舵手无论怎样操纵都没有用，大家只好眼睁睁地看着它将"奥林匹克"号的船舷撞出一个大洞。无独有偶，在 1942 年 10 月，美国的"玛丽皇后"号运兵船，由"寇拉沙阿"号巡洋舰和 6 艘驱逐舰护航，载着 1.5 万名士兵从本土出发开往英国。在航途中，与运兵船并列前进的"寇拉沙阿"号突然向左急转弯，船头与"玛丽皇后"号船头相撞，被劈成两半。

那么，是什么原因造成了这些离奇的船祸呢？

2. 伯努利原理

后来人们才知道，"奥林匹克"号等被撞，用"伯努利原理"就能解释。伯努利原理又叫作"伯努利效应"，是指流体（气体和液体）流速快时压强小，流速慢时压强大。这里所说的压强，是指流体边界对旁侧的压强，所以伯努利效应被称为"边界层表面效应"。它是瑞士物理学家丹尼尔·伯努利通过多次实验之后，在 1726 年首先提出来的。原来，当两船并行时，因两船间水的流速加快，压强降低，外舷的流速慢，水压强相对较高，左右舷形成压力差，推动船舶互相靠拢（见图 5.1）。另外，航行船舶的首尾高压区及船中部的低压区，也会引起并行船舶的靠拢和偏转，这些现象统称为船吸。"哈克"号轻，在这个大手推动下就跑得更快些，看上去好像是它故意改变航向，径直向"奥林匹克"号撞去（见图 5.2）。于是，当年海事法庭在处理这件奇案时，"奥林匹克"号一方就指责"哈克"号故意撞过来，而法庭则糊里糊涂地判处"奥林匹克"号船长没有下令给对方让路而蒙冤！后来，两船相撞的奥秘终于大白，船长的冤屈终于昭雪。现在国际航行界制定的《国际避碰规则》中规定禁止船只平行航行，以避免这种"船吸现象"。

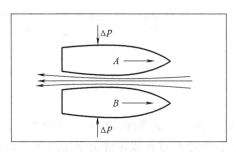

图 5.1　并行船只两侧形成压力差

图 5.2　两船相撞

丹尼尔·伯努利在他于 1738 年出版（1734 年完成）的专著《流体动力学》中，进一步提出了流体力学中的"伯努利方程"：能量守恒。它描述了密度为 ρ 的理想流体在稳定流动时的流速 v、当地重力加速度 g、竖直高度 h、压强 p 之间的定量关系，即伯努利原理。

3. 到处都有它的踪影

1905 年一个冬天的上午，在俄国的一个古老小站上，兴高采烈的站长正带领全站近 40 名员工整齐地排列在轨道两旁，等候着即将来此视察的钦差大臣。当火车尖叫着风驰电掣般驶过时，突然，所有人好像被人重重地从背后猛推了一把，猝不及防地朝站台跌落下去。最终，这场惨案造成了包括站长在内的 38 人死亡，4 人重伤。谁是这起惨案的凶手呢？就是因伯努利原理而产生的压力差，站在以 50km/h 的速度前进的火车两侧的人，要受到火车约 80N 的"吸力"。所以，我们在候车时，必须站在距离站台边缘 1m 的黄色安全线以外等候列车。对于现代高速运行的地铁、轻轨等交通工具，也应如此。

当然，伯努利原理并非总演出悲剧。在黄河的兰州段，直到 20 世纪还有一种"不用动力"的摆渡工具——当地人称为"拔船"。它通过一种活动滑轮系在横跨黄河两岸的一根钢丝绳上，巧妙地利用黄河水流来回自然摆渡，以横渡黄河。拔船与一般所见的船一样呈枣核形，非常实用灵巧，危险性极小，渡口固定，也是利用伯努利原理的杰作，浸透着中华先贤智慧的结晶。

除此之外，足球的香蕉球技术、乒乓球、排球、网球、斯诺克台球和高尔夫球等的旋转，都是缘于伯努利原理。

4. 伯努利原理的科技应用

1）翼型升力。飞机为什么能够飞上天？因为机翼受到向上的升力。飞机飞行时机翼周围空气的流线分布由于机翼横截面的形状上下不对称，机翼上方的流线密、流速大，下方的流线疏、流速小。由伯努利方程可知，机翼上方的压强小、下方的压强大，如图 5.3 所示。这样就产生了作

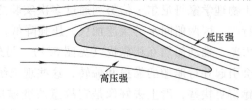

图 5.3　翼型升力

用在机翼上的向上的升力。

2）离心式水泵。泵壳汇集从各叶片间被抛出的液体，这些液体在泵壳内顺着蜗壳形通道逐渐扩大的方向流动，流速逐渐减小，压强就逐渐增大，使流体的动能（速度头）转化为静压能（静压头），减小了流体流动过程中的能量损失。所以泵壳的作用不仅在于汇集液体，它更是一个能量转换装置。

3）消防炮。消防水泵对水或泡沫液等液体介质做功，使其获得能量后输送到消防炮，而消防炮及炮管的流道是逐渐减小的，因此液体流速逐渐增大，压强逐渐减小，使液体的静压能（静压头）转化为动能（速度头），从而获得高速水流，最后从消防炮喷射出去的水流才会达到理想射程。

4）吸附式机械手。走进欧洲最大的"太阳谷"——德国萨克森-安哈尔特的塔尔海姆太阳能生产基地，就可以看到生产线上有一种名叫"ABB IRB 340FlexPicker"的机器人，如图 5.4 所示。它配备专用的"伯努利抓料器"，基于伯努利效应，采用高速气流无接触地轻柔拣选太阳能装置用的硅片，写出了 200 多年前"老原理"的高科技"新篇章"。

图 5.4　ABB IRB 340FlexPicker 机器人

【教学目标】

1. 掌握理想流体运动微分方程的推导过程，明确方程中各项代表的物理意义；

2. 了解牛顿本构方程及黏性流体运动微分方程的推导过程，明确方程中各项代表的物理意义；

3. 掌握伯努利方程的能量意义和几何意义，学会运用伯努利方程求解工程问题；

4. 掌握恒定流的动量方程和动量矩方程，并能够运用其求解工程问题。

任务 1　理想流体的运动微分方程

流体运动受到表面力和质量力的作用，表面力包括正应力与黏滞切应力。黏滞力作用下正应力与压强不相等，故黏性流体的应力状态较复杂。忽略黏滞力后，理想流体的应力状态与静止流体一样，仅有压强作用，它沿着作用面的内法线方向，而且各向等值，故理想流体的分析步骤可大幅度简化，容易推出运动微分方程的解析解。故我们先阐述理想流体动力学的理论，然后通过添加黏性作用来建立实际流体的运动微分方程。

1. 欧拉运动方程

在理想流体的流场中任取一微元六面体，如图 5.5 所示。把微元六面体看作一个质点系分离体，假定其封闭边界随流体一起运动，考察边界内部所有流体质点的受力平衡。该分离体与控制体不同。因为质点系边界各点跟随流体运动，无论边界的位置和形状如何，无论边界如何随时间变化，都没有任何质点穿越边界（却有质点穿越控制体界面），边界质点会保留在边界上，内部质点会保留在边界内。外界对质点系的作用，仅通过施加表面力和动量交换作用到分离体内部的无黏性流体质点上。

设微元六面体的体积 $dV = dxdydz$，中心点 C 上流速 $\boldsymbol{u} = (u_x, u_y, u_z)$，压强为 p，单位质量力 $f = (f_x, f_y, f_z)$。根据牛顿第二定律，任一瞬时作用于六面体上所有外力的合力等于质点系的质量与加速度的乘积。在 x 方向上，有

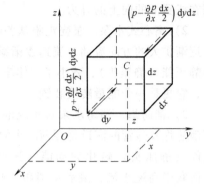

图 5.5 微元六面体

$$\left(p - \frac{\partial p}{\partial x}\frac{dx}{2}\right)dydz - \left(p + \frac{\partial p}{\partial x}\frac{dx}{2}\right)dydz + f_x(\rho dxdydz) = (\rho dxdydz)a_x \tag{5.1}$$

式（5.1）中，等号左侧第一项和第二项是六面体后、前表面受到的压力，第三项是质量力，右侧 a_x 是全加速度。整理后，可得

$$a_x = f_x - \frac{1}{\rho}\frac{\partial p}{\partial x} \tag{5.2a}$$

类似地，在 y、z 方向上有

$$a_y = f_y - \frac{1}{\rho}\frac{\partial p}{\partial y} \tag{5.2b}$$

$$a_z = f_z - \frac{1}{\rho}\frac{\partial p}{\partial z} \tag{5.2c}$$

将式（5.2a）~式（5.2c）表示成矢量形式，有

$$\boldsymbol{a} = f - \frac{1}{\rho}\boldsymbol{\nabla} p \tag{5.3}$$

式中，$\boldsymbol{\nabla} p$ 表示 p 的梯度；$(-\boldsymbol{\nabla} p/\rho)$ 代表压强对单位质量流体的作用，它显然等价于一个质量力场。

将全加速度的表达式（4.6）代入式（5.3），得到

$$\frac{\partial u_x}{\partial t} + u_x\frac{\partial u_x}{\partial x} + u_y\frac{\partial u_x}{\partial y} + u_z\frac{\partial u_x}{\partial z} = f_x - \frac{1}{\rho}\frac{\partial p}{\partial x} \tag{5.4a}$$

$$\frac{\partial u_y}{\partial t} + u_x\frac{\partial u_y}{\partial x} + u_y\frac{\partial u_y}{\partial y} + u_z\frac{\partial u_y}{\partial z} = f_y - \frac{1}{\rho}\frac{\partial p}{\partial y} \tag{5.4b}$$

$$\frac{\partial u_z}{\partial t} + u_x\frac{\partial u_z}{\partial x} + u_y\frac{\partial u_z}{\partial y} + u_z\frac{\partial u_z}{\partial z} = f_z - \frac{1}{\rho}\frac{\partial p}{\partial z} \tag{5.4c}$$

将式（5.4a）~式（5.4c）写成矢量形式，有

$$\frac{\partial \boldsymbol{u}}{\partial t} + (\boldsymbol{u} \cdot \boldsymbol{\nabla})\boldsymbol{u} = f - \frac{1}{\rho}\boldsymbol{\nabla} p \tag{5.5}$$

式（5.5）为理想流体的运动微分方程，又称**欧拉运动方程**，简称**欧拉方程**，由瑞士数学家欧拉于 1775 年最早给出。欧拉方程适用于可压缩和不可压缩的理想流体。当流体处于平衡状态时，欧拉方程（5.5）就简化成欧拉平衡微分方程（3.13）。据此可以说，流体的

平衡是流体运动的特例。

2. 关于欧拉方程的讨论

1）应该指出，在欧拉方程的推导过程中，没有限定必须是惯性参考系，故方程（5.5）既适用于绝对运动，也适用于相对运动。但对于相对运动，质量力还应包括惯性力，而流体的速度则应采取相对速度。至此，我们可明确流体相对平衡的真正含义，即相对于参考坐标系的全加速度为零。

2）欧拉方程（5.5）与 $\nabla \cdot \boldsymbol{u}=0$ 一起，构成不可压缩理想流体的**欧拉方程组**。因为 ρ 是已知的，未知变量（p 和 $\boldsymbol{u}$）的数目恰好等于方程数目。结合初始条件和边界条件，方程组有确定的解。

3）若流体可压缩，因为 ρ 是未知的，未知变量（p、$\boldsymbol{u}$ 和 ρ）中含有五个标量，多于欧拉方程组的方程数目，要把能量方程包括到方程组中，还要指定 ρ 随 p 变化的函数关系，方程组才有确定的解。

3. 葛罗米柯方程

为了显现无旋流和有旋流的差别，可以把迁移加速度的涡量部分分离出来。先考察 x 分量。按涡量的定义式（4.54），有

$$\frac{\partial u_x}{\partial y}=\frac{\partial u_y}{\partial x}-\Omega_z, \quad \frac{\partial u_x}{\partial z}=\frac{\partial u_z}{\partial x}+\Omega_y$$

利用该式和恒等式 $U^2=u_x^2+u_y^2+u_z^2$，迁移加速度的 x 分量可写成

$$a_x^C=u_x\frac{\partial u_x}{\partial x}+u_y\frac{\partial u_x}{\partial y}+u_z\frac{\partial u_x}{\partial z}=u_x\frac{\partial u_x}{\partial x}+u_y\left(\frac{\partial u_y}{\partial x}-\Omega_z\right)+u_z\left(\frac{\partial u_z}{\partial x}+\Omega_y\right)$$

$$=\left(u_x\frac{\partial u_x}{\partial x}+u_y\frac{\partial u_y}{\partial x}+u_z\frac{\partial u_z}{\partial x}\right)+(\Omega_y u_z-\Omega_z u_y)=\frac{\partial}{\partial x}\left(\frac{U^2}{2}\right)+(\Omega_y u_z-\Omega_z u_y)$$

式中，a_x^C 表示 a_x 的迁移部分。同理，可推得 a_y 的迁移部分 a_y^C 和 a_z 的迁移部分 a_z^C 的表达式。由此得到迁移加速度的一种很有用的分解方式

$$a_x^C=\frac{\partial}{\partial x}\left(\frac{U^2}{2}\right)+(\Omega_y u_z-\Omega_z u_y) \tag{5.6a}$$

$$a_y^C=\frac{\partial}{\partial y}\left(\frac{U^2}{2}\right)+(\Omega_z u_x-\Omega_x u_z) \tag{5.6b}$$

$$a_z^C=\frac{\partial}{\partial z}\left(\frac{U^2}{2}\right)+(\Omega_x u_y-\Omega_y u_x) \tag{5.6c}$$

将式（5.6a）~式（5.6c）写成矢量形式，有

$$(\boldsymbol{u}\cdot\nabla)\boldsymbol{u}=\nabla\left(\frac{U^2}{2}\right)+\boldsymbol{\Omega}\times\boldsymbol{u} \tag{5.7}$$

式（5.7）明确地表达了有旋流涡量作用引起的迁移加速度。将式（5.7）代入方程（5.5），得到兰姆型欧拉方程如下：

$$\frac{\partial u_x}{\partial t}+\frac{\partial}{\partial x}\left(\frac{U^2}{2}\right)+\frac{1}{\rho}\frac{\partial p}{\partial x}-f_x=-(\Omega_y u_z-\Omega_z u_y) \tag{5.8a}$$

$$\frac{\partial u_y}{\partial t}+\frac{\partial}{\partial y}\left(\frac{U^2}{2}\right)+\frac{1}{\rho}\frac{\partial p}{\partial y}-f_y=-(\Omega_z u_x-\Omega_x u_z) \tag{5.8b}$$

$$\frac{\partial u_z}{\partial t}+\frac{\partial}{\partial z}\left(\frac{U^2}{2}\right)+\frac{1}{\rho}\ \frac{\partial p}{\partial z}-f_z=-\left(\varOmega_x u_y-\varOmega_y u_x\right) \tag{5.8c}$$

其矢量形式为

$$\frac{\partial \boldsymbol{u}}{\partial \boldsymbol{t}}+\boldsymbol{\nabla}\left(\frac{U^2}{2}\right)+\frac{1}{\rho}\ \boldsymbol{\nabla}p-\boldsymbol{f}=-\boldsymbol{u}\times\boldsymbol{\varOmega} \tag{5.9}$$

该方程又称**葛罗米柯方程**，其优点是针对某些特殊流场容易推导出解析解。

任务 2 黏性流体的运动微分方程

1. 黏性流体微团运动微分方程

在流场中建立直角坐标系，以 $a(x,\ y,\ z)$ 为中心，取边长为 dx、dy、dz 的微元六面体来分析，如图 5.6 所示。作用在微元六面体上的力有体积力和表面力，体积力包括重力和惯性力。表面力除法向力外，由于流体具有黏性，还出现了切向力，而法向力也和理想流体情况不同，包含着由于线变形引起的附加法向力。为了表示六面体表面应力的作用面和方向，采用双下标表示法。用第一个下标表示作用面的法线方向，第二个下标表示应力作用方向。例如，τ_{yx} 表示在垂直于 y 轴的表面上沿 x 方向作用的切应力，τ_{yz} 表示在垂直于 y 轴的表面上沿 z 方向作用的切应力，p_{yy} 则表示垂直于 y 轴表面上的正应力等。设 a 点的应力为 σ、τ，对于图 5.6 中的微元六面体，垂直于 x、y、z 方向的六个微元面上的应力如图所示。

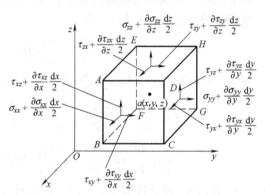

图 5.6 黏性流体微元六面体

通常规定：若应力所在平面的外法线与坐标轴正向一致，则指向坐标轴正向的应力为正，反之为负；若应力所在平面的外法线与坐标轴正向相反，则指向坐标轴负方向的应力为正，反之为负。图 5.6 所示的正应力和切应力均为正方向。对于正应力（法向应力），这种规定与"拉应力为正、压应力为负"的约定是一致的。

根据牛顿第二定律可得 x 方向的力与加速度的关系为

$$f_x\rho dxdydz+\left[\left(\sigma_{xx}+\frac{\partial\sigma_{xx}}{\partial x}\frac{dx}{2}\right)-\left(\sigma_{xx}-\frac{\partial\sigma_{xx}}{\partial x}\frac{dx}{2}\right)\right]dydz+\left[\left(\tau_{yx}+\frac{\partial\tau_{yx}}{\partial y}\frac{dy}{2}\right)-\left(\tau_{yx}-\frac{\partial\tau_{yx}}{\partial y}\frac{dy}{2}\right)\right]dxdz+$$

$$\left[\left(\tau_{zx}+\frac{\partial\tau_{zx}}{\partial z}\frac{dz}{2}\right)-\left(\tau_{zx}-\frac{\partial\tau_{zx}}{\partial z}\frac{dz}{2}\right)\right]dxdy=\rho\ \frac{du_x}{dt}dxdydz$$

化简后得

$$f_x+\frac{1}{\rho}\left(\frac{\partial\sigma_{xx}}{\partial x}+\frac{\partial\tau_{yx}}{\partial y}+\frac{\partial\tau_{zx}}{\partial z}\right)=\frac{du_x}{dt}$$

同理可推得 y 轴、z 轴方向的方程。于是，流体微团运动微分方程可表示为

$$f_x+\frac{1}{\rho}\left(\frac{\partial\sigma_{xx}}{\partial x}+\frac{\partial\tau_{yx}}{\partial y}+\frac{\partial\tau_{zx}}{\partial z}\right)=\frac{\mathrm{d}u_x}{\mathrm{d}t}$$
$$f_y+\frac{1}{\rho}\left(\frac{\partial\sigma_{yy}}{\partial y}+\frac{\partial\tau_{zy}}{\partial z}+\frac{\partial\tau_{xy}}{\partial x}\right)=\frac{\mathrm{d}u_y}{\mathrm{d}t}$$
$$f_z+\frac{1}{\rho}\left(\frac{\partial\sigma_{zz}}{\partial z}+\frac{\partial\tau_{xz}}{\partial x}+\frac{\partial\tau_{yz}}{\partial y}\right)=\frac{\mathrm{d}u_z}{\mathrm{d}t}$$

(5.10)

式（5.10）是以应力表示的黏性流体的运动微分方程。无论是牛顿流体还是非牛顿流体、是层流流动还是湍流流动，该方程均适用。

2. 牛顿流体的本构方程

在方程组（5.10）中，即使将密度 ρ 和体积力 f_x、f_y、f_z 看成是已知的，方程中仍然有 9 个未知量：3 个速度分量和 6 个独立的应力分量，但该方程组加上连续性方程只有 4 个方程，所以方程组是不封闭的。因此，要求解这组方程，尚需要能将未知量关联起来的补充方程。

在一维流动分析中，所引入的补充方程是牛顿内摩擦定律。对于三维流动，所要引入的补充方程是广义牛顿内摩擦定律，即牛顿流体本构方程，将应力从运动方程（5.10）中消去，得到由速度分量和压强表示的黏性流体运动微分方程，即纳维-斯托克斯（Navier-Stokes）方程，简称 N-S 方程。

（1）基本假设　对于以应力表示的运动方程，要建立补充方程，首先应该寻求运动方程中的未知量，即流体应力与速度变化之间的内在联系。流体之所以流动，是因为受到了剪切作用，同时，由于黏性的存在，流体对剪切作用要产生抵抗，这种抵抗以应力的形式表现出来，这与固体受到变形时要产生应力是类似的。但与固体应力不一样的是，流体的应力不是与应变的大小而是与应变的速率（即单位时间的应变）直接相关的。流体力学中，称单位时间的应变为变形速率，包括线变形率如 $\partial u_x/\partial x$、角变形率如 $(\partial u_x/\partial y+\partial u_y/\partial x)/2$ 和体变形率 $\nabla\cdot u$ 等。因此，建立补充方程的关键归结为寻求一般情况下流体应力与变形速率之间的关系。为了找到这种关系，斯托克斯提出了三个基本假设。

1）**应力与变形速率呈线性关系**。该假设得到牛顿剪切定律的启示，既然一维流动中 τ_{yx} 与变形速率 $\mathrm{d}u_x/\mathrm{d}y$ 呈线性关系，于是可设想一般情况下也有这样的关系。

2）**应力与变形速率的关系各向同性**。该假设认为，既然常见流体的物理性质都是各向同性的，于是可以设想应力与变形速率的关系也具有各向同性的性质。

3）**静止流场中，切应力为零，各正应力均等于静压强**。即 $p_{xx}|_{u=0}=p_{yy}|_{u=0}=p_{zz}|_{u=0}=-p$。该假设是根据静止流体不能承受切应力，而运动流体又不能承受拉应力而做出的。

（2）牛顿流体本构方程

在上述假设条件下，可推得一般情况下流体应力与变形速率之间的关系，即**牛顿流体本构方程**

$$\tau_{xy}=\tau_{yx}=2\mu\varepsilon_{yx}=\mu\left(\frac{\partial u_x}{\partial y}+\frac{\partial u_y}{\partial x}\right)$$
$$\tau_{yz}=\tau_{zy}=2\mu\varepsilon_{zy}=\mu\left(\frac{\partial u_y}{\partial z}+\frac{\partial u_z}{\partial y}\right)$$
$$\tau_{zx}=\tau_{xz}=2\mu\varepsilon_{xz}=\mu\left(\frac{\partial u_z}{\partial x}+\frac{\partial u_x}{\partial z}\right)$$

(5.11)

分析图 5.6 中六面体微元所受的力矩可知，与表面力比较，质量力和惯性力产生的力矩可忽略。按合力矩为零的条件，可推出下列切应力互等定理：

$$\tau_{xy} = \tau_{yx}, \quad \tau_{xz} = \tau_{zx}, \quad \tau_{yz} = \tau_{zy} \tag{5.12}$$

固体力学中的应力-应变关系称为固体的本构关系，流体的本构关系是应力和角变形速率之间的关系。这里改成角变形速率是因为流体发生角变形时才能抵抗切应力。依据式 (4.48b)，角变形速率为 $\varepsilon_{xy} = \varepsilon_{yx}$，$\varepsilon_{yz} = \varepsilon_{zy}$，$\varepsilon_{zx} = \varepsilon_{xz}$。牛顿内摩擦定律实质上是切应力与角变形速率之间成比例的关系，三维流场的该比例关系可写成

$$\tau_{xy} = \mu(2\varepsilon_{xy}), \quad \tau_{yz} = \mu(2\varepsilon_{yz}), \quad \tau_{xz} = \mu(2\varepsilon_{xz}) \tag{5.13}$$

式 (5.13) 称为广义牛顿内摩擦定律。

应用此关系，再利用式 (4.48b) 可写出

$$\left.\begin{aligned}
\tau_{xy} = \tau_{yx} = 2\mu\varepsilon_{xy} = \mu\left(\frac{\partial u_y}{\partial x} + \frac{\partial u_x}{\partial y}\right) \\
\tau_{yz} = \tau_{zy} = 2\mu\varepsilon_{zy} = \mu\left(\frac{\partial u_y}{\partial z} + \frac{\partial u_z}{\partial y}\right) \\
\tau_{xz} = \tau_{zx} = 2\mu\varepsilon_{xz} = \mu\left(\frac{\partial u_z}{\partial x} + \frac{\partial u_x}{\partial z}\right)
\end{aligned}\right\} \tag{5.14}$$

另外，在黏性流体中，由于在流体微团的法线方向上有线变形速度 $\frac{\partial u_x}{\partial x}$、$\frac{\partial u_y}{\partial y}$、$\frac{\partial u_z}{\partial z}$，因而产生了附加法向应力，其大小可推广应用到广义牛顿内摩擦定律中，表示为动力黏度和线变形速率乘积的两倍，于是

$$\left.\begin{aligned}
p_{xx} = -p + 2\mu\,\frac{\partial u_x}{\partial x} \\
p_{yy} = -p + 2\mu\,\frac{\partial u_y}{\partial y} \\
p_{zz} = -p + 2\mu\,\frac{\partial u_z}{\partial z}
\end{aligned}\right\} \tag{5.15}$$

将式 (5.12)、式 (5.14) 和式 (5.15) 都代入式 (5.10)，整理得到

$$\frac{\mathrm{d}u_x}{\mathrm{d}t} = f_x - \frac{1}{\rho}\,\frac{\partial p}{\partial x} + \nu\left(\frac{\partial^2 u_x}{\partial x^2} + \frac{\partial^2 u_x}{\partial y^2} + \frac{\partial^2 u_x}{\partial z^2}\right) + \nu\,\frac{\partial}{\partial x}(\boldsymbol{\nabla}\cdot\boldsymbol{u}) \tag{5.16a}$$

$$\frac{\mathrm{d}u_y}{\mathrm{d}t} = f_y - \frac{1}{\rho}\,\frac{\partial p}{\partial y} + \nu\left(\frac{\partial^2 u_y}{\partial x^2} + \frac{\partial^2 u_y}{\partial y^2} + \frac{\partial^2 u_y}{\partial z^2}\right) + \nu\,\frac{\partial}{\partial y}(\boldsymbol{\nabla}\cdot\boldsymbol{u}) \tag{5.16b}$$

$$\frac{\mathrm{d}u_z}{\mathrm{d}t} = f_z - \frac{1}{\rho}\,\frac{\partial p}{\partial z} + \nu\left(\frac{\partial^2 u_z}{\partial x^2} + \frac{\partial^2 u_z}{\partial y^2} + \frac{\partial^2 u_z}{\partial z^2}\right) + \nu\,\frac{\partial}{\partial x}(\boldsymbol{\nabla}\cdot\boldsymbol{u}) \tag{5.16c}$$

对于不可压缩流体，应用连续性方程 $\boldsymbol{\nabla}\cdot\boldsymbol{u} = 0$，式 (5.16) 可写成

$$\frac{\mathrm{d}u_x}{\mathrm{d}t} = f_x - \frac{1}{\rho}\frac{\partial p}{\partial x} + \nu\left(\frac{\partial^2 u_x}{\partial x^2} + \frac{\partial^2 u_x}{\partial y^2} + \frac{\partial^2 u_x}{\partial z^2}\right)$$

$$\left.\frac{\mathrm{d}u_y}{\mathrm{d}t} = f_y - \frac{1}{\rho}\frac{\partial p}{\partial y} + \nu\left(\frac{\partial^2 u_y}{\partial x^2} + \frac{\partial^2 u_y}{\partial y^2} + \frac{\partial^2 u_y}{\partial z^2}\right)\right\} \quad (5.17)$$

$$\frac{\mathrm{d}u_z}{\mathrm{d}t} = f_z - \frac{1}{\rho}\frac{\partial p}{\partial z} + \nu\left(\frac{\partial^2 u_z}{\partial x^2} + \frac{\partial^2 u_z}{\partial y^2} + \frac{\partial^2 u_z}{\partial z^2}\right)$$

这就是不可压缩黏性流体的运动微分方程，通常称其为著名的纳维-斯托克斯方程，简称 N-S 方程，是由法国土木工程师纳维（Navier，1785—1836）和英国物理学家斯托克斯创立的。N-S 方程的矢量形式为

$$\frac{\partial \boldsymbol{u}}{\partial t} + (\boldsymbol{u}\cdot\nabla)\boldsymbol{u} = \boldsymbol{f} - \frac{1}{\rho}\nabla p + \nu\nabla^2\boldsymbol{u} \quad (5.18)$$

式中，

$$\nabla^2\boldsymbol{u} = \boldsymbol{i}\nabla^2 u_x + \boldsymbol{j}\nabla^2 u_y + \boldsymbol{k}\nabla^2 u_z \quad (5.19)$$

而 $\nabla^2 u_x$、$\nabla^2 u_y$ 和 $\nabla^2 u_z$ 分别表示方程（5.16a）~方程（5.16c）等号右侧括号中的二阶导数项（∇^2 是拉普拉斯算子符）。

方程（5.18）中各项的意义如下：

$\boldsymbol{f}$——单位质量流体的体积力（质量力）；

$\nabla p/\rho$——单位质量流体的压差力；

$\nu\nabla^2\boldsymbol{u}$——黏性力（扩散项）。对静止或理想流体为 0，高速非边界层问题近似为 0。

$\partial\boldsymbol{u}/\partial t$——非定常项，定常流动为 0，静止流动为 0（时间变化引起，时变加速度或当地加速度）；

$(\boldsymbol{u}\cdot\nabla)\boldsymbol{u}$——对流项，静止流场为 0，蠕变流时近似为 0（空间位置变化引起，位变加速度或迁移加速度）。

N-S 方程（5.18）与连续性方程 $\nabla\cdot u = 0$ 一起，构成 N-S 方程组，它是精确描述不可压缩流体运动的通用方程，假如能获得解析解，它包含三维流场的流速和压强空间分布与时间变化的所有细节。N-S 方程组在现代流体力学领域的应用非常广泛，然而它是非线性方程组，其中迁移加速度 $(u\cdot\nabla)u$ 是非线性的，目前数学上尚未找到获取解析解的通用方法，只有个别流场才能推出。N-S 方程组的求解主要依靠数值方法和浮点速度很快的巨型计算机。

任务3 理想流体的能量方程

1. 沿流线的伯努利原理

对于常密度流体，欧拉方程的空间积分就是能量方程。对于某些特殊流场，能量方程更容易推出解析解。对于恒定元流的能量方程，伯努利方程是用途最广的解析解。下面给出伯努利方程的推导。

假定流动恒定，选取 $\mathrm{d}\boldsymbol{r} = (\mathrm{d}x, \mathrm{d}y, \mathrm{d}z)$ 代表矢径 $\boldsymbol{r} = (x, y, z)$ 在任意方向上的微分。用 $\mathrm{d}x$、$\mathrm{d}y$、$\mathrm{d}z$ 分别与方程（5.8a）~方程（5.8c）相乘，然后三个方程相加，得

$$\frac{\partial}{\partial x}\left(\frac{U^2}{2}\right)dx+\frac{\partial}{\partial y}\left(\frac{U^2}{2}\right)dy+\frac{\partial}{\partial z}\left(\frac{U^2}{2}\right)dz+\frac{1}{\rho}\left(\frac{\partial p}{\partial x}dx+\frac{\partial p}{\partial y}dy+\frac{\partial p}{\partial z}dz\right)-$$

$$(f_x dx+f_y dy+f_z dz)=(\Omega_y u_z-\Omega_z u_y)dx+(\Omega_z u_x-\Omega_x u_z)dy+(\Omega_x u_y-\Omega_y u_x)dz \quad (5.20)$$

式（5.20）中，$d\boldsymbol{r}\cdot\boldsymbol{\nabla}p$ 和 $d\boldsymbol{r}\cdot\boldsymbol{f}$ 分别表示 $\boldsymbol{\nabla}p$ 和 $\boldsymbol{f}$ 在 $d\boldsymbol{r}$ 上所做的功。因为假定质量力有势，而 $\boldsymbol{\nabla}p$ 相当于一个有势力，所以，利用恒定条件，容许把 $d\boldsymbol{r}\cdot\boldsymbol{\nabla}p$ 和 $d\boldsymbol{r}\cdot\boldsymbol{f}$ 写成全微分形式

$$dp=d\boldsymbol{r}\cdot\boldsymbol{\nabla}p=\frac{\partial p}{\partial x}dx+\frac{\partial p}{\partial y}dy+\frac{\partial p}{\partial z}dz$$

$$dW=d\boldsymbol{r}\cdot\boldsymbol{f}=f_x dx+f_y dy+f_z dz$$

利用恒定条件，还能把式（5.20）的流速项写成全微分形式

$$d\left(\frac{U^2}{2}\right)=\frac{\partial}{\partial x}\left(\frac{U^2}{2}\right)dx+\frac{\partial}{\partial y}\left(\frac{U^2}{2}\right)dy+\frac{\partial}{\partial z}\left(\frac{U^2}{2}\right)dz$$

于是，式（5.20）可改写成

$$d\left(\frac{U^2}{2}\right)+\frac{dp}{\rho}-dW=d\boldsymbol{r}\cdot(\boldsymbol{u}\times\boldsymbol{\Omega}) \quad (5.21)$$

一般情形下该方程的积分难以求出，只有某些特殊流动类才能获得解析解，例如满足 $d\boldsymbol{r}\cdot(\boldsymbol{u}\times\boldsymbol{\Omega})=0$ 的流动。当 $d\boldsymbol{r}\cdot(\boldsymbol{u}\times\boldsymbol{\Omega})=0$ 时，式（5.21）简化成

$$d\left(\frac{U^2}{2}\right)+\frac{dp}{\rho}-dW=0 \quad (5.22)$$

称方程（5.22）为一维欧拉方程，它其实是一种能量方程。

鉴于矢量积 $\boldsymbol{u}\times\boldsymbol{\Omega}$ 既垂直于 $\boldsymbol{u}$ 又垂直于 $\boldsymbol{\Omega}$，在质量力有势和流动恒定的基础上，再添加两个新假定后就可推得解析解：ρ 是常量，$d\boldsymbol{r}$ 沿着流线。当满足这两个假定时，$d\boldsymbol{r}$ 垂直于 $\boldsymbol{u}\times\boldsymbol{\Omega}$，故方程（5.22）成立。沿流线积分，可得到

$$\frac{U^2}{2}+\frac{p}{\rho}-W=C' \quad (5.23)$$

式中，C' 是积分常数。这就是理想流体的伯努利原理。称积分常数 C' 为伯努利常数，其值由边界条件确定。一般地，C' 值随流线的不同而变化。

尽管 p 本身属于表面力，但它的梯度 $\boldsymbol{\nabla}p$ 却等价于单位体积流体受到的作用力，具有与质量力相同的性质。在任意 $d\boldsymbol{r}$ 上压强所做的功称为压力功。$\boldsymbol{\nabla}p$ 是有势力（p 就是它的势函数），故压力功与做功路径无关，p 代表一种势能，称为压强势能。

- **伯努利原理必须满足的前提条件**

①质量力有势；②流动恒定；③ρ 是常量；④$d\boldsymbol{r}$ 沿着流线。

- **伯努利原理的物理意义**

因为假定质量力有势，W 代表质量力势能。质量为 dm、流速为 U 的流体具有动能 $dm(U^2/2)$，故 $U^2/2$ 代表单位质量流体的动能。所以，式（5.23）中的三项分别代表单位质量流体的动能、压强势能和质量力势能，$\dfrac{U^2}{2}+\dfrac{p}{\rho}-W$ 是总机械能。伯努利原理表明，有势力场作用下常密度理想流体的恒定流中单位质量流体的机械能沿着流线守恒。

● 伯努利原理的适用范围

依据 $u\times\Omega$ 垂直于 u 和 Ω 的性质，除了沿着流线外，伯努利原理还适用于下列四类流动：①无旋流，即 $\Omega=0$；②dr 沿着涡线，即 dr 垂直于 $u\times\Omega$；③螺旋流，流场处处满足 $u\times\Omega=0$，即 u 与 Ω 同向，流线与涡线重合；④流体静止，即 $u=0$。

2. 重力场中理想流体的伯努利方程

如果作用在流体上的质量力仅有重力，则有 $f_x=0$，$f_y=0$，$f_z=-g$，这里取 z 坐标竖直向上为正方向。质量力势函数可写成 $W=-gz$，将其代入伯努利积分式（5.23），用 g 除各项，得到

$$\frac{U^2}{2g}+\frac{p}{g\rho}+z=C \tag{5.24}$$

在同一条流线的任意两点 1、2 上应用方程（5.24），得到

$$\frac{U_1^2}{2g}+\frac{p_1}{g\rho}+z_1=\frac{U_2^2}{2g}+\frac{p_2}{g\rho}+z_2 \tag{5.25}$$

这就是重力场中理想流体的伯努利方程，又称能量方程。它表示，重力场中常密度理想流体的元流（或流线上）做恒定流动时，流速 U、动压强 p 与位置高度 z 三者的相互转换关系。为了方便讨论，定义

$$H_0=z+\frac{p}{g\rho}+\frac{U^2}{2g} \tag{5.26}$$

伯努利方程（5.25）是能量守恒定律的具体表现形式。

对于气体，重力所占的比例很小，其影响往往可以忽略不计，于是式（5.22）可写成

$$\frac{\mathrm{d}p}{\rho}+U\mathrm{d}U=0$$

$$\frac{p}{\rho}+\frac{1}{2}U^2=C \tag{5.27}$$

对同一条流线上的任意两点应用方程（5.27），得到

$$\frac{p_1}{\rho}+\frac{1}{2}U_1^2=\frac{p_2}{\rho}+\frac{1}{2}U_2^2 \tag{5.28}$$

伯努利方程是流体力学中最常用的公式之一，但在使用时，应注意其限制条件：①理想不可压缩流体；②做定常流动；③作用于流体上的质量力只有重力；④沿同一条流线（或微元流束）。

3. 伯努利方程的能量意义和几何意义

为了更好地说明伯努利方程的能量意义，分别对方程（5.24）中的各项进行讨论。方程中的 z 和 $\frac{p}{\rho g}$ 的能量意义已经在静力学中说明，它们分别是单位重量流体的位能和压强能。$\frac{U^2}{2g}$ 是单位重量的流体所具有的动能。所以伯努利方程（5.24）的能量意义是：在符合推导伯努利方程的限制条件下，沿流线（或微元流束）单位重量流体的机械能（位能、压强能和动能）可以相互转化，但总和不变。上述结论适用于在流动过程中没有质量的流入和流出，也没有能量的输入和输出的情况。

z 和 $\dfrac{p}{\rho g}$ 的几何意义在静力学中也已讨论过，它们均为长度的量纲。同样 $\dfrac{U^2}{2g}$ 也是长度的量

纲，可称它为速度水头，而把 $\left(z+\dfrac{p}{\rho g}+\dfrac{U^2}{2g}\right)$ 称为总水头。因为 z、$\dfrac{p}{\rho g}$、$\dfrac{U^2}{2g}$ 都是长度的量纲，所

以在流线上（或微元流束）各点具有的这三项都可
以用铅垂线段的长度来表示，如图 5.7 所示。如把表
示同一条流线上各点总水头的铅垂线的上端连成一
线，就是总水头线。

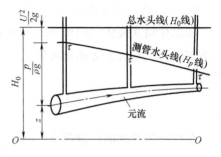

图 5.7 理想流体元流的水头线

理想流体的伯努利方程（5.25）表明，流体从
元流某断面流动到另一断面的过程中，单位重量流
体的机械能 H_0 具有守恒性，总水头保持沿程不变。
总水头线（H_0 线）是水平的，测管水头线（H_p 线）
的高度是沿程变化的，该图称为水头线图。

任务 4 实际流体的伯努利方程

实际流体具有黏性，流动过程中变形运动产生内摩擦力，
机械能不断地转化成热能而散失。机械能向热能转化符合能量守恒定律，但该过程是不可逆
的，表现为机械能沿程递减。在研究机械能转换规律时，先假定能量损失参数是给定的，以
后再讨论损失参数的算法。

1. 元流的伯努利方程

元流中（即流线上）单位重力流体在两个断面之间的流程上损失的机械能，称为元流
的水头损失，以 h'_w 表示，它具有长度的量纲。理想流体的伯努利方程（5.25）没有计入该
水头流失。对于图 5.8 所示断面 1—1 与断面 2—2 之间实际流体的元流，应该依据能量守恒
原理对方程（5.25）进行修正，也就是，在方程（5.25）的右侧添加 h'_w，使得断面 1—1 的
总机械能等于断面 2—2 的总机械能与两断面间水头损失之和，即

$$\frac{U_1^{\ 2}}{2g}+\frac{p_1}{\rho g}+z_1=\frac{U_2^{\ 2}}{2g}+\frac{p_2}{\rho g}+z_2+h'_w \qquad (5.29)$$

式中，h'_w 为单位重量流体在微元流束上从截面 1 到截面 2 的机械能损失。

该方程称为实际流体元流的伯努利方程，它要求三个条件：①常密度流体的恒定流动；
②质量力仅含重力；③断面 1—1 和断面
2—2 是同一元流的两个断面。

实际流体在没有能量输入的情况下，
流体所具有的机械能沿流动方向逐渐减小。
实际流体元流的水头线如图 5.8 所示。总水
头线（即 H_0 线）必须沿程单调下降，因为
任意两断面都满足 $h'_w>0$。单位流程上发生
的水头损失称为水力坡度，简称能坡，以 J
表示。设 l 表示流程坐标，有

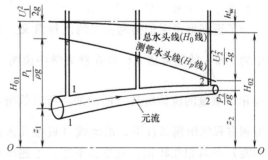

图 5.8 实际流体元流的水头线

$$J = \frac{\mathrm{d}h'_{\mathrm{w}}}{\mathrm{d}l} = -\frac{\mathrm{d}H_0}{\mathrm{d}l} \tag{5.30}$$

H_0 总是沿程减小的，即 $\dfrac{\mathrm{d}H_0}{\mathrm{d}l}<0$。式（5.30）中添加"-"号后，总有 $J>0$。类似地，单位流程上测管水头 H_p 的减小值称为测管坡度，以 J_p 表示，即

$$J_p = -\frac{\mathrm{d}H_p}{\mathrm{d}l} = -\frac{\mathrm{d}}{\mathrm{d}l}\left(z+\frac{p}{\rho g}\right) \tag{5.31}$$

约定 H_p 减小时 J_p 为正，增加时 J_p 为负，故式（5.31）中添加"-"号。H_0 总是沿程减小，但 H_p 沿程可以减小，也可以增加。对于均匀流，有 $J_p = J = \mathrm{d}h'_{\mathrm{w}}/\mathrm{d}l$。

2. 恒定总流的能量方程

总流运动要素的沿程变化对于解决实际问题更有意义。采用过流断面上元流积分的方法，可建立总流的能量方程。为了积分方便，先分析均匀流的测管水头 H_p 的剖面特性。

（1）均匀流测管水头的剖面特性　考察图 5.9 所示恒定均匀流。在断面 a—a 上任选相距 $\mathrm{d}l$ 的 m、n 两点，取底面积为 $\mathrm{d}A_1$ 的微元柱体，轴线通过连线 mn。因为流线是平行直线，过流断面是平面，微元柱体在 mn 方向上的加速度为零，侧面上动压强产生的合力以及切应力产生的合力均垂直于 mn。于是，mn 方向上的受力平衡方程为

$$-p\mathrm{d}A_1+(p+\mathrm{d}p)\mathrm{d}A_1-\rho g\mathrm{d}A_1\mathrm{d}l\cos\theta = 0 \tag{5.32}$$

式中，第一、二项是两个柱体底面的压力；第三项是重力；θ 是重力方向与连线 mn 的夹角。将 $\mathrm{d}z=\mathrm{d}l\cos\theta$ 代入式（5.32）中，化简后可得到

$$\mathrm{d}p+\rho g\mathrm{d}z = 0 \tag{5.33}$$

将式（5.33）在断面上积分后，得到

$$H_p = z+\frac{p}{\rho g} = C \tag{5.34}$$

式中，积分常数 C 由边界条件确定。例如，在图 5.9 中自由面 $z=z_0$ 上有 $C=z_0$。一般地，不同过流断面上的 C 值不相等。

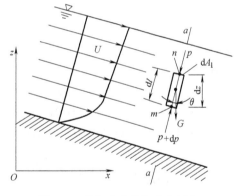

图 5.9　均匀流中柱体受力平衡

注意到 m、n 两点的任意性，可得到结论：均匀流的同一过流断面上各点的测管水头 H_p 等值，动压强剖面特性与静压强相同。对于流线近似平行的渐变流，该结论近似成立。

（2）总流能量的断面积分　总流是由无数的微元流束组成的，每条流束单位重量流体的能量关系可用式（5.29）来表达，用单位时间内通过元流截面的流体重量 $\rho g\mathrm{d}Q$ 乘以式（5.29）中各项，就可得到单位时间内通过总流两过流断面总能量之间的关系：

$$\int_Q\left(z_1+\frac{p_1}{\gamma}+\frac{U_1^2}{2g}\right)\gamma\mathrm{d}Q = \int_Q\left(z_2+\frac{p_2}{\gamma}+\frac{U_2^2}{2g}+h'_{\mathrm{w}}\right)\gamma\mathrm{d}Q \tag{5.35}$$

将式（5.35）进一步改写为

$$\int_Q \left(\frac{U_1^2}{2g} + \frac{p_1}{\rho g} + z_1 \right) \rho g \mathrm{d}Q = \int_Q \left(\frac{U_2^2}{2g} + \frac{p_2}{\rho g} + z_2 \right) \rho g \mathrm{d}Q + \int_Q h'_w \rho g \mathrm{d}Q \qquad (5.36)$$

为了推导方便，用 W 表示单位时间内通过总流断面 A 的流体具有的机械能，即

$$W = \int_A H_p \rho g U \mathrm{d}A + \int \frac{U^2}{2g} \rho g U \mathrm{d}A \qquad (5.37)$$

将方程（5.36）在断面上积分，得到

$$W_1 - W_2 = \int_Q h'_w \rho g \mathrm{d}Q \qquad (5.38)$$

式中，W_1、W_2 表示两个断面的取值。式（5.37）和式（5.38）中有三种断面积分需要确定。

（3）势能的断面积分 势能积分 $\int_A H_p \rho g U \mathrm{d}A$ 与 H_p 断面分布有关。假定两个断面均满足均匀流或渐变流条件。利用 $H_p =$ 常数的特性，容易把势能断面积分写成

$$\int_A H_p \rho g U \mathrm{d}A = \rho g H_p \int_A U \mathrm{d}A = \rho g H_p Q \qquad (5.39)$$

（4）动能积分 动能积分 $\int_A \left(\frac{U^2}{2g} \right) \rho g U \mathrm{d}A$ 与流速 U 的断面特性有关。设总流断面的平均流速大小为 V。通常，把 U^3 的不均匀系数 α，即

$$\alpha = \frac{1}{AV^3} \int_A U^3 \mathrm{d}A \qquad (5.40)$$

称为**动能修正系数**，它代表实际动能值与按 V 算得的动能值两者的比值。由此，动能积分可简洁地表示成

$$\int_A \frac{U^2}{2g} \rho g U \mathrm{d}A = \frac{\rho}{2} \int_A U^3 \mathrm{d}A = \frac{\rho}{2} \alpha V^3 A \qquad (5.41)$$

为了确定 α 值，设 $\Delta u = U - V$，且假定 $\Delta u / V < 1$ 是小量，则有

$$\alpha = \frac{1}{AV^3} \int_A (V + \Delta u)^3 \mathrm{d}A = \frac{1}{A} \left[\int_A \mathrm{d}A + 3 \int_A \frac{\Delta u}{V} \mathrm{d}A + 3 \int_A \left(\frac{\Delta u}{V} \right)^2 \mathrm{d}A + \int_A \left(\frac{\Delta u}{V} \right)^3 \mathrm{d}A \right]$$

其中，三阶小量的积分可忽略，按 V 的定义 Δu 的积分为零。故得到

$$\alpha \approx 1.0 + \frac{3}{A} \int_A \left(\frac{\Delta u}{V} \right)^2 \mathrm{d}A \geq 1.0$$

可见，α 值取决于流速剖面的均匀性，剖面越均匀，α 的值越接近 1.0；流速分布越不均匀，α 值越大。实际经验表明，对于一般的渐变流，$\alpha = 1.05 \sim 1.10 \approx 1$，但在圆管层流中 $\alpha = 2$。

（5）水头损失积分 积分 $\int_Q h'_w \rho g \mathrm{d}Q$ 代表单位时间内两断面之间总流段的总机械能损失，可以用单位重量流体在两断面间的平均机械能损失 h_w 来表示，即

$$\int_Q h'_w \rho g \mathrm{d}Q = h_w \rho g \mathrm{d}Q \qquad (5.42)$$

式中，h_w 为断面 1、2 之间总流的单位重量流体的平均机械能损失，称作总流的水头损失。工程流体的 h_w 实际变化规律很复杂，影响因素有：流体黏度、流速、流程长度、断面尺寸和形状、流道固壁周界的粗糙程度等。

（6）恒定总流的能量方程 将式（5.39）、式（5.41）代入式（5.37），得到

$$W = \left(z + \frac{p}{\rho g}\right)\rho g Q + \frac{\alpha V^2}{2g}\rho g Q \tag{5.43}$$

至此，已获得能量方程中各积分的表达式。将式（5.43）和式（5.42）代入式（5.38），得到实际流体恒定总流能量方程

$$z_1 + \frac{p_1}{\rho g} + \frac{\alpha_1 V_1^2}{2g} = z_2 + \frac{p_2}{\rho g} + \frac{\alpha_2 V_2^2}{2g} + h_w \tag{5.44}$$

称为总流伯努利方程。若定义总流的断面平均总能头

$$H_0 = z + \frac{p}{\rho g} + \frac{\alpha V^2}{2g} \tag{5.45}$$

将两断面的 H_0 值分别表示成 H_{01}、H_{02}，能量方程可简洁地写成

$$H_{01} = H_{02} + h_w \tag{5.46}$$

实际流体的总流能量方程（5.44）或方程（5.46），是工程设计中最常用的基本方程之一，应当熟练、确切地掌握其应用条件：

（1）常密度流体的恒定流动，质量力只含重力；

（2）两个过流断面符合均匀流或渐变流的条件（断面之间容许有急变流）；

（3）两断面间的总流段上除了水头损失外，无其他机械能的输入或输出；

（4）两断面间的总流段上没有质量的输入或输出，即总流的流量沿程不变。

解决实际问题时，条件（1）通常容易满足。选取总流断面时，满足条件（2）的前提下应该把断面取在已知参数较多的部位上，以简化计算。鉴于均匀流断面上 $H_p = z + p/(\rho g) =$ 常数，容许利用断面上的任一点来计算 H_p 值。例如，有压管流断面的中心、明渠流断面的液面。

依据能量方程（5.44），可以绘制总流的水头线图，它类似于元流的水头线图（见图 5.8），差别仅在于总流各水头都是断面均值。

3. 总流能量方程的应用举例

（1）皮托管 在管道里沿流线方向装设迎着流动方向开口（总压孔）的直角弯管（见图 5.10），可以用来测量管道中流体的总压（滞止压强），这种装置称为总压管。总压管与测压管（垂直于流动方向装设）连接，可以测量某点的速度。皮托管是总压管与测压管的组合，其测量原理为沿流线的伯努利方程。

因为迎着流体的皮托管端 A 点对流动的流体有滞止作用，此处流体的速度等于 0，管内流体是静止的。如果放入皮托管前 A 点的速度为 u，压力为 p。不计皮托管对该点流动的影响，设皮托管内头部的压力为 p_0，

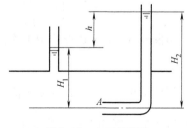

图 5.10   皮托管测速

$u=0$，则

$$z+\frac{p}{\gamma}+\frac{u^2}{2g}=z+\frac{p_0}{\gamma}+0$$

$$p_0=p+\frac{1}{2}\rho u^2$$

若已知总压 p_0 和静压 p，则该点的速度为

$$u=\sqrt{\frac{2}{\rho}(p_0-p)}=\sqrt{2gh} \qquad (5.47)$$

式中，h 为总压管和静压管的液柱高度差。

在实际应用中，将皮托管的内管（全压管）和外管（静压管）连接到同一个 U 形管上，如图 5.11 所示。1 为总测压孔，测得 $\frac{p}{\gamma}+\frac{u^2}{2g}$，2 为静压孔，测得 $\frac{p}{\gamma}$，通过 3、4 接点，接到同一个 U 形管上，就可以读出动压头 h（全压头与静压头之差），进而求得来流速度。

$$u=\sqrt{2gh\frac{\rho_g-\rho}{\rho}}=\sqrt{2gh\frac{\gamma_g-\gamma}{\gamma}} \qquad (5.48)$$

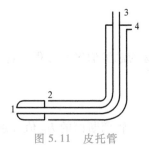

图 5.11　皮托管

式中，ρ、γ 分别为被测流体的密度和重度；ρ_g、γ_g 分别为 U 形管内工作液体的密度和重度；h 为 U 形管中两侧工作液体的液面高差。

注意：要准确测得静压头，对静压测孔的位置有一定的要求：由于管端和管周流体绕流出现的压强分布，只有在距离管端某一位置处，其压强才与该处管道的来流静压强相同，从而测得真实的静压头。

（2）文丘里流量计　文丘里流量计是装在管路中用来测量流量的常用仪器，由一段渐缩管、一段渐扩管以及它们之间的喉管组成，如图 5.12 所示。

1—1 为收缩前过流断面，2—2 为喉部断面，都为缓变流断面，两断面处分别开测压孔并与 U 形管连接。取 0—0 为基准面，暂忽略阻力损失，列断面 1—1 和断面 2—2 的伯努利方程

$$z_1+\frac{p_1}{\gamma}+\frac{v_1^2}{2g}=z_2+\frac{p_2}{\gamma}+\frac{v_2^2}{2g}$$

移项得

$$\left(z_1+\frac{p_1}{\gamma}\right)-\left(z_2+\frac{p_2}{\gamma}\right)=\frac{v_2^2}{2g}-\frac{v_1^2}{2g} \qquad (5.49)$$

图 5.12　文丘里流量计

由断面 3—3 为 U 形管中工作液体的等压面，可得

$$p_1+\gamma(z_1-h_1)=p_2+\gamma(z_2-h_1-h)+\gamma_g h \qquad (5.50)$$

因断面 1—1、2—2 为缓变流，所以 $\left(z_1+\frac{p_1}{\gamma}\right)$ 和 $\left(z_2+\frac{p_2}{\gamma}\right)$ 可分别取断面上任意一点的值，这是因为同一断面上各点的测压管水头相等。故可得

$$\left(z_1+\frac{p_1}{\gamma}\right)-\left(z_2+\frac{p_2}{\gamma}\right)=\frac{\gamma_g-\gamma}{\gamma}h \tag{5.51}$$

将式 (5.51) 代入式 (5.49) 中得

$$\frac{v_2^2}{2g}-\frac{v_1^2}{2g}=\frac{\gamma_g-\gamma}{\gamma}h \tag{5.52}$$

由连续性方程得

$$v_1A_1=v_2A_2\Rightarrow v_1=\frac{v_2A_2}{A_1} \tag{5.53}$$

将式 (5.53) 代入式 (5.52) 得

$$v_2=\frac{\sqrt{2g(\gamma_g-\gamma)h}}{\sqrt{\gamma\left[1-\left(\frac{A_2}{A_1}\right)^2\right]}} \tag{5.54}$$

流过管路的流量为

$$Q=v_2A_2=\frac{A_2}{\sqrt{1-\left(\frac{A_2}{A_1}\right)^2}}\sqrt{\frac{2g(\gamma_g-\gamma)h}{\gamma}} \tag{5.55}$$

考虑阻力损失等因素的影响，乘以流量系数 C 加以修正得

$$Q=\frac{CA_2}{\sqrt{1-\left(\frac{A_2}{A_1}\right)^2}}\sqrt{\frac{2g(\gamma_g-\gamma)h}{\gamma}} \tag{5.56}$$

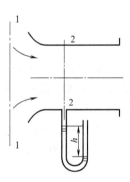

图 5.13　用集流器测流量

（3）集流器　集流器是风机试验中常用的测量流量的装置，如图 5.13 所示。该装置前面为一圆弧形或圆锥形入口，在集流器后的直管段上沿四周均匀安装四个静压孔，并把它们连到 U 形管压差计上，读出压差，即可计算流量。

例 5-1　已知集流器直径 $D=200\text{mm}$，$h=250\text{mm}$。设 U 形管中工作液体为水，密度 $\rho_g=1000\text{kg/m}^3$，空气的密度 $\rho=1.29\text{kg/m}^3$。试求吸风量。

【解】　以集流器轴线为基准，对断面 1—1 和 2—2 列伯努利方程，忽略损失 h_w。

$$\frac{p_a}{\rho g}+\frac{v_1^2}{2g}=\frac{p_2}{\rho g}+\frac{v_2^2}{2g}$$

因为 $A_1\rightarrow\infty$，所以 $v_1\rightarrow0$，又 $p_2=p_a-\rho_g gh$，忽略空气柱重力。代入上式得

$$v_2=\sqrt{\frac{2\rho_g gh}{\rho}}=\sqrt{\frac{2\times(1000-1.29)\times9.8\times0.25}{1.29}}\text{m/s}=61.6\text{m/s}$$

吸风量为

$$Q = v_2 \frac{\pi}{4} D^2 = 1.93 \mathrm{m}^3/\mathrm{s}$$

若考虑损失，按上式计算的速度应乘以一个集流器系数 $\varphi = 0.98 \sim 0.99$。

4. 有能量输入或输出的能量方程

当管道的两个断面之间安装有水轮机或水泵等流体机械时，断面之间存在机械能的输入或输出时，应当将总流能量方程修改成

$$\Delta H + H_{01} = H_{02} + h_w \qquad (5.57)$$

式中，H_{01} 和 H_{02} 仍然由式 (5.45) 定义；ΔH 称为输入水头，它表示流体机械输入给单位重量流体的机械能。输入机械能时 ΔH 取正值，输出机械能时 ΔH 取负值。在实际应用中，常常根据式 (5.57) 来确定水泵的扬程或风机的全压（即风机输送给单位体积气体的能量）。

水泵的主要性能参数包括：

流量 Q——体积流量；

扬程 H——单位重量水体通过水泵后获得的能量，单位为 m；

轴功率 P——单位时间内原动机传输给水泵的功率，单位为 kW；

效率 η——水泵的有效功率与轴功率的比值。

水泵的有效功率为流体单位时间内实际获得的能量 $\rho g Q H$。由于流体通过水泵时产生水头损失，而且水泵本身存在机械磨损，因此 $\eta < 1$。水泵轴功率

$$P = \frac{\rho g Q H}{\eta} \qquad (5.58)$$

在能量方程 (5.57) 中，输入水头 ΔH 就是水泵的扬程，即 $\Delta H = H$。按扬程的定义，H 代表水泵入流、出流两断面的压强水头差，故在 h_w 中不应计入水泵入流、出流两断面之间的能量损失。

对于风机，体积流量 Q 称为风量，单位体积流体通过风机后获得的能量称为全压，由 p_q 表示，单位为 Pa。风机的轴功率

$$P = \frac{Q p_q}{\eta} \qquad (5.59)$$

式中，η 为风机的效率。在能量方程 (5.57) 中可取 $\Delta H = p_q/(\rho g)$（其中 ρ 为空气密度），风机的能量损失不计入 h_w 中。

水轮机的轴功率 P 称为水轮机出力。设 H 表示单位重量水体给予水轮机的能量，η 表示水轮机的效率。轴功率的计算公式为

$$P = \eta \rho g Q H \qquad (5.60)$$

因为水流输出机械能，在方程 (5.57) 中取 $\Delta H = -H$，在 h_w 中不计入水轮机的损失。

例 5-2　如图 5.14 所示，设水泵的流量为 Q，把水自断面 1—1 处输送至断面 2—2 处。在断面 1—1 与 2—2 处均为大气压 p_a，吸水高度为 H_s，排水高度为 H_d，吸、排水管的总阻力损失为 h_w，吸、排水管内径分别为 d_1、d_2，试求水泵的扬程 H。

【解】　因断面 1—1 与断面 2—2 间有能量输入，取断面 1—1 为基准，由方程（5.45）和方程（5.57）可得

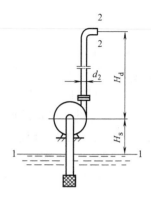

$$0 + \frac{p_a}{\gamma} + \frac{v_1^2}{2g} + H = (H_s + H_d) + \frac{p_a}{\gamma} + \frac{v_2^2}{2g} + h_w$$

由于 $v_1 \approx 0$，故由上式可以求得水泵的扬程

$$H = (H_s + H_d) + \frac{v_2^2}{2g} + h_w \qquad (5.61)$$

可见，水泵提供给水的扬程包括：输水高度 $(H_s + H_d)$、出口速度 $\frac{v_2^2}{2g}$ 和总水头损失 h_w。

图 5.14　水泵排水

例 5-3　某矿井水泵的输水高度 $H_s + H_d = 300\text{m}$，排水管直径 $d_2 = 200\text{mm}$，流量 $Q = 200\text{m}^3/\text{h}$，总水头损失 $h_w = 0.1H$，试求水泵扬程 H。

【解】　排水管的速度为 $\quad v_2 = \frac{4Q}{\pi d_2^2} = \frac{4 \times 200}{3.14 \times (0.2)^2 \times 3600}\text{m/s} = 1.77\text{m/s}$

根据式（5.61），得水泵的扬程

$$H = (H_s + H_d) + \frac{1}{2g}\left(\frac{4Q}{\pi}\right)^2 \frac{1}{d_2^4} + h_w = \left(300 + \frac{1.77 \times 1.77}{2 \times 9.8}\right)\text{m} + 0.1H$$

$$H = \left[\left(300 + \frac{1.77 \times 1.77}{2 \times 9.8}\right) / 0.9\right]\text{m} = 334\text{m}$$

例 5-4　图 5.15 所示为一轴流风机。已测得进口相对压强 $p_1 = -10^3\text{N/m}^2$，出口相对压强 $p_2 = 150\text{N/m}^2$。设断面 1—1 与断面 2—2 间压强损失 $\rho g h_w = 100\text{N/m}^2$，求风机的全压 p（为风机输送给单位体积气体的能量）。

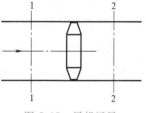

【解】　断面 1—1 与断面 2—2 间有能量输入，由方程（5.45）和方程（5.57）可得

图 5.15　风机通风

$$z_1 + \frac{p_1}{\gamma} + \frac{v_1^2}{2g} + H = z_2 + \frac{p_2}{\gamma} + \frac{v_2^2}{2g} + h_w$$

因为 $z_1 = z_2$，$d_1 = d_2$，由连续性方程知 $v_1 = v_2$，代入上式，并在方程中同乘 γ 得风机全压（出口全压−入口全压+入口至出口之间的损失）为

$$p = \gamma H = (p_2 - p_1) + \gamma h_w = 1250\text{N/m}^2$$

5. 有质量输入或输出的能量方程

当两个过流断面之间的总流段存在质量的输入或输出时，可采用流道分割法转化成简单流道。例如，图 5.16a 所示分叉管道，以流面 abS 为界面，可分成上、下两个分流道（Ⅰ）和（Ⅱ）。分流道各自满足总流的流量沿程不变的条件，故方程（5.44）可以直接应用于分流道。设 H_{01}、H_{02} 和 H_{03} 分别表示相应断面的 H_0 值，h_{w1-2} 表示断面 1—1 与 2—2 之间分流道（Ⅰ）的水头损失，h_{w1-3} 表示断面 1—1 与 3—3 之间分流道（Ⅱ）的水头损失。总流能量方程应写成

$$H_{01} = H_{02} + h_{w1-2} \tag{5.62a}$$
$$H_{01} = H_{03} + h_{w1-3} \tag{5.62b}$$

将它们与连续性方程 $Q_1 = Q_2 + Q_3$ 一起联立，方程组有确定的解。应当注意：①将分流道（Ⅰ）和（Ⅱ）作为相互独立的两个流道来看待，两个分流道通过界面 abS 的相互作用有影响，但该影响一般在 h_{w1-2} 和 h_{w1-3} 中计入。②一般有 $h_{w1-2} \neq h_{w1-3}$。③两个分流道在断面 1—1 上共享平均总能头 H_{01}，这要求断面 1—1 的流速水头上、下较均匀。④流道分割法要求分叉处的局部流场具有稳定、明确的分界面，否则 h_{w1-2} 和 h_{w1-3} 缺少规律性。

对于图 5.16b 所示汇流叉管，设 h_{w1-2} 和 h_{w1-3} 分别表示断面 1—1 至断面 3—3 间分流道（Ⅰ）和断面 2—3 间分流道（Ⅱ）的水头损失。连续性方程和总流能量方程应写成

$$Q_1 + Q_2 = Q_3, \quad H_{01} = H_{03} + h_{w1-3}, \quad H_{02} = H_{03} + h_{w2-3} \tag{5.63}$$

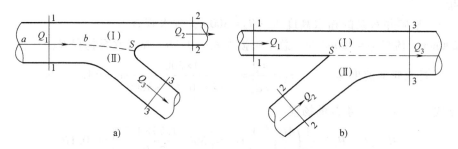

图 5.16 分流叉管和汇流叉管

6. 大气浮力对气流的作用的能量方程

气体的密度较小，必须考虑流道进、出口大气压强的差别。设 z 为海拔高程，p_{a0} 为 $z = 0$ 处的大气压强，$p_a(z)$ 为高程 z 处的大气压强。假定大气密度 ρ_a 不随高程而变化，依据静压分布规律，有 $p_a(z) = p_{a0} - g\rho_a z$。因为大气压强随 z 线性减小，能量方程（5.44）改写成绝对压强 p_{abS} 表示更为方便，即

$$z_1 + \frac{p_{abS1}}{\rho g} + \frac{\alpha_1 V_1^2}{2g} = z_2 + \frac{p_{abS2}}{\rho g} + \frac{\alpha_2 V_2^2}{2g} + \frac{p_w}{\rho g} \tag{5.64}$$

式中，p_w 称为压强损失，表示单位体积流体的能量损耗。依据相对压强的定义，有

$$p = p_{abS} - p_a(z), \quad p_{abS} = p + p_{a0} - g\rho_a z \tag{5.65}$$

将式（5.65）代入式（5.64），整理后得到

$$p_1 + \frac{1}{2}\alpha_1\rho V_1^2 = p_2 + \frac{1}{2}\alpha_2\rho V_2^2 + p_w + g(\rho - \rho_a)(z_2 - z_1) \tag{5.66}$$

式中，p 为静压；$\alpha\rho V^2/2$ 为动压；$p + \alpha\rho V^2/2$ 为全压。式（5.66）末项代表单位体积流体的位置由 z_1 移动到 z_2 时大气浮力所做的功，故称位压。

地球表面的大气层有对流层和同温层。其中，同温层（11km < z < 25km）的温度 $T = -56.5$℃。对流层（z < 11km）的温度 $T(z) = T_0 - \beta z$，随 z 线性降低。按照国际标准化组织（ISO）的标准，取纬度 45°处的海平面温度 $T_0 = 15$℃，由此可算出系数 $\beta = 0.0065$K/m，即高程每上升 1km 时温度仅降低 6.5℃。当计算地面建筑物时可假定 ρ_a 不随 z 而变化，但经常要计入 $p_a(z)$ 随 z 线性减小的影响。例如，高度为 20m 的锅炉烟囱，当空气密度为

$1.2 kg/m^3$、烟气密度为 $0.8 kg/m^3$、流速为 $10 m/s$ 时，动压约为 $40Pa$，位压值为 $80Pa$，是动压的两倍。可见，大气浮力作用于进、出口高差产生的位压作用不可忽略。

7. 虹吸管

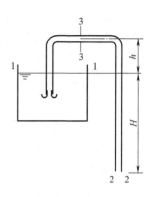

图 5.17　虹吸管

如图 5.17 所示，液体由管道从较高液位的一端经过高出液面的管段自动流向较低液位的另一端，这种作用称为**虹吸作用**，这样的管道称为**虹吸管**。

充满液体的虹吸管之所以能够引液自流，是由于断面 2—2 至断面 3—3 管段中的液体借重力往下流动时，会在断面 3—3 处形成一定的真空度，从而把低处的液体吸上来。断面 3—3 处的真空度越高，吸液能力越强。但当断面 3—3 的压强低于这种液体在当时温度下的饱和蒸汽压时，液体就会汽化，破坏真空，也就破坏了虹吸作用。

下面用伯努利方程分析虹吸管中的流速、流量和断面 3—3 的真空度。

（1）以断面 2—2 为基准面，对断面 1—1 和断面 2—2 列伯努利方程（吸水池液面下降速度 $v_1 \approx 0$）

$$H + \frac{p_a}{\gamma} = \frac{p_a}{\gamma} + \frac{v_2^2}{2g} + h_{w_{1-2}}$$

则流速为

$$v_2 = \sqrt{2g(H - h_{w_{1-2}})} \tag{5.67}$$

流量为

$$Q = v_2 A_2 = A_2\sqrt{2g(H - h_{w_{1-2}})} \tag{5.68}$$

（2）以断面 1—1 为基准面，对断面 1—1 和断面 3—3 列伯努利方程（吸水池液面下降速度 $v_1 \approx 0$）

$$\frac{p_a}{\gamma} = h + \frac{p_3}{\gamma} + \frac{v_3^2}{2g} + h_{w_{1-3}} \tag{5.69}$$

或

$$\frac{p_3}{\gamma} - \frac{p_a}{\gamma} = -\left(h + \frac{v_3^2}{2g} + h_{w_{1-3}}\right) < 0 \tag{5.70}$$

可见，$p_3 < p_a$，即断面 3—3 产生的真空度为 $p_v = p_a - p_3$。当虹吸管为等直径管时，$v_3 = v_2$，则真空度为

$$p_v = p_a - p_3 = \gamma(h + H - h_{w_{1-2}} + h_{w_{1-3}}) = \gamma(h + H - h_{w_{3-2}}) \tag{5.71}$$

例 5-5　图 5.18 所示为虹吸管从水池引水至 B 点，基准面过虹吸管进口断面的中心 A 点。C 点为虹吸管最高点所在位置，$z_C = 9.5m$。B 点为虹吸管出口断面的中心，$z_B = 6m$。若不计水头损失，试求 C 点的压能和动能。

【解】　取 0—0 为基准面，根据式（5.44），不计水头损失时总流段 1—2 的能量方程为

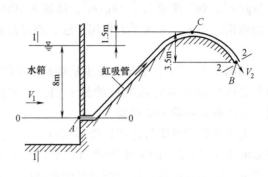

$$z_1+\frac{p_1}{\rho g}+\frac{\alpha_1 V_1^2}{2g}=z_2+\frac{p_2}{\rho g}+\frac{\alpha_2 V_2^2}{2g}$$

对于断面 1—1，由于水池中流速比管道中流速小得多，容许忽略流速水头，取 $V_1=0$，水头 $z_1=8\mathrm{m}$。将 $z_2=z_B=6\mathrm{m}$ 和 $p_1=0$，$p_2=0$ 代入上式，取 $\alpha_2=1.0$，有

$$\frac{V_2^2}{2g}=z_1-z_2$$

C 断面的平均流速等于断面 2—2 的平均流速，因此 C 点的动能

图 5.18　虹吸管

$$\frac{V_C^2}{2g}=\frac{V_2^2}{2g}=z_1-z_2=(8-6)\mathrm{m}=2\mathrm{m}$$

由断面 1—1 与 C 断面之间的能量方程

$$z_1=z_C+\frac{p_C}{\rho g}+\frac{\alpha_C V_C^2}{2g}$$

取 $\alpha_C=1.0$，可解出 C 点的压能

$$\frac{p_C}{\rho g}=z_1-z_C-\frac{\alpha_C V_C^2}{2g}=(8-9.5-2)\mathrm{m}=-3.5\mathrm{m}$$

负值表示真空状态。

任务 5　恒定流的动量方程

利用连续性方程、N-S 方程和伯努利方程可以计算流场中的压强、速度以及由此导出的其他流动参数。而工程实际中，往往需要计算运动流体与固体边界之间的相互作用力，这时应用上述方程求解比较困难，而应用动量方程较为方便，只需要把流场中的局部压强和速度表达为力和动量变化之间的关系，不拘泥于系统内部流场的具体分布。

在动力学方面，流体流动遵循的基本规律是牛顿第二运动定律，即动量守恒定律。该定律阐明了流体运动速度（动量）的变化与所受外力之间的关系。下面利用系统和控制体的概念推导固定控制体的动量积分方程，系统和控制体如图 5.19 所示。

在 t 时刻，在流场中取出一个流体系统，把此系统的边界选作控制面，即 t 时刻，系统和控制体重合。因此，系统内流体的动量 $\boldsymbol{p}_t$ 就等于控制体内流体的动量 $\boldsymbol{p}_t'$，即 $\boldsymbol{p}_t=\boldsymbol{p}_t'$。

在 $t+\Delta t$ 时刻，该系统流体将占有新的空间位置，此时系统中的一部分

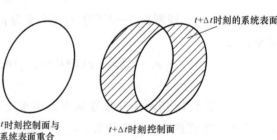

t 时刻控制面与系统表面重合

$t+\Delta t$ 时刻控制面

图 5.19　系统和控制体

流体流出了控制体，而系统外的另一部分流体则流入控制体以取代系统从控制体内流出的流体。系统的动量将等于 $t+\Delta t$ 时刻控制体内流出的动量 $\boldsymbol{p}'_{t+\Delta t}$ 加上在 Δt 时间内流出控制体的流体的动量 $\Delta \boldsymbol{p}_0$ 减去在 Δt 时间内流入控制体的流体动量 $\Delta \boldsymbol{p}_i$，即

$$\boldsymbol{p}_{t+\Delta t} = \boldsymbol{p}'_{t+\Delta t} + \Delta \boldsymbol{p}_0 - \Delta \boldsymbol{p}_i$$

系统内经 Δt 时间，动量的改变量为

$$\Delta \boldsymbol{p} = \boldsymbol{p}_{t+\Delta t} - \boldsymbol{p}_t = (\boldsymbol{p}'_{t+\Delta t} + \Delta \boldsymbol{p}_0 - \Delta \boldsymbol{p}_i) - \boldsymbol{p}'_i = (\boldsymbol{p}'_{t+\Delta t} - \boldsymbol{p}'_i) + (\Delta \boldsymbol{p}_0 - \Delta \boldsymbol{p}_i)$$

而系统内在 Δt 时间内动量的变化率为

$$\frac{\Delta \boldsymbol{p}}{\Delta t} = \frac{\boldsymbol{p}'_{t+\Delta t} - \boldsymbol{p}'_i}{\Delta t} + \frac{\Delta \boldsymbol{p}_0 - \Delta \boldsymbol{p}_i}{\Delta t} \tag{5.72}$$

当 $\Delta t \to 0$ 时，式（5.72）右侧第一项是控制体内流体动量对时间的变化率，若在控制体内任取一微元体 $\mathrm{d}V$，则其质量为 $\rho \mathrm{d}V$，设微元体的速度为 $\boldsymbol{u}$，则控制体内的总动量为 $\int \rho \boldsymbol{u} \mathrm{d}V$，其变化率为

$$\lim_{\Delta t \to 0} \frac{\boldsymbol{p}'_{t+\Delta t} - \boldsymbol{p}'_t}{\Delta t} = \frac{\partial}{\partial t} \int_V \rho \boldsymbol{u} \mathrm{d}V \tag{5.73}$$

式（5.72）右侧第二项表示单位时间内净流出控制面的动量，若取微元面积 $\mathrm{d}A$，其外法向为 $\boldsymbol{n}$，流体速度为 $\boldsymbol{u}$，则单位时间内流出的流体质量为 $(\rho \boldsymbol{u} \cdot \boldsymbol{n}) \mathrm{d}A$，动量为 $\boldsymbol{u}(\rho \boldsymbol{u} \cdot \boldsymbol{n} \mathrm{d}A)$。若对整个控制面进行积分，就得单位时间内净流出控制面的动量，因此有

$$\lim_{\Delta t \to 0} \frac{\Delta \boldsymbol{p}_0 - \Delta \boldsymbol{p}_i}{\Delta t} = \int_A \boldsymbol{u}(\rho \boldsymbol{u} \cdot \boldsymbol{n} \mathrm{d}A) = \int_Q \boldsymbol{u} \rho \mathrm{d}Q \tag{5.74}$$

此处 $\mathrm{d}Q$ 以流出控制面的流量为正，流进控制面的流量为负。

把式（5.73）、式（5.74）代入式（5.72）得

$$\lim_{\Delta t \to 0} \frac{\Delta \boldsymbol{p}}{\Delta t} = \frac{\partial}{\partial t} \int_V \rho \boldsymbol{u} \mathrm{d}V + \int_A \boldsymbol{u} \rho \boldsymbol{u}_\mathrm{n} \mathrm{d}A$$

由质点系动量定理知，系统内流体动量对时间的变化率等于作用在系统上的所有外力。由于 t 时刻控制体表面与系统表面重合，因此作用在系统上的力也就等于作用在控制面所包围的控制体内流体上的合外力，即

$$\sum \boldsymbol{F} = \frac{\partial}{\partial t} \int_\mathrm{CV} \boldsymbol{u} \rho \mathrm{d}V + \int_\mathrm{CS} \boldsymbol{u} \rho (\boldsymbol{u} \cdot \boldsymbol{n}) \mathrm{d}A \tag{5.75}$$

该式即为固定控制体的动量方程，$\sum \boldsymbol{F}$ 是作用于控制体上的合外力，包括诸质量力和表面力。该合外力引起控制体内动量的两种变化：一是控制体内流体的动量随时间的变化率（动量的当地变化率），二是流体的动量流入、流出控制面的变化率（动量的迁移变化率）。

在定常流动条件下，$\dfrac{\partial}{\partial t} \int_\mathrm{CV} \boldsymbol{u} \rho \mathrm{d}V = \boldsymbol{0}$，则式（5.75）简化为

$$\sum \boldsymbol{F} = \int_\mathrm{CS} \boldsymbol{u} \rho (\boldsymbol{u} \cdot \boldsymbol{n}) \mathrm{d}A = \int_Q \boldsymbol{u} \rho \mathrm{d}Q \tag{5.76}$$

在工程应用中选取恰当的控制体可使解题简化，通常取流管的表面和过流断面为控制面，如图 5.20 所示，这样流体流进或流出控制体均只通过过流断面。

在定常流动时式（5.76）便可写成

$$\sum \boldsymbol{F} = \int_{A_2} \boldsymbol{u}_2 \rho u_2 \mathrm{d}A - \int_{A_1} \boldsymbol{u}_1 \rho u_1 \mathrm{d}A = \int_{A_2} \boldsymbol{u}_2 \rho \mathrm{d}Q_2 - \int_{A_1} \boldsymbol{u}_1 \rho \mathrm{d}Q_1$$

$$(5.77)$$

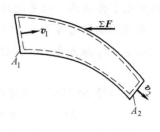

用断面平均流速 $\boldsymbol{v}$ 代替实际流速 $\boldsymbol{u}$ 来表示动量，考虑到流速分布不均匀的影响，应乘以动量修正系数 α_0。于是式（5.77）可写成

$$\sum \boldsymbol{F} = \rho Q_2 \alpha_{02} \boldsymbol{v}_2 - \rho Q_1 \alpha_{01} \boldsymbol{v}_1 \qquad (5.78)$$

图 5.20　控制体

这就是恒定总流的动量方程。它表明，两控制断面之间的恒定总流在单位时间内的流出动量与流入动量之差，等于该段总流所受质量力与所有表面力的合力。式（5.78）是矢量形式的动量守恒积分形式。实际使用时，常采用动量定理的分量式

$$\left.\begin{array}{l} \sum F_x = \rho Q(\alpha_{02} v_{2x} - \alpha_{01} v_{1x}) \\ \sum F_y = \rho Q(\alpha_{02} v_{2y} - \alpha_{01} v_{1y}) \\ \sum F_z = \rho Q(\alpha_{02} v_{2z} - \alpha_{01} v_{1z}) \end{array}\right\} \qquad (5.79)$$

流管中为层流时，α_0 可达到 4/3；为湍流时，α_0 约为 1.03~1.05，实际应用时常取 $\alpha_0 = 1$。又由连续性方程有 $\rho_2 Q_2 = \rho_1 Q_1 = \rho Q$，并取 $\alpha_{01} = \alpha_{02} = 1$，则式（5.78）可写成

$$\sum \boldsymbol{F} = \rho Q(\boldsymbol{v}_2 - \boldsymbol{v}_1) \qquad (5.80)$$

关于动量方程的几点说明：

1) 动量方程描述的是流体的动量变化和导致这种变化的作用力之间的关系，因而对分析流体机械和管道受力十分有用。

2) 控制体的选取可以包括管道，也可不包括管道，而只限于内部的流体，区别在于计算侧面的表面力时不同。当不包括管道时，控制体侧面的表面力就是管道内壁对流体作用的总力。因任何物体均受大气压的作用，且大气压的作用自动平衡（相互抵消），所以计算这类问题时，流体的压强只需用相对压强即可。

3) 动量方程中的 $\sum F$ 表示所选定的控制体所受的合外力，即诸质量力和表面力的合力。应用动量方程时，尤其要注意方程中的力指的是作用于流体上的力（外力），而流体作用于管道设备上的力则是其反力。

4) 在应用动量方程分析实际问题时，通常都采用其分量形式，因而首先要建立合适的坐标系，然后按方向逐一列出动量方程，当未知量较多时，通常要联合应用连续性方程。

例 5-6　如图 5.21 所示，连续管系中的 90°渐缩弯管放在水平面上，管径 $d_1 = 15\text{cm}$，$d_2 = 7.5\text{cm}$，入口处水的平均流速 $u_1 = 2.5\text{m/s}$，静压 $p_1 = 6.86 \times 10^4 \text{Pa}$（计示压强）。如不计能量损失，试求支撑弯管在其位置所需的水平力。

【解】　由连续性方程 $u_1 A_1 = u_2 A_2$ 可得

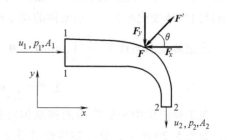

图 5.21　支撑弯管

$$u_2 = u_1 \frac{A_1}{A_2} = \left(\frac{d_1}{d_2}\right)^2 u_1 = 4u_1 = 10\text{m/s}$$

对 1—1 和 2—2 两个过流断面列伯努利方程 $\frac{p_1}{\rho g} + \frac{u_1^2}{2g} = \frac{p_2}{\rho g} + \frac{u_2^2}{2g}$，可得

$$p_2 = p_1 + \frac{\rho}{2}(u_1^2 - u_2^2) = 6.86 \times 10^4 \text{Pa} + \left[\frac{1000}{2} \times (2.5^2 - 10^2)\right]\text{Pa} = 21725\text{Pa}$$

建立图 5.21 所示的坐标系，x 坐标轴向右为正，y 坐标轴向上为正。取断面 1—1、断面 2—2 和弯管内壁所包围的体积为控制体，假设弯管对控制体内水流的作用力为 F，它沿 x、y 方向的分量分别为 F_x、F_y，方向如图 5.21 所示，则可分别列出 x、y 方向的动量方程

$$\left.\begin{array}{l}p_1 A_1 - F_x = \rho Q_1(0 - u_1) \\ p_2 A_2 - F_y = \rho Q_2(-u_2 - 0)\end{array}\right\}$$

再利用连续性方程 $Q_1 = u_1 A_1 = Q_2 = u_2 A_2$，则有

$$F_x = A_1(p_1 + \rho u_1^2) = \left[\frac{\pi}{4} \times (0.15)^2 \times (6.86 \times 10^4 + 10^3 \times 2.5^2)\right]\text{N} \approx 1322.71\text{N}$$

$$F_y = A_2(p_2 + \rho u_2^2) = \left[\frac{\pi}{4} \times (0.075)^2 \times (21725 + 10^3 \times 10^2)\right]\text{N} \approx 537.76\text{N}$$

F_x、F_y 均为正值，说明其实际方向与假设的方向相同，即分别沿 x、y 坐标轴的负方向。

弯管对控制体内水流作用力的合力 F 大小为

$$F = \sqrt{F_x^2 + F_y^2} = \sqrt{1322.71^2 + 537.76^2}\text{N} \approx 1427.85\text{N}$$

合力 F 的方向角（见图 5.21）为

$$\theta = \arctan\frac{F_y}{F} = \arctan\frac{537.76}{1427.85} \approx 20.8°$$

弯管受到水流的作用力是 $\boldsymbol{F}$ 的反作用力，二者大小相等，方向相反，即 $\boldsymbol{F'} = -\boldsymbol{F}$。

就本题而言，只需用 x 方向的动量方程求出 F_x，即可知道弯管受到水流沿水平方向的作用力 $\boldsymbol{F'_x}$，$\boldsymbol{F'_x}$ 与 F_x 大小相等、方向相反。

例 5-7　图 5.22 所示为用水枪落煤时的情形，其中 $d_1 = 50\text{mm}$，$d_2 = 20\text{mm}$，$d = 100\text{mm}$，断面 3—3 处射流的厚度为 $\delta = 4\text{mm}$，$\alpha = 45°$，流量 $Q = 25\text{m}^3/\text{h}$。试求：

（1）喷嘴与水管接头处所受拉力；

（2）若水流冲入煤壁后，沿已开切口均匀向四周分开，则水流沿轴线方向对煤壁的冲击力为多少？不计阻力损失。

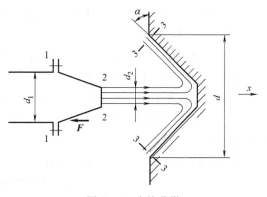

图 5.22　水枪落煤

【解】（1）由于喷嘴置于大气压中，水管接头处所受的拉力即为接头处维持喷嘴平衡的净力，因此取喷嘴内壁面和 1—1、2—2 两断面包围的流场空间为控制体，控制体内的流体为研究对象。设在接头处（即断面 1—1）喷嘴对控制体内流体的作用力为 $\boldsymbol{F}$（方向向右），由于重力与 x 轴垂直，对于 x 方向，由式

（5.79）得

$$F = \rho Q (v_{2x} - v_{1x}) - p_1 A_1 + p_2 A_2 \qquad (5.81)$$

由连续性方程可得

$$v_1 = \frac{4Q}{\pi d_1^2} = 3.54 \text{m/s}, \quad v_2 = \frac{4Q}{\pi d_2^2} = 22.1 \text{m/s}$$

以轴心线为基准，对断面1—1、断面2—2列伯努利方程，得

$$0 + \frac{p_1}{\rho g} + \frac{v_1^2}{2g} = 0 + \frac{p_2}{\rho g} + \frac{v_2^2}{2g}$$

由于 $p_2 = 0$（相对压强），所以

$$p_1 = \frac{\rho}{2}(v_2^2 - v_1^2) = 2.38 \times 10^5 \text{Pa}$$

将上述结果代入式（5.81），并注意到 $p_2 = 0$，则

$$F = \rho Q (v_{2x} - v_{1x}) - p_1 A_1 + p_2 A_2 = \rho Q (v_2 - v_1) - p_1 A_1 = -338 \text{N}$$

上式中的负号说明喷嘴对控制体内流体的作用力方向与原假设方向（x 轴正方向）相反，而是沿 x 轴负方向，即图中所标的方向。

（2）取断面2—2、断面3—3间射流所占据的空间表面为控制面，射流沿轴线方向对煤壁的冲击力，其实质就是改变射流动量所需的力，设煤壁对射流在 x 方向的作用力为 F_R，由于重力在轴线方向的投影为零，由动量方程得

$$F_R = \rho Q (v_{3x} - v_{2x}) = \rho Q \left(\frac{-Q \cos \alpha}{\pi d \delta} - v_2 \right) = -180 \text{N}$$

式中负号表示 F_R 的作用方向与 x 方向相反，射流沿轴线方向的冲击力与 F_R 大小相等、方向相反。即射流沿 x 方向对煤壁的冲击力为180N。

例5-8　如图5.23所示，将一平板放在自由水射流中，并垂直于射流的轴线，该平板截去射流的一部分流量 Q_1，并引起射流其余部分偏转角度 θ。已知 $u_1 = u_2 = u = 24 \text{m/s}$，$Q = 42 \text{L/s}$，$Q_1 = 16 \text{L/s}$。求射流对平板的作用力 F 及射流的偏转角 θ（不计摩擦力及水的重量的影响，取水的密度 $\rho = 1000 \text{kg/m}^3$）。

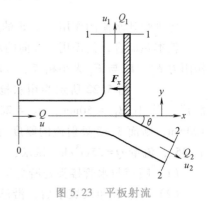

图5.23　平板射流

【解】　建立坐标系，如图5.23所示。选取控制体，确定控制面。分析受力（假定力的方向）：由于不计摩擦力的影响，平板对射流只有沿垂直于平板方向的法向作用力 F_x（假设其方向向左），而沿平行于平板方向的切向摩擦力 $F_y = 0$。

于是可列出 x 和 y 方向的动量方程

$$\rho(Q_2 u_2 \cos \theta - Qu) = -F_x$$
$$\rho(Q_1 u_1 - Q_2 u_2 \sin \theta) = 0$$

根据已知条件和连续性方程

$$Q_2 = Q - Q_1 = 2.6 \times 10^{-2} \text{m}^3/\text{s}$$

将其他已知条件代入，可以求得

$$\theta = \arcsin\left(\frac{16}{26}\right) = 37.98°, \ F_x = 516.15\text{N}$$

射流对平板的作用力 $F = -F_x = -516.15\text{N}$，方向向右。

任务 6　恒定流的动量矩方程

动量方程适用于运动的流体与固体壁面间的相互作用力，而在实际应用中还会遇到需要计算运动的流体与固体壁面间的相互作用力矩，这时应用动量矩定理更加方便。将流体系统的动量和作用力对转轴取矩可得到关于系统的动量矩方程，再用输运公式将其转化为关于控制体的形式。控制体形式的动量矩方程是求解流体旋转机械如风扇、离心泵、涡轮机、压缩机等流动问题的基本公式，控制体可以是固定的（惯性参考系），也可以是与转轴一起旋转的（非惯性参考系）。

1. 恒定流的动量矩方程

设流体动量矩的空间分布量，即单位体积流体元对坐标原点的动量矩为 $\rho(\boldsymbol{r} \times \boldsymbol{u})$，$\boldsymbol{r}$ 为流体元的位置矢径，$\boldsymbol{u}$ 是流体元的速度，则流体系统的动量矩为

$$L_{\text{sys}} = \int_{\text{sys}} \rho(\boldsymbol{r} \times \boldsymbol{u})\,\mathrm{d}V$$

根据质点系动量矩定理，流体系统的动量矩方程为

$$\frac{\mathrm{d}L_{\text{sys}}}{\mathrm{d}t} = \frac{\mathrm{d}}{\mathrm{d}t}\int_{\text{sys}} \rho(\boldsymbol{r} \times \boldsymbol{u})\,\mathrm{d}V = \sum \boldsymbol{M} \tag{5.82}$$

式中，$\sum \boldsymbol{M}$ 为作用在流体系统上的合力矩。

设在某瞬时，流体系统与固定不变形的控制体 CV 重合，如图 5.19 所示，按照推导动量守恒方程（5.75）完全相同的步骤，得到关于控制体的动量矩守恒方程为

$$\frac{\mathrm{d}L_{\text{sys}}}{\mathrm{d}t} = \frac{\mathrm{D}}{\mathrm{D}t}\int_{\text{sys}} \rho(\boldsymbol{r} \times \boldsymbol{u})\,\mathrm{d}V = \frac{\partial}{\partial t}\int_{\text{CV}} \rho(\boldsymbol{r} \times \boldsymbol{u})\,\mathrm{d}V + \int_{\text{CS}} \rho(\boldsymbol{r} \times \boldsymbol{u})(\boldsymbol{u} \cdot \boldsymbol{n})\,\mathrm{d}A \tag{5.83}$$

设此时刻作用在系统上的合外力矩与作用在控制体上的合外力矩也重合，由式（5.82）和式（5.83）可得

$$\frac{\partial}{\partial t}\int_{\text{CV}} \rho(\boldsymbol{r} \times \boldsymbol{u})\,\mathrm{d}V + \int_{\text{CS}} \rho(\boldsymbol{r} \times \boldsymbol{u})(\boldsymbol{u} \cdot \boldsymbol{n})\,\mathrm{d}A = \sum \boldsymbol{M} \tag{5.84}$$

式（5.84）为对固定不变形的控制体的流体动量矩方程。式中所有速度矢量均取绝对速度，合外力矩 $\sum \boldsymbol{M}$ 包括重力和表面力对坐标原点的力矩 $\sum(\boldsymbol{r} \times \boldsymbol{F})$。

方程（5.84）中各项的意义：

$\sum \boldsymbol{M}$——作用于控制体系统上的外力对取定的任一点的力矩的矢量和；

$\dfrac{\partial}{\partial t}\displaystyle\int_{\text{CV}} (\boldsymbol{r} \times \boldsymbol{u})\rho\,\mathrm{d}V$ ——控制体内流体的动量矩对时间的变化率；

$\displaystyle\int_{\text{CS}} \rho(\boldsymbol{r} \times \boldsymbol{u})(\boldsymbol{u} \cdot \boldsymbol{n})\,\mathrm{d}A$ ——单位时间流出与流入控制面的动量矩之差。

若用 M_x、M_y、M_z 和 $(\boldsymbol{r} \times \boldsymbol{u})_x$、$(\boldsymbol{r} \times \boldsymbol{u})_y$、$(\boldsymbol{r} \times \boldsymbol{u})_z$ 分别表示力矩矢量 $\sum \boldsymbol{M}$ 和速度矩矢量 $(\boldsymbol{r} \times \boldsymbol{u})$ 在 x、y、z 方向的分量，则动量矩方程在 x、y、z 方向的分量式分别为

$$\sum M_x = \frac{\partial}{\partial t}\int_{CV}(\boldsymbol{r}\times\boldsymbol{u})_x\rho dV + \int_{CS}(\boldsymbol{r}\times\boldsymbol{u})_x\rho(\boldsymbol{u}\cdot\boldsymbol{n})dA$$

$$\sum M_y = \frac{\partial}{\partial t}\int_{CV}(\boldsymbol{r}\times\boldsymbol{u})_y\rho dV + \int_{CS}(\boldsymbol{r}\times\boldsymbol{u})_y\rho(\boldsymbol{u}\cdot\boldsymbol{n})dA \qquad (5.85)$$

$$\sum M_z = \frac{\partial}{\partial t}\int_{CV}(\boldsymbol{r}\times\boldsymbol{u})_z\rho dV + \int_{CS}(\boldsymbol{r}\times\boldsymbol{u})_z\rho(\boldsymbol{u}\cdot\boldsymbol{n})dA$$

（1）定常流动动量矩方程　对于定常流动，动量矩随体导数中的当地项为零，只有迁移项。动量矩方程为

$$\int_{CS}\rho(\boldsymbol{r}\times\boldsymbol{u})(\boldsymbol{u}\cdot\boldsymbol{n})dA = \sum\boldsymbol{M} \qquad (5.86)$$

（2）定轴旋转流场的动量矩方程　当流体绕一固定轴旋转时常将由转轴产生的力矩 $\boldsymbol{M}_s$ 单独列出，称为轴矩，即

$$\sum(\boldsymbol{r}\times\boldsymbol{F})+\boldsymbol{M}_s = \sum\boldsymbol{M}$$

将动量矩方程（5.84）应用于定轴旋转的流体机械时，在一般情况下，流体的重力和表面力对转轴的力矩与轴矩相比可以忽略不计，而且在正常运行时流动可视为定常的，因此式（5.84）可简化为

$$\int_{CS}\rho r_n u'\boldsymbol{u}\cdot\boldsymbol{n}dA = \sum M_s \qquad (5.87)$$

式中，u' 为控制面上流体的绝对速度在旋转平面上的投影；r_n 为转轴到速度 $\boldsymbol{u}$ 的垂直距离。

式（5.87）称为定轴匀速旋转流场的动量矩方程，常用于涡轮机械。

2. 欧拉涡轮机方程

下面应用动量矩方程导出叶轮机械（如离心式水泵和风机）的基本方程。图 5.24 所示为涡轮机转子。转子绕 z 轴以角速度 ω 旋转。转子的内半径为 R_1，牵连速度为 $u_1 = R_1\omega$，流体以均匀分布的绝对速度 c_1 沿转子内圆周线流入，面积元上的质量流量 $dm_1 = \rho(\boldsymbol{c}_1\cdot\boldsymbol{n})dA$，单位质量流体对轴心的动量矩为 $\boldsymbol{R}_1\times\boldsymbol{c}_1 = R_1c_{1u}\boldsymbol{k}$，$c_{1u}$ 代表内圆

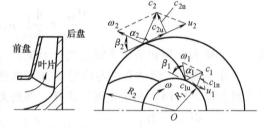

图 5.24　叶轮控制体

切向速度分量，$\boldsymbol{k}$ 为 z 轴的坐标矢量。转子的外半径为 R_2，牵连速度为 $u_2 = R_2\omega$，流体以均匀分布的绝对速度 c_2 沿转子外圆周线流出，面积元上的质量流量 $dm_2 = \rho(\boldsymbol{c}_2\cdot\boldsymbol{n})dA$，单位质量流体对轴心的动量矩为 $\boldsymbol{R}_2\times\boldsymbol{c}_2 = R_2c_{2u}\boldsymbol{k}$，$c_{2u}$ 代表外圆切向速度分量。c 与 u 的夹角 α 称为流动方向角，进出口的相对速度与牵连速度的反向夹角 β 称为叶片安装角。

取叶轮进出口轮缘（圆柱面）及叶轮的前后盘为控制面。

假定：叶片数目无限多，叶片厚度无限薄，因此流体质点紧贴叶片表面流动，流道中同一半径处速度相等，压强也相等；流体为理想流体，不考虑能量损失。

由于 ω 恒定，控制体内的动量矩不随时间发生变化，故可看作定常流动；进出口截面为圆柱面，其上的压强（表面力）通过轴心，力矩为 0；由于对称性，重力（质量力）的合力矩为 0。

叶轮转轴受到的合外力矩为叶轮对流体作用力矩 M 的反力矩。其中，

$$M = \int_{A_2}\rho R_2 c_2\cos\alpha_2 c_{2n}dA - \int_{A_1}\rho R_1 c_1\cos\alpha_1 c_{1n}dA$$

$$= \rho Q(r_2 c_2\cos\alpha_2 - r_1 c_1\cos\alpha_1) = \rho Q(r_2 c_{2u} - r_1 c_{1u}) \qquad (5.88)$$

方程（5.88）称为欧拉涡轮方程。其中，Q 为流量。

3. 单位重量流体自叶轮中获得的能量 $H_{T\infty}$

单位时间内叶轮对流体所做的功（即功率）为 $P = T\omega$，应用到式（5.88），可得

$$P = \frac{\mathrm{d}W}{\mathrm{d}t} = T\omega = \rho Q(r_2 c_{2u} - r_1 c_{1u})\omega = \rho Q(u_2 c_{2u} - u_1 c_{1u}) \tag{5.89}$$

单位重量流体自叶轮中获得的能量

$$H_{T\infty} = \frac{P}{\rho g Q} = \frac{1}{g}(u_2 c_{2u} - u_1 c_{1u}) \tag{5.90}$$

称为**涡轮机的理论压头方程**（叶片无限多，不计能量损失）。

该方程不含有反映流体特性的参数，只有进出口速度参数，说明理论压头只与进出口的速度有关，而与流动过程和流体的种类无关。

例 5-9　有一对叉管，如图 5.25 所示。已知 Q、R、α。若欲使它绕对称轴以角速度 ω 旋转，问需要多大功率？

【解】　取整个叉管包围的空间为控制体。当叉管以角速度 ω 旋转时，出流处的牵连速度 $u = \omega R\sin\alpha$，方向为旋转半径 r 的切线方向。设流出叉管的相对速度为 w，方向如图 5.25 所示，则绝对速度 $c = w + u$。由于控制体内动量矩是定常的，故可利用式（5.87）。设外力矩为 M，于是有

$$M = \int_A r_n u' \rho c \cdot n \mathrm{d}A = \rho Q r u = \rho Q \omega R^2 \sin^2\alpha$$

则所需的功率为

$$P = M\omega = \rho Q R^2 \omega^2 \sin^2\alpha$$

例 5-10　已知离心式通风机叶轮的转速 $n = 1500\text{r/min}$，内径 $d_1 = 480\text{mm}$，入口角 $\beta_1 = 60°$，入口宽度 $b_1 = 105\text{mm}$；外径 $d_2 = 600\text{mm}$，出口角 $\beta_2 = 120°$，出口宽度 $b_2 = 84\text{mm}$；流量 $Q = 12000\text{m}^3/\text{h}$，空气重度 $\gamma = 11.8\text{N/m}^3$。试求径向速度 c_r 及叶轮所能产生的理论压强，如图 5.26 所示。

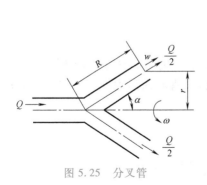

图 5.25　分叉管

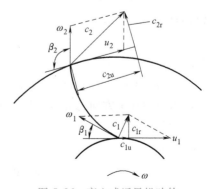

图 5.26　离心式通风机叶轮

【解】 进、出口的圆周速度分别为

$$u_1 = \frac{\pi d_1 n}{60} = 37.7 \text{m/s} , \ u_2 = \frac{\pi d_2 n}{60} = 47.1 \text{m/s}$$

进出口绝对速度在径向和圆周速度方向的投影值

$$c_{1r} = \frac{Q}{\pi d_1 b_1} = \frac{12000}{3600 \pi \times 0.48 \times 0.105} \text{m/s} = 21 \text{m/s}$$

$$c_{1u} = u_1 - c_{1r} \cot\beta_1 = (37.7 - 21 \times \cot 60°) \text{m/s} = 25.2 \text{m/s}$$

$$c_{2r} = \frac{Q}{\pi d_2 b_2} = \frac{12000}{3600 \pi \times 0.6 \times 0.084} \text{m/s} = 21 \text{m/s}$$

$$c_{2u} = u_2 - c_{2r} \cot\beta_2 = (47.1 - 21 \times \cot 120°) \text{m/s} = 59.2 \text{m/s}$$

单位重量空气由叶轮入口至出口所获得的能量

$$H_{T\infty} = \frac{1}{g}(u_2 c_{2u} - u_1 c_{1u}) = \left[\frac{1}{9.8}(47.1 \times 59.2 - 37.7 \times 25.2)\right] \text{m} = 187.6 \text{m}$$

叶轮所能产生的理论压强

$$p = \rho g H_{T\infty} = (11.8 \times 187.6) \text{N/m}^2 = 2214 \text{N/m}^2$$

综 合 实 例

计算流体对水平分岔管的作用力，如图 5.27 所示。已知理想不可压缩流体密度 ρ ，进口断面积 A ，出口断面积 $A/4$ ，进出口上参数均匀，进口压强 p_1 ，出口压强为零。求：

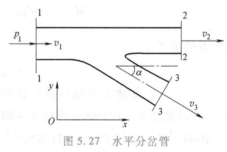

(1) 通过总管的流量；

(2) 流体对分岔管作用力 F 。

【解】 本例要点。求解需要通过三大方程的联用。

恒定总流的三大方程，在实际计算时，有一个联用的问题，应根据情况灵活运用。在有流量汇入

图 5.27 水平分岔管

或分出的情况下，要按照三大方程的物理意义正确写出它们的具体形式。

连续性方程

$$v_1 A_1 = v_2 A_2 + v_3 A_3$$

动量方程（以 x 方向为例）

$$\rho v_2 A_2 (\alpha_{02} v_{2x}) + \rho v_3 A_3 (\alpha_{03} v_{3x}) - \rho v_1 A_1 (\alpha_{01} v_{1x}) = G_x + P_{1x} + P_{2x} + P_{3x} + F'_x$$

式中，G_x 为重力在 x 方向的分量；P_{1x}、P_{2x}、P_{3x} 为分叉管断面压力在 x 方向的分量；F'_x 为管道对流体的作用力。

能量方程

$$z_1 + \frac{p_1}{\rho g} + \frac{\alpha_1 v_1^2}{2g} = z_2 + \frac{p_2}{\rho g} + \frac{\alpha_2 v_2^2}{2g} + h_{w1-2}$$

$$z_1 + \frac{p_1}{\rho g} + \frac{\alpha_1 v_1^2}{2g} = z_3 + \frac{p_3}{\rho g} + \frac{\alpha_3 v_3^2}{2g} + h_{w1-3}$$

表达能量方程时要注意，不要将单位重量流体能量（水头）误认为能量流量。

（1）计算通过总管的流量

连续性方程

$$v_2 \frac{A}{4} + v_3 \frac{A}{4} = v_1 A$$

由能量方程　　　$\dfrac{p_1}{\rho} + \dfrac{v_1^2}{2} = \dfrac{v_2^2}{2}$，　　$\dfrac{p_1}{\rho} + \dfrac{v_1^2}{2} = \dfrac{v_3^2}{2}$　　得　　$v_2 = v_3$

联立连续性方程可得

$$v_2 = v_3 = 2v_1$$

将速度代入能量方程得

$$v_1 = \sqrt{\frac{2}{3} \frac{p_1}{\rho}}$$

故流量

$$Q = v_1 A = A \sqrt{\frac{2}{3} \frac{p_1}{\rho}}$$

（2）计算流体对分岔管作用力

由动量方程

$$\frac{\rho Q}{2}(\alpha_{02} v_2 + \alpha_{03} v_3 \cos\alpha) - \rho Q \alpha_{01} v_1 = p_1 A + F'_x$$

$$-\frac{\rho Q}{2} \alpha_{03} v_3 \sin\alpha = F'_y$$

式中，取 $\alpha_{02} = \alpha_{03} = \alpha_{01} \approx 1.0$，则得

$$F'_x = p_1 A \left(-1 + \frac{2}{3} \cos\alpha \right)$$

$$F'_y = -\frac{2}{3} p_1 A \sin\alpha$$

$\boldsymbol{F}'$ 为 $\boldsymbol{F}$ 的反作用力。

拓展提高：雷诺输运方程

物理学的普遍定律的表达形式大多是建立在质点、质点系上的，因此对系统而言可直接应用原始数学形式研究流体运动。但是，在流体力学的多数问题中，把系统作为研究对象得出来的基本方程应用起来并不方便，由于对流体物理量在空间的分布更感兴趣，所以往往以控制体为研究对象。显然，物理学的普遍定律要适用于控制体，必须对物理学的普遍定律中所用系统物理量的体积分对时间的导数加以改写，使之能用控制体的体积分表达出来。这一转换关系式就是雷诺输运方程。

如图 5.28 所示，取 t 时刻若干流体质点的集合为系统，如图 5.28a 中虚线所示，并取它所占据空间体积为控制体，它的体积记为 Ⅱ，如图 5.28a 中实线所示；在 t 时刻此控制体的边界与所研究的流体系统的边界相吻合。为方便起见，在图 5.28b 中给出了控制体和系统在

$t+\Delta t$ 时刻的状态。在 $t+\Delta t$ 时刻，控制体的位置与形状不变，由于流体的运动，流体系统的形状与位置均发生了变化，图 5.28b 虚线表示 $t+\Delta t$ 时刻流体系统的边界形状。其中 Ⅰ 为在 Δt 时间内通过控制面流入控制体的流体，Ⅱ′是系统在 $t+\Delta t$ 时刻所占有的空间与原来 t 时刻所占有的空间（即控制体Ⅱ）相重合的部分，Ⅲ 为在 Δt 时间内通过控制面流出控制体的流体。

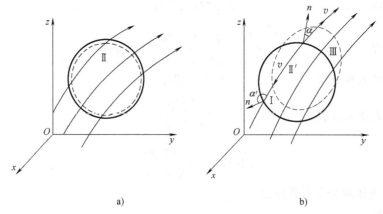

图 5.28   流场中的系统与控制体

设 N 表示在 t 时刻该系统内流体所具有的某种物理量（如质量、动量等）的总量，η 表示单位质量的流体所具有的这种物理量，则有

$$N = \int_V \eta \rho \mathrm{d}V \tag{5.91}$$

当 $\eta = 1$ 时，N 表示系统的质量；当 $\eta = v$ 时，N 表示系统的动量；当 $\eta = r \times v$ 时，N 表示系统的动量矩；当 $\eta = u + v^2/2$ 时，N 表示系统的总能量。

在 t 时刻系统内的流体所具有的某种物理量对时间的导数为

$$\frac{\mathrm{d}N}{\mathrm{d}t} = \frac{\mathrm{d}}{\mathrm{d}t}\int_V \eta \rho \mathrm{d}V = \lim_{\Delta t \to 0} \frac{\left(\int_{V'} \eta \rho \mathrm{d}V\right)_{t+\Delta t} - \left(\int_V \eta \rho \mathrm{d}V\right)_t}{\Delta t} \tag{5.92}$$

式中，V' 为 $t+\Delta t$ 时刻系统的体积；V 为 t 时刻系统的体积。

从图 5.28b 可以看出，体积 V' 包含Ⅱ′和Ⅲ两部分，而体积 V 包含Ⅰ和Ⅱ′两部分，因此可将式（5.92）写成

$$\frac{\mathrm{d}N}{\mathrm{d}t} = \lim_{\Delta t \to 0} \frac{\left(\int_{\mathrm{Ⅱ'}} \eta \rho \mathrm{d}V\right)_{t+\Delta t} - \left(\int_{\mathrm{Ⅱ'}} \eta \rho \mathrm{d}V\right)_t}{\Delta t} + \lim_{\Delta t \to 0} \frac{\left(\int_{\mathrm{Ⅲ}} \eta \rho \mathrm{d}V\right)_{t+\Delta t} - \left(\int_{\mathrm{Ⅰ}} \eta \rho \mathrm{d}V\right)_t}{\Delta t} \tag{5.93}$$

式中，下标 t 或 $t+\Delta t$ 表示对该时刻的值求体积分，在 t 时刻系统体积与控制体体积相重合。当 $\Delta t \to 0$ 时，Ⅱ′→Ⅱ；Ⅰ→0，Ⅲ→0。若控制体体积用 CV 表示，则有Ⅱ $= V(t) =$ CV。因此式（5.92）右端第一项成为

$$\frac{\partial}{\partial t}\int_{\mathrm{CV}} \eta \rho \mathrm{d}V \tag{5.94}$$

式（5.94）表示控制体内流体的某种物理量的总量随时间的变化率。

式（5.93）右端的 $\left(\int_{\text{III}} \eta\rho\mathrm{d}V \right)_{t+\Delta t}$ 表示在 Δt 时间内流出控制体的流体所具有的物理量，于是在 t 时刻单位时间内流出控制体的流体所具有的物理量为

$$\frac{\lim\limits_{\Delta t \to 0}\left(\int_{\text{III}} \eta\rho\mathrm{d}V \right)_{t+\Delta t}}{\Delta t} = \oint_{\text{CS}_2} \eta\rho v_\text{n}\mathrm{d}A \qquad (5.95)$$

式中，CS_2 表示控制面流出部分的面积。

同样，在 t 时刻单位时间内流入控制体的流体所具有的物理量为

$$\frac{\lim\limits_{\Delta t \to 0}\left(\int_{\text{I}} \eta\rho\mathrm{d}V \right)_{t+\Delta t}}{\Delta t} = -\int_{\text{CS}_1} \eta\rho v_\text{n}\mathrm{d}A \qquad (5.96)$$

式中，CS_1 表示控制面流入部分的面积。加上负号是因为流入速度方向与控制面外法向的夹角总是大于 $90°$，如图 5.28b 所示，v_n 总是负值，而式（5.96）左端体积分是正值（设 V 为正值）。将式（5.94）~式（5.96）代入式（5.93），注意到 $\text{CS}_1 + \text{CS}_2 = \text{CS}$，$\text{CS}$ 是整个控制体的面积，则可得到著名的雷诺输运方程

$$\frac{\mathrm{d}N}{\mathrm{d}t} = \frac{\partial}{\partial t}\int_{\text{CV}} \eta\rho\mathrm{d}V + \oint_{\text{CS}} \eta\rho v_\text{n}\mathrm{d}A \qquad (5.97)$$

或

$$\frac{\mathrm{d}N}{\mathrm{d}t} = \frac{\partial}{\partial t}\int_{\text{CV}} \eta\rho\mathrm{d}V + \oint_{\text{CS}} \eta\rho\boldsymbol{v} \cdot \boldsymbol{n}\mathrm{d}A \qquad (5.98)$$

式中，$\mathrm{d}A$ 是以外法线方向为正方向的微元面积矢量。它就是将按拉格朗日方法求系统内物理量的时间变化率转换为按欧拉方法计算的公式。该式说明，系统的某种物理量 N 的时间变化率等于控制体（相对于 $Oxyz$ 坐标系是静止的）内该种物理量的时间变化率加上单位时间内经过控制面的净通量。

在定常流动的情况下，$\dfrac{\partial}{\partial t}\displaystyle\int_{\text{CV}} \eta\rho\mathrm{d}V = 0$，则有

$$\frac{\mathrm{d}N}{\mathrm{d}t} = \oint_{\text{CS}} \eta\rho\boldsymbol{v} \cdot \mathrm{d}\boldsymbol{A} \qquad (5.99)$$

由此可得到结论：在定常流动的情况下，系统某种物理量的变化率只与通过控制面的流动有关，而不必知道系统内部流动的详细情况。值得指出的是，在动坐标系中雷诺输运方程也成立。此时雷诺输运方程可写为

$$\frac{\mathrm{d}N'}{\mathrm{d}t} = \frac{\partial}{\partial t}\int_{\text{CV}'} \eta\rho\mathrm{d}V' + \oiint_{\text{CS}} \eta\rho\boldsymbol{v}' \cdot \mathrm{d}\boldsymbol{A}' \qquad (5.100)$$

式中，上标"'"表示在动坐标系中的有关的物理量。

当 $\eta = 1$ 时，则物理量 N 就表示系统的总质量。根据质量守恒定律，系统的总质量是不随时间变化的，因此

$$\frac{\mathrm{d}}{\mathrm{d}t}\int_V \rho\mathrm{d}V = 0$$

根据式（5.97）可得

$$\frac{\partial}{\partial t}\int_{CV}\rho \mathrm{d}V + \oint_{CS}\rho v_n \mathrm{d}A = 0 \tag{5.101}$$

该式表明，单位时间内控制体内流体质量的增量，与单位时间内经过控制面流入控制体的流体质量相等，为连续性方程的积分形式。

当 $\eta = v$ 时，物理量 N 就表示系统的总动量。根据式（5.97）可得

$$\frac{\mathrm{d}N}{\mathrm{d}t} = \frac{\partial}{\partial t}\int_{CV} v\rho \mathrm{d}V + \oint_{CS} v\rho v_n \mathrm{d}A$$

根据动量定理，系统动量对时间的变化率等于作用在系统上外力的矢量和。由于在 t 时刻，系统与控制体重合，因此作用在系统上的外力与作用在控制体上的外力相同，故

$$\frac{\partial}{\partial t}\int_{CV} v\rho \mathrm{d}V + \oint_{CS} v\rho v_n \mathrm{d}A = \boldsymbol{F}_f + \boldsymbol{F}_{pn} \tag{5.102}$$

式中，$\boldsymbol{F}_f = \dfrac{\partial}{\partial t}\displaystyle\int_{CV} v\rho \mathrm{d}V$ 为作用在控制体上的质量力的合力 $\boldsymbol{F}_{pn} = \displaystyle\oint_{CS} v\rho v_n \mathrm{d}A$ 为作用在控制面上的表面力。式（5.102）为动量定理在流体力学中的具体表达形式，称为动量方程。

思政专题：百年梦圆　国之重器——三峡工程

自 1918 年孙中山先生首次提出建设三峡工程的设想，到 2020 年三峡工程完成整体竣工验收全部程序，"三峡梦"跨越百年，终得圆满——这是迄今为止世界上规模最大的水利枢纽工程，工程总量、装机规模等均居世界第一，技术难度和复杂性前所未有，堪称世界级"难题库"。习近平总书记在 2018 年 4 月 24 日视察三峡工程时指出，三峡工程是国之重器，是靠劳动者的辛勤劳动自力更生创造出来的。三峡工程的成功建成和运转，使多少代中国人开发和利用三峡资源的梦想变为现实，成为改革开放以来我国发展的重要标志。这是我国社会主义制度能够集中力量办大事优越性的典范，是中国人民富于智慧和创造性的典范，是中华民族日益走向繁荣强盛的典范。

三峡工程全称为长江三峡水利枢纽工程，位于西陵峡中的湖北省宜昌市三斗坪镇（见图 5.29）。整个工程包括一座混凝重力式大坝、泄水闸、一座堤后式水电站，一座永久性通航船闸和一架升船机。三峡工程简明示意图如图 5.30 所示。其控制流域面积 100 万 km^2，总库容 450 亿 m^3，正常蓄水位库容 393 亿 m^3，防洪库容 221.5 亿 m^3，电站装机容量 22500MW，年平均发电量 882 亿 $\mathrm{kW \cdot h}$。兴建三峡工程的首要目标是防洪。三峡水利枢纽是长江中下洪体系中的关键性骨干工程。其地

图 5.29　三峡工程外观

理位置优越，可有效地控制长江上游洪水。经三峡水库调蓄，可使荆江河段防洪标准由约十年一遇提高到百年一遇。其次，三峡水电站能够为经济发达、能源不足的华东、华中和华南等地区提供可靠、廉价、清洁的可再生能源，对经济发展和减少环境污染具有重要作用。另

外，三峡水库可改善宜昌至重庆 660km 的长江航道，万吨级船队可直达重庆港。航道单向年通过能力可提高到 5000 万 t，运输成本降低 35%~37%。

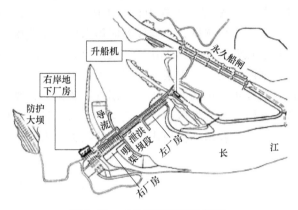

图 5.30 三峡工程简明示意图

鉴于三峡工程规模空前，技术复杂，施工难度大，建设过程中遇到的诸多难题可想而知。为解决技术难题，中国长江三峡集团有限公司（简称中国三峡集团，三峡集团）采取两条腿走路方针：一方面，国内研发，动员全国各方面的力量奋力攻关，建设高峰期参建人员近 4 万人，主要参建单位超 150 家，相关科研单位以及高等院校也参与了技术攻关和产品研发，充分体现了我国社会主义制度集中力量办大事的优势和"新型举国体制"的力量。另一方面，通过招标从国外引进先进技术。70 万 kW 水轮发电机组、高压直流输变电关键设备，均采用引进、消化、吸收、再创新方式取得成功。回想 2014 年，溪洛渡水电站 500kV 气体绝缘输电线路（GIL）设备出现故障。由于当时中国还没有掌握 GIL 检修关键技术，需要国外专家进行技术检修。"在检修现场，一旦涉及核心技术，外方专家就会毫不客气地把中方人员请出去。"三峡集团所属长江电力三峡电厂原厂长王宏回忆说。从那时起，三峡集团科研人员下定决心，一定要突破 GIL 检修关键技术。五年之后，在第四届全国质量创新大赛上，凭借这项"卡脖子"关键核心技术的成功突破，三峡集团一举拿下大赛最高级别奖项：QIC-V 级技术成果。

今天，在荣获国际工程咨询领域"诺贝尔奖"——"菲迪克工程项目杰出奖"的溪洛渡拱坝智能化建设关键技术中，在全球提升高度最大的升船机——"金沙江大力士"向家坝升船机中，在"三峡标准下南洋"的马来西亚沐若水电站技术体系建设中，在全球首台抗台风型漂浮式海上风电机组"三峡引领号"中，三峡集团用"创新之犁"耕耘着"风光三峡""海上三峡""海外三峡"等一个又一个的"三峡"。试想当年建设三峡工程，如果都是靠引进，靠别人给予，就不会有今天的技术引领能力。2020 年 1 月 10 日，三峡集团作为第一完成单位的"长江三峡枢纽工程"项目荣获 2019 年度国家科学技术进步奖特等奖。三峡工程之前，我国还造不出 32 万 kW 以上水轮发电机组，如今，具有自主知识产权的百万千瓦机组在金沙江白鹤滩水电站成功投产。据统计，三峡工程建设形成的科技成果获国家科技进步奖 20 多项、省部级科技进步奖 200 多项、专利数百项，创造了 100 多项"世界之最"。三峡工程的成功建设，推动了我国基建战线和重大机电装备科技水平的大幅提升，使我国由水电大国跃升为水电强国，"三峡品牌"已享誉世界。依靠自力更生、自主创新获取的重大科技创新成果，依靠拼搏奋斗获取的核心技术、关键技术，已经牢牢掌握在自己手上。

由于三峡工程破解了诸多世界级科技难题，如今其创新成果已影响到诸多相关工程建设领域。如高性能大体积混凝土浇筑和冷却施工技术，已经推广到奥运工程、青藏铁路、京沪高铁等土木工程、固井工程、道路桥梁工程中；深水围堰混凝土防渗墙技术已经推广到交通、市政、矿山、环保工程等多个领域，比如江苏润扬大桥、深圳地铁、马来西亚地铁等国内外基础设施工程中；信息化管理系统（TGPMS）已应用于大型工程建设如奥运工程水立方、京沪高铁、北京大兴国际机场、宝钢集团等工程项目中。

三峡工程是在我国计划经济向市场经济转变时期进行建设的，改革、开放、创新是建设过程的主旋律。它对我国经济、社会发展的重大意义，超出了长江流域，超出了水利水电工程，惠及全国，影响世界，成为我国加快现代化建设的强大动力，是中华民族伟大复兴的里程碑。

"思政内容"与现实的结合点

（1）三峡工程的建设，使中国水电实现了由"跟跑者"向"并行者""领跑者"的转变。混凝土的温控、大江截流、百万千瓦机组设计和制造、世界最大地下厂房建设、智能大坝建造等始终占据世界大型水电施工技术的制高点，无不展现出三峡工程对我国水电科技创新的重大贡献。

（2）三峡工程的成功建成和运转，使多少代中国人开发和利用三峡资源的梦想变为现实，成为改革开放以来我国发展的重要标志。三峡工程梦想，历经百年。中华民族不辱使命，励精图治，百折不挠。新中国成立后，它在中国共产党的领导下，在改革开放的推动下，终于变成现实，成为共和国发展史上的重要里程碑。

（3）习近平总书记指出："真正的大国重器，一定要掌握在自己手里。核心技术、关键技术，化缘是化不来的，要靠自己拼搏。"

课程思政素材出处

［1］ 三峡水电站［EB/OL］.［2023-03-15］. https：//baike. so. com/doc/182386-192672. html.
［2］ 李洋，陶景良，王菡娟. 大国重器 造福人民［N］. 人民政协报，2022-11-03（6）.

思 考 与 练 习

1. 欧拉运动微分方程 $\frac{\partial \boldsymbol{u}}{\partial t}+(\boldsymbol{u} \cdot \nabla)\boldsymbol{u}=\boldsymbol{f}-\frac{1}{\rho}\nabla p$ 的应用条件是什么？对于理想流体、实际流体、可压缩流体、恒定流、非恒定流、有旋流、无旋流是否都适用？为什么？

2. N-S方程的适用条件是什么？方程本身和其中各项的物理意义是什么？实际流体流动中，一点的应力状态应如何表示？

3. 试述理想流体微元流束伯努利方程中各项的物理意义与几何意义。推导和应用该方程的条件是什么？

4. 结合推导总流能量方程所使用的假定，试述实际流体总流能量方程的应用条件。应用实际流体总流能量方程解题时，所选择的有效断面为什么必须是渐变流断面？

5. 试述实际流体总流能量方程各项的物理意义与几何意义。实际流体的总水头线与理想流体的总水头线相比较有什么不同？

6. 动量方程的应用条件是什么？动量方程能解决什么问题？在什么情况下应用动量方程比应用伯努利方程更为方便？

7. 图 5.31 所示为安装有文丘里流量计的倾斜管路，通过固定不变的流量 Q，文丘里流量计的入口及喉道接到水银比压计上，其读数为 Δh，试问管路水平放置时，其读数 Δh 是否会改变？为什么？

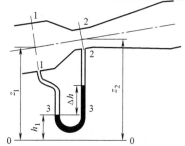

图 5.31　安装有文丘里流量计的倾斜管路

8. 总流的动量方程为 $\sum F = \rho Q_2 \alpha_{02} v_2 - \rho Q_1 \alpha_{01} v_1$，试问：

（1）$\sum F$ 中都包括哪些力？

（2）在计算表面力时，如果采用不同的压强标准其结果是否一样？应如何解决？

（3）如果由动量方程求得的力为负值说明什么问题？

9. 圆管水流，如图 5.32 所示，已知：$d_A = 0.2\text{m}$，$d_B = 0.8\text{m}$，$\rho_A = 6.86\text{N/cm}^2$，$\rho_B = 1.96\text{N/cm}^2$，$v_B = 1\text{m/s}$，$\Delta z = 1\text{m}$。试问：

（1）AB 之间水流的单位能量损失 h_w 为多少米水柱？

（2）水流流动方向由 A 到 B，还是由 B 到 A？

10. 如图 5.33 所示，某一压力水管安装有带水银比压计的皮托管，比压计中水银面的高差 $\Delta h = 2\text{cm}$，试求 A 点的流速 u_1。

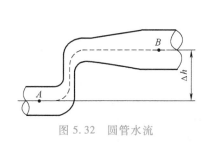

图 5.32　圆管水流

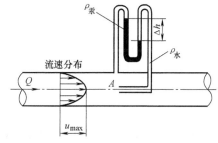

图 5.33　皮托管测流速

11. 如图 5.34 所示，气体由压强为 $12\text{mmH}_2\text{O}$ 的静压箱，经过管径为 10cm、长度为 100m 的管 B 流到大气中，高差为 40m。流动过程中的压力损失为 $p_w = 9\gamma \dfrac{v^2}{2g}$。

（1）当气体为与大气温度相同，重度 $\gamma = \gamma_0 = 11.8\text{N/m}^3$ 的空气时，求管中流速、流量及管长一半处的压强；

（2）当气体为 $\gamma = 7.85\text{N/m}^3$ 的煤气时，求管中流速、流量及管长一半处的压强。

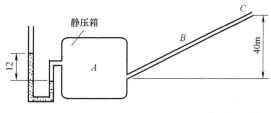

图 5.34　静压箱

12. 如图 5.35 所示的集流器。重度 $\gamma = 11.8\text{N/m}^3$ 的空气，用风机吸入直径为 100mm 的吸风管道，在喇叭形进口处测得水柱吸上高度为 $h = 12\text{mm}$。不考虑损失，求流入管道的空气流量。

13. 如图 5.36 所示，U 形管中的水银柱高度为 60mm，求 A 点的水的流速。

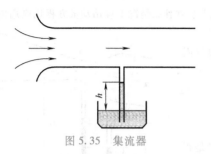

图 5.35 集流器

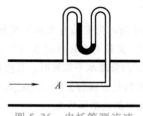

图 5.36 皮托管测流速

14. 如图 5.37 所示，水管直径为 150mm，管出口 D 点的直径为 50mm。求 A、B、C、D 各点的压强。

15. 直径 $d=100$mm 的虹吸管，位置如图 5.38 所示，求流量和 1、2、3、4 各点的 z、$\dfrac{p}{\rho g}$ 和 $\dfrac{v^2}{2g}$（不计水头损失）。

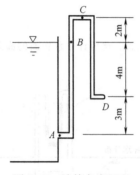

图 5.37 计算各点压强

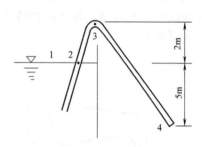

图 5.38 虹吸管

16. 如图 5.39 所示，水池中的水从变截面管道排出，前两段的直径依次为 100mm 和 75mm，最后一段是渐缩管，出口直径为 50mm。如果排出的质量流量为 14kg/s，求所需的水头 A，并画出测压管水头线。

17. 如图 5.40 所示，水泵的进口管直径 $d_1=100$mm，断面 1 的真空计读数为 300mmH$_2$O，出口管直径 $d_2=100$mm，断面 2 的压力计读数为 29.4kPa，两仪表的高差 $\Delta z=0.3$m，管路内的流量 $q_V=10$L/s，不计水头损失，求水泵所提供的扬程和功率。

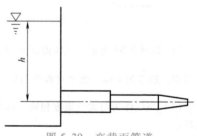

图 5.39 变截面管道

18. 如图 5.41 所示，上、下两个水箱，盛水深度相同，底部均装有出口直径 $d=0.2$m 的流线形喷嘴，下水箱的箱重和箱中水重共 1.12kN，如将秤台置于下水箱的下面，秤的读数将为多少？

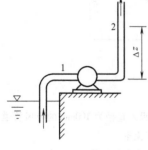

图 5.40 水泵变截面管道

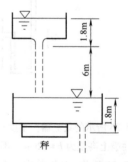

图 5.41 上、下水箱

19. 水流经由一分叉喷嘴排入大气中（$p_a = 101\text{kPa}$），如图 5.42 所示。导管的横截面面积分别为 $A_1 = 0.01\text{m}^2$，$A_2 = A_3 = 0.005\text{m}^2$，流量为 $q_{V_2} = q_{V_3} = 150\text{m}^3/\text{h}$，而入口压强为 $p_{g_1} = 140\text{kPa}$，试求作用在断面 1 螺栓上的力。

20. 如图 5.43 所示，水由水箱 1 经圆滑无阻力的孔口水平射出冲击到一平板上，平板封盖着另一水箱 2 的孔口，水箱 1 中水位高为 h_1，水箱 2 中水位高为 h_2，两孔口中心重合，而且 $d_1 = \frac{1}{2}d_2$，当 h_1 为已知时，求高度 h_2。

21. 如图 5.44 所示的平面放置的喷水器，水从转动中心进入，经转臂两端的喷嘴喷出。两个喷嘴的截面面积 $A_1 = A_2 = 0.06\text{cm}^2$。喷嘴 1 和 2 到转动中心的臂长分别为 $R_1 = 200\text{mm}$ 和 $R_2 = 300\text{mm}$。喷嘴的流量 $q_{V_1} = q_{V_2} = 6\times10^{-4}\text{m}^3/\text{s}$。不计摩擦阻力、流动能量损失和质量力。求喷水器的转速 n。

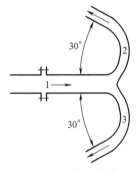
图 5.42　分叉喷嘴

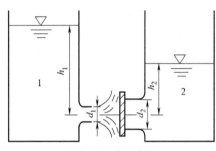
图 5.43　水平射流

22. 旋转式喷水器由三个均布在水平平面上的旋转喷嘴组成，如图 5.45 所示，总供水量为 q_V，喷嘴出口断面面积为 A，旋臂长为 R，喷嘴出口速度方向与旋臂的夹角为 α。不计摩擦阻力，试求：
（1）旋臂的旋转角速度 ω；
（2）如果使已经有 ω 角速度的旋臂停止，需要施加多大的外力矩？

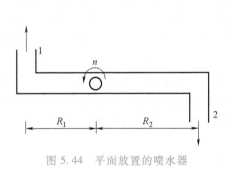
图 5.44　平面放置的喷水器

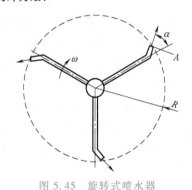
图 5.45　旋转式喷水器

6

项目 6
黏性流体流动及阻力

黏性流体在流动过程中必然要克服阻力消耗部分能量，称为能量损失（或阻力损失）。另外，物体在黏性流体中运动时，也会受到来自流体的阻力。因此，阻力和能量计算对许多工程实际问题具有极其重要的意义。本项目主要介绍流动阻力与能量损失的关系，流动过程中的两种流态、流体的流动状态、流体运动中沿程损失和局部损失的计算公式。

【案例导入】

美国航空 587 号班机空难 265 人罹难

美国航空 587 号班机在 2001 年 11 月 12 日从肯尼迪国际机场起飞后不久，就在纽约市皇后区附近的贝尔港坠毁，并且爆炸起火，造成机上 251 名乘客、9 名机组员及地面上 5 位居民，总计 265 人罹难，为美国境内伤亡第二大的空难，仅次于美国航空 191 号班机空难，如图 6.1 所示。因为其发生的地点，而且距离 9·11 事件只有两个月，很多人起初认为是恐怖袭击。而这个说法也得到有目击者指飞机坠毁前曾经着火的支持。

但是经过近 3 年的调查，美国运输安全委员会最后的报告指出：由于这班飞机跟在一架日本航空公司的波音 747 大型客机之后起飞，因此起飞后 3min 内，曾遇到两次 747 的机尾湍流，在第一次振荡时，飞机操作仍然正常，但是在第二次振荡时，飞机突然倾向一侧 3 次，然后左倾下坠。

调查报告中提到 587 号班机所遭遇到的机尾湍流的涡旋强度，并不会使 A300 空中巴士有坠毁的危险，但是机长想要迅速修正受到机尾湍流所造成的倾斜，因而反应过度，反复大幅地改变方向舵角度，导致垂直尾翼承受超过材料所能负荷的力量而脱落，才是飞机坠毁的主要原因。

1. 翼尖涡流

机尾湍流正确地说应该是"翼尖涡流"。这是一种产生于飞机翅膀两端的强烈涡旋，会流向机身后方，而且离飞机越远影响范围越大，但是基于环量守恒原理，其旋转的强度则是减小。"翼尖涡流"又称为翼尖涡，一般飞机的翼面都是利用伯努利原理，使流经上表面的流体流速较快，压力较低，因而产生向上的升力。下翼面的压强比上翼面的高，在上、下翼面压强差的作用下，下翼面的气流就绕过翼尖流向上翼面，这样就使下翼面的流线由机翼的翼根向翼尖倾斜，而上翼面的流线则由翼尖偏向翼根，但到了翼面尖端的地方，由于再也没有翼面的分隔，使得下方的高压气流循着翼尖往上滚卷流动到较低压的翼面上侧，加上本来流体就往后方流动，形成一种螺旋式的旋涡运动，翼尖涡就这样产生了，如图 6.2 所示。

因为翼尖涡来自翼面上下方气流的压强和流速的差异，而翼面上下的压力差就是机翼升力的来源，因此翼尖涡的强度会和翼面可提供的升力成正比。而翼面提供的升力至少要大于飞机的重量，这样飞机才飞得起来，因此一般而言，飞机越大，翼尖涡也越强。图 6.3 所示为 A380 型客机的翼尖涡。

图 6.1 美国航空 587 号班机空难

图 6.2 翼尖涡流产生机理

2. 翼尖涡流的危害

（1）影响飞行安全 飞机在向前飞行过程中，在左右两翼尖的后方也会拖出很强的翼尖旋涡。这一对很强的旋涡将对周围流场起强烈的速度诱导作用，且旋涡的强度正比于飞机的重量。大型运输飞机的重量大，尾涡强度很强，其翼尖涡可延伸在飞机后方几千米的地方，旋涡区切向的速度分量要在旋涡形成后 6~8min 才消失。由于旋涡区域中空气的速度的大小和方向变化剧烈，进入这一区域中的小飞机会发生快速滚转运动而导致飞行事故。特别是在飞机起飞和着陆时，前面一架飞机拖出的翼尖尾涡将直接危害后面一架飞机的安全。

（2）减升增阻 翼尖涡流使流过机翼的空气产生下洗速度，而向下倾斜形成下洗流。气流方向向下倾斜的角度，叫作下洗角。由翼尖涡流产生的下洗速度，在两翼尖处最大，向中心逐渐减少，在中心处最小。这是因为空气有黏性，翼尖旋涡会带动它周围的空气一起旋转，越靠内圈，旋转越快，越靠外圈，旋转越慢。因此离翼尖越远，气流下洗速度越小。

图 6.4 所示就是某一个翼剖面上的下洗速度。它与原来相对速度 v 组成了合速度 u。u 与 v 的夹角就是下洗角 α_1。下洗角使得原来的冲角 α 减小了。根据升力 Y 原来的含义，它应与相对速度 v 垂直，可是气流流过机翼以后，由于下洗速度 w 的作用，使 v 的方向改变，向下转折一个下洗角 α_1，而成为 u。因此，升力 Y 也应当偏转一角度 α_1，而与 u 垂直成为 Y_1。此处下洗角很小，因而 Y 与 Y_1 一般可看成相等。这时飞机仍沿原来 v 的方向前进。Y_1 既然不和原来的速度 v 垂直，必然在其上有一投影为 D，它的方向与飞机飞行方向相反，所起的作用是阻挡飞机的前进。实际上是一种阻力。这种阻力是由升力的诱导而产生的，因此叫作"诱导阻力"。它是由于气流下洗使原来的升力偏转而引起的附加阻力，并不包含在翼型阻力之内。翼尖涡造成的下洗现象会造成升力下降，阻力增加。

3. 相关事故

"翼尖涡流"在航空史上可以说是恶名昭彰，不仅每位飞行员还在课堂中上课时就会被叮咛不要飞在前方的飞机所产生的强大湍流中，实际上它也已经直接引起数件空难。

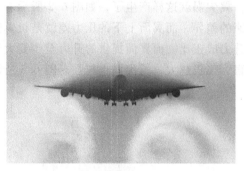
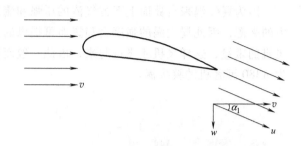

图 6.3　A380 型客机翼尖涡流　　　　　　图 6.4　气流流过机翼后下折一个角度

1992 年 12 月 18 日在美国蒙大拿州比林斯洛根国际机场，一架塞斯纳 550 型小飞机跟在一架波音 757 客机后面落地。由于它跟得过近，在距离波音 757 后方 2.78n mile 时，忽然向左滚转，以近乎垂直的角度坠地，机上 8 人全部丧命。

1993 年 4 月 24 日在科罗拉多州丹佛机场，一架降落中的波音 757 客机的翼尖涡流，被风吹向斜后方另一架降落中的联合航空波音 737 客机，造成 737 客机向左滚转 23°，而且损失了 200ft⊖ 的高度，幸好机长取得控制，重飞后安全降落。

【教学目标】

1. 掌握流动阻力及能量损失的两种类型：沿程阻力损失和局部阻力损失；
2. 掌握流体两种流动形态（层流和湍流）以及流态的判别方法；
3. 掌握均匀流的基本方程和沿程损失的表示；
4. 掌握圆管层流沿程损失的分析和计算；
5. 掌握湍流的基本理论和沿程损失的分析和计算；
6. 掌握局部损失的分析和计算。

任务 1　流体阻力的分类

流体流动的阻力和能量损失与流体的运动状态和流动边界条件有密切的关系，根据流动的边界条件，将黏性流体所受的阻力分为沿程阻力和局部阻力两大类，能量损失也分为沿程能量损失和局部能量损失两种形式。

1. 沿程阻力及沿程损失

沿程阻力：流体在均匀（过流断面沿流动方向不变）流道中所受的流动阻力，即缓变流中的阻力。沿程阻力主要由流体与壁面摩擦产生。

沿程损失：因沿程阻力造成的能量损失。常用 h_f 表示单位重量流体的沿程损失。h_f 与管长 l、管径 d 和速度 v 之间存在以下关系：

$$h_f = \lambda \frac{l}{d} \frac{v^2}{2g}$$

(6.1)

⊖　1ft = 0.3048m。——编辑注

式（6.1）称为**达西公式**。其中 λ 称为沿程阻力系数，它与流动状态、管壁粗糙度情况和管径有关。对非圆管流道，用水力直径 d_i 代替管径 d 即可。

2. 局部阻力及局部损失

局部阻力：流体流过局部装置（如阀门、弯头、断面突然变化的流道）时，因流体与壁面的冲击和流体质点之间的碰撞而形成的阻力。即急变流中的阻力。

局部损失：因局部阻力造成的能量损失。常用 h_j 表示单位重量流体的局部损失。实验发现，h_j 与管内流动速度 v 的二次方成正比，即

$$h_j = \xi \frac{v^2}{2g} \tag{6.2}$$

式中，ξ 称为局部阻力系数，与局部装置的形式有关。

计算阻力损失的关键，是准确确定沿程阻力系数 λ 和局部阻力系数 ξ。它们除了受流体本身和流道壁面情况的影响外，还与流动状态密切相关。

对于气体管路以及流体的密度或容重沿程发生改变的管路，其能量损失一般用压强损失来表示。

沿程压强损失为

$$p_f = \lambda \frac{l}{d} \frac{\rho v^2}{2} \tag{6.3}$$

局部损失压强为

$$p_j = \xi \frac{\rho v^2}{2} \tag{6.4}$$

式中，ρ 为流体的密度，单位是 kg/m^3。

如图 6.5 所示，从水箱侧壁上引出的管道，其中 ab、bc、cd、de、ef、fg 段为直管段，而 a 点、b 点、c 点、d 点、e 点和 f 点分别为管道入口、缩放管、180°弯头、突然扩大、突然缩小和阀门。为了测量损失，可在管道装设一系列的测压管。连接各测压管的水面可得相应的测压管水头线（测压管水面高度再加上相应的流速水头为各点总水头，其连线为该管道的总水头线）。图中的 ab、bc、cd、de、ef、fg 段对应的总水头的降低值就是每段的沿程水头损失。整个管路的沿程水头损失等于各管段的沿程水头损失之和。

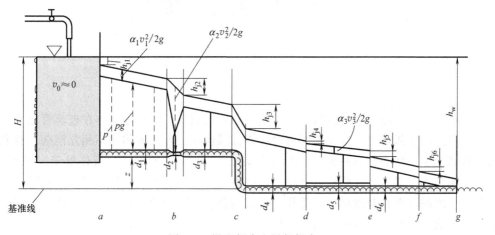

图 6.5　沿程损失和局部损失

当水流经过管件，即图中的 a 点、b 点、c 点、d 点、e 点和 f 点处时，由于水流运动边界条件发生了急剧改变，引起流速分布迅速改组，水流质点相互碰撞和掺混，并伴随有旋涡区产生，形成局部水头损失。整个管路上的局部水头损失等于各管件的局部水头损失之和。

3. 能量损失

能量损失以热能形式耗散，不可能转化成其他形式的机械能。若管路由不同边界的流段组成，有多处局部损失，整个管路的能量损失等于各管段的沿程损失和各局部损失的总和，用水头损失 h_l 表示，即

$$h_l = \sum h_f + \sum h_j \tag{6.5}$$

式中，$\sum h_f$ 为管路中各管段的沿程损失的总和；$\sum h_j$ 为管路中各管段的局部损失的总和。

任务2 层流与湍流的概念

通过长期实验研究和工程实践，人们注意到流体运动有两种结构不同的流动状态，能量损失的规律与流态密切相关。

1. 雷诺实验

1883 年，英国科学家雷诺经过实验研究发现，在黏性流体中存在着两种截然不同的流态，并给出了判定层流和湍流两种流态的准则。图 6.6 所示为雷诺实验装置示意图。水通过一水位恒定的水箱经过一长玻璃管道流出，有色流体经水箱上方的小水瓶流下，出口正对玻璃管道的中心。我们通过调节玻璃管道出口的调节阀，在不同流速下，观察有色流体的流动状态及玻璃管道两端的两个测压管之间的能头损失，从而得出流体流动状态与哪些因素有关，以及流动状态如何影响沿程阻力损失的大小。

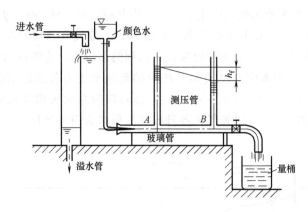

图 6.6 雷诺实验装置

我们观察到的现象是：当玻璃管内水流平均速度较低时，有色流体在玻璃管内为一条直线，不与周围的流体混合。这说明管道内流体分层流动，各层流体间不相互混杂，我们称这种流动状态为层流状态，这种流动为层流流动，如图 6.7a 所示。当流体处于层流流动时，各层的流速是不一样的。我们通过实验可以观察出管道中心流速最快，越接近管壁，流速越慢，各流层之间存在相对运动，就是我们常说的存在内摩擦力，它是维持流体层流流动的原因，也是层流流动产生沿程阻力损失的核心因素。

逐渐开大阀门，当流体流速增加到某值 $v_{\rm c}$ 时，有色流体开始振荡弯曲，如图 6.7b 所示。此时的流动状态为临界状态，此时的流速 $v_{\rm c}$ 称为上临界速度。

继续开大阀门，流体流速继续增大，有色流体进入管口不久就与周围的无色流体相混合，颜色扩散在整个水流中。这说明流体不再分层流动。各层流体间相互混杂，这种流动状态称为湍流状态，这种流动为湍流流动，如图 6.7c 所示。实验中，我们观察到阀门开度越大流体的紊乱程度越剧烈。

阀门全开后，再逐渐关小阀门，看到的现象是流体的紊乱流动程度逐渐减小，中心的有色流体时隐时现，随着阀门的进一步关小，振荡的有色流体线清晰可见，流动进入了临界状态，流速 v 降低为 $v_{\rm c}'$ 时，有色的流体线变成了一条直线，流动变为层流。我们定义 $v_{\rm c}'$ 为下临界速度。

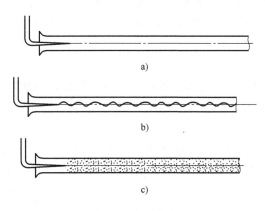

图 6.7　流动状态

由层流变湍流的临界速度为 $v_{\rm c}$，即上临界速度；由湍流变层流的临界速度为 $v_{\rm c}'$，即下临界速度。从理论上讲，上、下临界速度应该相等，但实验证明，上、下临界速度相差很大，图 6.8 清楚地表示了两者的关系。如何解释 $v_{\rm c} > v_{\rm c}'$ 的现象？我们可以认为流体开始状态的惯性起到了决定性的作用：如果开始是有规则的层流流动，没有外界的干扰，直到流速达到 $v_{\rm c}$ 时，流动才被 "冲乱" 成为湍流；而在相反的变化过程中，混乱的、无规则的湍流流动变成层流状态，必须克服流体混杂流动的惯性，需要经过一段较长的过渡阶段，才能渐变成有秩序的层流状态，此时的流速 $v_{\rm c}'$ 势必比 $v_{\rm c}$ 低得多，虽然 $v_{\rm c}$ 比 $v_{\rm c}'$ 数值上要大得多，但 $v_{\rm c}$ 的稳定性较差，层流变湍流的过程中，外界有少许扰动（如敲击实验台、实验装置或管壁有瑕疵等），流速达不到 $v_{\rm c}$ 就会变成湍流状态。另外，临界流速随流体种类和管径变化也很大，所以 $v_{\rm c}$ 是不确定的。

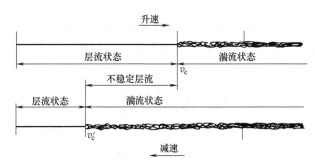

图 6.8　雷诺实验升速和减速过程状态的变化

2. 根据管内平均流速 v 的大小可以判别流动状态

（1）当 $v \leqslant v_{\rm c}'$ 时为层流；

（2）当 $v_{\rm c}' < v < v_{\rm c}$ 时为过渡状态，可能是层流，也可能是湍流，极不稳定；

（3）当 $v \geqslant v_c$ 时为湍流。

不同流态下沿程损失 h_f 与速度 v 的关系（见图6.9）：

层流：OA 段，沿程损失 h_f 与速度 v 呈直线关系；

过渡区：AB 或 AC 段，沿程损失 h_f 与速度 v 可能呈直线关系 AB，也可能呈曲线关系 AC；

湍流：CD 段，沿程损失 h_f 与速度 v 呈曲线关系，即

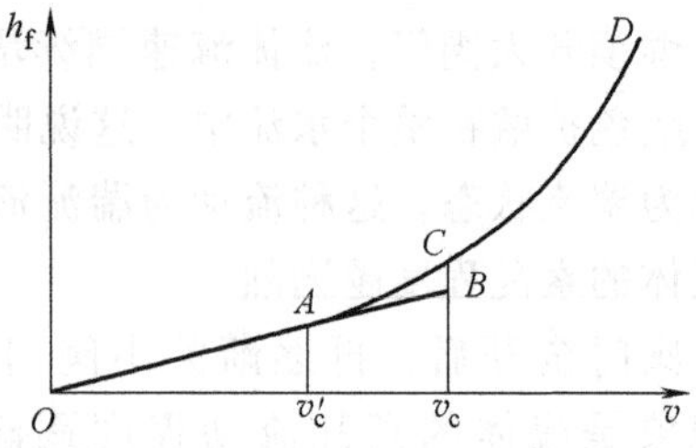

图6.9　沿程损失与速度的关系

$$h_f = Kv^m \tag{6.6}$$

式中，K 是与流体性质和管道参数有关的常数；指数 m 与流态有关，层流时 $m=1$，湍流时 $m=1.75 \sim 2$，随湍流程度的增大而增大。

3. 流态判别准则——雷诺数

雷诺通过实验和量纲分析，归纳出一个与流体黏度 μ、流体密度 ρ、管径 d（特征长度）和（特征）速度 v 有关的综合量纲为一的参数 Re，称为雷诺数。其表达式为

$$Re = \frac{\rho v d}{\mu} = \frac{v d}{\nu} \tag{6.7}$$

对应于 v_c 和 v_c' 可分别得上临界雷诺数 $Re_c = \dfrac{v_c d}{\nu}$ 和下临界雷诺数 $Re_c' = \dfrac{v_c' d}{\nu}$。将实际流动的雷诺数与之比较即可判别流态：

$$Re = \frac{\rho v d}{\mu} = \frac{v d}{\nu} \begin{cases} \leqslant Re_c' \text{时，层流} \\ \geqslant Re_c \text{ 时，湍流} \end{cases}$$

当 $Re_c' < Re < Re_c$ 时，为过渡状态（或临界状态）。

实验证明，对于圆管内的流动，下临界雷诺数是一个不变的常数，其值为 $Re_c' = 2320$。上临界雷诺数则很容易受实验条件和实验人员等因素的影响，不是一个固定值，没有实用价值。

下临界雷诺数 $Re_c' = 2320$ 是在条件良好的实验室条件下测定的。考虑到在工程实际中，外界干扰很容易使流动变成湍流，所以，实用下临界雷诺数更小些，取 $Re_c' = 2000$，即相应的判别准则为

$$Re = \frac{v d}{\nu} \begin{cases} \leqslant 2000 \text{ 时，层流} \\ > 2000 \text{ 时，湍流} \end{cases}$$

以上结果是针对圆管内的有压流动得到的，雷诺数的计算是以管径作为特征长度。对于非圆管道，可用水力直径 d_i 作为特征长度，相应的雷诺数称为水力直径雷诺数，即

$$Re = \frac{v d_i}{\nu} \tag{6.8}$$

因为圆管的水力直径 d_i 在数值上等于管径 d，所以，采用水力直径雷诺数时，工程中判别流态的标准为：

一切有压流　　　　$$Re = \frac{v d_i}{\nu} \begin{cases} \leqslant 2000 \text{ 时，层流} \\ > 2000 \text{ 时，湍流} \end{cases}$$

一切无压流 $$Re = \frac{vd_i}{\nu} \begin{cases} \leq 1200 \text{ 时,层流} \\ > 1200 \text{ 时,湍流} \end{cases}$$

判别流态在工程计算中很有实用意义:沿程损失 h_f 的计算、动能修正系数 α 和动量修正系数 α_0 的大小都与流态有关,很多时候都需要判别流态。

当研究流体绕物体(如机翼、圆柱体和球体等)流动时,雷诺数定义为

$$Re = \frac{lu}{\nu} \tag{6.9}$$

式中,l 为物体的特征长度(如机翼的弦长 b、圆柱体和球体的直径 d 等);u 为绕流的特征速度(常取流体与物体之间的相对速度)。根据绕流的雷诺数大小就能判别绕流的流动状态。

例 6-1 温度 $t = 10℃$ 的水在直径 $d = 0.15m$ 的管中流动。当流量 $Q = 30 \times 10^{-3} m^3/s$ 时,问管中的水处于什么状态? 已知 $t = 10℃$ 时,水的运动黏度 $\nu = 1.306 \times 10^{-6} m^2/s$。

【解】 管中水的平均速度

$$v = \frac{Q}{A} = 1.7 m/s$$

雷诺数为 $$Re = \frac{vd}{\nu} = \frac{1.7 \times 0.15}{1.306 \times 10^{-6}} = 195253 > 2000$$

故管中的水处于湍流状态。

例 6-2 矩形水槽中的水深 $h = 30mm$,槽宽 $b = 60mm$。为使水为层流,水的平均速度应为多少? 已知水的运动黏度 $\nu = 1.52 \times 10^{-6} m^2/s$。

【解】 这属于无压流,为使水为层流,必须

$$Re = \frac{vd_i}{\nu} \leq 1200$$

又因 $$d_i = \frac{4hb}{2h+b}$$

所以 $$v \leq \frac{1200\nu}{d_i} = \frac{1200\nu(2h+b)}{4hb} = 30.4 mm/s$$

即 $v \leq 30.4 mm/s$ 时,水为层流。

例 6-3 液压油在直径 $d = 30mm$ 的管中流动,$v = 2m/s$。试判别温度分别为 $50℃$ ($\nu_{50} = 18 \times 10^{-6} m^2/s$) 和 $20℃$ ($\nu_{20} = 90 \times 10^{-6} m^2/s$) 时油的流态。

【解】 当温度为 $50℃$ 时,$Re = \frac{vd}{\nu_{50}} = \frac{2 \times 0.03}{18 \times 10^{-6}} = 3333 > 2000$,湍流

当温度为 $20℃$ 时,$Re = \frac{vd}{\nu_{20}} = \frac{2 \times 0.03}{90 \times 10^{-6}} = 667 < 2000$,层流

任务 3 均匀流的沿程损失

对于均匀流,无论是层流或湍流,可以通过理论分析来建立沿程损失与切应力之间的关

系，从而能够进一步应用量纲分析方法来导出沿程损失的通用公式，为各种条件下沿程损失的深入研究奠定基础。

1. 沿程损失与切应力的关系

在过流断面为任意形状的均匀流中选取一微元圆柱体，如图 6.10 所示。为了分析该微元圆柱体上的受力情况，设圆柱体的长度为 l，断面面积为 A，湿周为 χ，流动方向与铅直方向的夹角为 θ，并假定质量力中只含有重力，微元圆柱体表面的平均切应力为 τ_0。

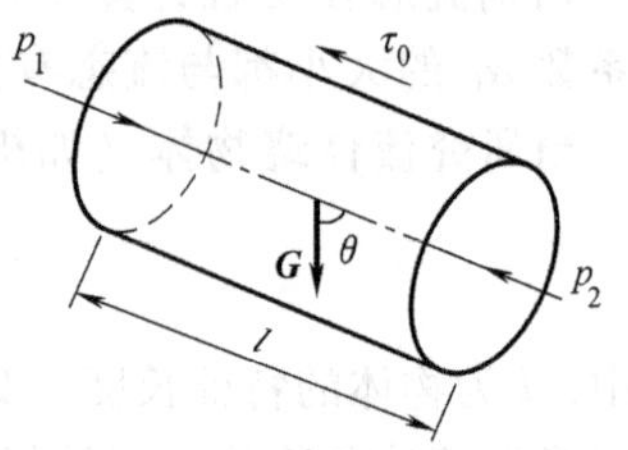

图 6.10 均匀流中微元圆柱体受力分析

微元圆柱体表面受到的摩擦力

$$T = \tau_0 l \chi$$

微元圆柱体两断面上受到的压力分别为

$$P_1 = p_1 A$$
$$P_2 = p_2 A$$

微元圆柱体受到重力的作用，其大小为

$$G = \rho g A l$$

因为在均匀流中流速沿程不变，在流动方向上摩擦力、压力与重力三者相互平衡。其平衡方程为

$$P_1 + G\cos\theta - P_2 - T = 0 \tag{6.10a}$$

将 T、P_1、P_2 与 G 的表达式代入后，并注意到 $l\cos\theta = z_1 - z_2$，得到

$$(p_1 - p_2)A + \rho g A(z_1 - z_2) - \tau_0 l \chi = 0 \tag{6.10b}$$

用 $\rho g A$ 除式（6.10b），整理得

$$\left(z_1 + \frac{p_1}{\rho g}\right) - \left(z_2 + \frac{p_2}{\rho g}\right) = \frac{\tau_0 l \chi}{\rho g A} \tag{6.11}$$

微元圆柱体两断面之间的水头损失只有沿程损失 h_f，因此可以将能量方程表示成

$$z_1 + \frac{p_1}{\rho g} = \left(z_2 + \frac{p_2}{\rho g}\right) + h_f \tag{6.12}$$

将式（6.12）代入式（6.11）并整理，得到

$$h_f = \frac{\tau_0}{\rho g}\frac{\chi}{A}l = \frac{\tau_0}{\rho g}\frac{l}{R} \tag{6.13}$$

或

$$\tau_0 = \rho g R J \tag{6.14}$$

其中，R 为微元圆柱体的水力半径；J 为水力坡度。

式（6.13）与式（6.14）也可应用于总流。总流的水力坡度也等于 J。设 R、τ_0 分别表示总流的水力半径与总流边壁上的平均切应力，因此得到总流的沿程损失与边壁切应力之间的关系式

$$h_f = \frac{\tau_0}{\rho g}\frac{\chi}{A}l = \frac{\tau_0}{\rho g}\frac{l}{R} \tag{6.15}$$

或

$$\tau_0 = \rho g R J \tag{6.16}$$

式（6.15）和式（6.16）称为均匀流基本方程。表明具有任意断面形状的总流的沿程水头损失 h_f 与流程长度 l、边壁上的平均切应力 τ_0 成正比，与总流的水力半径 R 成反比。均匀流基本方程对有压流和无压流、层流和湍流均适用。

2. 沿程损失的通用公式

根据均匀流基本方程（6.15），总流的沿程水头损失 h_f，取决于边壁上的平均摩擦切应力 τ_0。若能确定 τ_0 的大小，则容易得到 h_f 的变化规律。根据实验结果，圆管均匀流边壁上的摩擦切应力 τ_0 与下列五个因素有关：断面平均流速 v、水力半径 R、流体的密度 ρ、流体的动力黏度 μ、壁面的粗糙程度 k_s。能够依据量纲和谐原理，得到 τ_0 的表达式

$$\tau_0 = \frac{\lambda}{8}\rho v^2 \tag{6.17}$$

式中，量纲为一的系数 λ 称为沿程阻力系数或沿程损失系数。该式是圆管均匀流边壁摩擦切应力 τ_0 的通用表达式。

将式（6.17）代入式（6.15），便可得到

$$h_f = \lambda \frac{l}{4R}\frac{v^2}{2g} \tag{6.18}$$

或用圆管直径 $d = 4R$ 来代替水力半径 R 得到

$$h_f = \lambda \frac{l}{d}\frac{v^2}{2g} \tag{6.19}$$

式（6.18）与式（6.19）称为达西公式。达西公式适用于层流与湍流两种流态，式（6.18）既适用于圆管均匀流，又适用于其他过流断面形状的均匀流，因此达西公式是均匀流沿程损失的通用公式。达西公式将沿程损失 h_f 的计算转化为如何确定沿程阻力系数 λ 的问题。

实验研究表明，沿程阻力系数 λ 是流动雷诺数 $Re = \dfrac{vd}{\nu}$ 和流道壁面的相对粗糙程度 $\dfrac{k_s}{R}$ 的函数

$$\lambda = f\left(Re, \frac{k_s}{R}\right) \tag{6.20}$$

为了寻求 λ 随这两个因素变化的规律，需要对层流流态和湍流流态分别进行研究。

任务 4　圆管中的层流流动

在实际工程中，层流常见于一些低速、高黏性流体的流动，如输油管道、润滑系统内的流动以及地下水的运动。下面导出圆管层流的流动特性。

1. 速度分布

设流体在图 6.11 所示的等径直管中做定常层流流动，而且流动是充分发展了的。管道轴线与水平面成 α 角。因为流动是关于轴线对称的，故取轴线为 x 并与速度方向相同。

沿轴线取长度 dx、半径为 r 的流体柱为研究对象。因沿流动方向流体不加速，故有 $\sum F_x = 0$。

（1）两端面上的总压力 P_x——根据缓变流断面上压强分布规律可以推知，所取流体柱中

心处的压强恰好等于端面上的平均压强，于是

$$P_x = (p_1 - p_2)\pi r^2 = -(p_2 - p_1)\pi r^2 = -\frac{\partial p}{\partial x}\mathrm{d}x \pi r^2 \tag{6.21}$$

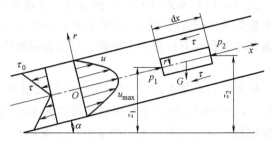

图 6.11 圆管中的层流流动

(2) 重力 G_x—作用在流体柱上的重力在 x 方向的分力 $G_x = -G\sin\alpha$。由图 6.11 中看出，$\sin\alpha = \partial z/\partial x$，所以

$$G_x = -\gamma\pi r^2 \mathrm{d}x\sin\alpha = -\gamma\pi r^2 \mathrm{d}x \frac{\partial z}{\partial x} \tag{6.22}$$

(3) 侧面上的摩擦力 T_x—根据牛顿内摩擦定律，内摩擦应力 $\tau = \mu\mathrm{d}u/\mathrm{d}r$。作用在侧面上的摩擦力为

$$T_x = \tau \times 2\pi r\mathrm{d}x = 2\pi r\mathrm{d}x\mu\frac{\mathrm{d}u}{\mathrm{d}r} \tag{6.23}$$

将 P_x、G_x 和 T_x 代入 $\sum F_x = 0$，整理得

$$\frac{\partial(p+\gamma z)}{\partial x} = 2\mu\frac{\mathrm{d}u}{r\mathrm{d}r} \tag{6.24}$$

由缓变流性质：在同一过流断面上，$p+\gamma z = \mathrm{const}$，所以 $p+\gamma z$ 只可能是流程 x 的函数，于是

$$\frac{\mathrm{d}(z+p/\gamma)}{\mathrm{d}x} = \frac{2\mu}{\gamma}\frac{\mathrm{d}u}{r\mathrm{d}r} \tag{6.25}$$

又因式（6.25）右边只是 r 的函数，为使等式成立，只能是等式两边均为常数。为求得该常数，对流体柱两端面 1 和 2 列伯努利方程（$u_1 = u_2$，损失为 $\mathrm{d}h_f$），并整理得

$$\mathrm{d}h_f = -\left[\left(z_2 + \frac{p_2}{\gamma}\right) - \left(z_1 + \frac{p_1}{\gamma}\right)\right] = -\mathrm{d}\left(z + \frac{p}{\gamma}\right) \tag{6.26}$$

将式（6.26）代入式（6.25）得

$$\frac{\mathrm{d}h_f}{\mathrm{d}x} = -\frac{2\mu}{\gamma}\frac{\mathrm{d}u}{r\mathrm{d}r} = J = \mathrm{const} \tag{6.27}$$

或

$$\mathrm{d}u = -\frac{\gamma J}{2\mu}r\mathrm{d}r \tag{6.28}$$

积分得

$$u = -\frac{\gamma J}{4\mu}r^2 + C \tag{6.29}$$

式中，C 为积分常数，因 $r = r_0$（壁面处）时，$u = 0$，所以 $C = \frac{\gamma J}{4\mu}r_0^2$，代入式（6.29）得

$$u = \frac{\gamma J}{4\mu}(r_0^2 - r^2) \tag{6.30}$$

由式（6.30）可以看出圆管中的层流速度分布规律：速度与半径 r 呈二次方规律变化，对整个管道来说，速度呈旋转抛物面分布。

J 表示单位管长的沿程损失，称为水力坡度，由式（6.27）看出，水力坡度是一个常数，这说明均匀流中的沿程损失 h_f 随管长 l 是线性增加的。

2. 流量和平均速度

在圆管过流断面上的半径 r 处取一宽度为 dr 的微元面积环 $dA = 2\pi rdr$，通过 dA 的流量为 $dQ = udA = 2\pi urdr$。对过流断面积分，可得

$$Q = \int_0^{r_0} 2\pi urdr = \frac{2\pi\gamma J}{4\mu}\int_0^{r_0}(r_0^2 - r^2)rdr = \frac{\pi\gamma J}{8\mu}r_0^4 = \frac{\pi\gamma J}{128\mu}d^4 \qquad (6.31)$$

平均速度

$$v = \frac{4Q}{\pi d^2} = \frac{\gamma J}{32\mu}d^2 \qquad (6.32)$$

由式（6.30）可知，管道中心（$r=0$）处的速度最大，该处速度为

$$u_{max} = \frac{\gamma J}{4\mu}r_0^2 = \frac{\gamma J}{16\mu}d^2 = 2v \qquad (6.33)$$

3. 内摩擦应力分布

将速度分布 $u = \frac{\gamma J}{4\mu}(r_0^2 - r^2)$ 代入 $\tau = \mu du/dr$ 得

$$\tau = \mu\frac{d}{dr}\left[\frac{\gamma J}{4\mu}(r_0^2 - r^2)\right] = -\frac{\gamma J}{2}r \qquad (6.34)$$

可见，内摩擦应力 τ 随半径 r 呈线性分布，式中负号说明管中部的（靠近轴心线）流体总是受到管边上的（远离轴心线）流体的阻滞作用。若仅考虑大小，则

$$\tau = \frac{\gamma J}{2}r \qquad (6.35)$$

1）在管中心处（$r=0$）切应力最小：$\tau = 0$；

2）在管壁上（$r=r_0$）切应力达到最大值：$\tau_0 = \tau_{max} = \frac{\gamma J}{2}r_0$，正是由于 τ_0 的存在，流体在流动过程中才产生了流动损失。

4. 沿程损失

将 $J = \frac{h_f}{l}$ 代入式（6.32）中并整理可得沿程损失为

$$h_f = \frac{32\mu l}{\gamma d^2}v \qquad (6.36)$$

由式（6.36）可以看出，圆管层流中的沿程损失与平均速度成正比，这与雷诺实验的结果吻合。其表达式为

$$h_f = \frac{32\mu l}{\gamma d^2}v = \frac{64\mu}{\rho vd}\frac{l}{d}\frac{v^2}{2g} = \frac{64}{Re}\frac{l}{d}\frac{v^2}{2g} \qquad (6.37)$$

与式（6.1）相比可得，圆管层流的沿程阻力系数为

$$\lambda = \frac{64}{Re} \qquad\qquad (6.38)$$

由式（6.38）可以看出，圆管层流的沿程阻力系数只与流动的雷诺数有关，与管壁的粗糙程度无关。

例6-4 在长度 $l = 5000\text{m}$，直径 $d = 300\text{mm}$ 的管中输送密度 $\rho = 856\text{kg/m}^3$ 的原油。当流量 $Q = 0.07\text{m}^3/\text{s}$ 时，求油温分别为 $t_1 = 10\text{℃}$ （$\nu_1 = 25\text{cm}^2/\text{s}$）和 $t_2 = 40\text{℃}$ （$\nu_2 = 1.5\text{cm}^2/\text{s}$）时的沿程损失 h_f 和沿程阻力所造成的功率损失 N_f。

【解】 管内平均流速

$$v = \frac{4Q}{\pi d^2} = \frac{4 \times 0.07}{3.14 \times 0.3^2}\text{m/s} = 0.99\text{m/s}$$

$t_1 = 10\text{℃}$ 时的雷诺数：

$$Re_1 = \frac{vd}{\nu_1} = \frac{0.99 \times 0.3}{25 \times 10^{-4}} = 119$$

$t_2 = 40\text{℃}$ 时的雷诺数：

$$Re_2 = \frac{vd}{\nu_1} = \frac{0.99 \times 0.3}{1.5 \times 10^{-4}} = 1980$$

两种温度下的流动均为层流，沿程阻力系数用 $\lambda = \dfrac{64}{Re}$ 计算，用达西公式（6.1）可得相应的沿程损失

$$h_{f1} = \frac{64}{Re_1}\frac{l}{d}\frac{v^2}{2g} = \left(\frac{64}{119} \times \frac{5000}{0.3} \times \frac{0.99^2}{2 \times 9.8}\right)\text{m} = 448\text{m}$$

$$h_{f2} = \frac{64}{Re_2}\frac{l}{d}\frac{v^2}{2g} = \left(\frac{64}{1980} \times \frac{5000}{0.3} \times \frac{0.99^2}{2 \times 9.8}\right)\text{m} = 26.9\text{m}$$

沿程损失 h_f 是单位重量流体的能量损失，在 Δt 时间内的总损失为 $\gamma Q \Delta t h_f$，单位时间内的总能量损失（即功率损失）$N_f = \gamma Q h_f$。于是，两种温度下相应的功率损失分别为

$$N_{f1} = \gamma Q h_{f1} = (856 \times 9.8 \times 0.07 \times 448)\text{W} = 263.2\text{kW}$$

$$N_{f2} = \gamma Q h_{f2} = (856 \times 9.8 \times 0.07 \times 26.9)\text{W} = 15.8\text{kW}$$

可见，在层流状态下，提高油温可使功率损失大大降低。但在完全湍流状态下，λ 不再与 Re 有关，提高油温并不能使损失降低。

任务5 圆管中的湍流流动

除少数情况（如缝隙流和油液载液压管件中的流动）外，工程中最常见的还是湍流流动。湍流十分复杂，迄今对湍流的研究都还是建立在一定假设的基础上，通过理论分析和实验验证，总结出一些半理论半经验的计算公式。

1. 脉动现象和时均化的概念

1）脉动：湍流中，流体质点经过某一固定点时，速度、压强等总是随时间变化的，而

且毫无规律，这种现象称为脉动，如图 6.12 所示。由于脉动的存在，不可能对黏性流体的运动微分方程进行积分求解。

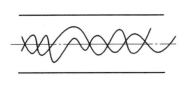

图 6.12　圆管中的湍流

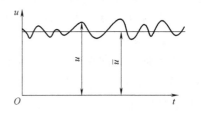

图 6.13　时均速度

2）流体质点的瞬时速度（见图 6.13）：

$$u = \bar{u} + u' \tag{6.39}$$

式中，$\bar{u}$ 为时均速度，且其表达式为

$$\bar{u} = \frac{1}{T}\int_0^T u\,\mathrm{d}t \tag{6.40}$$

u' 为脉动速度。

脉动速度对时间的平均值为 0（在足够长的时间周期内，朝各个方向的脉动机会均等），即

$$\overline{u'} = \frac{1}{T}\int_0^T u'\,\mathrm{d}t = 0 \tag{6.41}$$

同样，$p = \bar{p} + p'$，其中，$\bar{p} = \frac{1}{T}\int_0^T p\,\mathrm{d}t$ 为时均压强。

时均速度、时均压强等概念的引入，给湍流的研究带来了极大的方便，只需将流体湍流流动的运动参数看成时均参数，前面各章的概念都能直接用于湍流中。如时均参数不随时间变化的湍流就是定常流动；湍流中的流线是同一时刻连续的不同点上的时均速度方向线等。湍流做时均化处理后，前述定常流动规律，如伯努利方程、动量方程等都适用。通常无特殊说明，湍流参数均指时均参数，且仍以 u 表示某点的速度，v 表示过流断面上的平均速度，p 表示压强等。

注意：湍流的时均化处理只是研究湍流的一种方法，并不能改变湍流的实质。当研究湍流阻力时，必须考虑质点混杂运动和动量交换的影响。

2. 湍流中的切应力

如前面所述，流体黏性产生的原因是流体的分子内聚力和分子之间的动量交换。也就是说，黏性与流体分子的物理性质有关，这种黏性又称为分子黏性。

在湍流中，分子的这些性质仍然存在，湍流中仍然存在分子黏性。此外，湍流中出现脉动速度，这些脉动速度会驱使流体分子从一个速度层进入另一个速度层，从而引起动量交换。因此，湍流切应力产生的原因就有三个：一是流体分子之间存在内聚力，二是流体的分子运动引起不同流体层的动量交换，三是湍流的脉动速度所引起的动量交换。第三种原因是湍流特有的，湍流的脉动速度引起的动量交换所产生的切应力，称为湍流附加切应力。

如图 6.14 所示，在湍流剪切流中任取一块流层，此流层的底面积为 dA，底面上的流动为湍流，水平方向的瞬时速度等于时均速度与脉动速度之和，竖直方向的湍流速度则只有脉动速度。现在仅仅考虑由于脉动速度引起的动量交换问题。

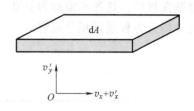

图 6.14 脉动速度引起的动量交换示意图

流层下表面的法向速度为 v_y'，单位时间内，从下表面进入此流层的质量为 $\rho v_y' \mathrm{d}A$，水平方向的脉动速度为 v_x'，根据动量定理，作用在控制体上的力等于流出与流入的动量的差值，即

$$\mathrm{d}F = 0 - \rho v_y' \mathrm{d}A v_x' \tag{6.42}$$

式（6.42）中的 dF 就是湍流切向力，它除以面积就得到附加切应力。通常取时均切应力为

$$\tau_2 = -\rho \overline{v_x' v_y'} \tag{6.43}$$

由于脉动速度很难计算，目前附加切应力的计算多以普朗特混合长度理论为基础，其值为

$$\tau_2 = \rho l^2 \left(\frac{\mathrm{d}u}{\mathrm{d}y}\right)^2 = \rho l^2 \left|\frac{\mathrm{d}u}{\mathrm{d}y}\right|\frac{\mathrm{d}u}{\mathrm{d}y} \tag{6.44}$$

式中，y 为流体质点到壁面的距离；l 称为混合长度，按照普朗特假设，它表示流体质点在脉动过程中第一次与其他质点相撞时，在 y 方向所走过的路程。绝对值符号是为考虑 τ_2 的方向而加的。

对于固体壁面，普朗特认为在近壁处混合长度 l 与距壁面的距离 y 成正比，即

$$l = ky \tag{6.45}$$

式中，k 为经验常数。经实验测定，对于光滑管壁 $k=0.40$，对于光滑平壁 $k=0.417$。

除附加切应力外，相邻流层之间还存在黏性摩擦应力 τ_1。因此，湍流中的切应力应为 τ_1 和 τ_2 的叠加，即

$$\tau = \tau_1 + \tau_2 = \mu\frac{\mathrm{d}u}{\mathrm{d}y} + \rho l^2 \left|\frac{\mathrm{d}u}{\mathrm{d}y}\right|\frac{\mathrm{d}u}{\mathrm{d}y} \tag{6.46}$$

在不同的流态中，分子黏性切应力和湍流附加切应力在总的切应力所占的份额不一样。在低雷诺数时，流态为层流，没有脉动速度，湍流附加切应力不存在，切应力只有分子黏性切应力。在高雷诺数时，湍流附加切应力所占的份额常常超过 95%，分子黏性切应力可以忽略不计。为简单起见，学术上就认为，湍流情况下的切应力只有湍流附加切应力。

3. 圆管中的湍流构成

湍流的流动情况十分复杂，因而不能像对层流那样，通过严格的理论分析推导出管内的速度分布。在分析圆管中的湍流时，可根据适当的经验方法（或湍流模式）对准稳定流动方程进行分析，得出圆管内的速度分布。实验研究

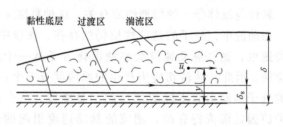

图 6.15 壁面附近的湍流流动

表明，壁面附近湍流流动如图 6.15 所示，可分三个区域：黏性底层、过渡区和湍流区。

（1）黏性底层 黏性底层是贴近壁面处厚度极薄的流体层，在这一层中，受壁面的制约，流动仍保持为黏性层流状态，因此也称其为层流底层。

黏性底层内流体的壁面切应力主要是平均速度梯度确定的黏性摩擦力，即

$$\tau_w = \mu \frac{\mathrm{d}\bar{u}}{\mathrm{d}y}$$

定义摩擦速度 u^* 为

$$u^* = \sqrt{\frac{\tau_w}{\rho}} \tag{6.47}$$

式中，τ_w 为壁面切应力；ρ 为流体密度。

由实验确定的黏性底层的厚度为

$$y \leqslant \frac{5\nu}{u^*} \tag{6.48}$$

式中，ν 为流体运动黏度。

由于黏性底层极薄，从而可以认为其中的速度按线性规律分布，即

$$\frac{\mathrm{d}\bar{u}}{\mathrm{d}y} = \frac{\bar{u}}{y}$$

在黏性底层中，

$$\tau_w = \mu \frac{\mathrm{d}\bar{u}}{\mathrm{d}y} = \mu \frac{\bar{u}}{y}$$

因而可得

$$\bar{u} = \frac{\tau_w}{\mu} y = \frac{\tau_w}{\rho} \frac{y}{\nu} = u^{*2} \frac{y}{\nu}$$

或

$$\frac{\bar{u}}{u^*} = u^* \frac{y}{\nu} \tag{6.49}$$

这就是黏性底层中的速度分布规律。

（2）过渡区 在黏性底层外有一个由黏性底层向湍流区发展的过渡层，由实验确定的过渡层的厚度为

$$\frac{5\nu}{u^*} < y \leqslant (30 \sim 70) \frac{\nu}{u^*} \tag{6.50}$$

在这一层中黏性切应力与雷诺应力同样重要，流体所受的总切应力为

$$\tau_w = \mu \frac{\mathrm{d}\bar{u}}{\mathrm{d}y} - \rho \overline{u'_x u'_y}$$

在过渡区中，黏性切应力与雷诺应力有同样的数量级，因此难以做理论分析。其速度主要通过实验来确定。

（3）湍流区 在距壁面稍远处，流动为充分发展的湍流状态，此区域称为湍流区。

由实验确定的充分发展的湍流区在

$$y > (30 \sim 70)\frac{\nu}{u^*} \tag{6.51}$$

在湍流区中，雷诺应力起主要作用，可忽略黏性切应力，则流体所受的总切应力为

$$\tau_w = -\rho \overline{u'_x u'_y} \tag{6.52}$$

将式（6.45）和式（6.46）代入式（6.51）可得

$$\rho k^2 y^2 \left|\frac{d\overline{u}}{dy}\right| \frac{d\overline{u}}{dy} = \tau_w \quad \left(因忽略黏性切应力, \mu = \frac{du}{dy} \approx 0\right) \tag{6.53}$$

把式（6.47）代入式（6.53）得

$$\frac{1}{u^*}\frac{d\overline{u}}{dy} = \frac{1}{ky}$$

积分得

$$\frac{u}{u^*} = \frac{1}{k}\ln y + C \tag{6.54}$$

这就是壁面附近湍流速度分布的一般公式，将其推广用于黏性底层以外的整个过流断面，同实测速度分布仍相符。此式称为普朗特-卡门（Prandtl-Karman）对数分布律，其中 k 和 C 均为常数，由实验确定。

4. 圆管中的湍流速度分布

图 6.16 所示为一直圆管内的流动，圆管半径为 r_0，取 x 轴沿管壁面方向，y 轴垂直于管壁面。下面对圆管内湍流流动的速度分布进行分析。

圆管内湍流流动中黏性底层对湍流流动的能量损失有着重要的影响，同时这种影响还与管道壁面的粗糙度有关。将管壁粗糙突起部分的平均高度称为绝对粗糙度，也称为当量粗糙度，常用符号 Δ 表示。Δ 与管道直径的比值称为相对粗糙度，常用管道的绝对粗糙度见表 6.1。

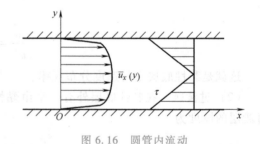

图 6.16 圆管内流动

对充分发展的湍流流动，在近壁处存在两种状态：当雷诺数较小时，近壁处黏性底层完全掩盖住管壁粗糙突起（$\delta > \Delta$），此时粗糙度对湍流不起作用，这种情况称为水力光滑，如图 6.17a 所示；随着雷诺数的增大，黏性底层变薄，当粗糙突起高出黏性底层时（$\Delta > \delta$），粗糙突起造成湍动加剧，粗糙突起越高，阻力越大，这种情况称为水力粗糙，如图 6.17b 所示；这两种状态下的管内流速分布有一定区别，下面分述两种状态的流速分布规律。

（1）水力光滑管　水力光滑管内流动的速度分布可以分为黏性底层和湍流核心两部分。黏性底层速度分布采用式（6.49）计算，湍流核心区速度分布采用式（6.54）计算。

表 6.1　管道的绝对粗糙度

管壁表面特征	绝对粗糙度 Δ/mm	管壁表面特征	绝对粗糙度 Δ/mm
干净的、整体的黄铜管、钢管、铅管	0.0015~0.01	旧钢管	0.50~0.60
新的精制无缝钢管	0.04~0.17	普通的新铸铁管	0.25~0.42
通用输油钢管	0.14~0.15	普通铸铁管	0.50~0.85
涂柏油钢管	0.19	生锈铸铁管	1.00~1.50
旧的生锈钢管	0.12~0.21	结水垢铸铁管	1.50~3.00
精制镀锌钢管	0.50~0.60	干净的玻璃管	0.0015~0.01
普通镀锈钢管	0.25	橡胶软管	0.01~0.03
普通镀锌钢管	0.39	光滑水泥管	0.30~0.80
粗陋的镀锌钢管	0.50	粗制水泥管	1.00~2.00

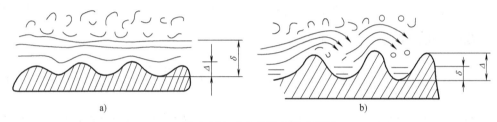

图 6.17　水力光滑和水力粗糙

　　黏性底层外缘处的层流速度等于该处的湍流速度（这里假定层流直接转为湍流，避开过渡区带来的复杂性）。取近壁黏性底层厚度为 δ，设 δ 处流速为 u_0，则由式（6.49）和式（6.54）可得

$$\frac{\bar{u}}{u^*} = u^* \frac{\delta}{\nu} \tag{6.55}$$

$$\frac{u}{u^*} = \frac{1}{k}\ln\delta + C \tag{6.56}$$

　　由于黏性底层的雷诺数 $Re = \dfrac{u_0\delta}{\nu} = $ 常数 N，式中的常数 N 由实验确定。故由式（6.55）可得

$$\frac{u_0}{u^*} = \frac{u_0\delta}{\nu}\frac{u^*}{u_0} = Re\frac{u^*}{u_0}$$

　　所以

$$\frac{u^*}{u_0} = \sqrt{Re} \tag{6.57}$$

把式（6.57）代入式（6.56）得

$$C = \frac{u_0}{u^*} - \frac{1}{k}\ln\delta = \sqrt{Re} - \frac{1}{k}\ln\frac{u_0\nu}{u^{*2}} = \frac{1}{k}\ln\frac{u^*}{\nu} + \sqrt{Re} - \frac{1}{k}\ln\sqrt{Re} \tag{6.58}$$

将式（6.58）代入式（6.54）得

$$\frac{\overline{u}}{u^*} = \frac{1}{k}\ln\frac{u^*y}{\nu} + C_1 \qquad (6.59)$$

其中 $C_1 = \sqrt{Re} - \frac{1}{k}\ln\sqrt{Re}$，此常数需要由实验来确定。

尼古拉兹（Nikuradse）对光滑管中的湍流进行实验得到的结果是

$$k = 0.40, \quad C_1 = 5.5$$

把实验结果代入式（6.59），得到水力光滑管中湍流时均速度分布规律为

$$\frac{\overline{u}}{u^*} = 2.5\ln\frac{u^*y}{\nu} + 5.5 \qquad (6.60)$$

式（6.60）在所有的湍流情况下都可以近似地用于整个管子，但在黏性底层内不适用。

由式（6.60）可得在管轴线上的时均流速为

$$\overline{u}_{\max} = u^*\left(2.5\ln\frac{u^*r_0}{\nu} + 5.5\right) \qquad (6.61)$$

在管截面上由流量确定的平均流速为

$$\overline{u}_m = \frac{Q}{\pi r_0^2} = \frac{1}{\pi r_0^2}\int_0^{r_0} 2\overline{u}\pi(r_0 - y)\mathrm{d}y = u^*\left(2.5\ln\frac{u^*r_0}{\nu} + 1.75\right) \qquad (6.62)$$

对直圆管内湍流的时均速度分布，除了上述半经验理论确定的对数分布规律外，也常用布拉修斯（Blasius）根据实验数据确定的 1/7 次方速度分布规律。即

$$\frac{\overline{u}}{u^*} = 8.74\left(\frac{u^*y}{\nu}\right)^{1/7} \qquad (6.63)$$

（2）水力粗糙管　当管壁突起完全暴露在湍流区时形成粗糙管。此时黏性底层的厚度小于管壁粗糙突起的高度，黏性底层已被破坏，整个断面按湍流核心处理。水力粗糙管内流动的速度分布只与管壁粗糙度有关，为确定式（6.54）中的常数 C，令 u_0 为 $y = \Delta$ 处的近壁流速，它决定于 τ_w、ρ 和 Δ。

取

$$\frac{u_0}{u^*} = f\left(\frac{u^*\Delta}{\nu}\right) = M$$

由式（6.56）得

$$C = \frac{u_0}{u^*} - \frac{1}{k}\ln\Delta = M - 2.5\ln\Delta$$

由实验得 $M = 8.5$，则式（6.54）变为

$$\frac{\overline{u}}{u^*} = 2.5\ln\frac{y}{\Delta} + 8.5 \qquad (6.64)$$

由于黏性底层和过渡层都很薄，故可近似用上式积分求得平均速度

$$\overline{u}_m = u^*\left(2.5\ln\frac{y}{\Delta} + 4.75\right) \qquad (6.65)$$

大量实验表明，湍流中流速分布也可近似地用下式表示：

$$u = u_{max}\left(\frac{y}{r_0}\right)^n \tag{6.66}$$

式中，u_{max} 为管轴处流速；y 为自管壁算起的径向距离；r_0 为管道半径。

对水力光滑管，当 $Re < 10^5$ 时，可取 $n = 1/7$；当 $1 \times 10^5 < Re < 4 \times 10^5$ 时，可取 $n = 1/8$。对水力粗糙管可取 $n = 1/10$。

任务 6　湍流的沿程阻力损失

沿程阻力损失的计算公式即达西公式为 $h_f = \lambda \dfrac{l}{d} \dfrac{v^2}{2g}$，式中关键是如何确定沿程阻力系数 λ 值，由于湍流的复杂性，很难像层流那样严格地从理论上推导出来，一般是用理论和实验相结合的方法，以湍流的半经验理论为基础，整理出半经验公式。

1. 影响沿程阻力系数的因素

对于层流已知 $\lambda = \dfrac{64}{Re}$，即 λ 值仅与 Re 有关，与管壁的粗糙度 Δ 无关。而湍流的阻力由黏性阻力和惯性阻力两部分组成，壁面粗糙度是产生惯性阻力的主要因素，每个粗糙点都将成为不断地产生并向管内输送旋涡引起紊动的源泉，因此粗糙度的影响在湍流中十分重要。这样湍流的能量损失一方面取决于反映流动内部矛盾的惯性力和黏性力的对比关系，另一方面又取决于边界的几何条件。对于圆管来说，过流断面的形状已固定，管长 l 和管径 d 已包括于达西公式中，只剩下壁面粗糙度需要通过 λ 来反映，这就是说沿程阻力系数 λ 主要取决于 Re 和边壁的粗糙度 Δ，但粗糙度对沿程损失的影响不完全取决于绝对粗糙度 Δ，而是取决于它的相对粗糙度 $\dfrac{\Delta}{d}$ 或 $\dfrac{\Delta}{r_0}$，因此 λ 可表示为 $\lambda = f\left(Re, \dfrac{\Delta}{d}\right)$。

2. 尼古拉兹实验

（1）人工粗糙管　壁面粗糙度影响沿程损失的具体因素很多，对于管道来说，粗糙度的突起高度、粗糙形状、粗糙的疏密程度、排列方式等是不同的，如材料、加工工艺、腐蚀程度等因素是难以确定的。为此，法国工程师尼古拉兹于 1933 年使用了一种简化的粗糙模型进行实验。他通过筛选把大小相同、形状近似球形的砂粒均匀而稠密地黏附于管道内壁上，做成人工粗糙管。实验管道的范围采用相对粗糙度 $\dfrac{\Delta}{d}$ 分别为 $\dfrac{1}{30}$、$\dfrac{1}{61.2}$、$\dfrac{1}{120}$、$\dfrac{1}{252}$、$\dfrac{1}{504}$、$\dfrac{1}{1014}$ 的六种不同相对粗糙度的人工管进行实验。

（2）实验过程　在类似于雷诺实验的装置中，对每根管道（对应一个确定的 $\dfrac{\Delta}{d}$ 值）实测不同流量时过流断面的平均流速 v 和沿程阻力损失 h_f，再由 $Re = \dfrac{vd}{\nu}$ 和 $\lambda = \dfrac{d}{l}\dfrac{2g}{v^2}h_f$ 两式算出 Re 和 λ 值。以 $\lg Re$ 为横坐标，$\lg(100\lambda)$ 为纵坐标，将测点绘在对数坐标纸上，得到尼古拉兹人造粗糙管实验图，如图 6.18 所示。由图可知沿程阻力系数 λ、相对粗糙度 $\dfrac{\Delta}{d}$ 和雷诺数 Re 之间的关系很复杂，不能用统一的数学表达式来描述。

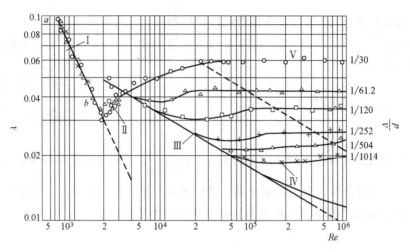

图 6.18　尼古拉兹实验曲线

（3）对尼古拉兹图进行分析　根据 λ 的变化特征，尼古拉兹实验曲线分为五个阻力区，不同的区域内用不同的经验公式计算 λ 值。

第一区为层流区：当 $Re<2320$ 时不同相对粗糙度的实验点均落在同一条直线 I 上，这表明 λ 仅随 Re 变化，而与相对粗糙度 $\dfrac{\Delta}{d}$ 无关，沿程阻力系数只是雷诺数 Re 的函数，$\lambda = f(Re)$，直线方程为 $\lambda = \dfrac{64}{Re}$，尼古拉兹实验证明了由理论分析得到的层流沿程损失计算公式是正确的。

第二区为层流向湍流过渡区：在 $2320 \leqslant Re<4000$ 的范围内，λ 值随 Re 的增大而增大，而与相对粗糙度 $\dfrac{\Delta}{d}$ 无关，因为这个区域的范围很小，实用意义不大，故不予讨论，工程上如果涉及此区，通常按下述湍流水力光滑区处理。

第三区为湍流水力光滑区：在 $4000 \leqslant Re<26.98\left(\dfrac{d}{\Delta}\right)^{8/7}=Re_1$ 范围内，此区不同相对粗糙度的实验点落在同一条直线 III 上，表明沿程阻力系数 λ 值与相对粗糙度 $\dfrac{\Delta}{d}$ 无关，只与 Re 有关，λ 也只是 Re 的函数，即 $\lambda=f(Re)$，这是因为在水力光滑的情况下，粗糙度 Δ 淹没在层流底层 δ 内，$\dfrac{\Delta}{d}$ 对 λ 没有影响。所不同的是，代表不同相对粗糙度的曲线在直线 III 上的长短不一样，相对粗糙度 $\dfrac{\Delta}{d}$ 较大的管道，实验点在 Re 较低时便离开了直线 III，如相对粗糙度为 $\dfrac{1}{30}$、$\dfrac{1}{61.2}$ 的管道。而相对粗糙度较小的管道，其实验点在 Re 较大时才离开直线 III，如相对粗糙

度为 $\dfrac{1}{504}$，$\dfrac{1}{1014}$ 的管道。其转变点对应的雷诺数 $Re_1 = 26.98\left(\dfrac{d}{\Delta}\right)^{8/7}$ 称为第一临界雷诺数。

此区 λ 值的计算公式有：

当 $4000 < Re < 10^5$ 时，可用布拉修斯公式

$$\lambda = \frac{0.3164}{Re^{0.25}} \tag{6.67}$$

当 $10^5 < Re < 3\times10^6$ 时，可用尼古拉兹公式

$$\lambda = 0.0032 + 0.221Re^{-0.237} \tag{6.68}$$

第四区为湍流水力光滑向水力粗糙过渡区：在 $Re_1 = 26.98\left(\dfrac{d}{\Delta}\right)^{8/7} \leqslant Re < 4160\left(\dfrac{d}{2\Delta}\right)^{0.85} = Re_2$ 范围内，不同相对粗糙度的实验点分属各自的曲线，分散成一条"波状"曲线，此区随着 Re 的增大，层流底层变薄，粗糙度 Δ 突入湍流核心之中，对流动阻力的影响越来越明显，表明 λ 值既与 Re 有关，又与 $\dfrac{\Delta}{d}$ 有关，是 Re 和 $\dfrac{\Delta}{d}$ 的函数，$\lambda = f\left(Re, \dfrac{\Delta}{d}\right)$。

此区 λ 值的计算公式有：

洛巴耶夫公式

$$\lambda = \frac{1.42}{\left[\lg\left(Re\,\dfrac{d}{\Delta}\right)\right]^2} \tag{6.69}$$

科尔布鲁克公式（一般工业管道）

$$\frac{1}{\sqrt{\lambda}} = -2\lg\left(\frac{\Delta}{3.7d} + \frac{2.51}{Re\sqrt{\lambda}}\right) \tag{6.70}$$

第五区为湍流水力粗糙区：在 $Re > Re_2 = 4160\left(\dfrac{d}{2\Delta}\right)^{0.85}$ 时，不同相对粗糙度的实验点分别落在一些与横坐标平行的直线上，表明 λ 只与 $\dfrac{\Delta}{d}$ 有关，而与 Re 无关，仅是 $\dfrac{\Delta}{d}$ 的函数，$\lambda = f\left(\dfrac{\Delta}{d}\right)$，这是因为当 Re 很大时，层流底层 δ 很薄对 λ 不起作用。当 λ 与 Re 无关时，由达西公式可知，沿程损失 h_f 就与速度 v 的二次方成正比，故又称阻力平方区，$h_f \propto v^2$。

此区 λ 值的计算公式有尼古拉兹公式

$$\lambda = \left(1.74 + 2\lg\frac{d}{2\Delta}\right)^{-2} \tag{6.71}$$

尼古拉兹实验的重要意义在于它揭示了流体在流动过程中的能量损失规律，给出了沿程阻力系数 λ 随 Δ/d 和 Re 的变化曲线。

注意：尼古拉兹实验采用人工粗糙管，对于同一管道其表面粗糙度 Δ 是相同的。然而工业中的实际管道其自然粗糙度与人工粗糙度有很大差别，所以上述公式不能直接应用到工业管道中。上述公式用于工业管道时，需按照表 6.1 中的当量粗糙度计算。

例 6-5 直径 $d = 0.2$m 的普通镀锌管长 $l = 2000$m，用来输送 $\nu = 35 \times 10^{-6}$m²/s 的重油。当流量 $Q = 0.035$m³/s 时，求沿程阻力损失 h_f。若油的重度为 $\gamma = 8374$N/m³，压强损失是多少？

【解】 由表 6.1 查得普通镀锌管的当量粗糙度 $\Delta = 0.39$mm。又

$$v = \frac{4Q}{\pi d^2} = \frac{4 \times 35 \times 10^{-3}}{\pi \times 0.2^2} \text{m/s} = 1.114 \text{m/s}$$

$$Re = \frac{vd}{\nu} = \frac{1.114 \times 0.2}{35 \times 10^{-6}} = 6366 > 4000$$

又因 $26.98\ (d/\Delta)^{8/7} = 26.98 \times (200/0.39)^{8/7} = 33740 > Re$，所以流动位于水力光滑管区。采用布拉修斯公式

$$\lambda = 0.3164 Re^{-0.25} = 0.3164 \times 6366^{-0.25} = 0.0354$$

所以

$$h_f = \lambda \frac{l}{d} \frac{v^2}{2g} = \left(0.0354 \times \frac{2000}{0.2} \times \frac{1.114^2}{2 \times 9.806} \right) \text{米油柱} = 22.4 \text{米油柱}$$

压强损失
$$\Delta p = \gamma h_f = (8374 \times 22.4) \text{Pa} = 187.6 \text{kPa}$$

3. 莫迪图

上述计算 λ 的若干公式，应用时需先判别流动所处的区域，有时还需采用试算的办法，使用起来比较麻烦。为此，莫迪对大量工业管道进行了实验，并将实验结果绘成图 6.19 所示的曲线，称为莫迪图。只要知道 Δ/d 和 Re，查图就可查得 λ，使用起来方便、准确。

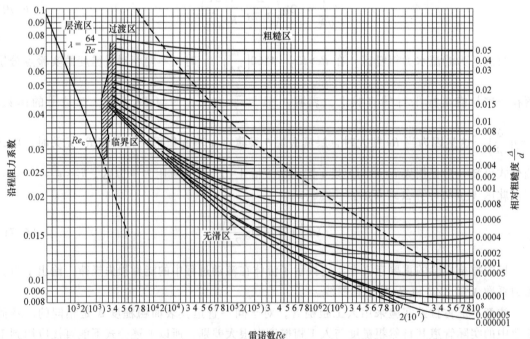

图 6.19 莫迪图

莫迪图和尼古拉兹实验曲线图相比稍有差异：在水力光滑管转变为水力粗糙管的区域Ⅳ内，λ 随 Re 的变化规律二者不同。莫迪图中 λ 随 Re 的增大而下降，而尼古拉兹图中 λ 随 Re 的增大而上升。

原因：天然粗糙管管壁上的粗糙粒高度不像人工管那样均匀，而是高度各不相同。随着 Re 的增大，首先粗糙粒凸起高度较大的部分破坏了黏性底层，较早地显示出粗糙粒高度 Δ 对 λ 的影响；而后黏性底层逐渐被粗糙粒凸出高度较低的部分所破坏；最后进入水力粗糙管区是一簇缓慢下降的曲线。

例 6-6　已知 15℃ 的水流经一直径 $d=300\text{mm}$ 的铆接钢管，已知绝对粗糙度 $\Delta=3\text{mm}$，通过管道的流量 $q_V=0.1244\text{m}^3/\text{s}$，求长 $l=300\text{m}$ 的管道上沿程损失 h_f。

【解】　15℃ 的水的运动黏度

$$\nu=1.141\times10^{-6}\text{m}^2/\text{s}$$

平均流速

$$v=\frac{4q_V}{\pi d^2}=\frac{4\times0.1244}{\pi(0.3)^2}\text{m/s}=1.76\text{m/s}$$

雷诺数

$$Re=\frac{vd}{\nu}=\frac{1.76\times0.3}{1.141\times10^{-6}}=4.63\times10^5$$

此时 $Re=4.63\times10^5>2320$，流态为湍流。

判断流态属于湍流所在区域：

第一临界雷诺数

$$Re_1=26.98\left(\frac{d}{\Delta}\right)^{8/7}=26.98\left(\frac{300}{3}\right)^{8/7}=5207<Re=4.63\times10^5$$

第二临界雷诺数

$$Re_2=4160\left(\frac{d}{2\Delta}\right)^{0.85}=4160\times\left(\frac{300}{2\times3}\right)^{0.85}=1.16\times10^5$$

$Re>Re_2=1.16\times10^5$ 属于湍流阻力平方区，用尼古拉兹公式求 λ 值得

$$\lambda=\left(1.74+2\lg\frac{d}{2\Delta}\right)^{-2}=\left(1.74+2\lg\frac{300}{2\times3}\right)^{-2}=0.038$$

$$h_f=\lambda\frac{l}{d}\frac{v^2}{2g}=\left(0.038\times\frac{300}{0.3}\frac{1.76^2}{2\times9.8}\right)\text{m}=6\text{m}$$

也可直接用 $Re=4.63\times10^5$，$\frac{\Delta}{d}=0.01$，查莫迪图得 $\lambda=0.038$。

4. 非圆管的沿程损失

前面公式都是对圆形管道而言，但工业上还有非圆管道，如水槽、通风管等都是矩形管道，怎样把已有的圆形管道研究成果用于非圆形管道的沿程损失的计算呢？这就需要在阻力相当的条件下，将非圆管道折算成圆形管道来实现。

（1）过流断面的几何要素　过流断面的面积 A：面积大，通过流体的数量多，单位重量流体的能量损失小，反之就大。

湿周：流体与固体壁面接触的周界叫作湿周，以 χ 表示。流速相同、过流断面面积相同、断面形状不同、湿周不同的管道，湿周大者能量损失就大，反之就小。

（2）水力半径 过流断面的面积与湿周之比为水力半径，以 R 表示，即

$$R = \frac{A}{\chi} \tag{6.72}$$

圆形管道：

$$A = \frac{\pi d^2}{4}$$

$$\chi = \pi d$$

$$R = \frac{\frac{\pi d^2}{4}}{\pi d} = \frac{d}{4}$$

边长分别为 a、b 的矩形管道：

$$A = ab$$

$$\chi = 2(a+b)$$

$$R = \frac{ab}{2(a+b)}$$

边长为 a 的正方形：

$$A = a^2$$

$$\chi = 4a$$

$$R = \frac{a}{4}$$

（3）当量直径 把与水力半径相等的圆管直径定义为非圆管道的当量直径，以 d_e 表示，即

$$R = R_{圆} = \frac{d}{4}$$

$$d_e = d = 4R \tag{6.73}$$

即当量直径为水力半径的 4 倍。

边长分别为 a、b 的矩形管道：

$$d_e = \frac{2ab}{a+b} \tag{6.74}$$

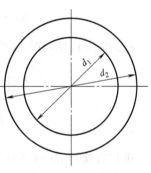

图 6.20 环形管道

边长为 a 的正方形管道：

$$d_e = a \tag{6.75}$$

环形管道，如图 6.20 所示，其当量直径为

$$d_e = \frac{4\left(\dfrac{\pi d_2^2}{4} - \dfrac{\pi d_1^2}{4}\right)}{\pi d_2 + \pi d_1} = d_2 - d_1 \tag{6.76}$$

（4）沿程损失 有了当量直径，即可用 d_e 来代替达西公式中的圆管直径，还可以将当量相对粗糙度 $\dfrac{\Delta}{d_e}$ 代入沿程阻力系数公式中计算 λ 值，同样用当量直径计算非圆管道的雷诺数，即

$$Re = \frac{vd_e}{\nu} = \frac{v(4R)}{\nu} \tag{6.77}$$

这个 Re 可用来判别非圆管道的流态。

必须指出，应用当量直径计算非圆管沿程损失是近似方法，并不适用于所有情况。对于长缝（$b/a>8$）和狭窄环形（$d_2<3d_1$）应用 d_e 误差大。此外，对于层流不同于湍流，流动阻力不像湍流那样集中在管壁附近，这样单纯用湿周大小作为影响沿程损失的主要因素是不充分的，因此层流中应用 d_e 来计算造成的误差较大。

例 6-7 某梯形巷道长度 $l=300\text{m}$，过流断面面积 $A=6.5\text{m}^2$，湿周长度 $\chi=10.6\text{m}$，当量粗糙度 $\Delta=8\text{mm}$。空气的黏度 $\nu=1.57\times10^{-5}\text{m}^2/\text{s}$，$\rho=1.17\text{kg/m}^3$，$v=6\text{m/s}$，求压强损失 Δp。

【解】 水力直径

$$d_i = 4\frac{A}{\chi} = \left(4\times\frac{6.5}{10.6}\right)\text{m} = 2.45\text{m}$$

雷诺数

$$Re = \frac{vd_i}{\nu} = \frac{6\times2.45}{1.57\times10^{-5}} = 936000$$

因 $4160\left(\dfrac{d}{2\Delta}\right)^{0.85} = 4160\times\left(\dfrac{2450}{2\times8}\right)^{0.85} = 299490 < Re$，所以流动处于阻力平方区。用尼古拉兹粗糙管公式，得

$$\lambda = \left(1.74 + 2\lg\frac{d}{2\Delta}\right)^{-2} = \left(1.74 + 2\lg\frac{2450}{2\times8}\right)^{-2} = 0.0268$$

压强损失

$$\Delta p = \lambda\frac{l}{d_i}\frac{\rho v^2}{2} = \left(0.0268\times\frac{300}{2.45}\times\frac{1.17\times6^2}{2}\right)\text{Pa} = 69.1\text{Pa}$$

任务7 流动的局部损失

局部损失取决于流道边壁突变产生的急变流内流动结构的特征。如图 6.21 所示的流道突然扩大或突然缩小，三通连接处的汇流或分流，弯头处的流动急剧转向，阀门处的突缩与突扩，以及管道进口处的突然缩小等。流道边壁的这些急剧变化均会引起流动分离，使流场内部形成流速梯度较大的剪切层。在强剪切层内流动很不稳定，会不断产生旋涡，将时均流动的能量转化成脉动能量。向脉动能转化的过程一般是不可逆的，因为旋涡体形成后会继续发展（经过拉伸变形、失稳断裂、分裂成小旋涡等复杂过程）

并向下游运动，最终在流体黏性的作用下将所有脉动能转换为热能而散失。因此，流动局部阻力的根源是流道的局部突变，但流体能量的散失过程在一定距离内发生。时均流动的能量转化成脉动能的过程具有不可逆性，所以能够将能量损失视作在发生局部流道变化的较小范围内完成的。

由于流动局部损失与复杂的旋涡形成、发展过程有关，而且流道边壁形状各异、种类繁多，目前尚难以通过机理分析来定量地确定局部损失的规律，主要通过实验来确定各种流道变化条件下局部损失的大小。突扩圆管的局部损失是较为简单的一种情况，能够在一定的假设条件下由理论分析方法导出其局部损失的变化规律。

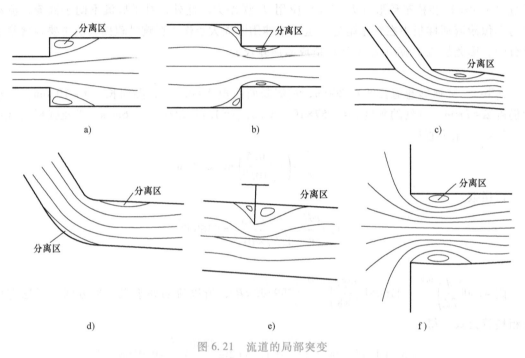

图 6.21　流道的局部突变

a）突然扩大　b）突然缩小　c）三通汇流　d）管道弯头　e）闸阀　f）管道进口

1. 突扩圆管的局部损失分析

如图 6.22 所示圆管流动，在断面 1—1 处管道直径由 d_1 突然扩大到 d_2。假定管流为流速较大的湍流流态。实验观察发现，流动将在边壁突变处脱离边壁，即发生流动分离。设在断面 2—2 处主流已恢复充满整个管道断面，则在断面 1—1 至断面 2—2 的范围内，主流与边壁之间形成环状回流区。回流区与主流的分界面是一个强剪切层。该层内旋涡的产生与发展，使分界面上发生质量、动量与能量的交换，平均流动的能量通过该分界面传递到回流区后在当地被消耗，剪切层内形成的部分旋涡会进入主流并运动至下游逐渐衰灭。

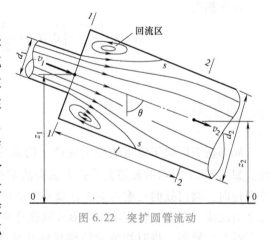

图 6.22　突扩圆管流动

下面应用流体运动的动量、能量方程来分析局部损失的大小。为此，设断面 1—1 上的平均流速为 v_1，压强为 p_1，断面 2—2 上的平均流速为 v_2，压强为 p_2。与局部损失 h_j 相比，断面 1—1 与断面 2—2 之间的沿程损失 h_f 很小，能够被忽略。根据伯努利方程，局部损失 h_j 能够表示成

$$h_j = \left(z_1 + \frac{p_1}{\rho g} + \frac{\alpha_1 v_1^2}{2g}\right) - \left(z_2 + \frac{p_2}{\rho g} + \frac{\alpha_2 v_2^2}{2g}\right) = (z_1 - z_2) + \frac{p_1 - p_2}{\rho g} + \frac{\alpha_1 v_1^2 - \alpha_2 v_2^2}{2g} \tag{6.78}$$

为了用流速水头来表示 h_j，可以选取断面 1—1 与断面 2—2 之间的管段为控制体，建立其动量方程。设管段长度为 l、流量为 Q，断面 1—1（包括环形壁面）上的压强为静压分布，忽略管壁的摩擦阻力，则控制体内流体所受的作用力在管轴向的分力等于断面 1—1、2—2 上的压力与控制体内流体的重力的代数和，即 $p_1 A_2 - p_2 A_2 - \rho g A_2 l \cos\theta$，其中 A_1、A_2 为管道断面面积，θ 为管轴与铅垂向的夹角。因此，能够将动量方程写成

$$p_1 A_2 - p_2 A_2 - \rho g A_2 l \cos\theta = \rho Q (\beta_2 v_2 - \beta_1 v_1) \tag{6.79}$$

利用关系 $z_1 - z_2 = l\cos\theta$ 与 $Q = A_2 v_2$，能够将式（6.79）改写成

$$(z_1 - z_2) + \frac{p_1 - p_2}{\rho g} = \frac{v_2}{g} (\beta_2 v_2 - \beta_1 v_1) \tag{6.80}$$

将式（6.80）代入式（6.78），得到

$$h_j = \frac{v_2}{g} (\beta_2 v_2 - \beta_1 v_1) + \frac{1}{2g} (\alpha_1 v_1^2 - \alpha_2 v_2^2) \tag{6.81}$$

湍流的断面流速分布较均匀，能够取 $\alpha_1 = \alpha_2 = \beta_1 = \beta_2 \approx 1$，代入式（6.81）并整理得

$$h_j = \frac{(v_1 - v_2)^2}{2g} \tag{6.82}$$

这就是突扩圆管流动局部损失的理论公式，称为波达-卡诺特（Borda-Carnot）公式，或简称波达公式。实验研究表明，在湍流条件下，由理论导出的波达公式较为准确，可以用于实际计算。

2. 局部损失系数

对于突扩圆管流动，根据流动的连续性可知 $v_1 = \dfrac{v_2 A_2}{A_1}$，$v_2 = \dfrac{v_1 A_1}{A_2}$。因此，能够将突扩圆管流动局部损失的理论公式改写成

$$h_j = \left(1 - \frac{A_1}{A_2}\right)^2 \frac{v_1^2}{2g} = \xi_1 \frac{v_1^2}{2g} \tag{6.83}$$

或

$$h_j = \left(\frac{A_2}{A_1} - 1\right)^2 \frac{v_2^2}{2g} = \xi_2 \frac{v_2^2}{2g} \tag{6.84}$$

式（6.83）中的 $\xi_1 = \left(1 - \dfrac{A_1}{A_2}\right)^2$ 和式（6.84）中的 $\xi_2 = \left(\dfrac{A_2}{A_1} - 1\right)^2$ 称为突扩圆管流动的局部损失系数，以上两式表明，局部损失的大小与流速水头成比例，湍流条件下的局部损失系

数与流道边壁的几何特征有关。

对于一般的流动情况，能够将局部损失表示成通用公式的形式，即

$$h_j = \xi \frac{v^2}{2g} \tag{6.85}$$

式中，v 表示某一特征断面的平均流速，局部损失系数 ξ 需要根据实验来测定。由于局部损失的大小与流态有关，局部损失系数 ξ 除了与流道边壁的几何特征有关外，尚取决于雷诺数 Re 的大小。然而，从实用观点来看，流动受到局部干扰后会较早地进入阻力平方区。因此，在实际计算时，可以认为在 $Re>1\times10^4$ 的条件下 ξ 与雷诺数 Re 无关。

3. 常用流道的局部损失系数

表 6.2 给出了常用流道（有压流与无压流）的局部损失系数。表 6.2 中的 ξ 值为流动处于阻力平方区条件下局部损失系数的值，由式（6.85）来定义，计算时要注意使选用的阻力系数与流速水头相对应。

表 6.2　常用流道的局部损失系数

序号	名称	示意图	ξ 值及其说明
1	断面突然扩大	A_1, v_1, A_2, v_2	$\xi = \left(1 - \dfrac{A_1}{A_2}\right)^2$, $h_j = \xi \dfrac{v_1^2}{2g}$ $\xi = \left(\dfrac{A_2}{A_1} - 1\right)^2$, $h_j = \xi \dfrac{v_2^2}{2g}$
2	圆形渐扩管	A_1, α, A_2, v_2	$\xi = k\left(\dfrac{A_2}{A_1} - 1\right)^2$, $h_j = \xi \dfrac{v_2^2}{2g}$ 见下表
3	断面突然缩小	A_1, A_2, v_2	$\xi = 0.5\left(1 - \dfrac{A_2}{A_1}\right)$, $h_j = \xi \dfrac{v_2^2}{2g}$
4	圆形渐缩管	A_1, α, A_2, v_2	$\xi = k_1\left(\dfrac{1}{k_2} - 1\right)^2$, $h_j = \xi \dfrac{v_2^2}{2g}$ 见下表
5A	管道进口	d, v, r	①圆形喇叭口：$\xi = 0.05$；②完全修圆：$r/d \geq 0.15$，$\xi = 0.1$； ③稍加修圆：$\xi = 0.2 \sim 0.25$；④直角进口：$\xi = 0.5$
5B	管道内插进口	v, d	$\xi = 0.8$

序号 2（圆形渐扩管）：

α	8°	10°	12°	15°	20°	25°
k	0.14	0.16	0.22	0.30	0.42	0.62

序号 4（圆形渐缩管）：

α	10°	20°	40°	60°	80°	100°	140°
k_1	0.40	0.25	0.20	0.20	0.30	0.40	0.60

A_2/A_1	0.1	0.3	0.5	0.7	0.9
k_2	0.40	0.36	0.30	0.20	0.10

（续）

序号	名称	示意图	ξ 值及其说明
6A	管道出流到渠道		$\xi=\left(1-\dfrac{A_1}{A_2}\right)^2,\ h_j=\xi\dfrac{v^2}{2g}$
6B	管道出流到水池		$\xi=1.0,\ h_j=\xi\dfrac{v^2}{2g}\ (A_2=\infty)$

序号 7　折管

圆管

α	10°	20°	30°	40°	50°
ξ	0.04	0.10	0.20	0.30	0.40
α	60°	70°	80°	90°	
ξ	0.55	0.70	0.90	1.10	

矩形

α	15°	30°	45°	60°	90°
ξ	0.025	0.11	0.26	0.49	1.20

序号 8　90°弯管

d/R	0.2	0.4	0.6	0.8	1.0
$\xi_{90°}$	0.132	0.138	0.158	0.206	0.294
d/R	1.2	1.4	1.6	1.8	2.0
$\xi_{90°}$	0.440	0.660	0.976	1.406	1.975

序号 9　缓弯管

缓弯管 $\xi=k\xi_{90°}$

α	20°	40°	60°	90°	120°	140°	160°	180°
k	0.47	0.66	0.82	1.00	1.16	1.25	1.33	1.41

序号 10　分岔管

$$\xi_{1-3}=2.0,\ h_{j1-3}=\xi_{1-3}\dfrac{v_3^2}{2g}$$

$$h_{j1-2}=\dfrac{v_1^2-v_2^2}{2g}$$

$\xi=0.5$　　$\xi=1.0$　　　　$\xi=3.0$　$\xi=0.1$　$\xi=1.5$

（续）

序号	名称	示意图	ξ 值及其说明
11	板式阀门		<table>

e/d	0	0.125	0.2	0.3	0.4	0.5
ξ	∞	97.3	35.0	10.0	4.60	2.06
e/d	0.6	0.7	0.8	0.9	1.0	
ξ	0.98	0.44	0.17	0.06	0.0	

12 蝶阀

α	5°	10°	15°	20°	25°	30°	35°	40°
ξ	0.24	0.52	0.90	1.54	2.51	3.91	6.22	10.8
α	45°	50°	55°	60°	65°	70°	90°	
ξ	18.7	32.6	58.8	118	256	751	∞	

全开时 $\xi=0.1\sim0.3$

13 截止阀

d/cm	15	20	25	30	35	40	50	≥60
ξ	6.5	5.5	4.5	3.5	3.0	2.5	1.8	1.7

14 滤水网

无底阀时 $\xi=2\sim3$；有底阀时取下表值：

d/cm	4.0	5.0	7.5	10	15	20
ξ	12	10	8.5	7.0	6.0	5.2
d/cm	25	30	35	40	50	75
ξ	4.4	3.7	3.4	3.1	2.5	1.6

15 拦污栅

$$\xi=\beta\sin\alpha\left(\frac{t}{b}\right)^{4/3},\ h_j=\xi\frac{v^2}{2g}$$

式中，t 为格栅厚度；b 为栅格间距；α 为栅格倾角；β 为栅格的断面系数

1	$\beta=1.60$	4~6	$\beta=2.34$
2~3	$\beta=1.77$	7	$\beta=1.73$

4. 局部装置的当量管长

工程中为便于计算，常将局部装置的损失折算成长度为 l_e 的直管上的沿程损失，长度 l_e 就是该局部装置的当量管长。按定义令

$$\lambda\frac{l_e}{d}\frac{v^2}{2g}=\xi\frac{v^2}{2g}$$

则

$$l_e = \frac{d}{\lambda} \xi \qquad (6.86)$$

按局部损失公式中 v 的规定，管径 d 应为局部装置后的管径。

几种常见局部装置的当量管长列于表 6.3 中。

表 6.3　局部装置的当量管长

类型		l_e/d		类型		l_e/d	
		$d=25mm$	$d=300mm$			$d=25mm$	$d=300mm$
圆弯管 ($R=d$)	45°	2.5	5.0	管道进口	锐角	7.9	17
	90°	5.0	10		圆角	3.2	6.8
折弯管	45°	4.5	10	直三通	分流	31.5	66
	90°	9.0	20		汇流	40	84
闸阀	全开	1.6	3.3		直流	1.6	3.3
	半开	28	60		拐弯	21	43
球阀	全开	62	129	管道出口		16	33
	半开	90	189	逆止阀（全开）		27	56
蝶阀	全开	4.7	10	截止阀	全开	46	96
	半开	130	275		半开		

例 6-8　一条输水管路长 $l=20m$，直径 $d=50mm$，当量粗糙度 $\Delta=0.4mm$。其中有 $R=d$ 的 90°圆弯管、45°的折弯管和全开的闸阀各一个。当流量 $Q=0.004m^3/s$ 时，求该管路的水头损失。

【解】　先确定 λ 和 $\sum\xi$。因流动处于阻力平方区，所以

$$\lambda = \left[1.14+2\lg\left(\frac{d}{\Delta}\right)\right]^{-2} = \left[1.14+2\lg\left(\frac{50}{0.4}\right)\right]^{-2} = 0.035$$

由表 6.2 查得各局部阻力系数分别为

圆弯管　　$\xi_1 = \left[0.131+0.16\left(\frac{d}{R}\right)^{3.5}\right]\frac{\theta}{90°} = 0.131+0.16 = 0.291$

折弯管　　$\xi_2 = 0.946\sin^2\left(\frac{45°}{2}\right)+2.047\sin^4\left(\frac{45°}{2}\right) = 0.182$

闸阀　　$\xi_3 = 0.1$

$$\sum\xi = 0.291+0.182+0.1 = 0.573$$

$$v = \frac{4Q}{\pi d^2} = \frac{4\times0.004}{\pi\times0.05^2}m/s = 2.04m/s$$

$$h_w = \left(\lambda\frac{l}{d}+\sum\xi\right)\frac{v^2}{2g} = \left[\left(0.035\times\frac{20}{0.05}+0.573\right)\times\frac{2.04^2}{2\times9.806}\right]mH_2O = 3.09mH_2O$$

例 6-9　图 6.23 所示直径为 $d=500mm$ 的引水管从上游水库引水至下游水库，管道倾斜段的倾角 $\theta=30°$，弯头 a 和 b 均为折管，引水流量 $Q=0.4m^3/s$，上游水库水深 $h_1=3.0m$，

过流断面宽度 $B_1 = 2.0\text{m}$，下游水库水深 $h_2 = 2.0\text{m}$，过流断面宽度 $B_2 = 3.0\text{m}$。求引水管进口、出口、弯头 a 和 b 处损失的水头。

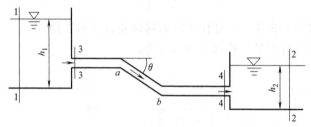

图 6.23　两水库之间的输水管

【解】　引水管截面面积

$$A = \frac{\pi}{4}d^2 = \left(\frac{\pi}{4} \times 0.5^2\right)\text{m}^2 = 0.196\text{m}^2$$

断面平均流速

$$v = \frac{Q}{A} = \frac{0.4}{0.196}\text{m/s} = 2.04\text{m/s}$$

（1）引水管进口损失

选取断面 1—1 位于上游水库内，断面 3—3 位于引水管进口。则断面 1—1 与断面 3—3 间为突然缩小式流道。$A_1 = B_1 h_1$，$A_3 = A$。假定进口局部损失可以按管道断面突然缩小情况来近似，由表 6.2（序号 3 ）知

$$h_{\text{j}1-3} = \xi_{1-3}\frac{v^2}{2g}, \quad \xi_{1-3} = 0.5\left(1 - \frac{A_3}{A_1}\right)$$

因此

$$\xi_{1-3} = 0.5\left(1 - \frac{A}{B_1 h_1}\right) = 0.5 \times \left(1 - \frac{0.196}{5.0 \times 3.0}\right) = 0.493$$

$$h_{\text{j}1-3} = \left(0.493 \times \frac{2.04^2}{2 \times 9.8}\right)\text{m} = 0.10\text{m}$$

（2）引水管出口

选取断面 2—2 位于下游水库内，断面 4—4 位于引水管出口。则断面 4—4 与 2—2 间为突然扩大式流道。$A_2 = B_2 h_2$，$A_4 = A$。由表 6.2（序号 6）知

$$h_{\text{j}4-2} = \xi_{4-2}\frac{v^2}{2g}, \quad \xi_{4-2} = 1 - \frac{A_4}{A_2}$$

因此

$$\xi_{4-2} = 1 - \frac{A}{B_2 h_2} = 1 - \frac{0.196}{3.0 \times 2.0} = 0.967$$

$$h_{\text{j}4-2} = \left(0.967 \times \frac{2.04^2}{2 \times 9.8}\right)\text{m} = 0.21\text{m}$$

（3）弯头 a 和 b

由表 6.2（序号 7）知，$\alpha = \theta = 30°$，$\xi = 0.2$。因此

$$h_{ja} = h_{jb} = \xi \frac{v^2}{2g} = \left(0.2 \times \frac{2.04^2}{2 \times 9.8}\right) \text{m} = 0.04 \text{m}$$

综 合 实 例

离心泵吸水管路如图 6.24 所示，已知管径 $d = 250 \text{mm}$，吸水管路全长 $L = 10 \text{m}$，通过管路的流量为 $Q = 80 \text{L/s}$，吸水井水面压强 $p_0 = 1 \text{at}$（$1 \text{at} = 9.81 \times 10^4 \text{Pa}$），泵进口处最大允许的真空度 $p_v = 0.7 \text{at}$。此管中带有单向底阀的吸水滤器一个，$r/R = 0.5$ 的 90° 弯头 2 个，泵入口前还有渐缩管一个（渐缩管出入口直径比为 3/4）。问允许水泵的实际安装高度 H_x 为多少？（提示：水的运动黏度为 $\nu = 1.007 \times 10^{-6} \text{m}^2/\text{s}$；若为湍流，沿程阻力系数可取 $\lambda = 0.03$，带有单向底阀的吸水滤器局部阻力系数可取 $\xi_1 = 8$，90° 角弯管局部阻力系数为 $\xi_2 = 0.294$，渐缩管的局部阻力系数为 $\xi_3 = 0.06$）。

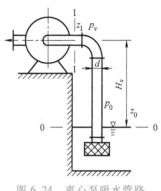

图 6.24　离心泵吸水管路

【解】　将吸水井水面和泵入口断面分别设为 0—0 和 1—1 断面，取 0—0 断面为基准面，列伯努利方程

$$z_0 + \frac{p_0}{\rho g} + \frac{u_0^2}{2g} = z_1 + \frac{p_1}{\rho g} + \frac{u_1^2}{2g} + h_{wx} \quad (\alpha_0 = \alpha_1 \approx 1)$$

整理得

$$z_1 - z_0 = \left(\frac{p_0}{\rho g} - \frac{p_1}{\rho g}\right) - \frac{u_1^2}{2g} - h_{wx} \tag{a}$$

其中，$z_1 - z_0 = H_x$（吸水高度）；$\dfrac{p_0}{\rho g} = \dfrac{p_a}{\rho g}$（大气压相当的水头）；$u_0 \approx 0$；

$\dfrac{p_v}{\rho g} = \dfrac{p_a - p_1}{\rho g} = \dfrac{p_0}{\rho g} - \dfrac{p_1}{\rho g}$ 为泵入口截面真空度相当的水头；

$u_1 = \dfrac{4Q}{\pi d^2} = \dfrac{4 \times 80 \times 10^{-3}}{\pi \times 0.25^2} \text{m/s} \approx 1.63 \text{m/s}$ 为吸水管内的平均流速；

$Re = \dfrac{u_1 d}{\nu} = \dfrac{1.63 \times 0.25}{1.007 \times 10^{-6}} = 404667 > 2320$，吸水管内的流动为湍流；

吸水段上的总损失（包括沿程损失和局部损失）：

$$h_{wx} = \lambda \frac{L}{d} \frac{u_1^2}{2g} + \sum \xi_i \frac{u_1^2}{2g}$$

$$= \left[0.03 \times \frac{10}{0.25} \times \frac{1.63^2}{2 \times 9.81} + (8 + 0.294 \times 2 + 0.06) \times \frac{1.63^2}{2 \times 9.81}\right] \text{m}$$

$$= (0.1625 + 1.1711) \text{m} = 1.3336 \text{m}$$

于是式（a）可以写为

$$H_x = \frac{p_v}{\rho g} - \frac{u_1^2}{2g} - h_{wx} \tag{b}$$

当泵进口处达到最大允许的真空度 0.7at 时，相应的吸水高度也为允许的最大值，于是由式（b）得

$$H_x = \frac{p_v}{\rho g} - \frac{u_1^2}{2g} - h_{wx} = \left(\frac{0.7 \times 98100}{10^3 \times 9.81} - \frac{1.63^2}{2 \times 9.81} - 1.3336 \right) \text{m} \approx 5.531\text{m}$$

拓展提高：潜艇水下航行阻力及减阻措施

作为一种兼具强大攻击力和隐蔽性于一体的水下作战平台，潜艇若要淋漓尽致地发挥其强大功能，其航行速度和续航力是极为重要的战术技术性能之一。提高水下航速，便于潜艇快速到达战斗海域，占领有利阵位对敌进行攻击，有利于发射武器后迅速撤离，增大续航力，潜艇可以远离母港，遂行远海作战任务。水下航速的提高和续航力的增大，就意味着潜艇在进攻和防御中掌握更大的主动权。而降低潜艇水下航行阻力则是提高潜艇航速及续航力的有效方法之一。

1. 潜艇水下航行时阻力

潜艇在水中运动，给水以作用力，使水获得速度，由原来的静止状态变为运动状态，而运动着的水给潜艇艇体反作用力，即为艇体动水力，此力在潜艇运动方向的合力称为阻力。在研究潜艇阻力时，通常把潜艇主艇体和附属体分开。主艇体阻力又称裸体阻力。在主艇体阻力中包括摩擦阻力、形状阻力和兴波阻力。习惯上把附属体阻力中的摩擦阻力归入主体的摩擦阻力中去，其余的阻力成分列作一项，称为附体阻力。潜艇在水下航行，当潜艇航行深度超过三分之一艇长时，其兴波阻力接近为零，故潜艇水下航行时的阻力主要由摩擦阻力、形状阻力和附体阻力组成。

（1）摩擦阻力 当潜艇在水中运动时，由于海水具有黏性的缘故，潜艇周围有一薄层水被带动随同运动，称为边界层。边界层内各层水分子运动速度不同，水和艇体表面及界层水内部之间的相互作用，对艇体表面产生切向应力。这个切向应力在潜艇运动方向投影的合力即为潜艇的摩擦阻力。实际上潜艇表面是不光滑的，表面的钢板、油漆凹凸不平；焊缝、开孔、栏杆、天线等突出物，加上上层建筑两舷的流水孔破坏了艇体表面的局部流线，同时，艇外的水带动了流水孔内的水一起运动。这些都使摩擦阻力增加，习惯上将这些阻力增量称为粗糙度附加增量。因此，在计算潜艇摩擦阻力时，除了平板摩擦阻力，还要考虑粗糙度附加增量。

（2）形状阻力 潜艇是一个曲面体，所以，潜艇在水中运动时除了产生切向应力而引起摩擦阻力以外，同时潜艇表面所受的压力沿运动方向的合力不等于零，从而产生了形状阻力。形状阻力与艇形有关，尤其与艇尾形状有关。另外还与流水孔洞多少有关，流水孔洞越多，形状阻力越大。

（3）附体阻力 艏升降舵、指挥台围壳、方向舵、艉升降舵、稳定翼和超出主体线形之外的导流罩等称作潜艇的附属体。这些附属体阻力在阻力中所占的比例，视数量多少和布置的位置来定，目前在设计计算中通常是用模型试验的方法来确定附属体阻力，即将带有和不带有该附属体的模型在水池中试验，把所测得的结果进行比较来确定。

2. 潜艇水下减阻基本措施

1）保证艇体光滑的外形及注重艇体的整体设计降低摩擦阻力。试验表明，潜艇的摩擦阻力占总阻力的 60%~80%，因此，减少摩擦阻力对降低潜艇的总阻力至关重要。由于摩擦

阻力是由水的黏性产生的，光滑的艇体表面有助于贴近艇体层流形成，稳定的层流将有助于减少摩擦阻力，艇体外表面粗糙，就易产生湍流，从而加大摩擦阻力，因此必须将潜艇艇体的外表面做得尽量光滑。

2）对艇体实施聚合物喷射，以保证艇体的光滑表面降低摩擦阻力。1946 年，有位名叫汤姆森的专家发现，将某种微量的高分子聚合物注入艇体边界里，可以显著地降低潜艇的阻力，人们称这种现象为"汤姆森效应"。根据试验，在潜艇附面层喷射某聚合物，其摩擦阻力可降低 80%，假定该潜艇的形状阻力不变，则总阻力就减少到 50%。

3）采用弹性表皮，降低摩擦阻力。20 世纪 40 年代，美国人马克斯·克雷默发现可变形的皮肤可以降阻，并于 1947 年研制成一种蒙皮，据称，这种蒙皮可降低 40% 的摩擦阻力。20 世纪 70 年代初，苏联也进行了此项研究，他们采用一种柔性蒙皮进行降阻试验，如果处理得好，可使紧贴着柔性蒙皮的水流稳定在层流的范围内，从而降低潜艇的摩擦阻力。20 世纪 90 年代美国人将人工制成的海豚鲸脂柔性覆层用于潜艇外表面，对降低潜艇摩擦力有较好的降阻效果，不过采用弹性蒙皮降低摩擦阻力尚处在试验阶段，距实际应用尚有一段距离。

4）尽可能采用圆形的横剖面降低形状阻力。相同面积下圆的周长是最短的，所以，采用圆形的横剖面不但可以使艇体的浸湿表面积最小，而且使潜艇成为流线型回转体，绕流均匀对称，有利于防止产生局部流体分离现象，从而使形状阻力最小。

5）艏端采用圆钝头的形状降低形状阻力。从减少阻力观点出发，艏端形状也必须保证每吨排水量的浸湿表面积最小，采用流线型的圆钝头的艏端形状能满足这一要求。

6）尾部采用圆锥形尖尾降低形状阻力。采用这一形状，可保证尾部水流平顺匀称，避免边界层分离，因而有利于减少形状阻力，也有利于和尾推进器的配合。

随着全世界范围内科学技术的不断发展，不同的国家将会把不同的先进技术应用到潜艇的减阻增速上。降低潜艇水下航行阻力，提高潜艇的航速及续航力，将会在世界各国科技人员的努力之下获得越来越迅速的进步，具有高新性能的潜艇将会与日俱增。

思政专题：宗师巨匠　表率楷模——周培源

2022 年 8 月 28 日，"科学泰斗 国士无双——纪念周培源诞辰 120 周年主题展"在中国科技馆展出。主题展从大师初成、科技外交、捍卫和平、桃李满园、科学巨匠、科协工作、参政议政、家庭生活、反哺桑梓等方面，通过 196 幅历史图片和 47 件珍贵实物，系统回顾了周培源在我国科学研究、教书育人、国际科技交流、参政议政等方面的卓越贡献。中国科学技术史学会秘书长、中国科学院大学现代科学家研究中心主任罗兴波介绍，"周培源就像一座大山，离得越远，对大山的雄伟气势感受得越深刻。"大师已远去，处于新时代的人们越来越能感受到他的精神力量。

周培源（1902—1993），蜚声海内外的科学家、教育家和社会活动家，我国科技界的卓越领导人之一，近代力学事业的奠基人之一。生前为全国政协副主席，九三学社中央委员会名誉主席，中国科协名誉主席，北京大学教授，中国科学院院士。周培源是我国科学家中最早担任国际理论与应用力学联合会的理事、国际科学家联合会的理事及出席世界科学工作者协会全体大会的中国代表和首席代表。1962 年当选为世界科协副主席。

周培源于 1902 年 8 月出生在江苏宜兴县（现宜兴市）芳桥乡后村。1918 年春，周培源考入上海圣约翰大学附属中学，他积极参加了上海地区的学生运动。1919年，他考取了清华学校（清华大学前身）的插班生，因成绩优异，很快从中等科3年级跳至4年级。在清华期间，周培源非常重视人文知识学习，从中获益良多，但由于崇尚科学救国，他将更多的精力放在数理化学习上，大学期间撰写了数学论文《三等分角法二则》。1924年，他从清华以优异成绩毕业，随即被送往美国芝加哥大学数理系二年级学习。他先师从贝德曼，后改从数学家埃里克·坦普尔·贝尔（Eric Temple Bell）开展相对论方面的研究，并参加数学谱系计划（Mathematics Genealogy Project），他的博士论文"The Gravitational Field of a Body with Rotational Symmetry in Einstein's Theory of Gravitation"在答辩时受到高度赞扬，被授予博士论文的最高荣誉——最佳论文奖。随后，他到哈佛大学、普林斯顿大学和康奈尔大学做短期访问学习，并经巴黎去意大利参加了一次国际数学学术会议。这些短暂的访问、游历不仅大大地开阔了他的视野，还增添了他的艺术情趣。1928年10月，他从意大利来到德国莱比锡大学，在沃纳·卡尔·海森伯（Werner Karl Heisenberg，1932年获得诺贝尔物理学奖）教授领导下从事量子力学的研究，1929年他又应瑞士苏黎世高等工业学校沃尔夫冈·泡利（Wolfgang E·Pauli，1945年获得诺贝尔物理学奖）教授之邀，到瑞士继续从事量子力学研究。1929年秋，周培源回国，成为清华大学最年轻的物理学教授，主讲理论力学和相对论等理论物理的前沿课程。他在这个领域培养了王竹溪和彭桓武等知名学者，前者后来成了杨振宁的老师，后者则与王淦昌一起并称为"中国原子弹之父"。1936年，周培源利用学术休假的机会，赴美进入普林斯顿高等学术研究院，参加了由爱因斯坦主持的广义相对论研讨班，并从事相对论、引力论和宇宙论的研究，使得他与仰慕已久的科学巨匠近距离接触，受益甚大。

1937年，周培源学术休假期满即回国。抗战全国爆发后，周培源全家紧随清华师生一起转移，先后任长沙临时大学和西南联合大学物理系教授。环境虽艰难，周培源却迎难而上，一心想以科学救国的周培源，毅然转向了应用价值较大的流体力学难题：湍流理论的研究。日后成为大家的钱伟长、郭永怀等人也追随他从事涡流力学研究。1940年，他的第一篇论述湍流的论文，发表于该年的《中国物理学报》上，在国际上第一次提出了湍流脉动方程，并用求剪应力和三元速度关联函数满足动力学方程的方法建立了普通湍流理论，也就是这篇文章奠定了湍流模式理论的基础，该论文1982年获得国家自然科学二等奖。世界各国不少研究者循沿他的方法进行开拓，在国际上形成了一个"湍流模式理论"流派，因此在湍流领域，他被视为"计算机模拟之父"。1943年，周培源利用第二次学术休假的机会来到加州理工学院做学术研究，继续从事涡流力学研究。1945年在美国《应用数学》上，发表了题为《关于速度关联和湍流脉动方程的解》的论文，为现代湍流高阶模式理论奠定了基础，在国际上产生了重大影响，被国际科学界视为经典，至今仍被人们所引用。后来，周培源还参加了美国国防委员会战时科学研究与发展局海军军工试验站从事鱼雷投入水的战事科学研究。即便待遇优厚，周培源仍明确提出：不做美国公民。1947年，周培源举家告别美国优越的环境，回到祖国，继续执教于清华大学。

1949年1月31日，北平宣告和平解放。周培源兴奋地和两个女儿冒着扬沙的寒风，从清华园骑车进城，欢迎解放军进驻北平。没有多久，他年仅14岁的二女儿就参军南下，使周家成为清华大学教授中的第一户"光荣军属"。北平解放后，周培源先后出任清华大学教务长和校务委员会副主任等职，承担了大量的学校领导工作和教务工作，直到1952年全国高等学校院系调整之后，才离开清华大学到了北京大学，开始了又一个新的征程。

周培源在学术上的成就，主要为广义相对论中的引力论和流体力学中的湍流理论的研究。在广义相对论方面，他一直致力于求解引力场方程的确定解，并应用于宇宙论的研究。在湍流理论方面，他最早在国际上提出脉动方程，并建立了普通湍流理论。根据这一理论对若干流动问题做了具体计算，经过半个世纪的不懈努力，他的理论一步步得到完善。如今，这位国际公认的湍流模式理论奠基人——周培源的理论体系已相当完整，从各向同性的均匀流到剪切流动，从射流到尾涡……都可在一个统一的理论下得到解释。今天，我们虽仍不能说湍流问题已完全解决，但可以说，周培源的理论是当今世界上最为完整的湍流理论。

周培源常对他的女儿们说，"我并不聪明，但十分勤奋。中国有句俗话，以勤补拙，我就是这样做的。"在很多人看来，他早已功成名就，已可颐养天年。他却仍孜孜不倦地抓紧一切可以利用的零散时间，进行科学研究。无论工作多忙，只要一回家，不是坐在书桌前进行理论探索，就是专心致志地推演公式。周培源严谨治学，还表现在他对科学理论的发展规律有令人信服的精辟见解。他多次在一些学术会议上提出，一个新理论提出来，第一，要看它能不能说明旧理论已说明的物理现象；第二，要看它能不能说明旧理论所不能说明的物理现象；第三，要看它能否预见到新的尚未被观测到的物理现象，并为新的实验所证实。这三者都很重要，不可偏废。他还说，一个好的工作，首先要在物理上站得住脚，又有严谨的数学证明才行。光是数学漂亮，没有物理支持，不能解决实际问题的工作，不能称之为好的工作。这些都是他几十年的治学经验之谈，也是他身体力行的准则。

作为桃李满园的一代宗师，周培源将自己大部分时间贡献给了高等教育事业。他不仅培养出钱伟长、何泽慧、王大珩等赫赫有名的物理学大家，林家翘这样的国际知名学者，王竹溪、张宗燧、彭桓武、胡宁等中国科学院院士，还积累了丰富的教学经验，形成了自己的教书育人风格。其中最突出的是以他自己的学识、见解和治学、做人之道等人格魅力，感染、教育着一代又一代的青年学子。他的许多研究生、助手和后辈们更是忘不了这位恩师对他们的精心指导和谆谆教诲。他的几位当年的学生和助手都说，周先生十分重视对学生的基本训练，培养他们分析问题的能力，提出自己看法的能力，明辨科学是非的能力，解决实际问题的能力。他经常强调，学生的基础打不好，以后就别提了，并说读书不能满足读懂，而要能会用，才算掌握，力学尤其如此，单做习题是不够的，应该接触实际，学习解决实际问题的方法。他还特地把一位刚大学毕业、即将走上科研岗位的学生约到自己的书房里，郑重其事地他提出了如下三条建议。第一，在毕业后的一年内，要把过去所学的主要课程，不管对你现在的工作有没有用都复习一遍，有些可能你永远也用不上，但这些课程中的一些解决问题的思路、方法和技巧，很可能对你今后的工作会有重要启发。第二，搞科研像打仗一样，开始实力不够，不能搞全线出击，一定要重点突破，抓住一点深入下去。科研不同于教书，是创造性工作，千万不能搞万金油，样样通样样不精是不行的。第三，科研工作是十分艰苦的，一定要勤奋。我这个人就很笨，但我勤奋，要以勤补拙。这些至理名言，是他多年科研实践的总结，他的许多学生按他的教诲去做，都取得了非常好的效果。曾领导新中国科技工作多年的聂荣臻元帅曾为周培源题词"宗师巨匠，表率楷模"，是十分如实的评价。

周培源先生就是这样一位一身正气、满腔热情、远见卓识、德高望重、桃李满天下的教育家，他不仅在学术研究领域取得了举世瞩目的成就，而且给后世留下了丰厚的精神财富。

"思政内容"与现实的结合点

（1）周培源先生生逢乱世，却笃信科学救国，游学海外仍念故土，屡遭变故，终守信念，不懈追求科学真理，他给后世留下的无尽精神财富，与天地同在，日月同辉。他那热爱祖国、酷爱真理、坚持原则、顽强奋斗的精神，激励鼓舞我们砥砺奋进新征程、建功立业新时代。

（2）周培源先生将"独立思考、实事求是、锲而不舍、勤能补拙"作为自己一生的信守格言，几十年如一日，不停地思索着、探讨着，倾尽心血地工作着、奋斗着，为着科学、为着教育、为着世界和平、为着下一代人！他以自身渊博的学识和人格魅力赢得了广泛的敬重与认可，他对祖国、对国际和平事业、对科学家精神与责任的坚守，铸就了一座永载史册的丰碑，永远留在国际舞台上、留在世人心间。

课程思政素材出处

[1] 章道义. 周培源：中国科教界一颗明亮的星 [N]. 科技日报，2002-08-28.
[2] 章道义. 宗师巨匠 表率楷模：纪念周培源诞辰100周年 [J]. 中国科学院院刊，2002（6）：446-450.
[3] 颜大椿. 周培源湍流理论的实验研究：纪念周培源先生诞辰一百二十周年 [J]. 力学与实践，2022，44（5）：1230-1233.
[4] 林建忠. 往事越卅年：写在周培源先生诞辰双甲子之际 [J]. 力学与实践，2022，44（5）：1221-1224.
[5] 接玉松. 生命因科学而精彩：纪念周培源诞辰120周年 [J]. 世纪风采，2022（8）：15-17.

思 考 与 练 习

1. 层流和湍流的基本特征有何不同？雷诺数为什么能够判断流态？

2. 两个不同管径的管道，通过不同黏性的流体，两者的临界雷诺数和临界流速是否相同？

3. 什么是层流底层？它对湍流分析有何影响？

4. 尼古拉兹实验将管道流动分为几个区来计算沿程阻力损失系数？

5. 局部损失和沿程损失各自产生的机理是什么？

6. 管道直径 $d=100\text{mm}$，输送水的流量为10kg/s，如水温为5℃，试确定管内水流的流态。如用此管输送同样质量流量的石油，已知石油密度 $\rho=850\text{kg/m}^3$，运动黏度 $\nu=1.14\text{cm}^2/\text{s}$，试确定石油流动的流态。

7. 有一供试验用的圆管，直径为15mm，用其进行沿程水头损失试验，测量段的长度为4.0m，问：

（1）当流量为 $2\times10^{-5}\text{m}^3/\text{s}$ 时，水流是层流还是湍流？

（2）此时测量段的沿程水头损失多大？

（3）当水流处于由层流至湍流的临界转变点时，测量段的测压管水头差为多少。（试验水温为10℃）

8. 设有一均匀流管路，直径 $d=200\text{mm}$，水力坡度 $J=0.008$，试求边壁切应力 τ_0 和 $l=200\text{m}$ 长管路上的沿程损失。

9. 设圆管直径 $d=200\text{mm}$，管长 $l=1000\text{m}$，输送石油的流量 $Q=40\text{L/s}$，运动黏度 $\nu=1.6\text{cm}^2/\text{s}$，求沿程水头损失。

10. 烟囱的直径 $d=1m$，通过的烟气流量 $Q=18000kg/h$，烟气的密度 $\rho=0.7kg/m^3$，外面大气的密度按 $\rho=1.29kg/m^3$ 考虑，如烟道的 $\lambda=0.035$，要保证烟囱底部的负压不小于 $100N/m^2$，烟囱的高度至少应为多少？

11. 图 6.25 所示的水平突然扩大管路，已知直径 $d_1=5cm$，直径 $d_2=10cm$，管中水流量 $q=0.02m^3/s$。试求 U 形管束压差计中的压差读数 Δh。

12. 某管直径为 200mm，流量为 $0.06m^3/s$，该管原有一个 $90°$ 的折角，如图 6.26a 所示。今欲减少其水头损失，拟换为两个 $45°$ 的折角，如图 6.26b 所示，或者换为一个 $90°$ 的缓弯（转弯半径 $R=1m$），如图 6.26c 所示。问两者与原来折角相比，各减少局部水头损失多少？哪个减少得最多？

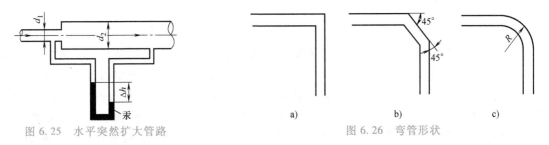

图 6.25　水平突然扩大管路　　　　　　　　　　　　　图 6.26　弯管形状

13. 如图 6.27 所示，两水池水位恒定，已知管道直径 $d=10cm$，管长 $l=20m$，沿程阻力系数 $\lambda=0.042$，三个 $90°$ 弯头的总局部阻力系数 $\xi_{弯}=0.8$，$\xi_{阀}=0.26$，通过流量 $Q=65L/s$，试求水池水面高差 H。

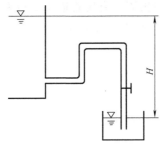

图 6.27　两水池吸水装置

14. 一段直径 $d=100mm$，管长 $l=10m$。其中有两个 $90°$ 的弯管（$d/R=1.0$），管道沿程阻力系数 $\lambda=0.037$。如拆除这两个弯管而管段长度不变，作用于管段两端的总水头也维持不变，问管段中的流量能增加百分之几？

　　本项目将要讨论的孔口、管嘴出流和有压管流，是工程中常见的流动现象，例如给水排水工程中的各类取水、泄水孔中的水流，某些流量量测设备，通风工程中通过门、水力采煤用的水轮、消防用的龙头、汽油机中的汽化器，柴油机中的喷嘴，火炮中的驻退机，车辆中的减震器等都与孔口出流有关；水流经过路基下的有压短涵管、水坝中油水管、消防水枪和水力机械化施工用的水枪等属于管嘴出流；有压管流则是市政建设、给水排水、采暖通风、交通运输、水利水电等工程中最常见的流动。本项目将主要运用总流的连续性方程、伯努利方程和能量损失规律，来研究孔口、管嘴与有压管道的过流能力（即流量）、流速与压强的计算及其工程应用。将孔口、管嘴出流和有压管道流动归为一类，这是因为它们的流动现象和计算原理相似，而且通过从短（孔口）到长（长管）的讨论，可以更好地理解和掌握这一类流动现象的计算基本原理和相互之间的区别。

【案例导入】

滴灌技术让以色列江山如此多娇

　　以色列三分之二的面积是沙漠和荒山，土地贫瘠而又干旱。其北部是崎岖的高地，中部是丘陵地带，由中部向南延伸是沙漠地区。这里人均水资源仅有世界平均水平的 3%，大约相当于江苏的 1/10，全国有两万多平方公里面积严重干旱缺水，适宜农业土地的面积不足20%，贫瘠程度令人咋舌。19 世纪末，美国作家马克·吐温来到这里，失望地写道：在所有景色凄凉的地方中，这儿首当其冲，这里寸草不生，死气沉沉。然而，100 多年后的今天，以色列街头却是桃红柳青，菜果鲜脆欲滴的景象。什么原因让以色列有如此巨大的变化，那就是大家早已熟知的以色列滴灌技术。

　　在以色列农耕区，每隔一两百米就能看到地下埋藏着（为了减少蒸发）一米多直径的黑色塑料储水罐。从罐中引出的蓝白色输水干管，和大田上无数滴灌和喷灌系统相连，就是这些密如蛛网的浇灌管线，让毫无生机的浩瀚沙海长出了品种繁多、高产稳产和无污染的蔬果，不仅满足了本国人的需要，还成为大宗的出口之物。其中，水果中的柑橙、香瓜、西瓜、樱桃、葡萄、草莓、柚子、柠檬，蔬菜中的甜椒、西红柿、青豆、土豆、黄瓜、莴苣以及优质种子等畅销欧美各国，赢得了"欧洲果园"和"冬季厨房"的美名。著名的"沙漠红"西红柿，更成为有口皆碑的世界名品。图 7.1 所示为以色列的滴灌系统。

　　1. 偶然发现的滴灌技术

　　1962 年，一位生活在以色列北方的农艺师斯迈哈·博拉斯，无意之中看见自家花园一

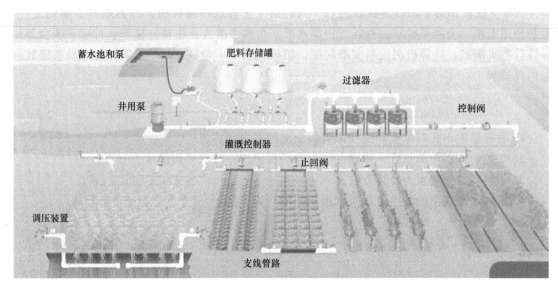

图 7.1　以色列的滴灌系统

角，有一片植物长得特别青翠茂盛。他细细察看原因，发现长势良好的植物下，一条浇花用的水管刚好有一个极为微小的破损，不断向外渗出小水滴，使地表始终保持湿润，于是，植物出现了异于平常的生态。他突然悟道：小水滴一点点地渗出，不仅有助植物生长，而且还能减少蒸发，灌溉效果自然好。如果能在荒芜的南部沙漠应用这种"滴灌"手段，很可能会创造出意想不到的奇迹。于是，斯迈哈·博拉斯与儿子一起联手，由他构思灌溉总体布局，儿子制作滴头，终于发明了滴灌技术。

2. 滴灌技术的原理

滴灌技术的原理说起来很简单，就是在植物根部土壤铺设水管，并在管侧开眼，配上微型开关，让水流通过管线和滴头，将植物生长所需的清水、肥料，一滴一滴几乎毫不浪费地输送到植物根部，就如自来水和电流通过管线进入千家万户一样。然而，让水、肥均衡地渗滴到每棵作物上，其实还要解决很多技术问题，如制造塑料管、接头、滴头和过滤器的材质，要保证在烈日暴晒和风沙侵袭下不堵不塞，耐酸碱和抗老化。

3. 滴灌技术的优势

滴灌拥有其他灌溉方式无法比拟的优点：由于侧管上每个滴头的滴水量均匀一致，即使在中等坡度梯田也能使用，随着技术进步，陡坡地势及较远距离的滴水速度也能一致；把肥料加到水中，经过滴头直接施到植物上直达植物根系，达到节水、节肥的效果；可根据土壤质地的差异，设计最佳灌溉水量，减少水分向根区外渗漏；最大限度抑制杂草生长，同时保护作物种植行间土壤干燥，便于农事操作；是最理想的节水灌溉方式。灌溉用水量和植物吸引水量之间的比值，称作水的利用效率。据称，滴灌的用水效率可达95%，而漫灌、喷灌则分别只有45%和75%。

4. 滴灌在以色列的发展

发明滴灌以后，以色列农业用水总量30年来一直稳定在 13 亿 m^3，农业产出却翻 5 番。由于管道和滴灌技术的成功，全国灌溉面积从 16.5 亿 m^2 增加到 22 亿~25 亿 m^2，耕地从 16.5 亿 m^2 增加到 44 亿 m^2。目前，以色列滴灌设备生产者每年都会推出 5~10 种新产品，

80%的灌溉设备都用于出口。在以色列，人们甚至更喜欢沙漠种植，因为烈日干旱使光合、蒸腾作用更强，土地不板结，可任意控制水肥。南部沙漠大片柑橘、柚子、柠檬果园全部用遥控计算机灌溉，计算机测定果实酸甜度，机械化采摘、包装、运输，24h内水果就摆放在国内外货架上。

【教学目标】

1. 掌握薄壁小孔口出流和圆柱形管嘴出流的水力计算；
2. 掌握短管、简单长管、串联并联长管沿程泄流、枝状管网的水力计算；
3. 了解环状管网水力计算方法；
4. 了解水击现象的发生过程及水击压强的计算方法。

任务1 孔口出流

1. 孔口出流的分类

（1）薄壁孔口和厚壁孔口　如图7.2a所示，当水流从孔口出流时，由于惯性作用，流线不能在孔口处急剧地成折角地改变方向，因此，水流在出孔口后有收缩现象，在出孔口后约$d/2$处，收缩完毕。该处的过流断面$c—c$称为收缩断面。

薄壁孔口：如果液体具有一定的流速，能形成射流，且孔口具有尖锐的边缘，此时边缘厚度的变化对于液体出流不产生影响，这种孔口称为薄壁孔口。薄壁孔口的壁面厚度l与孔口直径d的比值小于或等于2，即$l/d \leqslant 2$，如图7.2a所示。

厚壁孔口：如果液体具有一定的速度，能形成射流，此时虽然孔口也具有尖锐的边缘，射流也可以形成收缩断面，如图7.2b中的断面$c—c$，但由于孔壁较厚，壁厚对射流影响显著，射流收缩后又扩散至壁面，这种孔口称为厚壁孔口或外伸管嘴，有时也称为长孔口。厚壁孔口的壁面厚

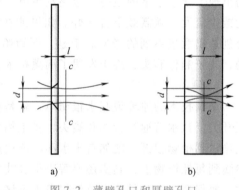

图7.2　薄壁孔口和厚壁孔口

度l与孔口直径d的比值大于2而小于或等于4，即$2<l/d \leqslant 4$，如图7.2b所示。

液体从薄壁孔口出流时，没有沿程阻力损失，只有收缩而产生的局部阻力损失，而液体从厚壁孔口出流时不仅有收缩的局部阻力损失，而且还有沿程阻力损失。

收缩断面$c—c$上的流线几乎已达到平行状态，若收缩断面面积以A_c表示，孔口断面面积以A表示，则两者比值

$$\frac{A_c}{A} = \varepsilon$$

式中，ε称为收缩系数。因为$A_c<A$，所以$\varepsilon<1$。对圆孔口，由实验得到$\varepsilon=0.60 \sim 0.64$。除孔口的开口形状外，收缩系数的大小还与孔口边缘的情况和孔口离开容器侧壁和底边的距离有关。除了开孔壁面以外，容器的其他各壁面都有可能影响到孔口来流的收缩程度。当孔口离

其他各壁面都较远时，来流在四周呈现收缩，称为**全部收缩**，如图 7.3 中孔口Ⅰ、Ⅲ和Ⅳ；若不能四周收缩，则称为**不全部收缩**，如图 7.3 中孔口Ⅱ。全部收缩又分为完善收缩和不完善收缩。当孔口离容器各壁面的距离足够大时（$l_1 > 3a$ 且 $l_2 > 3b$），来流在四周的收缩较充分，收缩系数 ε 与距离 l_1 和 l_2 无关，称为**完善收缩**（孔口Ⅳ），否则称**不完善收缩**（孔口Ⅰ和Ⅲ）。

（2）大孔口和小孔口　以孔口断面上流速分布的均匀性为衡量标准，如图 7.4 所示。如果孔口断面上各点的流速是均匀分布的，则称为小孔口，小孔口的水头 H 大于 10 倍孔径 d，即 $H/d > 10$；如果孔口断面上各点的流速相差较大，不能按均匀分布计算，则称为大孔口，大孔口的水头 H 小于或等于 10 倍孔径 d，即 $H/d \leqslant 10$。

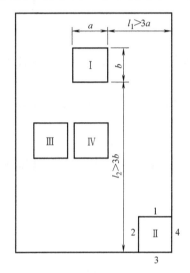

图 7.3　孔口位置与孔口收缩

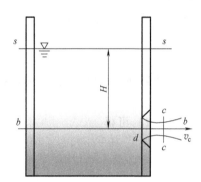

图 7.4　大孔口与小孔口

（3）定常出流和非定常出流　以孔口的流量和流速的定常性为衡量标准，如果孔口出流过程中容器内液面位置保持不变，即孔口的流量和流速都不随时间变化，则称为孔口的定常出流；如果孔口出流过程中容器内液面位置有变化，即孔口的流量和流速都会随时间变化，则称为孔口的非定常出流。

（4）自由出流和淹没出流　以出流的下游条件为衡量标准，如果流体经过孔口后出流于大气中，不受下游水位的影响，则称为自由出流；如果出流于充满液体的空间，则称为淹没出流。尽管出流条件不同，自由出流和淹没出流的流动特征和计算方法完全相同。

2. 薄壁小孔口自由出流

下面讨论薄壁小孔口的出流规律。设孔口在出流过程中，容器内水位保持不变，则水流经孔口做恒定出流。如图 7.5 所示，给出一自由出流薄壁小孔口，以通过孔口形心的水平面 0—0 为基准面，列水箱液面 1—1 与收缩断面 c—c 的能量方程

$$z_1 + \frac{p_1}{\gamma} + \frac{\alpha_1 v_1^2}{2g} = z_c + \frac{p_c}{\gamma} + \frac{\alpha_c v_c^2}{2g} + h_w$$

式中，h_w 为孔口出流的能量损失。考虑到两断面间流程较短，沿程水头损失可忽略不计。

由于薄壁、厚壁孔口或管嘴的能量损失都只发生在局部范围，对比整个管路流动而言，孔口或管嘴只发生局部损失。设薄壁孔口的局部阻力系数为 ξ_c，则

$$h_w = h_j = \xi_c \frac{v_c^2}{2g}$$

上述能量方程经移项整理得

$$\frac{\alpha_1 v_1^2}{2g} + \left(z_1 + \frac{p_1}{\gamma}\right) - \left(z_c + \frac{p_c}{\gamma}\right) = (\alpha_c + \xi_c)\frac{v_c^2}{2g}$$

令

$$H_0 = \left(z_1 + \frac{p_1}{\gamma}\right) - \left(z_c + \frac{p_c}{\gamma}\right) + \frac{\alpha_1 v_1^2}{2g} \qquad (7.1)$$

则有

$$H_0 = (\alpha_c + \xi_c)\frac{v_c^2}{2g} \qquad (7.2)$$

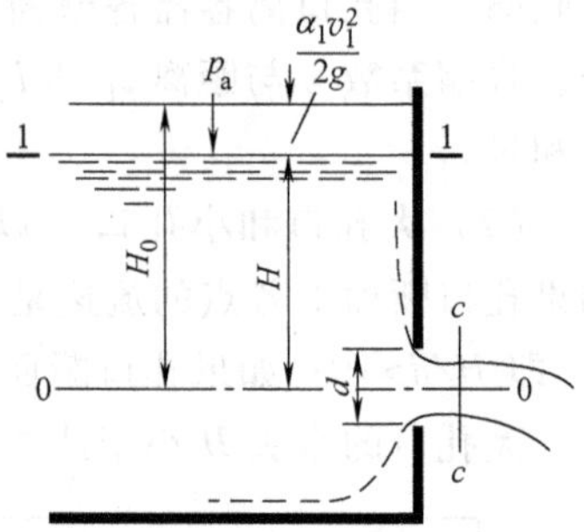

图 7.5　薄壁小孔口自由出流

式中，H_0 称为孔口的作用水头。由式（7.1）可知，其实质是上游水箱液面的测压管水头与孔口收缩断面的测压管水头之差。

当容器为开口时，$p_1 = p_c = p_a$，相比较于 v_c，自由液面 v_1 的值很小，可忽略不计，即 $v_1 \approx 0$，则

$$H_0 = z_1 - z_c = H$$

对于其他条件下孔口出流 H_0 的计算，应从 H_0 的定义式（7.1）出发，视其具体条件简化而定。

由式（7.2）可得

$$v_c = \frac{1}{\sqrt{\alpha_c + \xi_c}} \times \sqrt{2gH_0}$$

设

$$\frac{1}{\sqrt{\alpha_c + \xi_c}} = \varphi \qquad (7.3)$$

则流速计算公式为

$$v_c = \varphi\sqrt{2gH_0} \qquad (7.4)$$

式中，v_c 为孔口自由出流收缩断面 c—c 上实际流体的流速，单位为 m/s；φ 为孔口的流速系数。实验测得，对圆形薄壁小孔口，$\varphi = 0.97 \sim 0.98$。

下面讨论流速系数 φ 的物理意义。对理想流体，不考虑能量损失，即 $\xi_c = 0$，若 $\alpha_c = 1$，则 $\varphi = 1$，其速度

$$v_c' = \sqrt{2gH_0}$$

与式（7.3）比较可得

$$\varphi = \frac{v_c}{v_c'} = \frac{\text{实际流体的速度}}{\text{理想流体的速度}}$$

接下来推导通过孔口的流量计算公式。用 $A_c = \varepsilon A$ 代入流量计算公式 $Q = v_c A_c$，可得

$$Q = v_c \varepsilon A = \varepsilon \varphi A \sqrt{2gH_0}$$

令 $\mu = \varepsilon\varphi$，则得

$$Q = \mu A \sqrt{2gH_0} \qquad (7.5)$$

式中，Q 为孔口自由出流的流量，单位为 m^3/s；μ 为孔口的流量系数；对圆形薄壁小孔口，$\mu = 0.60 \sim 0.62$。

式（7.5）就是孔口自由出流的流量计算公式。实际应用时，根据孔口的具体条件确定 μ 和 H_0。

3. 薄壁小孔口淹没出流

如前所述，当流体由孔口出流到流体空间称为淹没出流，下面讨论的是等密度流体的淹没出流，如图 7.6 所示。

仍以通过孔口形心的水平面为基准面，取水箱两侧上下游自由液面 1—1 与 2—2 列能量方程

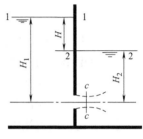

图 7.6　薄壁小孔口淹没出流

$$z_1 + \frac{p_1}{\gamma} + \frac{\alpha_1 v_1^2}{2g} = z_2 + \frac{p_2}{\gamma} + \frac{\alpha_2 v_2^2}{2g} + h_{w1-2}$$

式中，h_{w1-2} 为孔口淹没出流的能量损失。忽略上、下游两断面间的沿程水头损失。对孔口淹没出流，出流水股经孔口形成收缩后还有一个扩散段。因此局部水头损失包括孔口收缩的局部水头损失（设局部阻力系数为 ξ_c）和收缩断面 c—c 之后突然扩大的局部水头损失（设局部阻力系数为 ξ_k）。则

$$h_w = h_j = (\xi_c + \xi_k)\frac{v_c^2}{2g}$$

令

$$H_0 = \left(z_1 + \frac{p_1}{\gamma} + \frac{\alpha_1 v_1^2}{2g}\right) - \left(z_2 + \frac{p_2}{\gamma} + \frac{\alpha_2 v_2^2}{2g}\right) \qquad (7.6)$$

将上述条件代入能量方程得

$$H_0 = (\xi_c + \xi_k)\frac{v_c^2}{2g}$$

则

$$v_c = \frac{1}{\sqrt{\xi_c + \xi_k}} \times \sqrt{2gH_0} \qquad (7.7)$$

令 $\varphi = \dfrac{1}{\sqrt{\xi_c + \xi_k}}$，代入式（7.7）有

$$v_c = \varphi \sqrt{2gH_0} \qquad (7.8)$$

式（7.7）为液体淹没出流流速计算公式。式中，H_0 为淹没出流作用水头，根据具体条件确定。由式（7.6）可知，H_0 实质上是孔口上、下游液面的总水头之差。在图 7.5 所示条件下：$p_1 = p_c = p_a$（容器敞开），又 $v_1 = 0$，$v_2 = 0$，则 $H_0 = H_1 - H_2 = H$，即为水箱两侧液面间的位置水头差。

φ 为淹没出流流速系数。因为 2—2 断面比 c—c 断面大得多，所以突然扩大局部阻力系数 $\xi_k = \left(1 - \dfrac{A_c}{A_2}\right)^2 \approx 1$，则 $\varphi = \dfrac{1}{\sqrt{1+\xi_c}}$。对比自由出流的 φ 值，在孔口形状、尺寸相同条件下，两者数值上相等。但物理意义有所不同。

淹没出流的流量计算公式 $Q = v_c A_c$；引入孔口收缩系数 $\varepsilon = \dfrac{A_c}{A}$，并将式（7.8）代入得

$$Q = \varepsilon \varphi A \sqrt{2gH_0} = \mu A \sqrt{2gH_0} \tag{7.9}$$

式（7.9）中流量系数 μ 与自由出流的 μ 值完全相同。

孔口自由出流与淹没出流的流速与流量计算公式形式上完全相同，μ、φ 值在孔口条件相同下也相等。但应注意式（7.1）与式（7.6）中作用水头 H_0 物理意义上的差异，在实际应用时，应根据出流的具体条件简化确定。

气体出流一般为淹没出流。只需用压强差 Δp_0 代替作用水头 H_0，有 $\Delta p_0 = \gamma H_0$。由于气体容重较小，可忽略孔口前后总水头差中的位置水头项。则 Δp_0 即为孔口上、下游气体的全压差

$$\Delta p_0 = \left(p_1 + \frac{\rho}{2}\alpha_1 v_1^2\right) - \left(p_2 + \frac{\rho}{2}\alpha_2 v_2^2\right)$$

由式（7.4）与式（7.5）可推导得孔口气体淹没出流的流速与流量计算公式

$$v_c = \varphi \sqrt{2g\frac{\Delta p_0}{\gamma}} = \varphi \sqrt{\frac{2}{\rho}\Delta p_0} \tag{7.10}$$

$$Q = \mu A \sqrt{2g\frac{\Delta p_0}{\gamma}} = \mu A \sqrt{\frac{2}{\rho}\Delta p_0} \tag{7.11}$$

式中，γ 为气体的容重，单位为 N/m^3；ρ 为气体的质量密度，单位为 kg/m^3。

例 7-1　在薄壁水箱上开一孔径 $d = 10mm$ 的圆孔，水箱水面位于孔口中心高度 $H = 4m$，孔口中心离地面高度 $z = 5m$，如图 7.7 所示。通过实验，测定射流与地面相交点中心距离水箱壁 $x = 8.676m$，孔口出流量 $Q = 0.43$ L/s。如不计射流受空气的阻力，求此孔口出流的流速系数 φ、流量系数 μ 和局部阻力系数 ξ 值。

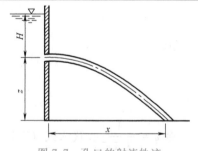

图 7.7　孔口的射流轨迹

【解】　孔口 $d = 0.01m$，$H = 4m$，$d/H < 0.1$，故属于小孔口出流。

由射流轨迹，应用抛物体公式

$$z = \frac{gt^2}{2}$$

$$x = vt$$

可得

$$v = \sqrt{\frac{gx^2}{2z}} = \sqrt{\frac{9.8 \times 8.676^2}{2 \times 5}} \, \text{m/s} = 8.589 \, \text{m/s}$$

由式 (7.4) 可得

$$\varphi = \frac{v}{\sqrt{2gH}} = \frac{8.589}{\sqrt{2 \times 9.8 \times 4}} = 0.97$$

由式 (7.3) 可得

$$\xi = \frac{1}{\varphi^2} - 1 = \frac{1}{0.97^2} - 1 = 0.06$$

$$\mu = \frac{Q}{A\sqrt{2gH}} = \frac{0.00043}{\frac{\pi}{4} \times 0.01^2 \sqrt{2 \times 9.8 \times 4}} = 0.6187$$

则

$$\varepsilon = \frac{\mu}{\varphi} = \frac{0.6187}{0.97} = 0.6378$$

例 7-2　如图 7.8 所示,一具有表面压强 p_0 (相对压强) 的液体容器,经孔口出流。试分析 $H_2 = 0$,$p_c = p_a$ 时自由出流与 $H_2 \neq 0$ 时的淹没出流的流量计算公式。

【解】　两种出流条件下流量计算公式的形式相同,为

$$Q = \mu A \sqrt{2gH_0}$$

由具体出流条件确定 H_0 值,μ 取 $0.60 \sim 0.62$。

(1) $H_2 = 0$,$p_c = p_a$ 自由出流时,H_0 为 1—1 断面的总水头与 c—c 断面上的测压管水头差

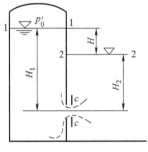

图 7.8　气体淹没出流

$$H_0 = H_1 + \frac{p_0' - p_c}{\gamma} + \frac{\alpha_1 v_1^2}{2g}$$

其中,p_0' 为液面的绝对压强。

代入已知条件:$v_1 \approx 0$,$p_c = p_a$,得

$$H_0 = H_1 + \frac{p_0' - p_a}{\gamma} = H_1 + \frac{p_0}{\gamma}$$

将上式代入流量计算公式得

$$Q = (0.60 \sim 0.62) A \sqrt{2g\left(H_1 + \frac{p_0}{\gamma}\right)}$$

(2) $H_2 \neq 0$ 时为淹没出流,H_0 为 1—1 断面与 2—2 断面上的总水头差,则

$$H_0 = (H_1 - H_2) + \frac{p_0' - p_a}{\gamma} + \frac{\alpha_1 v_1^2}{2g} - \frac{\alpha_2 v_2^2}{2g}$$

若 $v_1 = v_2 \approx 0$，则

$$H_0 = (H_1 - H_2) + \frac{p_0}{\gamma} = H + \frac{p_0}{\gamma}$$

将上式代入流量计算公式得

$$Q = (0.60 \sim 0.62)A\sqrt{2g\left(H + \frac{p_0}{\gamma}\right)}$$

4. 大孔口出流

当孔口直径与孔口形心在水面下的深度即作用水头的比值超过 1/10 即 $\frac{d}{H} > \frac{1}{10}$ 时，即为大孔口出流。此时，孔口断面上的流动参数分布不均匀。如图 7.9 所示的闸孔出流，此时的流动为不完善收缩，可以通过实验确定其流速及流量。大孔口出流的流量计算公式也可写成式（7.5），其中由于大孔口的收缩系数 ε 值较大，因而流量系数 μ 值也较大，见表 7.1。关于闸孔出流，在水利和市政工程中应用较多，闸孔出流虽属大孔口出流，但其边界影响较

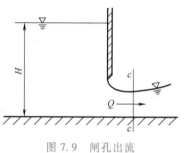

图 7.9 闸孔出流

大，其流量系数 μ 受闸门的相对开度、闸门类型、闸底板的形式等因素的影响，一般通过实验或用经验公式确定，对一般中小工程也可参考表 7.1 选用，但对主要的大型工程则一定要通过实验论证。

表 7.1 大孔口出流的流量系数

序 号	收缩情况	流量系数 μ
1	四周不完善收缩	0.70
2	无底部收缩、有侧收缩	0.65 ~ 0.70
3	无底部收缩、有很小的侧收缩	0.70 ~ 0.75
4	无底部收缩、有极小的侧收缩	0.80 ~ 0.90

5. 孔口非恒定出流

在实际工程中，还会遇到在变水头下的非恒定流动。即孔口出流过程中，容器内水位随时间变化，导致孔口的流量随时间变化的流动，称为孔口的非恒定即变水头出流。例如，油箱放油孔放油时，容器油箱的液面是连续不断地变化的，因而油液经底部孔口的出流是非恒定流动，此时，应考虑油液流动的惯性力。容器泄流时间、蓄水库的流量调节等问题，都可按非恒定出流计算。

当孔口的过流面积远小于容器的横截面面积时，容器液面的变化相当缓慢，非恒定流的惯性项可以忽略不计，则可把整个出流过程划分为许多微元时段，在每一微元时段内，认为出流水头不变，可当作恒定流处理，孔口出流的基本公式仍适用，这样就把非恒定流问题转

化为恒定流处理。由于各时段之间的水头不同，所以总体上还是非恒定流，时段分得越小就越接近实际。图 7.10 所示为一柱形容器，其断面面积为 Ω。由于水箱没有水源补充，水箱中水位随水的流出而逐渐下降，其流动为非恒定出流。

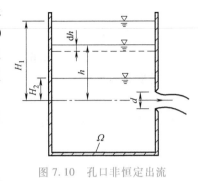

图 7.10 孔口非恒定出流

设某时刻容器中液面高度 h，在微元时段 dt 内，孔口流出的体积为

$$dV = Qdt = \mu A \sqrt{2gh}\, dt$$

根据体积相等的原则，孔口流出的体积应等于该时段由于水面下降使容器内减少的体积，即

$$dV = \Omega dh$$

于是

$$\mu A \sqrt{2gh}\, dt = \Omega dh$$

$$dt = \frac{\Omega}{\mu A \sqrt{2g}} \times \frac{dh}{\sqrt{h}}$$

设在 $t=0$ 和 $t=T$ 两时刻容器内的水头分别为 H_1、H_2，对上式积分得

$$T = \int_0^T dt = \int_{H_1}^{H_2} \frac{\Omega}{\mu A \sqrt{2g}} \times \frac{dh}{\sqrt{h}} = \frac{2\Omega}{\mu A \sqrt{2g}}(\sqrt{H_1} - \sqrt{H_2}) \tag{7.12}$$

即为水位由 H_1 降至 H_2 所需时间。

当 $H_2=0$ 时，即得容器放空时间

$$T_0 = \frac{2\Omega}{\mu A \sqrt{2g}}\sqrt{H_1} = \frac{2\Omega H_1}{\mu A \sqrt{2gH_1}} = \frac{2V}{Q_{max}} \tag{7.13}$$

式中，V 为容器放空的体积；Q_{max} 为初始出流时的最大流量。

式（7.13）说明，变水头出流容器的放空时间等于在起始水头 H_1 的作用下，流出同体积液体所需时间的两倍，或非恒定出流排空容器所需时间是在起始水头 H_1 作用下恒定出流的两倍。

应当指出，上述出流时间和放空时间一般只适用于孔口断面面积与容器断面面积之比很小的情况。应特别指出，当孔口开在容器底部时，液面降低到接近孔口，液流会出现旋涡，液体不再充满孔口，上述公式则不再适用。

例 7-3 贮水槽如图 7.11 所示，底面积 $\Omega = 3m \times 2m$，贮水深 $H_1 = 4m$。由于锈蚀，距槽底 $H_2 = 0.2m$ 处形成一个直径 $d = 5mm$ 的孔洞。试求在水位恒定和因漏水水位下降两种情况下一昼夜的漏水量。

【解】 （1）水位恒定时，孔口出流量按薄壁小孔口恒定出流公式（7.5）计算。取 $\mu = 0.62$，孔口面积

$$A = \frac{\pi d^2}{4} = \frac{\pi \times 0.005^2}{4} m^2 = 1.963 \times 10^{-5} m^2$$

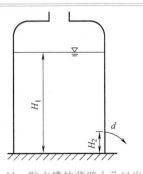

图 7.11 贮水槽的薄壁小孔口出流

$$H = H_1 - H_2 = 4\text{m} - 0.2\text{m} = 3.8\text{m}$$

代入公式（7.5）得

$$Q = \mu A \sqrt{2gH} = (0.62 \times 1.963 \times 10^{-5} \times \sqrt{2 \times 9.8 \times 3.8}) \, \text{m}^3/\text{s} = 1.05 \times 10^{-4} \, \text{m}^3/\text{s}$$

一昼夜的漏水量为

$$V = Qt = (1.05 \times 10^{-4} \times 3600 \times 24) \, \text{m}^3 = 9.07 \, \text{m}^3$$

（2）因漏水水位下降时，一昼夜的漏水量可按孔口非恒定出流计算。由式（7.12）得

$$T = \frac{2\Omega}{\mu A \sqrt{2g}} (\sqrt{H} - \sqrt{H_3})$$

$$24 \times 3600 = \frac{2 \times 6}{0.62 \times 1.963 \times 10^{-5} \times \sqrt{2 \times 9.8}} (\sqrt{3.8} - \sqrt{H_3})$$

解得 $H_3 = 2.44\text{m}$，水位下降时一昼夜的漏水量为

$$V = (H - H_3) \times \Omega = [(3.8 - 2.44) \times (3 \times 2)] \, \text{m}^3 = 8.16 \, \text{m}^3$$

任务 2 管嘴出流

当孔口壁厚 $l = (3\sim4)d$ 或在孔口处连接一段长 $l = (3\sim4)d$ 的短管，液体通过短管并在出口断面满管流出的水力现象称为**管嘴出流**。管嘴出流的特点是：当流体进入管嘴后，同样形成收缩，在收缩断面 c—c 处流体与管壁分离，形成旋涡区，然后又逐渐扩大，在管嘴出口断面上，流体重新完全充满整个断面。管嘴出流虽然有沿程水头损失，但与局部水头损失相比较小，可以忽略不计，水头损失仍以局部水头损失为主。工程上常见的管嘴类型如图7.12所示。

1. 圆柱形外管嘴恒定出流

各类管嘴虽不完全相同，但它们有许多共性。下面以圆柱形外管嘴为例，对流动现象进行分析。

（1）自由出流 在孔口上外接长度 $l = (3\sim4)d$ 的短管，就形成了圆柱形外管嘴。如图7.13所示，水流进入管嘴口不远处，形成收缩断面 c—c，流经 c—c 后又逐渐扩张直至充满全管泄出。

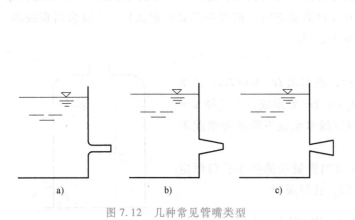

图 7.12 几种常见管嘴类型

a）流线型管嘴 b）圆锥形收敛管嘴 c）圆锥形扩张管嘴

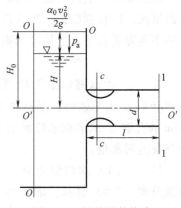

图 7.13 圆柱形外管嘴

设水箱水位保持不变，以通过管嘴中心的水平面 O'—O' 为基准面，列容器内过流断面 O—O 和管嘴出口断面 1—1 的伯努利方程为

$$H+\frac{\alpha_0 v_0^2}{2g}=0+\frac{\alpha_1 v_1^2}{2g}+h_{w0-1}$$

令 $H_0=H+\frac{\alpha_0 v_0^2}{2g}$，又因为管嘴较短，沿程水头损失与局部水头损失相比较小，可以忽略不计，水头损失以局部水头损失为主，故上式变为

$$H_0=(\alpha_1+\xi_n)\frac{v_1^2}{2g}$$

$$v_1=\frac{1}{\sqrt{\alpha_1+\xi_n}}\times\sqrt{2gH_0}=\varphi_n\sqrt{2gH_0} \tag{7.14}$$

式中，ξ_n 为管嘴阻力系数，相当于管道直角进口的局部阻力系数，$\xi_n=0.5$；H_0 为作用水头，$H_0=H+\frac{\alpha_0 v_0^2}{2g}$，当 $v_0\approx0$ 时，$H_0\approx H$；φ_n 为管嘴的流速系数，$\varphi_n=\frac{1}{\sqrt{\alpha_1+\xi_n}}=\frac{1}{\sqrt{1+0.5}}=0.82$。

通过管嘴的流量为

$$Q=Av_1=\varphi_n A\sqrt{2gH_0}=\mu_n A\sqrt{2gH_0} \tag{7.15}$$

式中，μ_n 为圆柱形外管嘴的流量系数，因出口无收缩，$\varphi_n=\mu_n$。

比较孔口出流公式 (7.5) 和管嘴出流公式 (7.15)，二者形式完全相同，但流量系数不同：$\mu=0.62$，$\mu_n=0.82$，$\mu_n=1.32\mu$。可见，同样的水头、同样的过流面积，管嘴的过流能力是孔口过流能力的 1.32 倍。因此，管嘴常用作泄水管。

类似地，可推出管嘴淹没出流的基本公式。其公式形式、流速系数和流量系数与自由出流完全相同，其中淹没出流中的作用水头 H_0 为上、下游水位差。

(2) 柱状管嘴内的真空度 孔口外加了管嘴，增加了阻力，但流量并未减少，反而增加，这是因为收缩断面处出现真空，对水流产生抽吸作用，从而提高了过流能力。

如图 7.13 所示，对收缩断面 c—c 和管嘴出口断面 1—1 列伯努利方程为

$$\frac{p_c}{\gamma}+\frac{\alpha_c v_c^2}{2g}=\frac{p_a}{\gamma}+\frac{\alpha_1 v_1^2}{2g}+h_{wc-1} \tag{7.16}$$

其中，

$$h_{wc-1}=h_j=\xi_k\frac{v_1^2}{2g}=\left(\frac{A_1}{A_c}-1\right)^2\frac{v_1^2}{2g}=\left(\frac{1}{\varepsilon}-1\right)^2\frac{v_1^2}{2g} \tag{7.17}$$

将式 (7.17) 代入式 (7.16)，并整理得到真空高度为

$$h_v=\frac{p_a-p_c}{\gamma}=\frac{\alpha_c v_c^2}{2g}-\frac{\alpha_1 v_1^2}{2g}-\left(\frac{1}{\varepsilon}-1\right)^2\frac{v_1^2}{2g} \tag{7.18}$$

由连续性方程 $A_1 v_1 = A_c v_c$，得 $v_c = \dfrac{A_1 v_1}{A_c} = \dfrac{1}{\varepsilon} v_1$，代入式（7.18）得

$$h_v = \left[\frac{\alpha_c}{\varepsilon^2} - \alpha_1 - \left(\frac{1}{\varepsilon} - 1 \right)^2 \right] \frac{v_1^2}{2g} \qquad (7.19)$$

将式（7.14）代入式（7.19），得

$$h_v = \left[\frac{\alpha_c}{\varepsilon^2} - \alpha_1 - \left(\frac{1}{\varepsilon} - 1 \right)^2 \right] \varphi_n^2 H_0$$

由试验测得 $\varepsilon = 0.64$，$\varphi_n = 0.82$，取 $\alpha_c = \alpha_1 = 1$，则

$$h_v = 0.756 H_0 \qquad (7.20)$$

可见，管嘴收缩断面处的真空度可达作用水头的 0.756，相当于把管嘴的作用水头增加 75.6%，这就是圆柱形外管嘴自由出流比孔口自由出流的流量大的原因。

（3）圆柱形外管嘴的正常工作条件　由式（7.20）可知，作用水头 H_0 越大，管嘴内收缩断面的真空高度也越大。但是当真空度达 $7\text{mH}_2\text{O}$ 以上时，由于液体在低于饱和蒸汽压时发生汽化，或空气由管嘴出口处吸入，从而使真空破坏。为了使收缩断面的真空高度 $h_v \leqslant 7\text{m}$，管嘴的作用水头应有一个限值，$H_0 \leqslant [H_0] = \dfrac{7}{0.76}\text{m} \approx 9\text{m}$。

另外，对管嘴的长度也有一定限制。长度过短，流束在管嘴内收缩后来不及扩到整个出口断面，不能阻断空气进入，收缩断面不能形成真空，管嘴不能发挥作用；长度过长，沿程水头损失不能忽略，出流将变为短管出流。

所以，圆柱形外管嘴的正常工作条件是：①作用水头 $H_0 \leqslant 9\text{m}$；②管嘴长度 $l = (3 \sim 4) d$。

2. 其他形式的管嘴

除圆柱形外管嘴外，工程上常见的还有其他几种形式（见图 7.12）的管嘴。其计算公式与圆柱形外管嘴相同，但各特征系数不同。其水力特点及适用性简要说明如下：

（1）流线型管嘴，如图 7.12a 所示。水流在管嘴内无收缩和扩大，不产生真空，局部阻力系数最小，流量系数最大。道路工程中的有压涵管、水坝的泄水管、水轮机引水管的进口常用流线型管嘴，目的是避免进口附近形成真空而产生振动。

（2）圆锥形收敛管嘴，如图 7.12b 所示。可以产生较大的出口流速；常用于水力挖土等水力机械施工、管道和设备清洗，消防水枪的射流灭火，喷射器等工程中。

（3）圆锥形扩张管嘴，如图 7.12c 所示。可以在收缩断面处形成真空，真空值随圆锥角度增大而增加，具有较大的过流能力且出口流速较小；常用于要求形成较大真空或出口流速较小处，如引射器、扩散器、水轮机尾水管及人工降雨设备等。

（4）特殊的专用管嘴，用于满足不同的工程要求。如冷却设备用螺旋形管嘴，在离心力作用下使水流在空气中扩散，以加速水的冷却；喷泉设计时，喷嘴做成圆形、矩形、十字形、内空形等，形成不同形状的射流以供观赏。

3. 常用的孔口和管嘴出流的水力特性

常用的孔口和管嘴出流的水力特性见表 7.2。

表 7.2　常用的孔口和管嘴出流的水力特性

类型	薄壁小孔口	圆柱形内管嘴	圆柱形外管嘴	圆锥形扩张管嘴 ($\theta=5°\sim7°$)	圆锥形收敛管嘴 ($\theta=5°\sim7°$)	流线型管嘴
图形	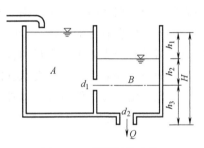					
局部阻力系数	0.06	0.98	0.50	3~4	0.09	0.04
收缩系数	0.64	1.00	1.00	1.00	0.98	1.00
流速系数	0.97	0.71	0.82	0.45~0.50	0.96	0.98
流量系数	0.62	0.71	0.82	0.45~0.50	0.94	0.98

　　例 7-4　如图 7.14 所示，一水箱用隔板分为左右 A、B 两部分，隔板上开一直径 $d_1=5\text{cm}$ 的孔口，在 B 室底部装一圆柱形外管嘴，直径 $d_2=4\text{cm}$。已知 A、B 两室水位不变，$H=5\text{m}$，$h_3=0.8\text{m}$。试求：

　　（1）h_1、h_2；

　　（2）水箱的出流量 Q。

　　【解】（1）A、B 两室水位不变，则通过隔板上孔口的流量 Q_1 和通过圆柱形外管嘴的流量 Q_2 相等，即 $Q_1=Q_2$。

图 7.14　带隔板的水箱

$$\mu A_1\sqrt{2gh_1}=\mu_\text{n} A_2\sqrt{2g(H-h_1)}$$

$$\mu\frac{\pi d_1^2}{4}\sqrt{2g}\sqrt{h_1}=\mu_\text{n}\frac{\pi d_2^2}{4}\sqrt{2g}\sqrt{H-h_1}$$

化简得

$$\mu d_1^2\sqrt{h_1}=\mu_\text{n} d_2^2\sqrt{H-h_1}$$

$$0.62\times0.05^2\times\sqrt{h_1}=0.82\times0.04^2\times\sqrt{5-h_1}$$

解得 $h_1=2.08\text{m}$，则

$$h_2=H-h_1-h_3=(5-2.08-0.8)\text{m}=2.12\text{m}$$

$$（2）\ Q=\mu A_1\sqrt{2gh_1}=\left(0.62\times\frac{3.14\times0.05^2}{4}\times\sqrt{2\times9.8\times2.08}\right)\text{m}^3/\text{s}=0.0078\text{m}^3/\text{s}$$

任务 3　有压管道恒定流动

　　有压管道是指管道中充满流体，无自由水面并且管道内的压强一般不等于（大多是大于）大气压强，这种管道称为有压管道。它是给排水、供暖通风、水利、环境等工程中最常用的流体输送设施。进行有压管道恒定流计算的基本依据是连

续性方程、能量方程和水头损失公式。

1. 有压管道的分类

有压管道恒定流计算中的总水头损失包括：**沿程水头损失**和**局部水头损失**。由于具体问题不同，这两种损失在总水头损失中所占的比重不同。为便于计算，常按沿程水头损失和局部水头损失在总水头损失中所占的比重不同，将管道分为"短管"和"长管"两类。所谓**短管**是指流体在管内流动时，局部水头损失和流速水头之和与沿程水头损失相比，占有相当大的比重（一般>5%），不可忽略，就是短管。计算时，沿程水头损失和局部水头损失及流速水头都必须考虑。例如：水泵的吸水管、虹吸管、坝体内的泄水管、铁路涵管以及送风管等。**长管**是指管道中的水头损失以沿程水头损失为主，局部水头损失和流速水头之和与其沿程水头损失相比，所占比重很小（<5%），可以忽略不计，或按沿程损失的某一百分数估算仍能满足工程的要求者为长管。例如，城市室外的给水管道系统就属于长管。短管与长管的划分不是简单几何长度的概念，而是由具体问题所要求达到的精度确定的。应该指出，当无法确定是否可以忽略局部水头损失和流速水头时，应该先按短管进行水力计算。

此外，根据管道的结构布置的不同，又可将其分为简单管道和复杂管道两种类型。简单管道是指没有分支的单一直径的管道。复杂管道指的是由两根或两根以上管道所组成的管道系统，如串、并联管系，分支状管网和环状管网等。

一般来说，简单管道既可以按短管也可以按长管计算（根据两种不同水头损失所占的比重来决定），复杂管道则一般均按长管计算。

2. 短管的水力计算

短管是指沿程水头损失和局部水头损失均不可忽略不计的管路。短管的水力计算可分为自由出流和淹没出流两种。

（1）短管自由出流　如图7.15所示，由开口水池流入的水经短管自由出流，短管长度为l，直径为d。取水池中渐变流断面1—1及管道出口断面2—2，取通过出口断面上形心（中心点）的水平面为基准面，列能量方程

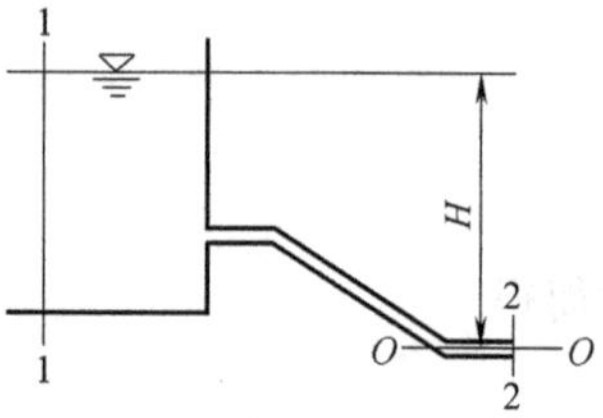

图7.15　短管自由出流

$$0+H+\frac{\alpha_1 v_1^2}{2g}=0+0+\frac{\alpha_2 v_2^2}{2g}+h_{w1-2} \qquad (7.21)$$

式中，v_1为1—1断面流速，称为行近流速；v_2为管道内断面平均流速；H_0为作用全水头；h_{w1-2}为所有局部水头损失和沿程水头损失之和。

令

$$H_0=H+\frac{\alpha_1 v_1^2}{2g} \qquad (7.22)$$

得

$$H_0=\frac{\alpha_2 v_2^2}{2g}+h_{w1-2} \qquad (7.23)$$

$$h_{w1-2}=\sum h_{f1-2}+\sum h_{j1-2}=\lambda\times\frac{\sum l}{d}\times\frac{v_2^2}{2g}+\sum\xi\times\frac{v_2^2}{2g} \qquad (7.24)$$

式中，$\sum\xi$为短管上所有局部阻力系数的总和。

将式（7.24）代入式（7.23）得

$$H_0 = \left(\alpha_2 + \lambda \times \frac{\sum l}{d} + \sum \xi \right) \frac{v_2^2}{2g}$$

取 $\alpha_2 = 1$，代入上式整理得管中流速

$$v_2 = \frac{1}{\sqrt{1 + \lambda \dfrac{\sum l}{d} + \sum \xi}} \sqrt{2gH_0} \tag{7.25}$$

短管的流量

$$Q = v_2 A = \frac{1}{\sqrt{1 + \lambda \dfrac{\sum l}{d} + \sum \xi}} A \sqrt{2gH_0} = \mu_c A \sqrt{2gH_0} \tag{7.26}$$

式中，A 为短管过流断面面积，$A = \dfrac{\pi d^2}{4}$；μ_c 为短管的流量系数。

行近流速 v_1 及流速水头 $\dfrac{v_1^2}{2g}$ 一般很小，可以忽略不计。式（7.26）可简化为

$$Q = \mu_c A \sqrt{2gH} \tag{7.27}$$

式中，H 为静水头。

（2）短管淹没出流　短管淹没出流如图 7.16 所示。

取上游水池渐变流断面 1—1 和下游水池渐变流断面
2—2，以下游水池水面为基准面，列能量方程

$$H + 0 + \frac{\alpha_1 v_1^2}{2g} = 0 + 0 + \frac{\alpha_2 v_2^2}{2g} + h_{w1-2} \tag{7.28}$$

令

$$H_0 = H + \frac{\alpha_1 v_1^2}{2g}$$

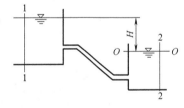

图 7.16　短管淹没出流

又由于下游水池很大，$v_2 \approx 0$，得

$$H_0 = h_{w1-2} \tag{7.29}$$

式（7.29）表明，在淹没出流情况下，作用水头全部消耗于水头损失。

h_{w1-2} 为所有局部水头损失和沿程水头损失之和，即

$$h_{w1-2} = \sum h_{f1-2} + \sum h_{j1-2} = \lambda \times \frac{\sum l}{d} \times \frac{v^2}{2g} + \sum \xi \times \frac{v^2}{2g} \tag{7.30}$$

式中，$\sum \xi$ 为短管上所有局部阻力系数的总和；v 为管中流速。

将式（7.30）代入式（7.29）得

$$H_0 = \left(\lambda \times \frac{\sum l}{d} + \sum \xi \right) \frac{v^2}{2g}$$

管中流速

$$v = \frac{1}{\sqrt{\lambda \dfrac{\sum l}{d} + \sum \xi}} \sqrt{2gH_0} \tag{7.31}$$

短管的流量

$$Q = vA = \frac{1}{\sqrt{\lambda \dfrac{\sum l}{d} + \sum \xi}} A\sqrt{2gH_0} = \mu_c A \sqrt{2gH_0} \tag{7.32}$$

式中，A 为短管过流断面面积，$A = \dfrac{\pi d^2}{4}$；μ_c 为短管的流量系数，$\mu_c = \dfrac{1}{\sqrt{\lambda \dfrac{\sum l}{d} + \sum \xi}}$。

比较式（7.32）、式（7.27）两种出流情况，计算公式相同，但公式中的流量系数不同：自由出流时，出口有流速水头无出口局部损失，而淹没出流时，出口无流速水头但有出口局部损失。

例 7-5 一简单管道如图 7.17 所示，长 $l = 800\text{m}$，管径 $d = 0.2\text{m}$，水头 $H = 20\text{m}$，管道中间有两个局部水头系数 $\xi_b = 0.3$ 的弯头，已知进口局部阻力系数 $\xi_e = 0.5$，沿程阻力系数 $\lambda = 0.025$，试求通过管道的流量。

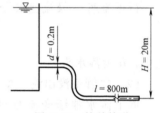

图 7.17 简单管道

【解】 本题为一简单管路，按短管自由出流计算，流量系数为

$$\mu_c = \frac{1}{\sqrt{1 + \lambda \dfrac{\sum l}{d} + \sum \xi}} = \frac{1}{\sqrt{1 + 0.025 \times \dfrac{800}{0.2} + (0.5 + 2 \times 0.3)}} = 0.099$$

由于水箱很大，$H_0 = H$，所以通过管道的流量为

$$Q = \mu_c A \sqrt{2gH} = \left(0.099 \times \frac{\pi}{4} \times 0.2^2 \times \sqrt{2 \times 9.8 \times 20}\right) \text{m}^3/\text{s} = 0.062 \text{m}^3/\text{s}$$

例 7-6 如图 7.18 所示，两水箱由一根钢管连通，管长 $l = 100\text{m}$，直径 $d = 100\text{mm}$。当液面稳定时，流量为 10L/s，已知进口局部阻力系数 $\xi_1 = 0.5$，闸阀局部阻力系数 $\xi_2 = 2.0$，出口局部阻力系数 $\xi_3 = 1$，沿程阻力系数 $\lambda = 0.02$。求此时液面差 H。

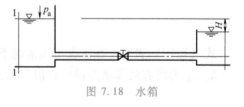

图 7.18 水箱

【解】 本题为一简单管路，按短管淹没出流计算，流量系数为

$$\mu_c = \frac{1}{\sqrt{\lambda \dfrac{\sum l}{d} + \sum \xi}} = \frac{1}{\sqrt{0.02 \times \dfrac{100}{0.1} + (0.5 + 2 + 1.0)}} = 0.206$$

因为水箱很大，$H_0 = H$，由式（7.32）得

$$H=\left(\frac{Q}{\mu_c A\sqrt{2g}}\right)^2=\left(\frac{0.01}{0.206\times\left(\frac{\pi}{4}\times0.1^2\right)\sqrt{2\times9.8}}\right)^2 \text{m}=1.95\text{m}$$

3. 长管的水力计算

长管是有压管道的简化模型，由于长管不计流速水头和局部水头损失，所以水力计算大为简化。在长管的水力计算中，根据管道系统的不同特点，长管可以分为简单管道和复杂管道；而复杂管道又分为串联管道、并联管道、沿程均匀流管道等。

（1）简单管道　沿程直径不变，流量也不变的管道称为简单管道。简单管道的水力计算是复杂管道水力计算的基础。

如图 7.19 所示，由水箱引出的简单管道，管长为 l，管径为 d，水箱水面距管道出口高度为 H。因 d 不变，无分支，Q 和 v 都相等。

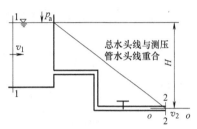

图 7.19　简单管道

以 o—o 作为基准面，对水箱过流断面 1—1 和管道出口断面 2—2 列伯努利方程为

$$H+0+\frac{\alpha_1 v_1^2}{2g}=0+\frac{\alpha_2 v_2^2}{2g}+h_{w1-2}$$

因为长管的局部水头损失和流速水头可忽略不计，行近流速很小，也可忽略不计，故

$$H=h_{w1-2}=h_f=\lambda\,\frac{l}{d}\,\frac{v^2}{2g} \tag{7.33}$$

式（7.33）表明对于简单长管，全部作用水头都消耗于沿程水头损失，总水头线是连续下降的直线，并与测压管水头线重合。

将 $v=\dfrac{4Q}{\pi d^2}$ 代入式（7.33）得

$$H=\lambda\,\frac{l}{d}\,\frac{1}{2g}\left(\frac{4Q}{\pi d^2}\right)^2=\frac{8\lambda}{\pi^2 g d^5}lQ^2$$

令 $a=\dfrac{8\lambda}{\pi^2 g d^5}$，则

$$H=alQ^2=SQ^2 \tag{7.34}$$

式中，a 为管道比阻，指单位流量通过单位长度管道的水头损失，与 λ 和 d 有关；S 为管道摩阻，指单位流量通过某管道的水头损失，与比阻和管长有关。

在给水排水工程中，常按舍维列夫公式求比阻，该公式适用于铜管和铸铁管。

当管中流速 $v\geqslant1.2\text{m/s}$，属于湍流粗糙区，其比阻为

$$a=\frac{0.001736}{d^{5.3}} \tag{7.35}$$

当管中流速 $v<1.2\text{m/s}$，属于湍流过渡区，其比阻为

$$a=0.852\left(1+\frac{0.867}{v}\right)^{0.3}\frac{0.001736}{d^{5.3}}=ka \tag{7.36}$$

式中，$k=0.852\left(1+\dfrac{0.867}{v}\right)^{0.3}$ 为过渡区的修正系数。

上式表明过渡区的比阻可用阻力平方区的比阻乘以修正系数 k 来计算。当水温为 $10℃$ 时，在各种流速下的 k 值列于表 7.3 中。

表 7.3 钢铁管和铸铁管 a 值的修正系数 k

$v/(m/s)$	0.20	0.25	0.30	0.35	0.40	0.45	0.50	0.55	0.60
k	1.41	1.33	1.28	1.24	1.20	1.175	1.15	1.13	1.115
$v/(m/s)$	0.65	0.70	0.75	0.80	0.85	0.90	1.0	1.1	≥1.2
k	1.10	1.085	1.07	1.06	1.05	1.04	1.03	1.015	1.00

按式（7.35）编制出的不同直径的管道比阻见表 7.4、表 7.5。

表 7.4 钢管的比阻 a 值

水煤气管			中等管径		大管径	
公称直径 D_k/mm	$a(Q$ 以 m^3/s 计)	$a(Q$ 以 L/s 计)	公称直径 D_k/mm	$a(Q$ 以 m^3/s 计)	公称直径 D_k/mm	$a(Q$ 以 m^3/s 计)
8	225500000	225.5	125	106.2	400	0.2062
10	32950000	32.95	150	44.95	450	0.1089
15	8809000	8.809	175	18.96	500	0.06222
20	1643000	1.643	200	9.273	600	0.02384
25	436700	0.4367	225	4.822	700	0.01150
32	93860	0.09386	250	2.583	800	0.005665
40	44530	0.04453	275	1.535	900	0.003034
50	11080	0.01108	300	0.9392	1000	0.001736
70	2893	0.002893	325	0.6088	1200	0.0006605
80	1168	0.001168	350	0.4078	1300	0.0004322
100	267.4	0.0002674			1400	0.0002918
125	86.23	0.00008623				
150	33.95	0.00003395				

表 7.5 铸铁管的比阻 a 值

内径/mm	$a(Q$ 以 m^3/s 计)	内径/mm	$a(Q$ 以 m^3/s 计)
50	15190	400	0.2232
75	1709	450	0.1195
100	365.3	500	0.06839
125	110.8	600	0.02602
150	41.85	700	0.01150
200	9.029	800	0.005665
250	2.752	900	0.003034
300	1.025	1000	0.001736
350	0.4529		

必须指出，式（7.35）和式（7.36）中的 d 代表水管的计算内径，以 m 计，它和表中所列管径 D_k 称谓（公称直径）有所不同（要求精确计算时应注意这种区别）。

水利、交通运输等工程中，流体一般属于湍流粗糙区，常采用谢才公式分析计算。由谢才公式 $v = C\sqrt{RJ} = C\sqrt{R\dfrac{h_f}{l}}$ 得到

$$h_f = \frac{v^2 l}{C^2 R} = \frac{1}{C^2 R A^2} l Q^2$$

代入式（7.34），有 $h_f = \dfrac{1}{C^2 R A^2} l Q^2 = a l Q^2$ 得

$$a = \frac{1}{C^2 R A^2}$$

将曼宁公式 $C = \dfrac{1}{n} R^{1/6}$，$R = \dfrac{d}{4}$，$A = \dfrac{\pi}{4} d^2$ 代入上式，得

$$a = \frac{10.3 n^2}{d^{5.33}} \tag{7.37}$$

在给水排水工程中，输配水管道、配水管网水力计算时，沿程水头损失通常采用海曾-威廉公式计算

$$h_f = \frac{10.67 Q^{1.852} l}{C_h^{1.852} d^{4.87}} \tag{7.38}$$

式中，C_h 为海曾-威廉系数，其值见表 7.6；l 为管长，单位为 m。

表 7.6 海曾-威廉公式中的 C_h

管道类别	C_h 值
塑料管	150
新铸铁管、涂沥青或水泥的铸铁管	130
混凝土管、焊接钢管	120
旧铸铁管、旧钢管	100

例 7-7 由水塔沿长度 $l = 3500\text{m}$，直径 $d = 300\text{mm}$ 的新铸铁管向工厂输水（见图 7.20）。若厂供水量为 $280\text{m}^3/\text{h}$，水塔处的地面高程 $z_A = 130.0\text{m}$，厂区地面高程 $z_B = 100.0\text{m}$，管路末端需要的自由水头 $H_B = 25\text{m}$。求水塔高度 H（水塔水面至地面的垂直距离）。

【解】 以水塔水面作为 1—1 断面，管路末端为 2—2 断面，列 1—1、2—2 断面的伯努利方程

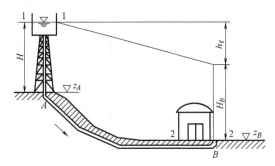

图 7.20 新铸铁管向工厂输水

$$H+z_A = z_B + H_B + h_f$$

水塔高度

$$H = z_B + H_B + h_f - z_A$$

其中 $h_f = alQ^2$。

因为

$$v = \frac{4Q}{\pi d^2} = \frac{4 \times \dfrac{280}{3600}}{3.14 \times 0.3^2} \text{m/s} = 1.10 \text{m/s} < 1.2 \text{m/s}$$

说明水流属于湍流过渡区，其比阻为

$$a = 0.852 \left(1 + \frac{0.867}{v}\right)^{0.3} \times \frac{0.001736}{d^{5.3}} = \left[0.852 \times \left(1 + \frac{0.867}{1.10}\right)^{0.3} \times \frac{0.001736}{0.3^{5.3}}\right] \text{s}^2/\text{m}^6 = 1.04 \text{s}^2/\text{m}^6$$

$$h_f = alQ^2 = \left[1.04 \times 3500 \times \left(\frac{280}{3600}\right)^2\right] \text{m} = 22.02 \text{m}$$

故水塔高度

$$H = z_B + H_B + h_f - z_A = (100 + 25 + 22.02 - 130) \text{m} = 17.02 \text{m}$$

（2）串联管道　由不同管径的管段依次连接组成的管道，称为串联管道。两根（或几根）不同管径的管段的连接点称为节点。

串联管道常用于沿线向数处供流，经一段距离便有流量分出，随着 Q 的减少，d 也相应减小（见图7.21）；或供流点只有一点，为充分利用水头，保证供流，节约管材，也可采用串联管道。故串联管道各管段 Q 可能相同，也可能不同。串联管道计算原理是连续性方程和伯努利方程。其主要特点是：

1）串联管道的流量符合连续性方程，即流进节点的流量等于流出该节点的流量，即

$$Q_i = q_i + Q_{i+1} \tag{7.39}$$

2）串联管道总水头损失等于各管段水头损失之和。

设串联管道各管段长度、直径、流量、比阻分别为 l_i、d_i、Q_i、a_i，则

$$H = \sum h_{fi} = \sum a_i l_i Q_i^2 = \sum S_i Q_i^2 \tag{7.40}$$

串联管道一般按长管计算，但是在局部水头损失占相当比例时仍应按短管计算。

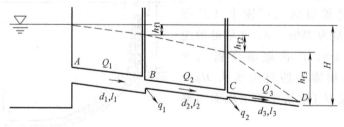

图7.21　串联管道

（3）并联管道　在同一节点分出两根或两根以上管段，并在另一节点汇合的管道，称为并联管道。各管段的管径、管长及流量不一定相等（见图7.22）。并联管道计算原理仍是

连续性方程和伯努利方程。其主要特点是：

1）并联管道的流量符合连续性方程，即流进节点的流量等于流出该节点的流量，总管道的流量等于各并联管道流量之和，如图 7.22 所示，即 $Q = q_1 + Q_1 + Q_2 + Q_3$，$Q_1 + Q_2 + Q_3 = q_2 + Q_4$。

2）并联管道中各支管的水头损失均相等，即 $h_{BC} = h_1 = h_2 = h_3$。若每段均按长管考虑，则

$$h_{BC} = a_1 l_1 Q_1^2 = a_2 l_2 Q_2^2 = a_3 l_3 Q_3^2 \tag{7.41}$$

或

$$h_{BC} = S_1 Q_1^2 = S_2 Q_2^2 = S_3 Q_3^2 \tag{7.42}$$

应注意的是，各支管水头损失相等，是指并联管道中各支管的单位重量流体机械能损失相同，在一般情况下，由于各支管的长度、直径和粗糙系数不同，通过的流量也不相同，因此，各并联管道的总能量损失并不相等，流量大的总机械能损失也大。

如图 7.22 所示，设 $Q_1 + Q_2 + Q_3 = Q_0$，由式（7.42）推导得

$$Q_1 : Q_2 : Q_3 = \left(\frac{1}{\sqrt{S_1}} \right) : \left(\frac{1}{\sqrt{S_2}} \right) : \left(\frac{1}{\sqrt{S_3}} \right) \tag{7.43}$$

式（7.43）表明，并联各管段的流量分配与各管段阻抗的平方根成正比。

干管流量 Q_0 与各并联管段流量 Q_i 的关系式为

$$Q_i = Q_0 \sqrt{\frac{S}{S_i}} \tag{7.44}$$

式中，Q_i 为第 i 个管段中的流量；S_i 为第 i 个管段中的阻抗；S 为并联管道系统的阻抗，$S = \sum \frac{1}{\sqrt{S_i}}$。

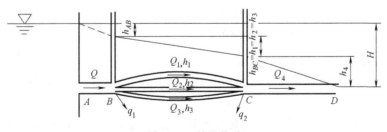

图 7.22　并联管道

例 7-8　如图 7.23 所示，一由水塔供水的铸铁管路，已知 B 点自由水头 $h = 12\text{m}$，各管段管径和管长分别为 $d_1 = 200\text{mm}$，$l_1 = 400\text{m}$，$d_2 = 150\text{mm}$，$l_2 = 300\text{m}$，$d_3 = 100\text{mm}$，$l_3 = 400\text{m}$。当管段 3 的流量 $Q_3 = 36\text{m}^3/\text{h}$ 时，求管段 2 的流量 Q_2 和水塔高度 H。（设水塔处与用水点的地形标高相同）

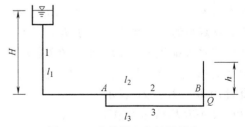

图 7.23　水塔供水的铸铁管路

【解】 （1）流量计算

由

$$Q_3 = 36\mathrm{m}^3/\mathrm{h} = 0.01\mathrm{m}^3/\mathrm{s}$$

得

$$v_3 = \frac{4Q_3}{\pi d_3^2} = \frac{4 \times 0.01}{3.14 \times 0.1^2}\mathrm{m/s} = 1.27\mathrm{m/s} > 1.2\mathrm{m/s}$$

由式（7.35）求出各管段的比阻，得

$$a_1 = \frac{0.001736}{d_1^{5.3}} = \frac{0.001736}{0.2^{5.3}}\mathrm{s}^2/\mathrm{m}^6 = 8.79\mathrm{s}^2/\mathrm{m}^6$$

$$a_2 = \frac{0.001736}{d_2^{5.3}} = \frac{0.001736}{0.15^{5.3}}\mathrm{s}^2/\mathrm{m}^6 = 40.39\mathrm{s}^2/\mathrm{m}^6$$

$$a_3 = \frac{0.001736}{d_3^{5.3}} = \frac{0.001736}{0.1^{5.3}}\mathrm{s}^2/\mathrm{m}^6 = 347.2\mathrm{s}^2/\mathrm{m}^6$$

由式（7.41）得

$$Q_2 = \sqrt{\frac{a_3 l_3}{a_2 l_2}}Q_3 = \left(\sqrt{\frac{347.2 \times 0.4}{40.39 \times 0.3}} \times 0.01\right)\mathrm{m}^3/\mathrm{s} = 0.034\mathrm{m}^3/\mathrm{s}$$

校核：

$$v_2 = \frac{4Q_2}{\pi d_2^2} = \frac{4 \times 0.01}{3.14 \times 0.15^2}\mathrm{m/s} = 1.93\mathrm{m/s} > 1.2\mathrm{m/s}$$

故比阻不需要修正。

（2）计算水塔高度 H

$$Q_1 = Q_2 + Q_3 = (0.034 + 0.01)\mathrm{m}^3/\mathrm{s} = 0.044\mathrm{m}^3/\mathrm{s}$$

$$v_1 = \frac{4Q_1}{\pi d_1^2} = \frac{4 \times 0.044}{3.14 \times 0.2^2}\mathrm{m/s} = 1.40\mathrm{m/s} > 1.2\mathrm{m/s}$$

故比阻不需要修正。所以水塔高度

$$H = a_1 l_1 Q_1^2 + a_2 l_2 Q_2^2 + h = (8.79 \times 400 \times 0.044^2 + 40.39 \times 300 \times 0.034^2 + 12)\mathrm{m} = 32.83\mathrm{m}$$

（4）分叉管道　由一根总管分成数根支管，分叉后不再汇合的管道，称为分叉管道。
图7.24所示为一分叉管道，总管在 B
点分叉，然后通过两根支管 BC、BD 分
别流入大气。C 点与池中液面的高差为
H_1，D 点与池中液面的高差为 H_2。当不
计局部水头损失时，AB、BC、BD 各段
的水头损失分别用 h_f、h_f1、h_f2 表示，
流量用 Q、Q_1、Q_2 表示。显然，管道
ABC 及 ABD 均可作为串联管道计算。

对管道 ABC 有

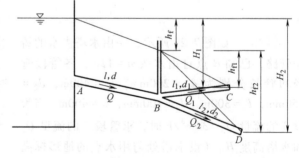

图7.24　分叉管道

$$H_1 = h_f + h_{f1} = alQ^2 + a_1 l_1 Q_1^2 \tag{7.45}$$

对管道 ABD 有

$$H_2 = h_f + h_{f2} = alQ^2 + a_2 l_2 Q_2^2 \tag{7.46}$$

根据连续性条件

$$Q = Q_1 + Q_2 \tag{7.47}$$

联立式（7.45）~式（7.47）三个方程能求解三个未知数。

例 7-9　如图 7.25 所示，旧铸铁管的分叉管路用于输水。已知主管直径 $d = 300\text{mm}$，管长 $l = 200\text{m}$；支管 1 的直径 $d_1 = 200\text{mm}$，管长 $l_1 = 300\text{m}$；支管 2 的直径 $d_2 = 150\text{mm}$，管长 $l_2 = 200\text{m}$，主管中流量 $Q = 0.1\text{m}^3/\text{s}$，试求各支管中流量 Q_1 及 Q_2 和支管 2 的出口高程 Δ_2。

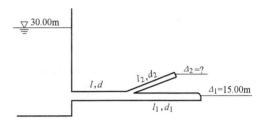

图 7.25　旧铸铁管的分叉管路

【解】　由式（7.35）得到各管段的比阻为

$$d = 300\text{mm}, \quad a = 1.025$$
$$d_1 = 200\text{mm}, \quad a_1 = 9.029$$
$$d_2 = 150\text{mm}, \quad a_2 = 41.85$$

根据分叉管路的计算原则

$$30 - 15 = alQ^2 + a_1 l_1 Q_1^2 = 1.025 \times 200 \times 0.1^2 + 9.029 \times 300 \times Q_1^2$$
$$30 - \Delta_2 = alQ^2 + a_2 l_2 Q_2^2 = 1.025 \times 200 \times 0.1^2 + 41.85 \times 200 \times Q_2^2$$
$$0.1 = Q_1 + Q_2$$

将各已知量代入上式，得

$$Q_1 = 69.1\text{L/s}$$
$$Q_2 = 30.9\text{L/s}$$

检验流速

$$v = \frac{4Q}{\pi d^2} = \frac{4 \times 0.1}{\pi \times 0.3^2}\text{m/s} = 1.41\text{m/s} > 1.2\text{m/s}$$

$$v_1 = \frac{4Q_1}{\pi d_1^2} = \frac{4 \times 0.0691}{\pi \times 0.2^2}\text{m/s} = 2.2\text{m/s} > 1.2\text{m/s}$$

$$v_2 = \frac{4Q_2}{\pi d_2^2} = \frac{4 \times 0.0309}{\pi \times 0.15^2}\text{m/s} = 1.75\text{m/s} > 1.2\text{m/s}$$

各管段流动均属于阻力平方区，比阻值不需修正。

支管 2 的出口高程 $\Delta_2 = 19.96\text{m}$。

任务4　管网流动计算

为了向更多的用户供水，在给水排水工程中往往将许多管路组合成为管网。管网按其布置形式可分为枝状管网和环状管网两种。

枝状管网是由干管和支管组成的树枝状管网，如图7.26a所示。这种管网从水塔到用户的水流路线只有一条，管道布设简单，管路总长较短，管网造价较低，但供水可靠性较差，一般用在小范围的生活用水、工地施工用水或农田灌溉用水。

环状管网是各管段首尾相连组成了若干个闭合环形的管网，如图7.26b所示。这种管网从水塔到用户的水流路线有很多条，如果任一管段出现问题，其他管路都可以进行供水补给，保证各用户的用水要求，供水可靠性高，而且流量可以自行分配，其缺点是管路总长度较长，管网布局复杂，管路系统造价高，设计计算复杂。环状管网一般用于大型给水排水工程和通风工程系统。

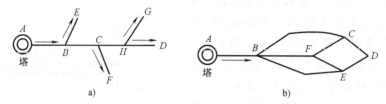

图 7.26　枝状管网与环状管网

管网内各管段的管径是根据流量 Q 及流速 v 二者来决定的。在流量 Q 一定的条件下，管径随着在计算中所选择的速度 v 的大小而不同。如果流速大，则管径小，管路造价低；然而流速大，导致水头损失大，又会增加水塔高度及抽水的费用。反之，如果流速小，管径便大，管路造价高；但是，管内液体流速的降低会减少水头损失，从而减小了水塔高度及抽水的费用。所以在确定管径时，应做经济比较，采用一定的流速使得供水的总成本（包括铺筑水管的建筑费、抽水机站建筑费、水塔建筑费及抽水运营费的总和）最低，这种流速称为经济流速 v_e。

经济流速涉及的因素很多，综合实际的设计经验及技术经济资料，对于中小直径的给水排水管路，当直径 $d=100\sim400\mathrm{mm}$ 时，v_e 可取 $0.6\sim1.0\mathrm{m/s}$；当直径 $d>400\mathrm{mm}$ 时，$v_e=1.0\sim1.4\mathrm{m/s}$。

1. 枝状管网水力计算

枝状管网的水力计算，可分为新建给水排水系统的设计及扩建已有的给水排水系统的设计两种情形。

（1）新建给水排水系统的设计　设计问题一般是：已知管路沿线地形、各管段长度 l、通过的流量 Q 和端点要求的自由水头 H_x，要求确定管路的各段直径 d 及水塔的高度 H_t。

对于枝状管网，从水塔到管网中任意一支管路的末端点均为串联管路。具体计算可按下列步骤进行：

1）首先确定经济流速，根据经济流速和各管段的已知流量计算各管段管径。根据计算所得的管径选取标准管径，最后验算管段流速是否在经济流速范围内。

2）根据 $h_{fi}=a_i l_i Q_i^2$ 计算各段管路的水头损失。

3）通过计算，确定控制点。控制点是指在管网中水塔至该点的水头损失、该点地形标高和该点要求的自由水头三项之和最大的点。

4）建立水塔和控制点处的能量方程（按长管计算），得到水塔高度 H_t 的计算公式

$$H_t = \sum h_{f塔-控} + H_控 - \Delta_控 - \Delta_塔 \tag{7.48}$$

式中，$\sum h_{f塔-控}$ 为从水塔到管网控制点的总水头损失；$H_控$ 为控制点的自由水头；$\Delta_控$ 为控制点的地形标高；$\Delta_塔$ 为水塔处的地形标高。

例 7-10　一枝状管网如图 7.27 所示，各节点要求供水量如图中所示。每一段管路长度列于表 7.7 中。此外，水塔处的地形标高和点 4、点 7 的地形标高相同，点 4 和点 7 要求的自由水头同为 $H_z = 12m$。求各管段的直径、水头损失及水塔应有的高度。

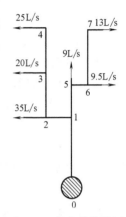

图 7.27　供水枝状管网

【解】　根据经济流速选择各管段的直径。

对于 3—4 管段，$Q = 25L/s$，采用经济流速 $v_e = 1m/s$，则管径

$$d = \sqrt{\frac{4Q}{\pi v_e}} = \sqrt{\frac{4 \times 0.025}{\pi \times 1}}m = 0.178m$$

取 $d = 200mm$。

管中实际流速

$$v = \frac{4Q}{\pi d^2} = \frac{4 \times 0.025}{\pi \times 0.2^2}m/s = 0.8m/s \quad （在经济流速范围）$$

采用铸铁管（用旧管的舍维列夫公式计算 λ）查表 7.5，$a = 9.029$。因为平均流速 $v = 0.8m/s < 1.2m/s$，水流在过渡区范围内，a 值需修正，查表 7.3 得修正系数 $k = 1.06$，则管段 3—4 的水头损失

$$h_{f3-4} = kalQ^2 = (1.06 \times 9.029 \times 350 \times 0.025^2)m = 2.09m$$

各管段计算可列表进行，见表 7.7。

表 7.7　枝状管段计算表

管段		管段长度 l/m	管段中的流量 Q/(L/s)	管道直径 d/mm	流速 v/(m/s)	比阻 a/(s²/m⁶)	修正系数 k	水头损失 h_f/m
		已知数值			计算所得数值			
左侧支线	3—4	350	25	200	0.80	9.029	1.06	2.09
	2—3	350	45	250	0.92	2.752	1.04	2.03
	1—2	200	80	300	1.13	1.015	1.01	1.31
右侧支线	6—7	500	13	150	0.74	41.85	1.07	3.78
	5—6	200	22.5	200	0.72	9.029	1.08	0.99
	1—5	300	31.5	250	0.64	2.752	1.10	0.90
水塔至分叉点	0—1	400	111.5	350	1.16	0.4529	1.01	2.27

下面确定控制点。由已知条件，在 4 和 7 两点中，由于两点的地形标高和要求的自由水头相同，故从水塔至哪一点的水头损失大，那一点即为控制点。

沿 0—1—2—3—4 线

$$\sum h_f = (2.09 + 2.03 + 1.31 + 2.27)m = 7.70m$$

沿 0—1—5—6—7 线

$$\sum h_f = (3.78 + 0.99 + 0.90 + 2.27)m = 7.94m$$

故 7 点为控制点。由式（7.48）得水塔高度

$$H_t = \sum h_f + H_z = (7.94 + 12) \text{m} = 19.94 \text{m}$$

采用 $H_t = 20\text{m}$。

（2）扩建已有给水排水系统的设计　设计问题一般是：已知管路沿线地形、水塔高度 H_t、各管段长度 l 以及通过的流量 Q，各用水点的自由水头 H_z，要求确定各管段管径。

因水塔已建成，用前述经济流速计算管径，不能保证供水的技术经济要求，对此情况，一般按下列步骤计算。

1）计算各条扩建管线的平均水力坡度，采用下式计算：

$$\bar{J} = \frac{(\Delta_塔 + H_t) - (\Delta_t + H_{z1})}{\sum l_i}$$

式中，Δ_t 为某一分支端点（或某一节点）处的地形标高；H_{z1} 为该点处对应的自由水头；$\sum l_t$ 为从水塔至该点的管线总长度。

2）选择平均水力坡度 $\bar{J}$ 最小的那条扩建管线作为控制干线。假定控制干线上水头损失均匀分配，即各段水力坡度相等，计算控制干线各管段比阻

$$a_i = \frac{\bar{J}}{Q_i^2}$$

3）按照求得的 a_i 值选择各管段直径。实际选用时，可取部分管段比阻大于计算值，部分却小于计算值，使得这些管段的组合正好满足在给定水头下通过需要的流量。

4）计算控制干线各节点的水头，并以此为准继续设计各支管管径。

2. 环状管网

计算环状管网时，通常是已确定了管网的管线布置和各管段的长度，并且管网各节点的流量为已知。因此，环状管网的水力计算就是确定各管段通过的流量 Q 和管径 d，从而求出各段的水头损失 h_f。

环状管网的水力计算应符合以下两条准则：

1）对于各节点，流向节点的流量应等于由此节点流出的流量（此即水流的连续性原理）。如以流向节点的流量为正值，离开节点的流量为负值，则两者的总和应等于零。即在各节点处：

$$\sum Q_t = 0 \tag{7.49}$$

2）在任何一个封闭环路内，由某一节点沿两个方向至另一节点的水头损失应相等（此即并联管路水力计算的特点）。因此，在一个环内如以顺时针方向水流引起的水头损失为正值，逆时针方向水流引起的水头损失为负值，则两者的总和应等于零。即在各个环内，

$$\sum h_{fi} = \sum a_i l_i Q_i^2 = 0 \tag{7.50}$$

环状管网的水力计算，理论上可以通过联立多个方程组直接求解，但计算工作量随着节点数和闭合环数量的增加而变得非常烦琐。工程上常用逐次渐近法计算。方法步骤如下：

1）在符合每个节点 $\sum Q_t = 0$ 的原则下，拟定各管段的水流方向和流量，根据拟定的流量按经济流速选择各管段的直径。

2）用公式 $h_{fi}=\sum a_i l_i Q_i^2$ 计算各管段的水头损失。

3）对每一闭合环路，若顺时针方向的水头损失为正，逆时针方向的水头损失为负，计算环路闭合差 $\sum h_{fi}$。这一 $\sum h_{fi}$ 值在首次试算时一般是不会等于零的。

4）当 $\sum h_{fi}\neq 0$ 时，即最初分配流量不满足闭合条件时，在各环路加入校正流量 ΔQ，各管段相应的水头损失增量为 Δh_{fi}，即

$$h_{fi}+\Delta h_{fi}=a_i l_i (Q_i+\Delta Q)^2=a_i l_i Q_i^2\left(1+\frac{\Delta Q}{Q_i}\right)^2$$

将上式按二项式展开，取前两项得

$$h_{fi}+\Delta h_{fi}=a_i l_i Q_i^2\left(1+2\frac{\Delta Q}{Q_i}\right)=a_i l_i Q_i^2+2a_i l_i Q_i\Delta Q$$

如加入校正流量后，环路满足闭合条件，则有

$$\sum (h_{fi}+\Delta h_{fi})=\sum h_{fi}+\sum \Delta h_{fi}=\sum h_{fi}+2\sum a_i l_i Q_i\Delta Q$$

于是

$$\Delta Q=-\frac{\sum h_{fi}}{2\sum a_i l_i Q_i}=-\frac{\sum h_{fi}}{2\sum \dfrac{a_i l_i Q_i^2}{Q_i}}=-\frac{\sum h_{fi}}{2\sum \dfrac{h_{fi}}{Q_i}} \tag{7.51}$$

按式（7.51）计算时，为使 Q_i 和 h_{fi} 取得一致符号，特规定环路内水流以顺时针方向为正，逆时针方向为负。若计算所得 ΔQ 为正，说明在环路内为顺时针方向流动；若为负，则说明 ΔQ 在环路内为逆时针方向流动。

5）将 ΔQ 与各管段第一次分配流量相加得第二次分配流量，再重复上述步骤，直到满足所要求的精度，通常重复 3~5 次即可达到要求，必要时还得调整管径。

近年来，应用计算机对管网进行计算已逐渐广泛起来，特别是对于多环管网计算，更能显示出其计算迅速而准确的优越性。

例 7-11　水平两环状管网，如图 7.28 所示，已知用水点流量 $Q_4=0.032\text{m}^3/\text{s}$，$Q_5=0.054\text{m}^3/\text{s}$。各管段均为铸铁管，长度及直径见表 7.8，求各管段通过的流量（闭合差小于 0.5m 即可）。

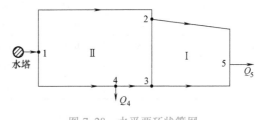

图 7.28　水平两环状管网

表 7.8　管段长度、直径表

环号	管段	长度/m	直径/mm
I	2—5	220	200
	5—3	210	200
	2—3	90	150

（续）

环号	管段	长度/m	直径/mm
Ⅱ	1—2	270	200
	2—3	90	150
	3—4	80	200
	4—1	260	250

【解】　为便于计算，列表进行，具体见表7.9。

（1）初拟流向，分配流量：初拟各管段流向如图7.28所示。根据节点流量平衡条件 $\sum Q_t = 0$，第一次分配流量。分配值列入计算表7.9内。

（2）按分配流量，计算各管段水头损失。根据式 $h_{fi} = a_i l_i Q_i^2$，算得各管段的水头损失，写入表7.9内。

（3）计算环路闭合差

$$\sum h_{fⅠ} = (1.84 - 1.17 - 0.17)\,\text{m} = 0.5\,\text{m}$$

$$\sum h_{fⅡ} = (3.19 + 0.17 - 0.26 - 1.84)\,\text{m} = 1.26\,\text{m}$$

闭合差大于规定值，按式（7.51）计算校正流量 ΔQ，列入表7.9内。

（4）调整分配流量：将 ΔQ 与各管段分配流量相加，得二次分配流量，然后重复（2）（3）步骤计算。本题按二次分配流量计算，各环已满足闭合差要求，故二次分配流量即为各管段的通过流量。

表7.9　环状管网计算表

环号	管段	第一次分配流量 $Q/(\text{L/s})$	h_{fi}/m	h_{fi}/Q_i	ΔQ	各管段校正流量	二次分配流量	h_{fi}
Ⅰ	2—5	+30	+1.84	0.0613		-1.81	28.19	1.64
	5—3	-24	-1.17	0.0488	-1.81	-1.81	-25.81	-1.34
	2—3	-6	-0.17	0.0283		3.75-1.81	-4.06	-0.08
	Σ		+0.5	0.138				+0.22
Ⅱ	1—2	+36	3.19	0.089		-3.75	32.25	2.61
	2—3	+6	+0.17	0.0283		-3.75+1.81	4.06	0.08
	3—4	-18	-0.26	0.014	-3.75	-3.75	-21.75	-0.37
	4—1	-50	-1.84	0.0368		-3.75	-53.37	2.10
	Σ		1.26	0.168				+4.42

任务5　有压管道中的水击

1. 水击现象

液体在有压管道中流动，由于突然关启阀门、换向阀突然变换工位、水泵突然停车等原因，造成流速突然发生变化时，管中压强也会相应发生突然变化，产生大幅度的波动现象称为水击现象。水击发生后会产生强烈的振动和噪声，如同锤击管路一样，故又称为水锤。由水击产生的瞬时压强称为水击压强，这种压强往往会达到管道正常工作压强的几十倍甚至几百倍，而增压和降压的频率极高，危害很大，轻者可导致管路系统振动、噪声，重者可造成阀门破坏、管道接头断开，甚至管道爆裂等严重事故。

2. 水击发生的原因

水击是由于液体可压缩性和惯性所致，现以简单管道突然关闭阀门为例说明，如图 7.29 所示，管长 l，直径 d，阀门关闭前定常流速 v_0。当突然关闭阀门时，使紧靠阀门的液体层 $m—n$ 突然停止流动，流速由 v_0 突变为零，由动量定理可知，该层受到阀门的作用力，又因为后面的液体仍以 v_0 向前运动，致使该层液体受压，压强由 p_0 增至 $p_0+\Delta p$，Δp 是水击压强。同时 $m—n$ 段管壁膨胀，随之紧靠 $m—n$ 层的第二液层也停止，压强增高，管壁膨胀，此种情况依次由

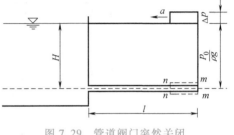

图 7.29 管道阀门突然关闭

阀门向管道进口处传递，由此可见，阀门突然关闭后管道中液体不是同一时刻全部停止流动，压强也不是同一时刻升高，而是以波的形式由阀门逐次向管道进口传递。

3. 水击传播过程

第一过程：设 $t=0$ 时刻阀门瞬时关闭，紧靠阀门的液体层流速由 v_0 突变为零，$m—n$ 层被压缩，管壁膨胀，相应压强升高 Δp，并以波的形式向进口方向传播，设水击波的传播速度为 c，则在 $0<t<l/c$ 时段，在水击波传播到的范围内，液体流动停止，压强升至 $p_0+\Delta p$；水击波未传到的部分，流速仍为 v_0，压强为 p_0，在 $t=l/c$ 时刻，水击波传到管道进口，全管处于液体被压缩、压强升高 Δp、管壁膨胀的状态。此为正压波由阀门向管道进口传播的过程，如图 7.30a 所示。

第二过程：在 $t=l/c$ 时刻，管内压强为 $p_0+\Delta p$，大于进口外侧的压强，进口断面两侧有压强差 Δp，在此压强差的作用下，液体自管内以速度 v_0 向管外（水池）倒流随即进口处压强恢复为 p_0，于是与相邻液体层之间又出现了压强差，这样液体自管道口逐次向水池倒流。此为第一次反射正常波，在时刻 $t=2l/c$ 反射正常波传至阀门断面，全管恢复为原来的状态，如图 7.30b 所示。

第三过程：在 $t=2l/c$ 时刻，即第二过程末，由于惯性，液体仍以 $-v_0$ 向管进口方向流动，而阀门处无液体补充，靠近阀门处液体层首先停止流动，速度由 $-v_0$ 变为 0，相应压强降低 Δp，降压波由阀门逐层地向管道进口传播，在 $t=3l/c$ 时刻传至管口，全管处于降压状态，管壁受压缩。此为降压过程，如图 7.30c 所示。

第四过程：在 $t=3l/c$ 时刻降压波传至管口断面，因进口外侧压强 p_0 大于管内压强 $p_0-\Delta p$，在此压强 Δp 作用下液体以相应速度 v_0 向管内流动，液体由降压状态逐次恢复为原来的压强 p_0，在 $t=4l/c$ 时刻，升压波传至阀门，全管恢复原始状态，此为第二次反射正常波，如图 7.30d 所示。

至此水击完成了一个周期，以后液体周而复始地进行上述过程，将往返一次所需时间 $T=2l/c$ 称为相或相长。

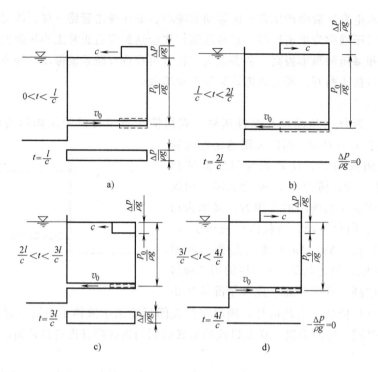

图 7.30 水击波传播

4. 水击压强的计算

（1）直接水击　当关闭阀门的时间小于一个相长 $T < 2l/c$ 时，第一次反射正常波还没有回到阀门之前阀门已全关闭，这时阀门的水击压强和阀门在瞬时关闭压强相同，使压强叠加达到最大值，这种水击称为直接水击。

下面由动量方程推导出水击压强的计算公式，如图 7.31 所示。在关小阀门后水击波传至 n—n 面，水击波没达到的部分，管内流速为 v_0，压强为 p_0，液体密度为 ρ，过流断面面积为 A；波峰经过后，流速降至 v，压强为 $p_0 + \Delta p$，密度为 $\rho_0 + \Delta \rho$，断面面积为 $A + \Delta A$。若坐标系固定在波面上，于波面前后取两过流断面构成控制体（见图 7.31 中虚线），则液体分别以相对速度 $v_0 + c$ 流入、以 $v + c$ 流出控制体，这样相对动坐标系流动是定常的，选流速与 x 方向一致则有

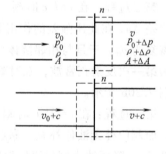

图 7.31 水击压强计算

$$\sum F_x = p_0 A - (p_0 + \Delta p)(A + \Delta A)$$

因发生水击的管壁材料弹性模量 E 很大，$\Delta A \ll A$，$A + \Delta A \approx A$，因此 $\sum F_x = -\Delta p A$，于是 x 方向动量方程为

$$-\Delta p A = (\rho + \Delta \rho)(v + c)^2 (A + \Delta A) - \rho A (v_0 + c)^2 \tag{7.52}$$

将连续性方程 $(\rho + \Delta \rho)(A + \Delta A)(v + c) = \rho A (v_0 + c)$ 代入式（7.52）可得

$$-\Delta pA = (\rho+\Delta\rho)(v+c)^2(A+\Delta A) - \rho A(v_0+c)^2 = \rho A(v_0+c)[(v+c)-(v_0+c)] = \rho A(v_0+c)(v-v_0)$$

$$\Delta p = \rho(v_0+c)(v_0-v)$$

又因为 $c \gg v_0$，$v_0+c \approx c$，故有

$$\Delta p = \rho c(v_0-v) \tag{7.53}$$

如果阀门完全关闭，$v=0$，则有

$$\Delta p = \rho c v_0 \tag{7.54}$$

式（7.54）为茹科夫斯基公式。

（2）间接水击 当关闭阀门的时间 $T_s > 2l/c$ 时，第一次反射波在阀门未完全关闭之前已返回到阀门断面，随即变为负的水击压力波向管道进口传播，由负压与阀门继续关闭产生的正水击压强相互叠加，使阀门处的最大水击压强小于直接水击压强，此种情况称为间接水击。其压强的计算比直接水击复杂得多，可用下式近似计算：

$$\Delta p = \rho c v_0 \frac{T}{T_s} \tag{7.55}$$

或

$$\frac{\Delta p}{\rho g} = \frac{c v_0}{g}\frac{T}{T_s} = \frac{v_0}{g}\frac{2l}{T_s}$$

式中，v_0 为水击前管道平均流速；T 为水击波相长，$T=2l/c$；T_s 为阀门关闭时间。

5. 水击波的传播速度

如图 7.32 所示，现以被压缩段 $m-n$ 作为控制体，$\Delta l = c\Delta t$，其压强为 $p_0+\Delta p$，密度为 $\rho+\Delta\rho$，断面面积为 $A+\Delta A$，经 Δt 时间后的质量增量为

$$\Delta M = (\rho+\Delta\rho)(A+\Delta A)\Delta l - \rho A\Delta l$$

忽略三阶无穷小，上式变为

$$\Delta M = \rho\Delta A\Delta l + \Delta\rho A\Delta l \tag{7.56}$$

上游来流补入控制体内的质量为

$$\Delta M = \rho A v_0\Delta t \tag{7.57}$$

显然式（7.56）、式（7.57）两式相等

$$\rho A v_0\Delta t = \rho\Delta A\Delta l + \Delta\rho A\Delta l$$

两边同除以 $\rho A\Delta t$，并以 c 表示 $\frac{\Delta l}{\Delta t}$，则有

$$\frac{v_0}{c} = \frac{\Delta\rho}{\rho} + \frac{\Delta A}{A} \tag{7.58}$$

又因为液体在被压缩前后其质量不变 $\rho V = \text{const}$，所以

$$d(\rho V) = \rho dV + V d\rho = 0$$

即

$$\frac{d\rho}{\rho} = -\frac{dV}{V}$$

由液体体积模量 $E_0 = -V\dfrac{dP}{dV} = \rho\dfrac{\Delta P}{\Delta\rho}$，则有 $\dfrac{\Delta\rho}{\rho} = \dfrac{\Delta P}{E_0}$，管断面的相对变化量 $\dfrac{\Delta A}{A} =$

$\dfrac{(D+\Delta D)^2-D^2}{D^2}=2\dfrac{\Delta D}{D}$，其中忽略高阶无穷小，又由胡克定律管材弹性模量：$E$ 与变形之间的

关系为 $\dfrac{\Delta D}{D}=\dfrac{\Delta\sigma}{E}$，式中 $\Delta\sigma$ 由 Δp 引起的管壁拉伸应力增量，当液体的压强为 p，薄壁管径为

D，壁厚为 δ 的拉应力为 σ，应用 $\sigma=\dfrac{pD}{2\delta}$，则由 Δp 引起的 σ 的增量为 $\Delta\sigma=\dfrac{\Delta pD}{2\delta}$。

将 $\Delta\sigma=\dfrac{\Delta pD}{2\delta}$ 代入 $\dfrac{\Delta D}{D}=\dfrac{\Delta\sigma}{E}$ 得 $\dfrac{\Delta D}{D}=\dfrac{\Delta pD}{2E\delta}$，再将此式代入 $\dfrac{\Delta A}{A}=2\dfrac{\Delta D}{D}$ 中得

$$\frac{\Delta A}{A}=\frac{\Delta pD}{E\delta}$$

将 $\dfrac{\Delta\rho}{\rho}=\dfrac{\Delta P}{E_0}$、$\dfrac{\Delta A}{A}=\dfrac{\Delta pD}{E\delta}$ 及 $v_0=\dfrac{\Delta P}{\rho c}$ 代入式（7.58）得

$$\frac{\Delta P}{\rho c^2}=\frac{\Delta P}{E_0}+\frac{\Delta pD}{E\delta}$$

$$c^2\rho=\frac{1}{\dfrac{1}{E_0}+\dfrac{D}{E\delta}}=\frac{1}{\dfrac{E\delta+E_0D}{E_0E\delta}}$$

$$c^2=\frac{\dfrac{E_0}{\rho}}{1+\dfrac{E_0D}{E\delta}}$$

$$c=\frac{\sqrt{\dfrac{E_0}{\rho}}}{\sqrt{1+\dfrac{E_0D}{E\delta}}}$$

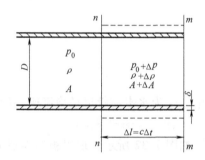

图 7.32　Δt 时间内水波传播

而 $\sqrt{\dfrac{E_0}{\rho}}=c_0$ 为声音在水中的传播速度，则有

$$c=\frac{c_0}{\sqrt{1+\dfrac{E_0D}{E\delta}}} \tag{7.59}$$

式中，c_0 为水中声波传播速度，水温 10℃，压强在 $1\sim25\text{at}$ 时，$c_0=1435\text{m/s}$；E_0 为水的弹性模量，$E_0=2.0\times10^5\text{N/cm}^2$；$E$ 为管壁材料的弹性模量，见表 7.10；D 为管道直径；δ 为管壁厚度。

表 7.10　管壁材料的弹性模量

管材	铸铁管	钢管	钢筋混凝土管	石棉水泥管	木管
$E/(\text{N/cm}^2)$	8.73×10^6	2.26×10^7	2.06×10^7	3.24×10^6	6.86×10^6

6. 水击的防护

　　水击现象的发生，对管路系统十分有害，因此必须设法削弱它的作用，具体可采用以下几方面的措施。

1）延长阀门的关闭（或开启）时间。延长阀门启闭时间可以避免直接水击，也可减少间接水击压强大小。

2）限制管路流速。水击压强与管道流速成正比，因此，限制管路流速，可减少水击压强，一般给水管网流速限制在 3m/s。

3）缩短管长。缩短管长既缩短了水击波的相长，也能使直接水击转变为间接水击。

4）阀门前设置空气室或溢流阀。水击发生时，空气室里的空气受到压缩，或在水击发生时，将部分液体从管中放出，从而使水击压强降低。

5）增加管道弹性。例如，液压系统中，铜管、铝管就比钢管有更好的防水击性能，或采用弹性较大的软管，如橡胶管或尼龙管吸收冲击能量，则可更明显地减轻水击。

综 合 实 例

某水管上安装有一孔板流量计，参见图 7.33。测得 $\Delta p_0 = 100\mathrm{mmH_2O}$，管道直径 $D = 100\mathrm{mm}$，孔板直径 $d = 40\mathrm{mm}$，试求：

（1）水管中流量 Q；

（2）若孔板流量计装在气体管路中，空气温度 20℃。测得 $p_1 - p_2 = 100\mathrm{mmH_2O}$，其 D、d 尺寸同上，求气体流量。

【解】　孔板流量计是根据孔口出流原理设计制造的，主要用来量测管道中流体的流量。管路中装一带有薄壁孔口的隔板，称为孔板（孔口面积 A），此时流体通过孔口的出流是淹没出流。在孔板的上、下游渐变流段上选择 1、2 两断面，测得 1、2 两断面上的静压 p_1 与 p_2。因为流量、管径在给定条件下不变，所以测压断面上 $v_1 = v_2$。

孔板流量计的流量系数 μ 值与孔板尺寸、管道直径及流态（雷诺数）有关，一般由实验测定得到。工程中按具体孔板查相关的孔板流量计手册获得 μ 值。为了便于练习做题，现给出圆形薄壁孔板的流量系数曲线，如图 7.34 所示。

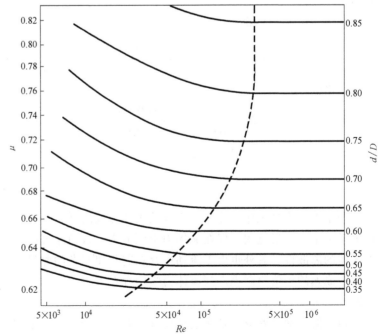

图 7.33　孔板流量计　　　　　　图 7.34　圆形薄壁孔板流量计流量系数 μ 值曲线

（1）此题为液体的薄壁孔口淹没出流问题。首先利用式（7.6）确定孔口作用水头 H_0 值：

$$H_0 = \left(z_1 + \frac{p_1}{\gamma} + \frac{\alpha_1 v_1^2}{2g}\right) - \left(z_2 + \frac{p_2}{\gamma} + \frac{\alpha_2 v_2^2}{2g}\right)$$

根据题意知：$z_1 = z_2$，$v_1 = v_2$，代入上式得

$$H_0 = \frac{p_1}{\gamma} - \frac{p_2}{\gamma} = \frac{100}{1000}\text{m} = 0.1\text{m}$$

$d/D = 40/100 = 0.4$，设流动处于阻力平方区，μ 值与 Re 无关，则查图 7.34 得 $\mu = 0.61$。利用式（7.9）得

$$Q = \mu A \sqrt{2gH_0} = \left(0.61 \times \frac{\pi \times 0.04^2}{4} \times \sqrt{2 \times 9.8 \times 0.1}\right)\text{m}^3/\text{s} = 1.07 \times 10^{-3}\text{m}^3/\text{s}$$

验算：

水的运动黏度

$$\nu = 1.306 \times 10^{-6}\text{m}^2/\text{s}$$

$$v_c = \frac{Q}{A} = \frac{4 \times 1.07 \times 10^{-3}}{\pi \times 0.04^2}\text{m/s} = 0.85\text{m/s}$$

$$Re = \frac{v_c d}{\nu} = \frac{0.85 \times 40 \times 10^{-3}}{1.306 \times 10^{-6}} = 2.6 \times 10^4$$

依据 Re 和孔板尺寸、管道直径查得的流量系数与原来选取的基本相同，故合理。

（2）此题为气体孔口淹没出流问题

$$\Delta p_0 = p_1 - p_2 = 100\text{mmH}_2\text{O} = (100 \times 9.81)\text{N/m}^2 = 981\text{N/m}^2$$

$d/D = 40/100 = 0.4$，同样假设流动处于阻力平方区，μ 值与 Re 无关，则查图 7.34 得 $\mu = 0.61$。

利用式（7.11）得

$$Q = \mu A \sqrt{\frac{2}{\rho}\Delta p_0} = \left(0.61 \times \frac{\pi \times 0.04^2}{4} \times \sqrt{\frac{2 \times 981}{1.205}}\right)\text{m}^3/\text{s} = 0.0309\text{m}^3/\text{s}$$

校核雷诺数

$$Re = \frac{4Q}{\pi \nu d} = \frac{4 \times 0.0309}{3.14 \times 15.7 \times 10^{-6} \times 0.04} = 6.27 \times 10^4 > 5 \times 10^4$$

处于阻力平方区，以上假设合理。

拓展提高：有压管网流动的最小能量损失原理

力学中的许多规律，除微分方程的表达形式之外，存在着等价的极值表达形式。这在固体力学中早已广泛应用，但在流体力学领域内，极值原理的发展却比较缓慢。这一方面是由于流体的离散性，另外也由于流动中存在着规律复杂的黏滞力和能量损失，这些使得将固体力学中成熟的极值原理推广到流体力学中存在着很大困难。所以有必要研究流体力学的极值问题。

传统的管网平差原理是在连续性方程和伯努利方程的基础上得出来的，即各节点流量连续及各闭合环路的水头损失应闭合。其表达式为

$$\left.\begin{array}{l} \sum h_{fi} = \sum S_i Q_i^2 = 0 \\ \sum Q_j = \sum Q_k \end{array}\right\}$$

式中，h_{fi}、S_i、Q_i 分别表示闭合环路内各管段的沿程阻力损失、阻抗和流量；Q_j 和 Q_k 分别表示流入和流出节点的流量。

什么是与其相等价的极值原理呢？

极值原理的一般表达形式是：在同样的约束条件下，在所有可能发生的运动形式中，真实运动使得某个力学作用量取得极值。

所以研究极值原理首先要找寻相应的力学作用量。下面我们先从最简单的并联管路的流动进行分析。

1. 并联管路流动

在图 7.35 所示的两条并联管段的阻抗和流量分别为 S_1、Q_1 和 S_2、Q_2。通过 A 断面流量 $Q = Q_1 + Q_2$，两管段的水头损失分别为 $S_1 Q_1^2$ 和 $S_2 Q_2^2$。当流体从 A 断面流入并联管路并从 B 断面流出的过程中，平均单位质量流体的水头损失（即机械能损失）为

$$E = \frac{g(S_1 Q_1^3 + S_2 Q_2^3)}{Q}$$

可以设想在管路的边界条件和连续性条件约束下，Q_1 和 Q_2 有无数种可能的流量组合，那么哪一组是它真实发生的流量组合呢？

这里我们先假设使 E 取得极值的组合就是其真实的流量组合。

以 Q_1 和 Q_2 为变量，对 E 取极值，有

$$\left.\begin{array}{l} \dfrac{\partial E}{\partial Q_1} = \dfrac{g}{Q} \dfrac{\partial}{\partial Q_1}(S_1 Q_1^3 + S_2 Q_2^3) = 0 \\ \dfrac{\partial E}{\partial Q_2} = \dfrac{g}{Q} \dfrac{\partial}{\partial Q_2}(S_1 Q_1^3 + S_2 Q_2^3) = 0 \end{array}\right\}$$

再考虑连续性条件 $Q = Q_1 + Q_2$，解得

$$S_1 Q_1^2 = S_2 Q_2^2$$

同理对 n 条管段并联流动，有

$$\left.\begin{array}{l} E = \dfrac{g(S_1 Q_1^3 + S_2 Q_2^3 + \cdots + S_n O_n^3)}{Q} \\ Q = \displaystyle\sum_{i=1}^{n} Q_i \end{array}\right\}$$

由 $\dfrac{\partial E}{\partial Q_i} = 0$ 可求得　　　$S_i Q_i^2 = S_j Q_j^2$（i, j 为任意两条管段）

下面再来研究图 7.36 所示的在管段中有流量流入或流出时的情况。流入或流出量 Q_p 是与 Q_1 和 Q_2 相独立的量。则有

$$\left.\begin{array}{l} E = \dfrac{g}{Q}(S_1 Q_1^3 + S_2 Q_2^3 + S_3 Q_3^3) \\ Q = Q_1 + Q_2, Q_3 = Q_1 + Q_p \end{array}\right\}$$

由 $\dfrac{\partial E}{\partial Q_i}=0$，同样可得出

$$S_1 Q_1^2 + S_2 Q_2^2 = S_3 Q_3^2$$

即有流量流入和流量流出时的并联流动关系式。

同理可推出有流量流入或流出时 n 条管段并联流动时的情况。

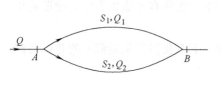

图 7.35　并联管路

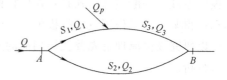

图 7.36　有流量流入的并联管路

2. 环状管网流动

对于图 7.37 所示的简单环状管网，E 为全部管段单位质量流体的水头损失平均值，其表达式为

$$E = \frac{g}{Q} \sum_{i=1}^{5} S_i Q_i^2$$

$$\left.\begin{array}{l} \dfrac{\partial E}{\partial Q_i}=0 \\[2mm] \sum Q_i = \sum Q_k \end{array}\right\}$$

式中，Q_i、Q_k 分别为各节点流入和流出的流量。

同样可以得到

$$\left.\begin{array}{l} S_1 Q_1^3 + S_3 Q_3^3 - S_2 Q_2^3 = 0 \\[2mm] S_3 Q_3^3 + S_4 Q_4^3 - S_5 Q_5^3 = 0 \end{array}\right\}$$

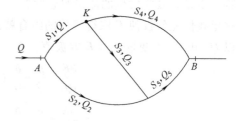

图 7.37　环状管网流动

即管网中各环的水头损失需闭合的条件。

这一结论可以用类似的方法推广到有 n 个闭合环的复杂管网流动情况。

由此可以证明，管网各闭合环中水头损失为零这一条件是与整个管网的平均单位质量（或重量、体积）的水头损失取得极值的条件相等价的。

3. 关于极值的讨论

各管段的 Q_i 仅限于取正值或 0，若对 E 求 Q_i 的二次导数时，则在一次求导时得到的负数项在二次求导又转成为正数项，这样二次求导后的各项均为正数项，即

$$\frac{\partial E^2}{\partial Q_i^2} > 0$$

若取负数的 Q_j 项较少，而取正数的 Q_i 项较多，即 $|\sum S_j Q_j| < \sum S_i Q_i$ 时，此式也成立。

这样可以证明，极值必为极小值。

由与此极值方法相等效的各种传统方法可知，其理论上的解是确定的，即唯一的。

我们再来考虑边界点，如图 7.35 所示的并联情况，其 Q_1 和 Q_2 的取值范围分别为

$$0 \leqslant Q_1 \leqslant Q, 0 \leqslant Q_2 \leqslant Q(Q = Q_1 + Q_2)$$

即它们的边界点（即取值的极限情况）为 0 及 Q，当 $Q_1=Q$ 时 $Q_2=0$，反之亦然。当 $Q_1=Q$ 时，总损失 $\sum S_i Q_i^3 = S_1 Q_1^3$，当 $Q_2=Q$ 时，总损失 $\sum S_i Q_i^3 = S_2 Q_2^3$。

当 $0 \leqslant Q_1 \leqslant Q$ 时（即处于边界内的点），总损失 $\sum S_i Q_i^3 = S_1 Q_1^3 + S_2 Q_2^3$。

因为并联情况下，$$S_1 Q_1^2 = S_2 Q_2^2$$

所以总损失为 $$S_1 Q_1^2 (Q_1 + Q_2) = S_1 Q_1^2 Q < S_1 Q^3$$

即边界内点的 $\sum S_i Q_i^3$ 值或 E 值小于边界点的 $\sum S_i Q_i^3$ 值或 E 值。

由此可得，我们所取得的极小值即为定义范围内（包括边界点）的最小值。

这一结论可用同样方法推广到环状管网的情况。因此，对管网流动的能量损失极值原理，我们可以较完整地叙述如下：

对于有压管网流动，在满足相同的边界约束及各节点流量连续的约束条件下，在各种可能的流量分配组合中，真实发生的流量组合必然使得整个管网的平均单位质量（或体积、重量）的水头损失取得最小值。

注：如果把每一个闭合环外的流入流出量看作与环内各流量相独立的流量，那么对于每个闭合环来说，上述结论仍然成立。

思政专题：定海神针——"蓝鲸 1 号"

这是中国又一项世界第一！全球最大、作业水深最深、钻井深度最深的海上钻井平台"蓝鲸 1 号"实现了中国在可燃冰开采领域"零"的突破，经受住了 12 级强台风考验，累计采气 60 万 m^3，创造了产气时长和总量的双世界纪录。放眼望去，整个钻井平台长 117m、宽 92.7m、高 118m，从船底到钻井架顶足足有 37 层楼高，7 万 t 排水量比辽宁号航空母舰的满载排水量还要大（见图 7.38）。更让人感叹的是其作业能力，最大钻井深度 15240m，比地球上截至目前已知的最深的马里亚纳海沟还要深，电缆拉放长度达 120 万 m，相当于从北京到上海的距离。

图 7.38　"蓝鲸 1 号"海上钻井平台

海上钻井平台一直被誉为"流动的国土"，是一个国家整体工业实力的体现。然而，就在 2005 年前，深水平台的设计制造还是被西方发达国家所垄断，中国在深水平台设计制造领域还处于空白，核心装备主要依赖从国外购买，严重影响了我深水资源开发的进程。中集来福士海洋工程有限公司（简称中集来福士）依靠自主创新，经过 10 年的研究探索，实现了核心产品自主设计、自主知识产权从 0 到 100%的突破，国产化率从不到 10%提高到了 60%，中国用 10 年时间走完了欧美 40 年所走的路。从"蓝鲸 1 号"开始，中国的核心装备技术研发实现了重大突破。依靠核心技术，中国建造的能够在极地恶劣海域使用的半潜式钻井平台"蓝鲸 1 号""蓝鲸 2 号"等大国重器相继问世，使中国成功跻身于全球深水海工装备领域第一梯队。由于深海中蕴藏着可燃冰、石油、天然气等丰富资源，"蓝鲸"系列超深水双钻塔半潜式钻井平台代表了当今世界海洋钻井平台设计建造的最高水平，为中国能源战略和海洋强国建设提供了先进的装备保障。

"蓝鲸 1 号"拥有 27354 台设备，40000 多根管路，50000 多个 MCC 报验点，电缆拉放长度 120 万 m。作为最先进的一代超深水双钻塔半潜式钻井平台，该平台不仅在物理量上远超于其他项目，而且在设计建造过程中，克服了技术攻关、项目管理、全球采购、实际作业应用等诸多挑战。最令世界惊讶的是"蓝鲸 1 号"采用了我们在世界上首创的双钻塔系统。当今世界上的钻井平台通常都是一套钻井系统。而"蓝鲸 1 号"却拥有双钻塔系统。以前只用一个顶驱钻井，管子需要接一会儿，停下来，再钻一会儿。钻井越深，需要连接的管子就越长，顶驱接管时间也就越多。而双钻塔同时工作，一边打井、一边接管，钻井效率至少提高 30%。"蓝鲸 1 号"将我国深水油气勘探开发能力带入世界先进行列，该平台先后荣获 2014 年《世界石油》(World Oil) 颁发的最佳钻井科技奖以及 2016 OTC 最佳设计亮点奖。

建造"蓝鲸 1 号"这样一座半潜平台，需要 4 万多吨钢材，其中超强超厚钢占到 10%。按挪威船级社要求，使用超厚钢板必须经过-20℃的 CTOD（裂纹尖端张开位移）试验，而之前这种试验在全球没有任何成功案例可供参考。为此，中集来福士组建了超高强超厚板 CTOD 实验课题攻关团队，经过 88 个新焊接工艺的评定，14 次生产焊接评定，顺利完成了世界级首例试验，将 100mm 的超厚钢板在全球首次运用于半潜式钻井平台。

由于"蓝鲸"系列海工装备属于巨型设备，安装需要专门的龙门吊。在传统半潜式钻井平台的生产中，需要将物料自下而上一点一点地叠加起来，比如平台上半部分的一个甲板盒，需要将其拆分成 16~18 块各 1000t 左右的小块，再吊上去高空作业，如果按传统的方式来制造，生产周期长，往往无法按时交付。为此中国研发出了迄今为止世界上最大的固定式起重装备"泰山吊"，它是全世界起重能力最大的桥式起重机，即使坐电梯从最底层到最顶层也要三分钟，因此，近乎巴黎凯旋门高度和跨度的中国泰山号龙门吊，能够一次吊起 2 万 t 的重物，并且到目前为止已保持长达 10 年的世界吉尼斯纪录，让全球发达国家也望尘莫及，泰山龙门吊在工作中，只需将半潜式钻井平台分解为上下各 15000~20000t 的部分，并且分别制造，最后再交给"泰山吊"进行整体拼装组合，这样一来大大缩短了工期工时，极大提高了效率。

"蓝鲸 1 号"重达 4.2 万 t，甲板面积相当于一个标准足球场大小，从船底到钻井架顶端有 37 层楼高，相当于两架空客 A380 漂浮在海面上，并且连接很细的钻杆深深地钻进海底，因此要求在使用中当遭遇强烈的台风、海流时，"蓝鲸 1 号"必须牢牢地停留在原地，否则就会发生钻杆被折断甚至整个钻台被掀翻的灾难性事故。为此，"蓝鲸 1 号"采用全球最高级别的 DP3 动力定位系统，这个系统可以根据不同的风、浪、流等不同工况，实时控制安装在钻台底下的 8 个推进器的转速和方向，确保"蓝鲸 1 号"在飓风、海流的袭击下稳稳不动。在 2017 年 6 月 12 日凌晨 3 点，强热带风暴"苗柏"来袭，风力最大 12 级，在强热带风暴中，"蓝鲸 1 号"始终被牢牢地钉在目标海域，而设备进行的可燃冰试采一秒也没有停顿过。"蓝鲸 1 号"完全能够抗得住 12 级的台风,甚至于可抗 16 级的台风。

"蓝鲸 1 号"拥有全球最大、装载了 16 万 m^3 液压油的液压动力站,这套复杂的系统拥有 5000 多米高度清洁的管道,控制了 100 多台设备,工作压力高达 300kg,要求每一个法兰面的间隙小于头发直径的 1/4。设备精度控制在 ±3mm 之内,而且一系列精度控制,都是在下水之后的海上飘移状态下完成的测量,这无疑进一步增加了建造的精度管控难度。为此,在"蓝鲸 1 号"设计建造过程中,首次运用"日清日结、日事日毕"的精益管理,提高生产进度 15%,而且创造了连续两年无损工的安全纪录。

另外,受各种不确定因素的影响,海上钻井平台容易出现短路问题,尤其是一旦平台因断电失去动力而无法定位,将会造成主要设备障碍,或将带来灾难性后果。为了确保深海钻井平台的安全运行,设计人员对平台进行闭环实验,即在 400ms 时间内切除故障,将短路造成的损坏分离出去,从而保证其他发电机继续让全船运行,最大限度地保证人员和设备安全。闭环实验是一项极其危险的系统测试,就是人为切断整个平台的电力供应,8 台推进器停止工作,目的是要求整个平台即使发生最极端的断点故障,也可在最短的时间内隔离故障设备,立即恢复动力。

随着越来越多的"蓝鲸"系列深水钻井平台投入深海远洋作业,必将大幅缓解我国石油紧缺的局面,降低国家经济发展对国外进口石油的依赖性。

"思政内容"与现实的结合点

(1) 通过深海钻井平台的介绍,让学生认识到,只有通过自主创新打破国际垄断,将关乎国家命脉的核心装备设计制造技术掌握在自己手中,才能使国家的经济安全获得可靠保障。只有掌握了先进的技术同时具有强大的装备制造能力,才能够支撑起一个国家的经济发展和总体安全。

(2) "为天地立心,为生民立命,为往圣继绝学,为万世开太平",这是北宋大家张载的远大抱负,也是古人的理想和担当。他们是这样说的,也是这样践行的,知行合一。我们作为新时代的接班人,中华民族伟大复兴的践行者,每一件小事都值得我们践行,都是我们勇担时代责任的展现。

(3) 当代青年需要用知识不断充实自己,坚守理想信念,并且不骛于虚声,不驰于空想,能够脚踏实地,才能更好地肩负起时代的重任。

课程思政素材出处

蓝鲸 1 号 [EB/OL]. [2023-03-17]. https://baike.so.com/doc/24233638-25025655.html.

思 考 与 练 习

1. 试简述薄壁小孔口出流的收缩系数 ε、流速系数 φ 及流量系数 μ 的物理意义,并写出这些系数的表达式。

2. 试简述管嘴出流的水力特点,并指出管嘴出流的流量计算与孔口出流的流量计算有何不同。

3. 若管嘴出口面积和孔口面积相等,且作用水头 H 也相等,试比较孔口与管嘴的出流量,并写出圆柱形外管嘴的正常工作条件。

4. 什么是有压流和无压流? 实际工程中,有压流、无压流一般各指哪些流动?

5. 何谓短管和长管？两者的判别标准是什么？如果某管道系统应按短管计算，但欲采用长管计算方法计算，应怎么办？

6. 如图7.39所示，图7.39a所示为自由出流，图7.39b所示为淹没出流，若在两种出流情况下作用水头 H、管长 l、管径 d 及沿程阻力系数均相同，试问：

（1）两管中的流量是否相同？为什么？

（2）两管中各相应点的压强是否相同？为什么？

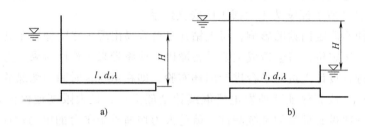

图7.39　简单管路的流动

7. 如图7.40所示，坝身底部有三个泄水孔，其孔径和长度均相同，试问：这三个底孔的泄流量是否相同？为什么？

8. 有两个泄水隧洞，管线布置、管径 d、管长 l、管材及作用水头 H 完全一样，但泄水洞口面积不同，图7.41a所示出口断面不收缩，图7.41b所示出口为一收缩管嘴，假设不计收缩的局部水头损失，试分析：

（1）哪一种情况出口流速大？哪一种情况泄流量大？为什么？

（2）两隧洞中相应点的压强哪一个大？为什么？

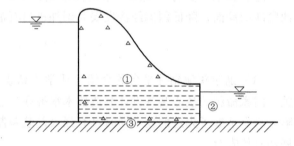

图7.40　坝身底部的泄水孔

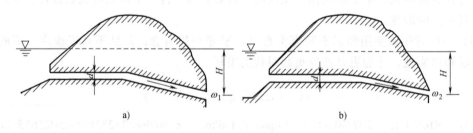

图7.41　泄水隧洞

9. 如图7.42所示，用长度为 l 的两根平行管路由 A 水池向 B 水池引水，两管管径 $d_2 = 2d_1$，两管的粗糙系数 n 相同，局部水头损失不计，试分析两管中的流量之比。

10. 排水装置如图7.43所示，水由具有不变水位的储水池沿直径 $d = 100\text{mm}$ 的输水管排入大气，输水管由长度 l 为30m的水平段 AB 和倾斜段 BC 组成，$h_1 = 1.5\text{m}$，$h_2 = 2\text{m}$。为了输水管在 B 处的相对压强为9800Pa，阀门的局部阻力损失系数 ξ 应为多少？此时管道流量 Q 为多大？沿程阻力系数 λ 取0.035，储水池与水平管道相接入口处局部阻力系数 $\xi_1 = 0.5$，不计两管相交处 B 点的局部水头损失。

230

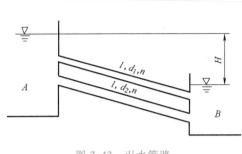

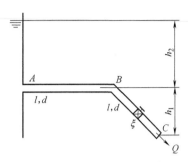

图 7.42 引水管路　　　　　　　　　　　　图 7.43 排水管路

11. 一水平放置的供水管由两段长度 l 均为 100m，管径分别为 $d_1 = 0.2m$ 和 $d_2 = 0.4m$ 的水管串联构成。输送水的运动黏度 $\nu = 1 \times 10^{-6} m^2/s$，两管由同一材料制成，内壁绝对粗糙度 $\Delta = 10.05mm$。小管中平均流速 $v_1 = 2m/s$，如果要求管道末端绝对压强 $p_{2abs} = 98000Pa$，求管段进口端应有的绝对压强。

12. 如图 7.44 所示，用一钢管将一大水池中的水自流引入一小水池，钢管长度 $l = 200m$，管径 $d = 0.4m$，粗糙率 $k_s = 0.0125$，钢管上安装一闸阀，开度为 $a/d = 1/4$，有两个 90° 弯头。假定两水池水面恒定不变，试计算：

（1）当钢管中通过流量 $Q = 0.2m^3/s$ 时，两水池的水面高差 H 应是多少？

（2）若两水池水面高差 $H = 3.0m$ 时，管中流量将是多少？

13. 混凝土坝内有一泄水钢管，如图 7.45 所示，管长 $l = 15m$，管径 $d = 0.5m$，进口为较平顺的喇叭口，还装有一闸门，开度为 $3/4d$，钢管底部高程 $\nabla = 132m$。坝上游水面高程 $\nabla = 148m$，试分别计算坝下游水面高程为 $\nabla = 137m$ 和 $\nabla = 131m$ 时，通过泄水钢管的流量 Q。

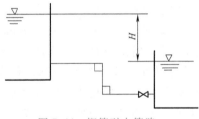

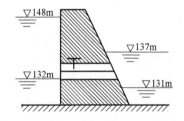

图 7.44 钢管引水管路　　　　　　　　　图 7.45 混凝土坝内的泄水钢管

14. 两根管道长度相等，$l_1 = l_2 = 250m$，它们的内径分别为 $d_1 = 10cm$，$d_2 = 20cm$，通过的总流量 $q = 0.08m^3/s$。忽略局部阻力。沿程阻力系数设为 $\lambda = 0.04$。试求两管道串联或并联时的水头损失。

15. 某压力引水钢管，上游与本地相连，下潜管末端设阀门控制流量。已知管长 $l = 600m$，管径 $D = 2400mm$，管壁厚 $\delta = 20mm$，水头 $H_0 = 200m$。阀门全开时管中流速 $v_{max} = 3m/s$。阀门在 1s 内全部关闭，此时管内发生水击。求阀门处的水击压强值。已知 $K = 19.6 \times 10^6 Pa$，$E = 19.6 \times 10^8 Pa$。

8

项目 8
边界层理论基础

　　普朗特针对大雷诺数流动，提出边界层概念和正确地简化 N-S 方程组的方法，使相当发展的理想流体理论有了实际价值。所以边界层理论被誉为近代流体力学的重大发展之一。目前，边界层理论已广泛地应用于航空、航海、水利、气象、机械、化工及环境科学等方面。本项目主要介绍边界层理论中最基本的内容，包括：边界层概念、边界层基本特征及边界层厚度、边界层方程，并对平板层流边界层的计算问题和边界层分离现象及绕流阻力等进行了分析和讨论。

【案例导入】

改变世界的科技——特斯拉涡轮机

　　特斯拉涡轮机（Tesla turbine）是一种无叶片，由流体剪切力驱动的涡轮机，是传奇工程师尼古拉·特斯拉的发明，如图 8.1 所示。因为它应用了边界层效应，而非传统的用流体直接冲击涡轮叶片，所以特斯拉涡轮机也被称为边界层涡轮机（boundary layer turbine）。特斯拉曾梦想用它来利用地热发电，成为"我们未来的能源"。特斯拉写道：这是一个高效的自起动式原动机（根据原文意思，这里指的是一种不需要外力就可以自行起动的原动装置），可作为蒸汽涡轮机或混流式涡轮机工作，而无须对其构造进行改动，只需对原有涡轮机进行小幅改造，或是根据原有涡轮机实际情况进行修改，因此十分方便。对于蒸汽设备使用者来说，只要是遵循特斯拉涡轮机的设计原则，并连接在其原有设备上工作，就可以获得极其可观的效益。

　　1. 特斯拉涡轮机的原理

　　特斯拉涡轮机的原理是流体的边界层效应（boundary layer effect），流体受黏滞力影响，会在管壁或者其他物体边缘形成一层很薄的边界层，在边界层内，固定表面处的流速为 0，离表面越远速度越大。利用这个效应就可以让高速运动的液体带动一组圆盘转动。因此它的效率比普通的叶片涡轮机高得多。

　　这种涡轮机也可以成功地利用高真空进行冷凝工作。在这种情况下，由于很大的膨胀比，排出的气体混合物具有相对较低的温度，可供冷凝器使用。虽然需要更好的燃料和配套的特殊泵动装置致使初期投入成本较高，但是其最终的经济效益完全可以平衡当初建设的高成本。

　　2. 特斯拉涡轮机的结构及特点

　　特斯拉涡轮由一组光滑圆盘组成，盘上有喷嘴向盘边缘持续吹入气流，如图 8.2 所示。

这种气流会由于流体黏度和气体在表面层的黏滞性而吸附在圆盘上。当气流速度放慢，同时给圆盘施加以能量，气体会做螺旋向心运动并排出。由于转子的表面光滑没有隆起，设计极其坚固。

该机的整体构造允许每一片圆盘单独地根据实际情况，包括热能和向心力造成的各种影响进行拓展性或收缩性改造，许多实际应用说明这样做可以带来很多额外的好处。更多的圆盘和更多的能量可以创造更高的效率。但必须避免圆盘发生形变，并将圆盘的侧间隙尽量做小，以减少漏气和摩擦造成的能量损失。转子也要尽量做到完全对称，因为偏心造成的滑动摩擦会带来极大的负面影响，并使得涡轮机无法安静地运转，如图 8.3 所示。

图 8.1　特斯拉涡轮机

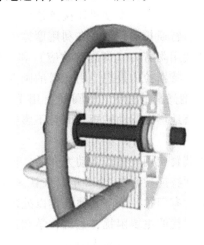

图 8.2　内部原理图

所有的圆盘与垫片都通过一个嵌在边缘的套筒互相咬合，并使用螺母和套环来将那些边缘厚的圆盘固定在一起，或者，如果需要的话，可以直接在圆盘上冲压套环。

特斯拉涡轮机的设计特点使得它通常由蒸汽和燃气燃烧的混合物驱动，排出的废气则可以继续提供蒸汽可供涡轮机工作，通过阀门对上面提到的循环蒸汽进行调节，使得涡轮机的工作温度和压力处在最佳状态。如图 8.4 所示。

特斯拉涡轮机的构造必须做到：①仅用蒸汽就可起动；②圆盘可以在高温流体中工作。

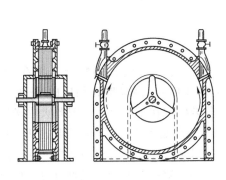

图 8.3　特斯拉涡轮机的"无叶片"设计

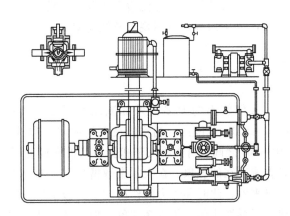

图 8.4　特斯拉涡轮机系统

233

一个高效的特斯拉涡轮机需要很小的圆盘间距。例如，以蒸汽为动力的机型，盘的间距必须保持 0.4mm（0.016in）。圆盘必须最大限度地光滑，以便将表面摩擦和剪切损失降至最低。圆盘也必须最大限度地薄，以防止在圆盘边缘造成相互吸引和扰流。不幸的是，防止圆盘扭曲和变形在特斯拉的时代是一项重大挑战。据称，正因为人们无力阻止圆盘的形变，特斯拉涡轮机迟迟未在商业上得到应用，因为当时的冶金技术根本无法生产出具有如此精度和刚度的圆盘。

3. 特斯拉泵

如果一个相似的圆盘和外罩系统具有渐开线的形状（对比圆形的涡轮系统），该设备可以用作泵。将一个发动机连接到该设备轴上，流体进入中心附近，接收圆盘的能量，散射到四周去。特斯拉涡轮不是在利用摩擦力（虽然通常人们认为是），确切地说，是在避免摩擦力，并使用附着力（即附壁效应）和黏度代替。它利用圆盘"叶片"上的边界层效应。

原本特斯拉的设想是用光滑的圆盘，但这样会使得起动转矩太小。特斯拉后来发现在直径 10in 的光滑的圆盘转子圆周上用 12~24 个垫圈，以及半径处用 6~12 个垫圈连接起来，能够显著地增大起动转矩，而且不影响效率。

4. 应用

该装置使用流体作为动力介质，但直至 2006 年，特斯拉涡轮还是没有广泛用于商业用途。然而特斯拉泵自 1982 年以来就一直销售，用来输送具有腐蚀性，高黏度，高剪切力敏感性，含有固体，或是其他泵难以处理的流体。特斯拉本人并没有接到过大宗生产合同，在他那个时代的主要困扰，是材料学知识和对高温材料研究的贫乏。当时最好的冶金技术仍不能防止涡轮圆盘在运转中的扭曲和变形。今天，涡轮圆盘的形变问题已被部分解决，主要是归功于新材料的应用，如使用碳纤维来制造涡轮圆盘。例如，PNGinc 公司和国际涡轮与动力有限公司都在他们的特斯拉涡轮设计中用到了碳纤维材料。依据特斯拉涡轮原理设计的多碟离心式血泵的研究也取得了可喜的成果。生物工程科学家将在 21 世纪持续对其进行研究。

【教学目标】

1. 掌握边界层概念、边界层基本特征及边界层厚度；
2. 掌握边界层微分方程和积分方程的推导过程；
3. 学会计算平板层流边界层和平板湍流边界层问题；
4. 了解边界层分离现象及绕流阻力。

任务 1 边界层的概念

人们熟悉的大多数外部流动均属于 $Re \gg 1$ 的流动。一般地，物体的特征长度在 $l = 0.01 \sim 100\text{m}$ 范围内，当物体在空气或水中以速度 $u = 0.1 \sim 100\text{m/s}$ 运动时，相应的 Re 约在 $10^2 \sim 10^9$ 之间。当普通汽车和船舶以正常速度行驶时，雷诺数均在 10^6 以上，因此大雷诺数是普遍存在的现象。在大雷诺数情形下，对 N-S 方程进行简化是个十分复杂的课题。从方程本身来看，此时黏性力的作用较小，似乎可以略去。但采用这一近似所得到的结果，却又解释不了黏性流体中的许多现象，似乎又不能略去黏性项。而不略去一些项，又难以对方程求解。这便是多年来未能解决的疑难。1904 年，普朗特对大雷诺数流动中的黏性力作用问题做了变革性的分析，提出了边界层概念，并指出此时应如何正确地简化 N-S 方程以求得近似解，从而使多年的疑难得以解决。

1. 边界层的定义

当舰船、飞机等大尺度物体以较高速度在黏性小的空气、水等流体中运动时具有一些特殊的性质，为了解决这些实际问题需引进"边界层"的概念。下面以平板代替这些物体的表面来讨论当黏性小的流体流过平板时，紧靠平板处的流动特点。

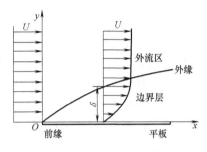

图 8.5　边界层和外流区

假设一薄平板平行于流速的方向，流体以均匀速度 U 流过平板，如图 8.5 所示。在平板的前端 O 点，流速处处保持为 U。但流体流过平板时，由于黏性的作用，在平板表面上的流速 $v=0$，靠近平板表面的流速 $v<U$，在离平板某一距离 δ 处流速由 0 增大至接近 U（通常取 $0.99U$），δ 为流速受到影响的厚度，也就是流体的黏性发生作用的范围。随着离前端 O 点距离的增加，受到影响的流体层也在加厚。

根据实验测定，受到黏性影响的流体层的相对厚度 δ/x 决定于流速 U，离前端 O 点的距离 x 和流体的运动黏度 ν 组成的雷诺数 Re_x，其由下式所定义：

$$Re_x = \frac{Ux}{\nu} \tag{8.1}$$

随着 Re_x 的增大，黏性的稳定作用下降，因而在受到黏性影响的流体层内有如下关系：

$$\frac{\delta}{x} \downarrow \rightarrow \frac{\partial u}{\partial y} \uparrow \rightarrow \tau = \mu \frac{\partial u}{\partial y} \uparrow$$

说明在这很薄的一层流体中，在很小的距离 δ 内，流速由 0 迅速增至 U，即速度的变化率很大。这样根据牛顿内摩擦定律有

$$\tau = \mu \frac{\partial u}{\partial y}$$

此时不可忽略切应力，也即流体黏性的影响必须考虑。而当 $y=\delta$ 时，$\frac{\partial u}{\partial y}=0$，即 $\tau=0$，因而可忽略黏性，当作理想流体来处理。

（1）边界层定义　在雷诺数较大的流动中，紧靠物体表面，流速受黏性显著影响，摩擦切应力不能略去不计，这一极薄层流体，定义为边界层（附面层）。

通常设定 $v=0.99U$ 的位置线作为边界层的外边界（理论上讲应伸至无穷远），U 为完全理想流体绕流时物面上的切向速度。

（2）边界层概念提出的意义　对大雷诺数的绕流问题，可将流动区域划分为两部分分别处理，即：①流体黏性影响完全局限在边界层内部，由边界层理论求解有关问题；②至于边界层外面，可借助势流理论获得有关速度、压强分布，其结果可作为边界层内流动的外边界条件。

2. 边界层的流动状态

边界层的流动状态类似管流，也分为层流和湍流，它由雷诺数 $Re_\delta = \frac{U\delta}{\nu}$ 和扰动共同决定。

由于 δ 与 x 有一定的对应关系，且利用 Re_x 较 Re_δ 方便，因此一般采用式（8.1）定义的雷诺数 $Re_x = \dfrac{Ux}{\nu}$ 来判断边界层的流动状态。

在边界层中由层流转变为湍流的雷诺数，称为临界雷诺数，其表达式为

$$Re_{\mathrm{cr}} = \frac{Ux_{\mathrm{cr}}}{\nu} \tag{8.2}$$

式中，x_{cr} 为层流转变为湍流的转捩点位置。

根据实验测定，实际边界层中存在层流区、过渡区和湍流区（见图8.6）。对过渡区可以做如下解释：在流动的雷诺数达到临界值后，黏性的稳定作用不能再克服扰动的影响，于是由于表面粗糙度或边界层外面涡旋等的扰动，就会在边界层内部不断地引起一小块 一小块的湍流区，这便是过渡区的开始。但过渡区很短，工程上，通常认为从转捩点开始，流动状态直接转变为湍流。

影响临界雷诺数 Re_{cr} 的因素很多，其中最主要的因素有边界层外流动的压强分布，固体边界壁面性质，来流本身的湍动强度与边界层外部的扰动等。由实验测定，$Re_{\mathrm{cr}} = 3.5 \times 10^5 \sim 5 \times 10^5$，通常取大值，即 5×10^5。另外在一定雷诺数的条件下，边界层从层流转变为湍流还与扰动的波长或频率有关。某一部分频率的扰动会发散，从而使层流转变为湍流，另一些频率的扰动则会衰减，使流动仍保持为层流。

3. 边界层的特征

首先，由图8.5看出，速度为 U 的均匀来流在平板上方流过时，由于受到平板的阻滞作用，来流速度降低，可见边界层为一减速流体薄层。随着沿板长距离的增加，平板的阻滞作用向外传递、扩展，边界层沿程也越来越厚。

其次，由于流体黏附在平板表面上，速度从0沿薄层横向迅速增至外流速度 U。显然边界层内速度的横向变化率很大，黏性力的作用可观，因此，在分析边界层内流动时，需把黏性力及惯性力视为同一数量级加以考虑。

此外，由图8.6可以看出，从平板前缘起，随着边界层沿程发展，层内流态也沿程变化，历经层流、过渡区，最后达到湍流状态。而且，在过渡区和湍流边界层下面还有更薄的一层，叫作黏性底层。由于边界层内的流态也有层流与湍流之分，所以在分析和计算中应分别考虑。

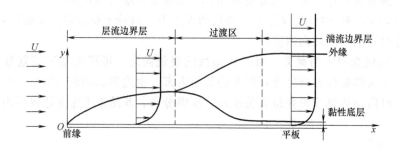

图 8.6　边界层的沿程发展及层内流态变化

通过考察图 8.7 中的一段边界层可以看出，在短距离 AD 内，边界层厚度由 AB 增至 CD，这就要求有流体从外流区穿过边界层的外边界（或称外缘）流入，可见边界层外表面不是流面（三维）或流线（二维），且通过输运，使得质量、能量、动量也进入边界层，正因为有质量、能量和动量流入边界层，才得以维持层内流体向前运动。

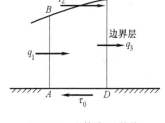

图 8.7　流体穿过外缘流入边界层

综上所述，可将边界层特征归纳如下：

1）边界层为一减速流体薄层，边界层厚度沿流向增加。

2）在边界层内黏性力和惯性力属于同一数量级，均应考虑。

3）边界层内也会出现层流及湍流流态，故有层流边界层及湍流边界层。

4）边界层外表面不是流面，所以有质量、能量和动量随流体由外流区流进边界层内，边界层厚度的增加率应满足质量、动量和能量守恒定律。

任务 2　边界层厚度

分析中，往往认为边界层区域与主流区之间有明确的分界面，但实际并非如此。因为在边界层内，对于给定的断面，速度从 0 变到外流速度 U 是逐步发展的过程。所以理论上不存在清晰而明确的厚度。但不确定边界层厚度，又难以做进一步分析，为此这里给出了一些边界层厚度的定义，主要有：名义厚度 δ、位移厚度 δ_1、动量厚度 δ_2 和能量厚度 δ_3。

1. 名义厚度

通常以速度达到主流区速度的 99% 作为边界层的外边界。由边界层外边界到物面的垂直距离为边界层名义厚度，简称边界层厚度，用 δ 表示。

δ 与物体的特征长度比起来，一般是比较小的，其数量级可大致如下估计。下面以平板的平面绕流问题加以讨论，如图 8.8 所示。来流速度为 U，平板在 z 方向的宽度为无穷大，在 x 方向的长度为 l。单位体积流体的惯性力在稳定条件下为 $\rho \boldsymbol{u} \cdot \nabla \boldsymbol{u}$，数量级为 $\rho U^2 / l$；单位体积流体黏性力可用 $\mu \nabla^2 \boldsymbol{u}$ 来表示，其数量级为 $\mu \dfrac{U}{\delta^2}$。在边界层内惯性力与黏性力的量级大致相同，则有

$$\mu \frac{U}{\delta^2} \sim \frac{\rho U^2}{l} \tag{8.3}$$

由此可得

$$\delta^2 \sim \frac{\mu l}{\rho U} = \frac{l^2}{Re}\left(Re = \frac{\rho l U}{\mu}\right) \tag{8.4}$$

则

$$\frac{\delta}{l} \sim \frac{1}{\sqrt{Re}} \tag{8.5}$$

由此可知在高雷诺数条件下，边界层远小于被绕流物体的特征长度。这点与前面实测所给的结果是相符的。我们还可以看到，虽然边界层厚度 δ 表示了黏性影响的主要范围，但在

解决实际问题时，由于速度的测量或计算的误差使 δ 的数值产生很大的差异，因此还要从其他方面定义一些边界层厚度的特征量。

2. 边界层位移厚度（排挤厚度）

如图 8.9 所示，单位时间通过边界层某一截面的流体若为理想流体，则其质量流量为

$$\int_0^\delta \rho_0 U \mathrm{d}y \tag{8.6}$$

式中，U 为边界层外边界主流的速度；ρ_0 为主流的密度。由于黏性的影响，实际通过的流体质量流量为

$$\int_0^\delta \rho u \mathrm{d}y \tag{8.7}$$

上述两项之差就是因存在黏性而减少的流量的多少，定义一个厚度 δ_1，使其与 $\rho_0 U$ 的乘积等于因黏性存在，边界层减少的流量，用公式表示即为

$$\delta_1 \rho_0 U = \int_0^\delta \rho_0 U \mathrm{d}y - \int_0^\delta \rho u \mathrm{d}y = \int_0^\delta (\rho_0 U - \rho u) \mathrm{d}y \tag{8.8}$$

$$\delta_1 = \int_0^\delta \left(1 - \frac{\rho u}{\rho_0 U}\right) \mathrm{d}y \tag{8.9}$$

如果是不可压缩流动，则上式为

$$\delta_1 = \int_0^\delta \left(1 - \frac{u}{U}\right) \mathrm{d}y \tag{8.10}$$

式中，δ_1 称为排挤厚度，也称位移厚度。之所以称为排挤厚度，是因为考虑到在流量不变的情况下，边界层减少的流量是由于黏性作用把部分流体排挤到主流区了；之所以称为位移厚度，是因为考虑到应用理想流体概念计算通道的流量时不能用原来通道部分的实际几何尺寸，而是考虑边界层由于黏性作用通流能力的减少，即边界要移动一定距离，这样计算通流面积就要比原几何通流面积要减少。这一边界移动就是位移厚度名称的来源。这两种名称从不同角度反映了 δ_1 的物理实质。显然 δ_1 在实际计算中是一个很有意义的物理量，δ_1 的大小直接反映了通流能力损失的多少。

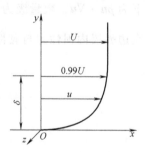

图 8.8　边界层名义厚度示意图

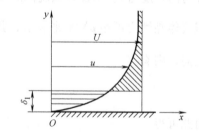

图 8.9　边界层位移厚度示意图

注意，由于边界层外 $\dfrac{u}{U} = 1$，则有

$$\int_0^\infty \left(1 - \frac{u}{U}\right) \mathrm{d}y \approx 0$$

则式（8.10）又可写成

$$\delta_1 = \int_0^\infty \left(1 - \frac{u}{U}\right) \mathrm{d}y \tag{8.11}$$

3. 动量损失厚度 δ_2

单位时间内通过边界层某一截面的质量为

$$\int_0^\delta \rho u \mathrm{d}y$$

若为理想流体，这些质量应具有的动量为

$$U\int_0^\delta \rho u \mathrm{d}y$$

而由于黏性的存在，这些质量实际具有的动量为

$$\int_0^\delta \rho u^2 \mathrm{d}y$$

上面两式之差就是由于边界层黏性而产生的动量损失。为了描述这一动量损失也定义一个厚度 δ_2，称为动量损失厚度，使 δ_2 与边界层外 $\rho_0 U^2$ 的乘积等于边界层内的动量损失，用公式表示为

$$\rho_0 U^2 \delta_2 = \int_0^\delta (\rho U u - \rho u^2) \mathrm{d}y \tag{8.12}$$

则有

$$\delta_2 = \int_0^\delta \frac{\rho}{\rho_0}\left(\frac{u}{U} - \frac{u^2}{U^2}\right)\mathrm{d}y = \int_0^\delta \frac{\rho}{\rho_0}\frac{u}{U}\left(1 - \frac{u}{U}\right)\mathrm{d}y \tag{8.13}$$

如为不可压缩流动，则

$$\delta_2 = \int_0^\delta \frac{u}{U}\left(1 - \frac{u}{U}\right)\mathrm{d}y \tag{8.14}$$

也可写成

$$\delta_2 = \int_0^\infty \frac{u}{U}\left(1 - \frac{u}{U}\right)\mathrm{d}y \tag{8.15}$$

δ_2 在边界层计算中占有重要地位，δ_2 直接与动量损失相联系，是计算阻力损失的一个重要参数。

4. 能量损失厚度 δ_3

单位时间内通过边界层某截面的流体质量，在理想流体情况下，这些质量具有的动能为

$$\frac{1}{2}\int_0^\delta \rho u U^2 \mathrm{d}y$$

由于黏性存在，这些质量实际具有动能为

$$\frac{1}{2}\int_0^\delta \rho u^3 \mathrm{d}y$$

两者之差为边界层的动能损失，类似上面的讨论，也定义一个厚度 δ_3，称为能量损失厚度，使其与边界层外 $\frac{1}{2}\rho U U^2$ 的乘积等于动能损失，用公式表示为

$$\rho U^3 \delta_3 = \int_0^\delta \rho u U^2 \mathrm{d}y - \int_0^\delta \rho u^3 \mathrm{d}y \tag{8.16}$$

则有

$$\delta_3 = \int_0^\delta \frac{\rho}{\rho_0} \frac{u}{U} \left[1 - \left(\frac{u}{U} \right)^2 \right] \mathrm{d}y \tag{8.17}$$

如果为不可压缩流动，则式（8.17）可写成

$$\delta_3 = \int_0^\delta \frac{u}{U} \left[1 - \left(\frac{u}{U} \right)^2 \right] \mathrm{d}y \tag{8.18}$$

也可写成

$$\delta_3 = \int_0^\infty \frac{u}{U} \left[1 - \left(\frac{u}{U} \right)^2 \right] \mathrm{d}y \tag{8.19}$$

δ_3 与动能损失直接相联系，在边界层内考虑导热和可压缩性时，δ_3 是很有用的一个参量。

任务3 平面层流边界层的微分方程

现在，我们将利用边界层流动的特点，如流体的黏度大小、速度梯度大小和边界层的厚度与物体的特征长度相比为一小量等，对 N-S 方程进行简化，从而导出层流边界层微分方程。在简化过程中，假定流动为二维不可压缩流体的定常流动，不考虑质量力，则流动的运动方程和连续方程为

$$\left. \begin{array}{c} u \dfrac{\partial u}{\partial x} + v \dfrac{\partial u}{\partial y} = - \dfrac{1}{\rho} \dfrac{\partial p}{\partial x} + \nu \left(\dfrac{\partial^2 u}{\partial x^2} + \dfrac{\partial^2 u}{\partial y^2} \right) \\[3mm] u \dfrac{\partial v}{\partial x} + v \dfrac{\partial v}{\partial y} = - \dfrac{1}{\rho} \dfrac{\partial p}{\partial y} + \nu \left(\dfrac{\partial^2 v}{\partial x^2} + \dfrac{\partial^2 v}{\partial y^2} \right) \\[3mm] \dfrac{\partial u}{\partial x} + \dfrac{\partial v}{\partial y} = 0 \end{array} \right\} \tag{8.20}$$

应当指出的是，如果简单地认为流体的黏度小而将式（8.20）中动量方程右边的黏性完全忽略不计，则 N-S 方程将变为欧拉方程，这意味着认为流体是理想流体，从而使得固体壁面处的无滑移条件无法满足。同时如果认为速度梯度很大，而对它们本身以及它们的偏微商的相对大小缺乏了解，也很难对以上方程进行合理简化。普朗特认为边界层的厚度与物体的特征长度相比均为小量，采用量级比较法来比较上述方程组中各项的数量级，并将其中的高阶小量略去。

首先将上述方程组无量纲化。为此考虑图 8.10 所示的绕流平板，假定无穷远来流的速度为 U，流动绕过平板时在平板附近形成边界层，其厚度为 δ，平板前缘至某点的距离为 x。取 U 和 l 为特征量，可定义如下的量纲为一量：

$$x' = \frac{x}{l}, \ y' = \frac{y}{l}, \ \delta' = \frac{\delta}{l}$$

$$u' = \frac{u}{U}, \ v' = \frac{v}{U}$$

$$p' = \frac{p}{\rho U^2}$$

代入方程组（8.20），整理后得

$$u'\frac{\partial u'}{\partial x'}+v'\frac{\partial u'}{\partial y'}=-\frac{\partial p'}{\partial x'}+\frac{1}{Re_l}\left(\frac{\partial^2 u'}{\partial x'^2}+\frac{\partial^2 u'}{\partial y'^2}\right)$$

$$1\cdot 1\quad \delta'\cdot\frac{1}{\delta'}\quad 1\quad \delta'^2\quad 1\quad \frac{1}{\delta'^2}$$

$$u'\frac{\partial v'}{\partial x'}+v'\frac{\partial v'}{\partial y'}=-\frac{\partial p'}{\partial y'}+\frac{1}{Re_l}\left(\frac{\partial^2 v'}{\partial x'^2}+\frac{\partial^2 v'}{\partial y'^2}\right)\qquad (8.21)$$

$$1\cdot\delta'\quad \delta'\cdot 1\quad \frac{1}{\delta'}\quad \delta'^2\quad \delta'\quad \frac{1}{\delta'}$$

$$\frac{\partial u'}{\partial x'}+\frac{\partial v'}{\partial y'}=0$$

$$1\qquad 1$$

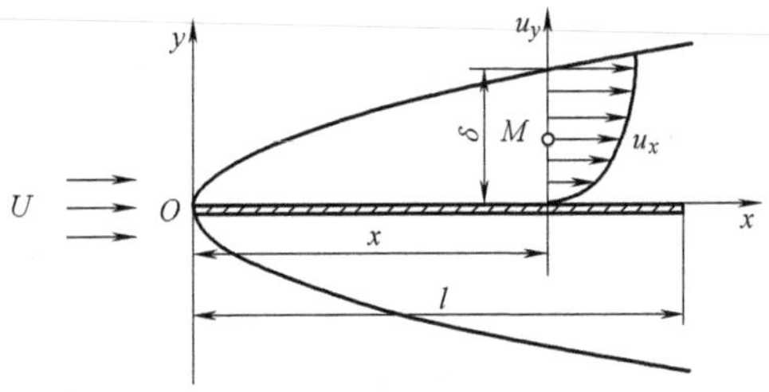

图 8.10   平面层流边界层

式中，雷诺数 $Re_l=\dfrac{Ul}{\nu}$。边界层的厚度 δ 与平板的长度 l 相比较是很小的，即 $\delta\ll l$ 或 $\delta'=\delta/l\ll 1$，同时注意到，u 与 U、x 与 l、y 与 δ 是同一数量级，认为 p 和 ρU^2 具有同一数量级，于是 u'、x'、y' 和 p' 的量级均为 1，并可以得到

$$\frac{\partial u'}{\partial x'}\sim 1,\quad \frac{\partial^2 u'}{\partial x'^2}\sim 1,\quad \frac{\partial u'}{\partial y'}\sim\frac{1}{\delta'},\quad \frac{\partial^2 u'}{\partial y'^2}\sim\frac{1}{\delta'^2}$$

为了估计其他各量的数量级，由连续性方程可得

$$\frac{\partial v'}{\partial y'}=-\frac{\partial u'}{\partial x'}\sim 1$$

因此 $v'\sim\delta'$，于是又得到

$$\frac{\partial v'}{\partial x'}\sim\delta',\quad \frac{\partial^2 v'}{\partial x'^2}\sim\delta',\quad \frac{\partial v'}{\partial y'}\sim 1,\quad \frac{\partial^2 v'}{\partial y'^2}\sim\frac{1}{\delta'}$$

为了便于讨论，我们将各项的数量级记在方程组（8.21）相应项的下面。现在来分析方程组（8.21）各项的数量级，以达到简化方程的目的。

惯性项 $u'\dfrac{\partial u'}{\partial x'}$ 和 $v'\dfrac{\partial u'}{\partial y'}$，具有相同的数量级 1，而惯性项 $u'\dfrac{\partial v'}{\partial x'}$ 和 $v'\dfrac{\partial v'}{\partial y'}$ 也具有相同的数量级 δ'，比较这两个惯性项的数量级，方程组（8.21）中各惯性项可以忽略掉。另外，比较各黏性项的数量级，可知 $\dfrac{\partial^2 u'}{\partial x'^2}$ 与 $\dfrac{\partial^2 u'}{\partial y'^2}$ 比较，$\dfrac{\partial^2 u'}{\partial x'^2}$ 可以略去；又 $\dfrac{\partial^2 v'}{\partial x'^2}$ 与 $\dfrac{\partial^2 v'}{\partial y'^2}$ 比较，$\dfrac{\partial^2 v'}{\partial x'^2}$ 可以略去；最后，比较 $\dfrac{\partial^2 u'}{\partial y'^2}$ 和 $\dfrac{\partial^2 v'}{\partial y'^2}$ 的数量级，$\dfrac{\partial^2 v'}{\partial y'^2}$ 也可以略去。于是在方程组（8.21）的黏性项中只剩第一式中的一项 $\dfrac{\partial^2 u'}{\partial y'^2}$。

在边界层内惯性项和黏性项具有同样的数量级，因此 $\dfrac{1}{Re_l}\sim\delta'^2$，也就是 $\delta/l\sim 1/\sqrt{Re_l}$，即 δ 反比于 $\sqrt{Re_l}$。这表明，雷诺数越大，边界层厚度越小。如果仅保留数量级为 1 的项，而将数量级比 1 小的各项全部略去，再恢复到有量纲的形式，便可以得到层流边界层的微分方程组为

$$u\frac{\partial u}{\partial x}+v\frac{\partial u}{\partial y}=-\frac{1}{\rho}\frac{\partial p}{\partial x}+\nu\frac{\partial^2 u}{\partial y^2}$$
$$\frac{\partial p}{\partial y}=0$$
$$\frac{\partial u}{\partial x}+\frac{\partial v}{\partial y}=0$$

(8.22)

由方程组（8.22）的第二式知，边界层内的压强仅近似地依赖于 x，而与 y 无关，即在边界层的厚度方向上压强保持不变。如果进一步假定边界层的存在并不影响主流的无黏流场，于是边界层内的压强 p 可用主流流场的压强去置换。沿边界层上缘由伯努利方程可知

$$p_e+\frac{\rho u_e^2}{2}=常数$$

式中，p_e 和 v_e 分别为沿边界层边缘的压强和速度。上式对 x 求导，得

$$\frac{dp_e}{dx}=-\rho u_e\frac{du_e}{dx}$$

式（8.22）中的压强项可以近似地用上式去置换，这样，层流边界层的微分方程又可写为

$$u\frac{\partial u}{\partial x}+v\frac{\partial u}{\partial y}=u_e\frac{du_e}{dx}+\nu\frac{\partial^2 u}{\partial y^2}$$
$$\frac{\partial u}{\partial x}+\frac{\partial v}{\partial y}=0$$

(8.23)

如果所考虑问题的无黏性流动解 $u_e(x)$ 为已知，则求解边界层时压强就是已知函数了。对于绕流物体，边界层微分方程组的边界条件为

$$y=0 \quad (0\leq x\leq l),u=0,v=0$$
$$y=\delta \quad (0\leq x\leq l),u=u_e$$

对于绕平板的流动 $\quad u_e=U$

边界层微分方程组（8.23）是在物体壁面为平面的假设下得到的，但是，对于曲面的物体，只要壁面上任何点的曲率半径远大于该处的边界层厚度，该方程组仍然是适用的，并有足够的准确度。这时，应采用曲线坐标，x 轴沿着物体的曲面，y 轴垂直于曲面。

虽然层流边界层的微分方程（8.23）比一般的黏性流体运动微分方程要简单些，但是，即使是对最简单的物体外形，这一方程的求解仍是十分复杂的。由于这个缘故，解决边界层问题的近似法便具有很大的实际意义。

任务4 边界层的动量积分方程

对于复杂形状的绕流边界层，微分解法难度很大，这时积分解法作为一种较好近似，就得到了广泛的应用。边界层的近似解法不强求每一个流体质点都满足微分方程，只要满足微分方程的某个平均值即可。

1. 从边界层的微分方程出发建立积分关系式

二维定常流动的边界层微分方程为

动量方程
$$u\frac{\partial u}{\partial x}+v\frac{\partial u}{\partial y}=u_e\frac{\mathrm{d}u_e}{\mathrm{d}x}+\nu\frac{\partial^2 u}{\partial y^2} \qquad (8.24)$$

连续性方程
$$\frac{\partial u}{\partial x}+\frac{\partial v}{\partial y}=0 \qquad (8.25)$$

边界条件
$$\left.\begin{array}{l}y=0:u=0,v=0\\ y=\infty:u=u_e(x),v=0\end{array}\right\} \qquad (8.26)$$

将式（8.25）乘以 u_e，得

$$u_e\frac{\partial u}{\partial x}+u_e\frac{\partial v}{\partial y}=\frac{\partial(u_e u)}{\partial x}+\frac{\partial(u_e v)}{\partial y}-u\frac{\mathrm{d}u_e}{\mathrm{d}x}=0 \qquad (8.27)$$

将式（8.27）与式（8.24）相减，整理得

$$\frac{\partial}{\partial x}(u_e u-uu)+\frac{\partial}{\partial y}(u_e v-uv)+(u_e-u)\frac{\mathrm{d}u_e}{\mathrm{d}x}=-\nu\frac{\partial^2 u}{\partial y^2} \qquad (8.28)$$

对该式两边各项在边界层内沿 y 积分，得

$$\int_0^{\delta}\frac{\partial}{\partial x}(u_e u-uu)\mathrm{d}y+\int_0^{\delta}\frac{\partial}{\partial y}(u_e v-uv)\mathrm{d}y+\int_0^{\delta}(u_e-u)\frac{\mathrm{d}u_e}{\mathrm{d}x}\mathrm{d}y=-\int_0^{\delta}\nu\frac{\partial^2 u}{\partial y^2}\mathrm{d}y \qquad (8.29)$$

对于边界层，式中积分上限为边界层外缘 $y=\delta$，该点处 $\left.\dfrac{\partial u}{\partial y}\right|_{y=\delta}=0$，且有 $\int_0^{\delta}(\quad)\mathrm{d}y\approx$

$\int_0^{\infty}(\quad)\mathrm{d}y$，则有

$$\int_0^{\delta}\frac{\partial}{\partial x}(u_e u-uu)\mathrm{d}y=\frac{\partial}{\partial x}\int_0^{\delta}u_e^2\frac{u}{u_e}\left(1-\frac{u}{u_e}\right)\mathrm{d}y=\frac{\partial}{\partial x}\int_0^{\infty}u_e^2\frac{u}{u_e}\left(1-\frac{u}{u_e}\right)\mathrm{d}y \qquad (8.30)$$

$$\int_0^{\delta}\frac{\partial}{\partial y}(u_e v-uv)\mathrm{d}y=\int_0^{\infty}\frac{\partial}{\partial y}(u_e v-uv)\mathrm{d}y=(u_e v-uv)\Big|_0^{\infty}=0 \qquad (8.31)$$

$$\int_0^{\delta}(u_e-u)\frac{\mathrm{d}u_e}{\mathrm{d}x}\mathrm{d}y=\frac{u_e\mathrm{d}u_e}{\mathrm{d}x}\int_0^{\delta}\left(1-\frac{u}{u_e}\right)\mathrm{d}y=\frac{u_e\mathrm{d}u_e}{\mathrm{d}x}\int_0^{\infty}\left(1-\frac{u}{u_e}\right)\mathrm{d}y \qquad (8.32)$$

$$-\int_0^{\delta}\nu\frac{\partial^2 u}{\partial y^2}\mathrm{d}y=-\frac{\mu}{\rho}\int_0^{\delta}\frac{\partial}{\partial y}\left(\frac{\partial u}{\partial y}\right)\mathrm{d}y=\frac{1}{\rho}\mu\frac{\partial u}{\partial y}\Big|_{y=0}=-\frac{\tau_w}{\rho} \qquad (8.33)$$

将以上结果代入式（8.29）后，整理可得

$$\frac{\partial}{\partial x}\int_0^{\infty}u_e^2\frac{u}{u_e}\left(1-\frac{u}{u_e}\right)\mathrm{d}y+\frac{u_e\mathrm{d}u_e}{\mathrm{d}x}\int_0^{\infty}\left(1-\frac{u}{u_e}\right)\mathrm{d}y=-\frac{\tau_w}{\rho} \qquad (8.34)$$

将边界层的排挤厚度 $\delta_1=\int_0^{\infty}\left(1-\frac{u}{U}\right)\mathrm{d}y$、动量损失厚度 $\delta_2=\int_0^{\delta}\frac{u}{U}\left(1-\frac{u}{U}\right)\mathrm{d}y$ 代入式

（8.34），得

$$\frac{\mathrm{d}\delta_2}{\mathrm{d}x}+\frac{\delta_2}{u_e}(2+H_{12})\frac{\mathrm{d}u_e}{\mathrm{d}x}=\frac{\tau_w}{\rho u_e^2} \qquad (8.35)$$

此即著名的卡门动量积分方程（Momentum integral equation），是冯·卡门（T. Von Karman）1921 年首先导出的。而且这个方程对层流与湍流均可适用。式中包括 3 个未知量 δ_2、

τ_w 和 H_{12}。其中，$H_{12} = \dfrac{\delta_2}{\delta_1} = \dfrac{排挤厚度}{动量损失厚度} = 2.0 \sim 3.5$，称为形状因子。

2. 取边界层控制体微元段建立积分方程

也可以从物理上动量方程的概念来推导出动量积分关系式。取边界层微元段控制体，如图 8.11 所示。

（1）连续性方程的积分方程　由控制面 ab 流入的质量为

$$\int_0^\delta \rho u \, \mathrm{d}y$$

由控制面 ac 流入的质量为

$$\rho u_e \frac{\mathrm{d}\delta}{\mathrm{d}x} \mathrm{d}x$$

从控制面 cd 流出的质量为

$$\int_0^\delta \rho u \, \mathrm{d}y + \frac{\mathrm{d}}{\mathrm{d}x} \left(\int_0^\delta \rho u \, \mathrm{d}y \right) \mathrm{d}x$$

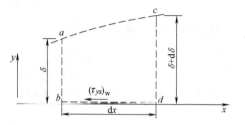

图 8.11　边界层微元段控制体

控制面 bd 上无质量交换。

依据质量守恒原理，有

$$\int_0^\delta \rho u \, \mathrm{d}y + \rho u_e \frac{\mathrm{d}\delta}{\mathrm{d}x} \mathrm{d}x - \left[\int_0^\delta \rho u \, \mathrm{d}y + \frac{\mathrm{d}}{\mathrm{d}x} \left(\int_0^\delta \rho u \, \mathrm{d}y \right) \mathrm{d}x \right] = 0$$

即

$$\rho u_e \frac{\mathrm{d}\delta}{\mathrm{d}x} \mathrm{d}x = \frac{\mathrm{d}}{\mathrm{d}x} \left(\int_0^\delta \rho u \, \mathrm{d}y \right) \mathrm{d}x \tag{8.36}$$

（2）动量方程的积分方程　大量实验证明边界层横截面上的压强变化甚微。由控制面 ab 流入的动量为 $\int_0^\delta \rho u^2 \mathrm{d}y$，作用在该面上的力为 $p_e \delta$。由控制面 ac 流入的动量为 $\rho u_e^2 \dfrac{\mathrm{d}\delta}{\mathrm{d}x} \mathrm{d}x$，作用在该面上的力为 $p_e \dfrac{\mathrm{d}\delta}{\mathrm{d}x} \mathrm{d}x$；由控制面 cd 流出的动量为 $\int_0^\delta \rho u^2 \mathrm{d}y + \dfrac{\partial}{\partial x} \left(\int_0^\delta \rho u^2 \mathrm{d}y \right) \mathrm{d}x$，作用在该面上的力为 $p_e \delta + \dfrac{\mathrm{d}p_e \delta}{\mathrm{d}x} \mathrm{d}x$。控制面 bd 上无动量交换，作用在该面上的力为 $-(\tau_{yx})_w \mathrm{d}x$。依据动量守恒原理，有

$$\int_0^\delta \rho u^2 \mathrm{d}y + \rho u_e^2 \frac{\mathrm{d}\delta}{\mathrm{d}x} \mathrm{d}x - \left[\int_0^\delta \rho u^2 \mathrm{d}y + \frac{\partial}{\partial x} \left(\int_0^\delta \rho u^2 \mathrm{d}y \right) \mathrm{d}x \right] +$$

$$p_e \delta + p_e \frac{\mathrm{d}\delta}{\mathrm{d}x} \mathrm{d}x - \left(p_e \delta + \frac{\mathrm{d}p_e \delta}{\mathrm{d}x} \mathrm{d}x \right) - (\tau_{yx})_w \mathrm{d}x = 0 \tag{8.37}$$

将式（8.36）代入式（8.37），整理可得

$$u_e \frac{\partial}{\partial x} \left(\int_0^\delta \rho u \, \mathrm{d}y \right) \mathrm{d}x - \frac{\partial}{\partial x} \left(\int_0^\delta \rho u^2 \mathrm{d}y \right) \mathrm{d}x - \delta \frac{\mathrm{d}p_e}{\mathrm{d}x} \mathrm{d}x - (\tau_{yx})_w \mathrm{d}x = 0$$

即

$$\delta \frac{\mathrm{d}p_e}{\mathrm{d}x} + (\tau_{yx})_w = u_e \frac{\partial}{\partial x} \left(\int_0^\delta \rho u \, \mathrm{d}y \right) - \frac{\partial}{\partial x} \left(\int_0^\delta \rho u^2 \mathrm{d}y \right) \tag{8.38}$$

以上积分关系式可以改造成更简单的形式。$\dfrac{\mathrm{d}p_e}{\mathrm{d}x}$ 表示主流区边界压强对于 x 的梯度。在主流区中，若来流均匀，则存在伯努利方程

$$p_e + \frac{1}{2}\rho u_e^2 = \mathrm{const}$$

对上式求导

$$\frac{\mathrm{d}p_e}{\mathrm{d}x} + \rho u_e \frac{\mathrm{d}u_e}{\mathrm{d}x} = 0$$

由此可得

$$\delta \frac{\mathrm{d}p_e}{\mathrm{d}x} = -\rho u_e \frac{\mathrm{d}u_e}{\mathrm{d}x}\delta = -\rho u_e \frac{\mathrm{d}u_e}{\mathrm{d}x}\int_0^\delta \mathrm{d}y \qquad (8.39)$$

另外，

$$u_e \frac{\partial}{\partial x}\left(\int_0^\delta \rho u\,\mathrm{d}y\right) = \frac{\partial}{\partial x}\left(\int_0^\delta \rho u_e u\,\mathrm{d}y\right) - \frac{\mathrm{d}u_e}{\mathrm{d}x}\int_0^\delta \rho u\,\mathrm{d}y \qquad (8.40)$$

将式（8.39）和式（8.40）两式代入动量积分关系式（8.38）中，得

$$-\rho u_e \frac{\mathrm{d}u_e}{\mathrm{d}x}\int_0^\delta \mathrm{d}y + (\tau_{yx})_w = \frac{\partial}{\partial x}\left(\int_0^\delta \rho u_e u\,\mathrm{d}y\right) - \frac{\mathrm{d}u_e}{\mathrm{d}x}\int_0^\delta \rho u\,\mathrm{d}y - \frac{\partial}{\partial x}\left(\int_0^\delta \rho u^2\,\mathrm{d}y\right)$$

即

$$
\begin{aligned}
\frac{(\tau_{yx})_w}{\rho} &= \frac{\partial}{\partial x}\left(\int_0^\delta u_e u\,\mathrm{d}y\right) - \frac{\partial}{\partial x}\left(\int_0^\delta u^2\,\mathrm{d}y\right) + u_e \frac{\mathrm{d}u_e}{\mathrm{d}x}\int_0^\delta \mathrm{d}y - u_e \frac{\mathrm{d}u_e}{\mathrm{d}x}\int_0^\delta \frac{u}{u_e}\,\mathrm{d}y \\
&= \frac{\partial}{\partial x}\left[\int_0^\delta u(u_e - u)\,\mathrm{d}y\right] + u_e \frac{\mathrm{d}u_e}{\mathrm{d}x}\left[\int_0^\delta \left(1 - \frac{u}{u_e}\right)\mathrm{d}y\right] \\
&= \frac{\partial}{\partial x}\left[u_e^2 \int_0^\delta \frac{u}{u_e}\left(1 - \frac{u}{u_e}\right)\mathrm{d}y\right] + u_e \frac{\mathrm{d}u_e}{\mathrm{d}x}\left[\int_0^\delta \left(1 - \frac{u}{u_e}\right)\mathrm{d}y\right]
\end{aligned}
$$

在边界层外缘以外，认为 $u_e - (u)_{y\geqslant\delta} = 0$，故上式简化为

$$\frac{(\tau_{yx})_w}{\rho} = \frac{\partial}{\partial x}\left[u_e^2 \int_0^\infty \frac{u}{u_e}\left(1 - \frac{u}{u_e}\right)\mathrm{d}y\right] + u_e \frac{\mathrm{d}u_e}{\mathrm{d}x}\left[\int_0^\infty \left(1 - \frac{u}{u_e}\right)\mathrm{d}y\right] \qquad (8.41)$$

利用排挤厚度和动量损失厚度，则式（8.41）为

$$\frac{(\tau_{yx})_w}{\rho} = \frac{\mathrm{d}(u_e^2 \delta_2)}{\mathrm{d}x} + u_e \delta_1 \frac{\mathrm{d}u_e}{\mathrm{d}x}$$

在推导动量积分关系式的过程中并未附加任何近似条件，从这个意义上来说，它是严格的。因此，动量积分方程既可以用于处理层流边界层，也可以用于处理湍流边界层。

任务 5　平板边界层的计算

实际应用中，大都采用边界层的动量积分关系式（8.41）对边界层进行近似计算。求解边界层动量积分关系式需要补充边界层内速度分布和壁面切应力两个关系式。层流边界层和湍流边界层内的速度与切应力具有不同的特性。现以顺流放置的平板边界层流动为例，分

别讨论平板层流边界层、湍流边界层以及混合边界层。

1. 平板层流边界层

速度为 U 的均匀来流沿平板方向流动，平板很薄，在平板上下形成边界层。由于平板很薄，不会引起边界层外流动的改变，所以在外边界上速度都是 U。前面已经提到，为求解式（8.41）必须补充两个方程。第一个补充方程为边界层内的流速分布关系式 $u = u(y)$，第二个补充方程为平板上切应力与边界层厚度的关系式 $\tau = \tau_0(\delta)$。

（1）边界层内的流速分布关系式　边界层内的流速分布关系式可以有多种形式，如线性关系、指数关系、对数关系等。在这里假定层流边界层内的流速分布和管流中的层流速度分布相同，如图 8.12 所示。管流中的层流速度如下：

$$u = U_{max}\left(1 - \frac{r^2}{r_0^2}\right)$$

将上式应用于平板上的边界层时，管流中的 r_0 对应于边界层中的 δ，r 对应为（$\delta - y$），U_{max} 对应于 U，u 对应于 u。这样上式可写为

$$u = U\left[1 - \frac{(\delta - y)^2}{\delta^2}\right] \tag{8.42}$$

或

$$u = \frac{2U}{\delta}\left(y - \frac{y^2}{2\delta}\right) \tag{8.43}$$

（2）边界层内的切应力分布关系式　第二个补充方程为平板上切应力与边界层厚度的关系式 $\tau = \tau_0(\delta)$。因为是层流，符合牛顿内摩擦定律，如图 8.13 所示。

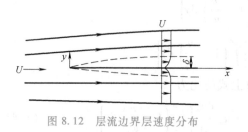

图 8.12　层流边界层速度分布　　　　图 8.13　层流边界层阻力分布

求平板上的切应力，只要令 $y = 0$，并将式（8.43）代入牛顿内摩擦定律可得

$$\tau_0 = -\mu\frac{du_x}{dy}\bigg|_{y=0} = -\mu\frac{d}{dy}\frac{2U}{\delta}\left(y - \frac{y^2}{2\delta}\right)\bigg|_{y=0} \tag{8.44}$$

式中，负号表示切应力和 x 轴方向相反。现去掉负号，取绝对值，并经整理简化后得

$$\tau_0 = \mu\frac{2U}{\delta} \tag{8.45}$$

式（8.45）说明 τ_0 与 δ 成反比。将以上所得的两个补充方程（8.43）、方程（8.45）代入式（8.41），得

$$U\frac{d}{dx}\int_0^\delta \frac{2U}{\delta}\left(y - \frac{y^2}{2\delta}\right)dy - \frac{d}{dx}\int_0^\delta \left[\frac{2U}{\delta}\left(y - \frac{y^2}{2\delta}\right)\right]^2 dy = \frac{2\mu U}{\rho\delta}$$

因上式左端是在某一固定断面上时对 y 进行积分，由于边界层厚度 δ 对固定断面是定值，可提到积分符号外；但 δ 沿 x 轴方向是变化的，所以不能移到对 x 的全导数符号外；这样，简化上式可得

$$\frac{1}{15}U\frac{\mathrm{d}\delta}{\mathrm{d}x}=\frac{\mu}{\rho\delta}$$

积分得

$$\frac{1}{15}\frac{U}{\mu}\frac{\rho\delta^2}{2}=x+C$$

积分常数 C 由边界条件确定。当 $x=0$，$\delta=0$，得 $C=0$。代入上式得

$$\frac{1}{15}\frac{\rho U}{\mu}\frac{\delta^2}{2}=x$$

因 $\nu=\dfrac{\mu}{\rho}$，上式化简后得

$$\delta=5.477\sqrt{\frac{\nu x}{U}} \tag{8.46}$$

式（8.46）即为平板上层流边界层厚度沿 x 轴方向的变化规律。它说明平板上层流边界层厚度 δ 与 $x^{1/2}$ 成正比。

将式（8.46）代入式（8.45），化简后可得

$$\tau_0=0.365\sqrt{\frac{\mu\rho U_0^3}{x}} \tag{8.47}$$

式（8.47）为平板上层流边界层的切应力沿 x 轴方向的变化规律。它说明 τ_0 和 $x^{1/2}$ 成反比。

作用在平板上面的摩擦阻力 F_f 为

$$F_\mathrm{f}=\int_0^L\tau_0 b\mathrm{d}x \tag{8.48}$$

式中，b 为平板宽度；L 为平板（层流边界层）的长度。将式（8.47）代入式（8.48），积分后可得

$$F_\mathrm{f}=\int_0^L 0.365\sqrt{\frac{\mu\rho U^3}{x}}b\mathrm{d}x=0.73b\sqrt{\mu\rho U^3 L} \tag{8.49}$$

如需求流体对平板两面的总摩擦阻力时，只需将上式乘 2 即可。

通常将绕流摩擦阻力的计算式写成单位体积来流的动能 $\dfrac{\rho U^2}{2}$ 与某一面积的乘积，再乘以摩阻系数的形式，即

$$F_\mathrm{f}=C_\mathrm{f}\frac{\rho U^2}{2}A_\mathrm{f} \tag{8.50}$$

式中，C_f 为量纲一的摩阻系数；ρ 为流体密度；U 为流体来流速度；A_f 通常指切应力作用的面积或某一有代表性的投影面面积，在这里指平板面积 $A_\mathrm{f}=bL$。

由式（8.49）和式（8.50）可得

$$C_f = 1.46 \sqrt{\frac{\mu}{\rho U L}} = 1.46 \sqrt{\frac{\nu}{UL}} = \frac{1.46}{\sqrt{Re_L}} \qquad (8.51)$$

式中，$Re_L = \dfrac{U_0 L}{\nu}$（表示是以板长 L 为特征长度的雷诺数）。

上述诸公式即为平板上层流边界层的计算公式。

如前所述，边界层内的流速分布关系式有多种形式。如果假定为其他形式，则可另得层流边界层厚度 δ、切应力 τ_0、摩擦阻力 F_f、摩擦阻力系数 C_f 的计算公式。

例 8-1　设有一（静止）光滑平板长 8m，宽 2m，顺流放置于二维恒定匀速流场中。已知水流以 0.1m/s 的速度绕流过平板。平板长边与水流方向一致，水温为 15℃，相应的运动黏度 $\nu = 1.139 \times 10^{-6} \mathrm{m^2/s}$，密度 $\rho = 999.1 \mathrm{kg/m^3}$，试求：（1）距平板前端 1m 和 4m 处的边界层厚度 δ_1 和 δ_2；（2）当 $y = 5\mathrm{mm}$ 时，上述两点处的速度 u_{x1} 和 u_{x2}；（3）平板一面所受的摩擦阻力 F_f。

【解】　首先判别流态

$$Re_L = \frac{UL}{\nu} = \frac{0.1 \times 5}{1.139 \times 10^{-6}} = 4.39 \times 10^5 < 5 \times 10^5$$

所以该平板在给定的长度范围内为层流边界层，且

$$\delta_1 = 5.477 \sqrt{\frac{\nu x}{U}} = 5.477 \sqrt{\frac{1.139 \times 10^{-6} \times 1}{0.1}} \mathrm{m} = 1.85 \mathrm{cm}$$

$$\delta_2 = 5.477 \sqrt{\frac{\nu x}{U}} = 5.477 \sqrt{\frac{1.139 \times 10^{-6} \times 4}{0.1}} \mathrm{m} = 3.70 \mathrm{cm}$$

由式（8.43）得

$$u_{x1} = \frac{2U}{\delta_1}\left[y - \frac{y^2}{2\delta_1}\right] = \frac{2 \times 10}{1.85}\left[0.5 - \frac{(0.5)^2}{2 \times 1.85}\right] \mathrm{cm/s} = 4.65 \mathrm{cm/s}$$

$$u_{x2} = \frac{2U}{\delta_2}\left[y - \frac{y^2}{2\delta_2}\right] = \frac{2 \times 10}{3.70}\left[0.5 - \frac{(0.5)^2}{2 \times 3.70}\right] \mathrm{cm/s} = 2.54 \mathrm{cm/s}$$

$$C_f = \frac{1.46}{\sqrt{Re_L}} = \frac{1.46}{\sqrt{4.39 \times 10^5}} = 2.2 \times 10^{-3}$$

$$F_f = C_f \frac{\rho U^2}{2} A_f = \left[2.2 \times 10^{-3} \times \frac{1}{2}(999.1 \times 0.1^2) \times 5 \times 2\right] \mathrm{N} \approx 0.11 \mathrm{N}$$

2. 平板上的湍流边界层

一般情况下，只有在边界层开始形成的一个极短距离内才是层流边界层。实际工程中，遇到的大多数是湍流边界层。下面分别介绍光滑平板上的湍流边界层、光滑平板上的混合边界层和粗糙平板上的湍流边界层。

（1）光滑平板上的湍流边界层　对于湍流边界层，要解式（8.41）同样需补充两个方程。普朗特曾做过这样的假设：沿平板边界层内的湍流运动与管内湍流运动没有显著的差别，于是就借用管内湍流运动的理论与实验结果去找补充方程；另外，假定从平板上游首端开始就是湍流边界层。这里，我们借用圆管湍流光滑区的流速分布公式

$$u = u_{\max}\left(\frac{y}{r_0}\right)^{1/7} \tag{8.52}$$

将式（8.52）应用于平板上的边界层时，管流中的 r_0 对应于边界层中为 δ，$u_{\max}$ 对应为 U，u 对应为 u，这样，式（8.52）可改写为

$$u = U\left(\frac{y}{\delta}\right)^{1/7} \tag{8.53}$$

现在再找第二个补充方程，即关系式 $\tau = \tau_0(\delta)$。为此，先根据管流中切应力公式 $\tau_0(\delta) = \frac{\lambda}{8}\rho u^2$ 和湍流光滑区 λ 值的布拉修斯公式，求得光滑区的切应力公式为

$$\tau_0 = \frac{\lambda}{8}\rho u^2 = \frac{\rho u^2}{8}\frac{0.3164}{Re^{1/4}} = 0.0333\rho u^{7/4}\left(\frac{\nu}{r_0}\right)^{1/4} \tag{8.54}$$

式中，u 为圆管内的平均流速。为了用于平板边界层，需将上式用来流速度 U 和边界层厚度 δ 来表示。为此先推求管流中的平均流速与最大流速的关系式，即

$$u = \frac{Q}{A} = \frac{\int_0^{r_0} u \mathrm{d}A}{\pi r_0^2} = \frac{\int_0^{r_0} u_{\max}\left(\frac{y}{r_0}\right)^{1/7}}{\pi r_0^2} 2\pi r \mathrm{d}r$$

因 $r = r_0 - y$，$\mathrm{d}r = -\mathrm{d}y$，代入上式，积分后得

$$u = 0.817 u_{\max} \tag{8.55}$$

将式（8.55）代入式（8.54），且管流中的 $u_{\max}$ 对应为 U，r_0 对应为 δ，则得平板上切应力与边界层厚度的关系式为

$$\tau_0 = 0.0234\rho U^2\left(\frac{\nu}{\delta U}\right)^{1/4} \tag{8.56}$$

将式（8.53）代入式（8.41），且 $(\tau_{yx})_w = \tau_0$，$U = u_e$ 得

$$U\frac{\mathrm{d}}{\mathrm{d}x}\int_0^{\delta} U\left(\frac{y}{\delta}\right)^{1/7}\mathrm{d}y - \frac{\mathrm{d}}{\mathrm{d}x}\int_0^{\delta} U^2\left(\frac{y}{\delta}\right)^{2/7}\mathrm{d}y = \frac{\tau_0}{\rho}$$

将式（8.56）等号左边积分，并分离变量后得

$$\frac{7}{72}\rho U^2 \mathrm{d}\delta = \tau_0 \mathrm{d}x$$

将式（8.56）代入上式，可得

$$\frac{7}{72}\rho U^2 \mathrm{d}\delta = 0.0234\rho U^2\left(\frac{\nu}{\delta U}\right)^{1/4}\mathrm{d}x \tag{8.57}$$

积分上式，并移项后得

$$\left(\frac{7}{72}\right)\left(\frac{4}{5}\right)\delta^{5/4} = 0.0234\rho U^2\left(\frac{\nu}{U}\right)^{1/4}x + C$$

式中，C 为积分常数，由边界条件决定。当 $x = 0$，即在平板前端 $\delta = 0$，代入上式可得 $C = 0$。所以得

$$\left(\frac{7}{72}\right)\left(\frac{4}{5}\right)\delta^{5/4} = 0.0234\rho U^2\left(\frac{\nu}{U}\right)^{1/4}x$$

化简后得

$$\delta = 0.382 \left(\frac{\nu}{Ux} \right)^{1/5} x = 0.382 \frac{x}{Re_x^{1/5}} \tag{8.58}$$

式（8.58）即为光滑平板上的湍流边界层厚度沿 x 轴方向的变化规律。它说明光滑平板上的湍流边界层厚度 δ 与 x 成正比，而与雷诺数 Re_x 的五分之一次方成反比；在沿长度方向，厚度的增加要比层流边界层快。这是由于湍流边界层内流体质点（微团）发生横向运动容易使厚度迅速增加。

将式（8.58）代入式（8.56），可得

$$\tau_0 = 0.0298 \rho U^2 \left(\frac{\nu}{Ux} \right)^{1/5} \tag{8.59}$$

式（8.59）即为光滑平板上的湍流边界层切应力沿 x 轴方向的变化规律，它说明切应力 τ_0 和 $\left(\frac{1}{x} \right)^{1/5}$ 成正比；在沿长度方向，切应力的减小要比层流边界层慢一些。

作用在平板上一面的摩擦阻力 F_f 为

$$F_f = \int_0^L \tau_0 b \, dx \tag{8.60}$$

将式（8.59）代入式（8.60）后，可得

$$F_f = 0.037 \rho U^2 bL \left(\frac{\nu}{UL} \right)^{1/5} \tag{8.61}$$

将式（8.61）代入式（8.50），平板面积 $A_f = bL$，可得摩阻系数 C_f 为

$$C_f = 0.074 \left(\frac{\nu}{UL} \right)^{1/5} = \frac{0.074}{Re_L^{1/5}} \tag{8.62}$$

将式（8.62）和层流边界层的式（8.51）比较，当 Re_L 增加时，湍流的 C_f 要比层流的 C_f 减小得慢；在同一雷诺数 Re_L 的情况下，湍流的 C_f 要比层流的 C_f 大得多。

以上各式即为光滑平板上湍流边界层的计算公式，它们适用 $Re_L = 3 \times 10^5 \sim 3 \times 10^7$ 之间的流动。

例 8-2　设有一光滑平板长 8m，宽 2m，顺流放置于二维恒定匀速流场中。水流以 1.0m/s 的速度绕流过平板。已知水温为 15℃，相应的运动黏度 $\nu = 1.139 \times 10^{-6} \, \text{m}^2/\text{s}$，密度 $\rho = 999.1 \text{kg/m}^3$，试求平板末端边界层的厚度 δ 和一面的摩擦阻力 F_f。

【解】　首先判别流态

$$Re_L = \frac{UL}{\nu} = \frac{1.0 \times 8}{1.139 \times 10^{-6}} = 7.02 \times 10^6 > 5 \times 10^5$$

所以为湍流边界层。

假定从平板上游首端开始就是湍流边界层，则

$$\delta = 0.382 \frac{L}{Re_L^{1/5}} = 0.382 \frac{8}{(7.02 \times 10^6)^{1/5}} \text{m} = 0.13 \text{m}$$

$$F_f = 0.037 \rho U^2 bL \left(\frac{\nu}{UL} \right)^{\frac{1}{5}} = F_f = 0.037 \rho U^2 bL \left(\frac{1}{Re_L} \right)^{\frac{1}{5}}$$

$$= \left[0.037 \times 999.1 \times 1^2 \times 2 \times 8 \times \left(\frac{1}{7.02 \times 10^6} \right)^{\frac{1}{5}} \right] \text{N} = 25.27 \text{N}$$

（2）光滑平板上的混合边界层   上面讨论的是假设整个平板上的边界层都处于湍流状态。但实际上，当雷诺数增大到某一数值后，而且平板长度 $L>x_k$ 时，平板的前部为层流边界层，后部是湍流边界层，在层流和湍流边界层之间还有过渡段。这种边界层称为混合边界层。在平板很长或来流速度很大的情况下，由于层流边界层在整个平板上所占的长度很小，才可将整个平板上的边界层当作湍流边界层进行近似计算。在一般情况下应按混合边界层进行计算。

由于混合边界层内流动情况十分复杂，在计算混合边界层时，引入两个假设，一是层流边界层转变为湍流边界层是在 x_k 处突然发生的，没有过渡段。二是混合边界层的湍流边界层可以看作从平板的首端开始的湍流边界层的一部分。有了后一假设，就能采用上面介绍的公式来计算湍流边界层的厚度和摩擦阻力。

根据以上假设，整个平板的摩擦阻力由层流边界层的摩擦阻力和湍流边界层的摩擦阻力两部分所组成，即

$$C_{fm}\frac{\rho U^2}{2}bL = C_{ft}\frac{\rho U^2}{2}bL - C_{ft}\frac{\rho U^2}{2}bx_k + C_{fl}\frac{\rho U^2}{2}bx_k \tag{8.63}$$

式中，C_{fm}、C_{ft}、C_{fl} 分别为混合边界层、湍流边界层、层流边界层的摩阻系数；x_k 为转捩点到平板首端的距离。

由式（8.63）可得

$$C_{fm} = C_{ft} - (C_{ft} - C_{fl})\frac{x_k}{L} = C_{ft} - (C_{ft} - C_{fl})\frac{Re_{x_k}}{Re_L} \tag{8.64}$$

将式（8.51）和式（8.62）代入式（8.64），最后可得平板混合边界层的摩阻系数为

$$C_{fm} = \frac{0.074}{Re_L^{1/5}} - \left(\frac{0.074}{Re_L^{1/5}} - \frac{1.46}{\sqrt{Re_L}}\right)\frac{Re_{x_k}}{Re_L}$$

或

$$C_{fm} = \frac{0.074}{Re_L^{1/5}} - \frac{A}{Re_L}$$

式中，$A = 0.074 Re_{x_k}^{4/5} - 1.46 Re_{x_k}^{1/2}$。

A 的数值取决于临界雷诺数 Re_{x_k}，其值列于表 8.1 中。

表 8.1 A 与临界雷诺数的关系

Re_{x_k}	10^5	3×10^5	5×10^5	10^6	3×10^6
A	320	1050	1700	3300	8700

例 8-3   一光滑平板宽 $b=1.2$m，长 $L=5$m，潜没在静水中并以速度 $U_0=0.6$m/s 沿水平方向被拖曳，水温 $t=10$℃，运动黏度 $\nu=1.306\times10^{-6}$m^2/s，密度 $\rho=999.1$kg/m^3，试求边界层的最大厚度 δ_L 和所需水平总拖曳力 F。

【解】

$$Re_L = \frac{UL}{\nu} = \frac{0.6\times5}{1.306\times10^{-6}} = 2.3\times10^6 > Re_{x_k} = 5\times10^5$$

$$x_k = \frac{Re_{x_k}\nu}{U} = \frac{5\times10^5\times1.306\times10^{-6}}{0.6}\text{m} = 1.09\text{m} < 5\text{m}$$

按混合边界层计算，得

$$\delta_L = 0.382 \frac{x}{Re_x^{1/5}} = \frac{L}{\left(\dfrac{UL}{\nu}\right)^{1/5}} = 0.382 \frac{5}{\left(\dfrac{0.6 \times 5}{1.306 \times 10^{-6}}\right)^{1/5}} \text{m} = 0.102 \text{m}$$

$$C_{fm} = \frac{0.074}{Re_L^{1/5}} - \frac{A}{Re_L} = \frac{0.074}{(2.3 \times 10^6)^{1/5}} - \frac{1700}{2.3 \times 10^6} = 0.00321$$

$$F_f = 2C_{fm} \frac{\rho U^2}{2} bL = \left[2 \times 0.00321 \frac{999.1 \times (0.6)^2}{2} \times 1.2 \times 5\right] \text{N} = 6.93 \text{N}$$

(3) 粗糙平板上的湍流边界层　这里，我们借用圆管湍流粗糙区的流速分布公式，即

$$\frac{u}{v_*} = 5.75 \lg \frac{y}{k_s} + 8.5$$

将上式应用于粗糙平板上的湍流边界层时，管流中的 y 对应于边界层中的 δ，u 对应于来流速度 U。这样上式可写为

$$\frac{U}{v_*} = 5.75 \lg \frac{\delta}{k_s} + 8.5 \tag{8.65}$$

摩阻系数 C_f 为

$$C_f = \left(1.61 \lg \frac{L}{k_s} + 1.89\right)^{-2.5} \tag{8.66}$$

式中，L 为平板的长度；k_s 为平板的当量粗糙度。式（8.66）的适用范围为 $10^2 < \dfrac{L}{k_s} < 10^6$。

边界层厚度 δ 可按下式计算，即

$$\frac{x}{\delta} = 0.0152 \frac{k_s}{\delta} e^{2.3\left(\ln 30.1 \frac{\delta}{k_s}\right)^{\frac{4}{5}}} \tag{8.67}$$

式中，x 为平板任一位置距首端的距离。

例 8-4　今欲设计一实验用玻璃水槽，已知槽宽 b 为 0.5m，槽底用铜丝网增加底面粗糙度，当量粗糙度 k_s 为 0.002m，槽中最大水深 h 控制在 0.3m，尾门干扰段最长为 1.5m。若玻璃水槽中保持为均匀流的有效实验段的长度最小应为 2.5m，试求玻璃水槽的最短长度 l。

【解】　玻璃水槽进口段边界层发展到水面后，沿程各断面的流速分布才是相同的，水流才为均匀流。所以玻璃水槽最短长度应等于进口入口段长度（即边界层发展到水面的长度）L'，加有效实验段长度，再加尾门干扰段长度。

当 $\delta = h$ 时，$x = L'$。由式（8.67）得

$$\frac{L'}{h} = 0.0152 \frac{0.002}{0.3} e^{2.3\left(\ln 30.1 \frac{0.3}{0.002}\right)^{\frac{4}{5}}} = 31.31$$

$$L' = (0.3 \times 31.31) \text{m} = 9.39 \text{m}$$

所以，玻璃水槽长度 l 为

$$l = (9.39 + 2.5 + 1.5) \text{m} = 13.39 \text{m}$$

任务 6 边界层分离现象及绕流阻力

在自然界和工程实践中液体绕过凸形物时，我们常可观察到物体后面有许多旋涡形成。图 8.14 所示为液体绕圆柱体流动时的情况。这种现象的发生可以用边界层的理论加以定性说明。

在驻点 N 处压强最大，在较高压强作用下，液体由此分道向圆柱体两侧流动。由于圆柱面的阻滞作用便形成了边界层。边界层内的特点是液体运动时有能量损失。从 N 点起向下游达到 A 或 B 点以前，由于圆柱面的弯曲，使液流挤压，流速沿程增加，故沿边界层的外边界上 $\frac{\partial U}{\partial x}$ = 正值，$\frac{\partial p}{\partial x}$ = 负值，即在外边界上压强是沿程下降的。由此可知：在 NA 或 NB 一段边界层内的液流是处于加速减压状态的。这就是说，在该段边界层内用压强下降来补偿能量损失外，尚有一部分压能变为动能。到 A 或 B 点时压强减至最小，流速增至最大。再往下游，由于圆柱面的弯曲，又使液流变为扩散，流速沿程减小，即 $\frac{\partial U}{\partial x}$ = 负值，故 $\frac{\partial p}{\partial x}$ = 正值，外边界上压强沿程增加，因此边界层内压强也沿程增加。边界层内液流的一部分动能用于克服摩擦阻力外，尚有一部分动能转变为压能，所以在 A 点或 B 点以下边界层内液流是处于减速增压状态。越向下游前进动能越小，结果到了 C 点由于动能减小至零而停止前进，如图 8.15 所示。在 C 点以下，若压强继续增加，就无动能可以变为压能，因此主流只有离开曲面，以减缓水流扩散，下游液体随即填补主流所空出的区域，形成旋涡，这种现象叫作边界层的分离。C 点叫作分离点，CD 面叫作分离面。

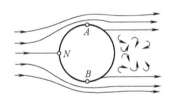

图 8.14 液体绕圆柱体流动时的情况

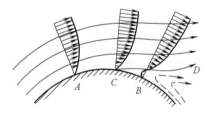

图 8.15 光滑边界层分离流动

C 点的位置与物体形状、表面粗糙度及液流状态均有密切关系，至今尚无一般方法可以确定。只有当固体表面有凸出的锐角时，其分离点往往就在锐角的尖端，如图 8.16 所示。

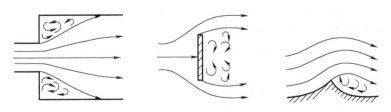

图 8.16 有凸出的锐角的绕流

在物体后面形成的旋涡随流带走，由于液体的黏滞性，旋涡经过一段距离后，逐渐衰减，乃至消失。旋涡在产生与衰减的过程中损失的能量转化为热能，这种能量损失称为旋涡损失。与此相应的阻力称为旋涡阻力。旋涡阻力的大小与液体绕流物体时边界层的分离点在物体表面的位置有密切关系。分离点越接近于物体的尾部，旋涡区就越小，因而旋涡阻力也就越小，否则形成较大的阻力。

因此在一般工程上常把物体做成一种特殊形状，使在流速较大时也不致产生边界层的分离或使分离点接近于尾部，这样的物体就是人们常说的流线型物体，如图 8.17 所示。

由边界层理论可知，液体对所绕流物体的阻力由两部分组成：即固体表面的摩擦阻力及旋涡阻力。从力学观点看，液体作用在所绕流物体上的力可分成两类：作用方向与物体表面相切的切应力和作用方向与物体表面成法向的动水压强。

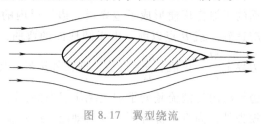

图 8.17　翼型绕流

液体作用在物体表面上的摩擦力在水流方向的投影就是摩擦阻力，摩擦阻力可用下式表示：

$$F_f = C_f A_f \frac{\rho U^2}{2}$$

式中，A_f 为所绕流物体的特征面积，通常是指切应力作用的投影面积；C_f 为表面阻力系数。

由于物体尾部有旋涡发生以致作用在物体表面的压强分布不对称，使水流方向有压差产生。这一压差就是旋涡阻力，所以旋涡阻力也叫作压强阻力。由于这一阻力与被绕流物体的形状及放置方位等有关，故也称作形状阻力。压强阻力也可用与摩擦阻力相类似公式表示：

$$F_p = C_p A_p \frac{\rho U^2}{2}$$

式中，C_p 为压强阻力系数；A_p 为与流速方向垂直的迎流投影面积。

因此液体对所绕流物体的总阻力也可用下式表示：

$$F_D = C_D A_D \frac{\rho U^2}{2}$$

式中，C_D 为绕流阻力系数；A_D 为与流速垂直方向的迎流投影面积。绕流阻力系数至今尚不能完全用理论计算，主要是依靠实验来确定。图 8.18 所示为圆柱体的绕流阻力系数 C_D 与雷诺数 $Re = \dfrac{Ud}{\nu}$ 的关系。由图中可以看出：当 Re 很小时，边界层属层流性质，此时绕流阻力仅有摩擦阻力，尚无旋涡发生，C_D 与 Re 成反比。Re 增大，圆柱体尾部即有旋涡发生，此时绕流阻力由摩擦阻力及压强阻力两部分组成。当 Re 增至 10^4 时，压强阻力是主要的，相对比较摩擦阻力很小，故绕流阻力几乎与 Re 无关。当 Re 增

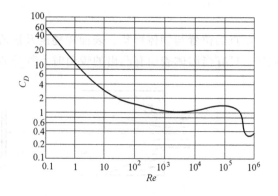

图 8.18　阻力系数随雷诺数的变化

至 3×10^5 时，发现一个有趣的现象，即 C_D 突然下降，这是因为 Re 达到 3×10^5 时圆柱表面的层流边界层开始转变为湍流边界层的缘故。因湍流时边界层内的流速要比层流时为大，即湍流时边界层内液流所具有的动能较层流时为大，因此湍流时边界层分离点的位置较层流时更接近于尾部。一般层流时分离点在 $\alpha = 83°$ 左右之处，而湍流时 $\alpha = 140°$ 左右，如图 8.19 所示，所以当层流转变为湍流边界层时压强阻力系数突然减小。

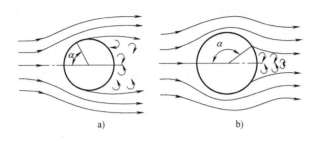

图 8.19　圆柱绕流
a) 层流边界层　b) 湍流边界层

综合实例

光滑平板宽 1.2m，长 3m，潜没在静水中以速度 $v_0 = 1.2\text{m/s}$ 沿水平方向拖曳，水温为 $10℃$，运动黏度 $\nu = 1.31 \times 10^{-6}\text{m}^2/\text{s}$，求：

（1）层流边界层的长度；

（2）平板末端边界层厚度；

（3）所需水平拖曳力。

【解】　（1）

$$Re_l = \frac{vl}{\nu} = \frac{1.2 \times 3}{1.31 \times 10^{-6}} = 2.75 \times 10^6$$

$$Re_k = \frac{vx_k}{\nu} = 5 \times 10^5$$

层流边界层的长度

$$x_k = L \times \frac{5}{27.5} = \frac{3 \times 5}{27.5}\text{m} = 0.55\text{m}$$

湍流边界层的长度

$$L - x_k = 2.45\text{m}$$

（2）末端边界层厚度

$$\delta = 0.381 \left(\frac{\nu}{Ux}\right)^{1/5} x = 0.381 \frac{L}{Re_x^{1/5}} = \frac{0.381 \times 3}{(2.75 \times 10^6)^{1/5}}\text{m} = 0.0589\text{m} = 58.9\text{mm}$$

（3）摩擦系数

$$C_{\text{fm}} = \frac{0.074}{Re_L^{1/5}} - \frac{A}{Re_L} = \frac{0.074}{(2.75 \times 10^6)^{1/5}} - \frac{1700}{2.75 \times 10^6} = 0.003196$$

$$F_{\text{f}} = 2C_{\text{fm}} \frac{\rho U^2}{2} bL = \left[2 \times 0.003196 \frac{1000 \times (1.2)^2}{2} \times 1.2 \times 3\right]\text{N} = 16.57\text{N}$$

如不考虑前段层流边界层的影响，按湍流边界层摩擦系数计算，C_{fm} 值分别为 3.814×10^3 和 3.64×10^3。所算出的拖曳力将分别偏大 19% 和 14%。

拓展提高：康达效应

康达效应（Coanda Effect）又称附壁作用或柯恩达效应。流体（水流或气流）有离开本来的流动方向，改为随着凸出的物体表面流动的倾向，如图 8.20 所示。当流体与它流过的物体表面之间存在表面摩擦时（也可以说是流体黏性），只要曲率不大，流体会顺着物体表面流动。根据牛顿第三定律，物体施予流体一个偏转的力，则流体也必定要施予物体一个反向偏转的力。这种力在轻质物体上体现得非常明显，如汤勺，但对于大型飞机来说，比重并不是很大。这种作用是以罗马尼亚发明家亨利·康达的姓命名的。

1. 发现

比用引射产生升力更科幻的是所谓康达效应。亨利·康达发明的一架飞机（康达-1910）曾经因这种效应坠毁，之后他便致力于这方面的研究。亨利·康达在著名工程师居斯塔夫·埃菲尔（Gustav Eiffel）（埃菲尔铁塔和纽约自由女神结构的设计者）的支持下，开始研究流体力学，发现了所谓"边界层吸附效应"（boundary layer attachment），也称射流效应，通常也称康达效应。康达效应指出，如果平顺流动的流体经过具有一定弯度的凸表面时，有向凸表面吸附的趋向。开自来水时，如果手指碰到水流，水会沿着手指的弯曲表面流动到手指下部，而不是按重力方向从水龙头直线往下流。

2. 应用

（1）空气动力　附壁作用是大部分飞机机翼的主要运作原理。附壁作用的突然消失是飞机失速的主要原因。部分飞机专门使用引擎吹出的气流来增加附壁作用，用以提高升力。美国波音的 YC-14 及苏联的安-72 都是把喷射发动机装在机翼上方的前面，配合襟翼，吹出的气流可以提高低速时机翼的康达效应升力。波音的 C-17 运输机也有透过附壁作用增加升力，但所产生的升力较少。直升机的无尾螺旋（NOTAR）技术，也是透过吹出空气在机尾引起附壁作用，造成推力平衡旋翼的作用力。

利用康达效应，可以有意识地诱导空气气流，在机翼上表面产生比飞机和空气相对速度更大的气流速度，提高升力。20 世纪 70 年代时，美国空军已经意识到 C-130 在速度、航程和载重上的局限，希望用喷气式中型战术运输机取代，这就是"先进中型短距起落运输机"（Advanced Medium STOL Transport，AMST）计划的由来。波音和麦道的 AMST 方案分别入选，参加对比试飞。波音的方案 YC-14 利用康达效应，发动机置于机翼前缘上方，喷流直接吹拂由于襟翼放下而弯度大增的机翼上表面，不光直接产生康达效应，还诱导周边的气流，一同产生增升效果，如图 8.21 所示。YC-14 的试飞是成功的，但这时国防部采购政策正在助理国防部长 David Packard 手里大刀阔斧地改革，AMST 计划最终被取消了。波音 YC-14 的"上表面吹气增升"（Upper Surface Blowing，USB，不是计算机上的那个 USB）最终墙里开花墙外香，被安东诺夫用到安-72 上，后者成为第一架采用 USB 的量产型飞机。

（2）飞碟设计　不过康达效应不是只能用于短距起落飞机的。用好了，康达效应可以实现垂直起落，这其中的佼佼者就是加拿大 Avro 的 Avrocar。关于飞碟的传说有很多，最后大多被证明只是人们的想象，但 Avrocar 确实很像飞碟，这大概是最接近传奇式的飞碟的飞行器了。Avro 柯恩达效应飞行器 car（见图 8.22）就像一个上面圆浑的大碟子，中间是进气的圆孔，周边是一圈小喷嘴。发动机产生高压排气，通过周边的喷嘴喷出，拉动上方气流，沿上表面高速从中心向周边流动，在飞行器静止的时候就可以形成升力，达到垂直起飞。垂直起飞后，重新调整周边喷嘴的气流分布，就可以实现喷气推进，一旦达到一定速度，飞碟本身的形状就可以产生气动升力，这时转入正常飞行。Avrocar 是美国陆军 VZ 系列垂直起落研究机中的一个（见图 8.23），在试飞中演示了垂直起落能力，但无法飞出地效高度，一进入无地效飞行，飞行控制就显得力不从心，飞行稳定性没法解决，最后下马了，留下一段飞碟的佳话。

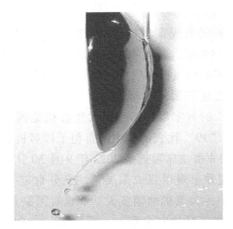

图 8.20　康达效应

图 8.21　波音 YC-14 实现短距起落

图 8.22　柯恩达效应飞行器

图 8.23　Avrocar 离地飘行

3. 升力的成因

当今有部分学者认为机翼产生升力的原理就是因为康达效应，即机翼把大量气流向下偏转而产生一个反作用力（升力）。这样的理解并不完全正确，真实环境下的飞机升力有多种因素，主要还是因为机翼上下表面压力差。另外，在超声速飞行时，反作用力仍存在，不过所占比重并不大。

4. 实验演示

打开水龙头，放出小小的水流。把小汤匙的背面放在水流的旁边。水流会被吸引，流到汤匙的背上。这是附壁作用及文丘里效应（Venturi Effect）作用的结果。当水流附在汤匙上以后，附壁作用令水流一直在汤匙上的凸出表面流动。

这个实验就是水流对物体施予反作用力的典型例子，然而不少观点认为汤勺被吸附是因为伯努利原理，导致水流过的一部分流速加快，压强变小，另一部分没有水流，压强较大。显然这种说法十分荒唐，伯努利原理不可用于物体处于两种不同流体间的比较，汤勺正面受到大气压，背面也受到大气压，尽管水流通过但不影响压强大小。一个反例就是，当你把勺子正面对着水流，就是让水流流过向内凹的一面，可以清楚地看到勺子朝远离水流的方向偏转了。

思政专题：携手共进　逐梦蓝天——C919 大型客机

C919 飞机，全称 COMAC C919，是中国按照国际民航规章自行研制、具有自主知识产权的大型喷气式民用飞机（见图 8.24），座级 158～168 座，航程 4075～5555km，其性能与国际新一代的主流单通道客机相当。C919 飞机由中国商用飞机有限责任公司于 2008 年开始研制，2022 年 9 月中国民用航空局为 C919 颁发适航证和型号合格证。C 是中国英文名称"China"的首字母，也是中国商飞英文缩写 COMAC 的首字母，体现了大型客机是国家意志，人民的期望。第一个"9"的寓意是天长地久，"19"代表的是中国首型干线客机最大载客量为 190 座。中共中央总书记、国家主席、中央军委主席习近平 2022 年 9 月 30 日上午在北京人民大会堂会见 C919 大型客机项目团队代表并参观项目成果展览，充分肯定 C919 大型客机研制任务取得的阶段性成就。他强调，让中国大飞机翱翔蓝天，承载着国家意志、民族梦想、人民期盼，要充分发挥新型举国体制优势，坚持安全第一、质量第一，一以贯之、善始善终、久久为功，在关键核心技术攻关上取得更大突破，加快规模化和系列化发展，扎实推进制造强国建设，为全面建设社会主义现代化国家、实现中华民族伟大复兴的中国梦不懈奋斗。

图 8.24　C919 大型客机结构示意图

随着中国社会经济的快速发展，民航运输市场呈现巨大的需求。2013 年，中国人均乘航班出行次数为 0.26 次，总运输量为 3.53 亿人次，十年增长近 3 倍。根据预测，未来 20 年，仅中国市场就将接收 5500 多架新机，总价值高达 6700 多亿美元。按照中国民航业发展规划，要让 95% 的县级地区和 95% 的人口享受民航服务，到 2030 年旅客运输量要达到 15 亿人次。为此，2006 年 2 月，《国家中长期科学和技术发展规划纲要（2006—2020 年）》将大型飞机重大专项确定为 16 个重大科技专项之一；2007 年 2 月，国务院召开第 170 次常务会议，原则批准大型飞机研制重大科技专项正式立项，标志着 C919 的研发之路正式起步；

2007 年 8 月，政治局常委会同意成立大型客机项目筹备组；2008 年 3 月，国务院通过方案，批准组建中国商用飞机有限责任公司，总部设在上海，是实施国家大飞机重大专项中大型客机项目的主体，员工 8300 多人，确定了"一个总部，六大中心"的布局。设计研发中心承担我国首次自主研制的 C919 大型客机、ARJ21 新支线飞机的工程设计任务和技术抓总责任。

　　2009 年 1 月，中国商用飞机有限责任公司正式发布首个单通道常规布局 150 座级大型客机机型代号"COMAC919"，简称"C919"。同年 12 月，中国商用飞机有限责任公司与 CFM 国际公司在北京正式签署 C919 大型客机动力装置战略合作意向书，选定 CFM 公司研发的 LEAP-X1C 发动机作为 C919 大型客机的启动动力装置。2015 年 7 月，CFM 公司首台 CFMLEAP-1C 发动机交付中国商用飞机有限责任公司总装制造中心浦东基地。同年 11 月，C919 客机首架机在浦东基地正式总装下线。2017 年 5 月，C919 在上海浦东机场成功实现首飞。2021 年 1 月，高寒试验试飞专项任务取得圆满成功。2022 年 9 月，C919 大型客机完成全部适航审定工作后获中国民用航空局颁发的型号合格证。2022 年 11 月初，C919 首次在第十四届中国国际航空航天博览会亮相，并通过馆内展览、室外静展和飞行表演，向公众呈现中国大飞机事业取得的阶段性成就。2022 年 12 月 9 日上午，中国商用飞机有限责任公司向中国东方航空交付全球首架 C919 大型客机，飞机注册号选用 B-919A，B 代表中国民航飞机，919 和型号名称契合，A 则有首架之意，凸显这一全球新机型、全球首架的非凡意义。C919 首架机交付是继 C919 获颁中国民航局型号合格证后，我国大飞机事业征程上的又一重要里程碑，意味着历经几代人的努力，我国民航运输市场首次拥有了中国自主研发的喷气式干线飞机。

　　值得一提的是，为完全拥有自主知识产权，确保我们研制出来的大客机在未来的同类产品中具有竞争性，与 C919 大飞机配套的国产发动机研制同时立项，2011 年 9 月 2 日，大型客机发动机重大专项的主承制单位——中航商用航空发动机有限责任公司宣布：正式将国产大飞机发动机命名为"CJ-1000A"，中文名称为"长江 1000"发动机。近期国产 C919 客机配套的国产航空发动机 CJ-1000A 研制取得新的进展，2023 年将上机试飞进入适航取证阶段，如果试飞顺利，C919 客机最快可以在 2030 年配备 CJ-1000A 发动机投入航线运营。然后根据用户使用反馈对发动机进行完善和改进，解决用户使用遇到的问题，提高发动机可靠性。期间还有可能根据用户要求对发动机进行性能提高，例如提高发动机推力，以增加 C919 客机载荷，增强高温高原机场运作能力。经过上述完善和改进之后，CJ-1000A 大概在 2033—2035 年左右进行大批量生产。可见，作为飞机制造的核心部件，国产发动机从无到有，从立项到命名，从开始研制到一步步改进提高，最终达到预期的要求，需要经历一个漫长和艰辛的研发过程，但只有把核心技术掌握在自己手中，才能真正掌握竞争和发展的主动权，CJ-1000A 发动机的研制承载着国产大飞机太多的希望和使命。

　　C919 大型客机从 2008 年 7 月开始研制以来，攻克了百余项核心技术、关键技术，已经形成了以上海为龙头，辐射陕西、四川、江西、辽宁、江苏等 22 个省市、200 多家企业、近 20 万人的民用飞机产业链，建立了一批航空产业配套园区，提升了我国航空产业配套能级，带动了动力、航电、飞控、电源、燃油、起落架等机载系统产业发展。业内人士普遍认为，实施大型客机项目能够带动新材料、现代制造、先进动力、电子信息、自动控制、计算机等领域关键技术的群体突破，同时还将带动流体力学、固体力学、计算数学、热物理、化学、信息科学、环境科学等诸多基础学科的重大进展，对我国调整经济结构、实现转型升级、提高创新能力、转变发展方式具有重要意义，对国民经济、科学技术和航空工业发展具有巨大带动作用。大型客机被誉为"现代工业之花"和"现代制造业的一颗明珠"，是一个国家工业、科技水平等综合实力的集中体现，也是一个国家整体实力的重要体现。相信在不久的将来，以 C919 为代表的 COMAC（中国商飞）有望和欧洲的 Airbus（空中客车）及美国 Boeing（波音）一道，在国际大型客机制造业形成"ABC"三足鼎立、共享蓝天的格局。

民用航空工业是以高技术为特征的产业，民用飞机的竞争归根结底是技术的竞争。C919 的成功打破了我国无法自主研制大型民用干线客机的尴尬局面，是我国民航工业水平进步的标志。C919 大飞机的研制凝聚着我国数十万科研人员的心血，承载着几代中国人的航空梦想，是我国几代航空人对"运10"梦想的延续，为我国航空工业不断发展、前进打下了坚实的基础，对我国民用航空工业的发展具有深远影响。中国有近 20 万人参与了 C919 大飞机项目，飞机的机头、机身（前、中、后）和机翼等 9 大部分分别由中航工业西飞、沈飞、成飞、洪都航空公司等国内航空工业企业制造，提升锻炼了这些航空企业的科研水平及制造能力，推动了我国航空工业技术的进步，提高了航空工业技术人员的自主研发能力及航空产业工人的制造能力。C919 是我国具有完全自主知识产权的新一代大型客机，是中国民航大飞机最大、最显著的里程碑，也意味着中国即将跻身美国、英法等少数几个能够自主制造大型民航客机的国家行列中，不再完全依赖国外进口，真正走出一条自主研制的大发展之路。

"思政内容"与现实的结合点

（1）大飞机项目需要大量的资金投入，研制周期长，投资风险大，离不开国家财政的大力支持，需要国家实行科学的宏观调控，集中人力、物力、财力办大事。C919 的研制成功可谓举全国之力、聚全国之智。这充分体现了社会主义市场经济与社会主义制度有机结合，既可以发挥市场经济的长处，又可以发挥社会主义制度集中力量办大事的优越性。

（2）中国商用飞机有限责任公司采用"主制造商—供应商"的研制模式，坚持"自主研制、国际合作、国际标准"的技术路线，最大限度地聚集和利用国内外优质资源，打造中国民用飞机品牌。一方面可以博采众长，充分吸收国外的有益成果，降低研制成本，节省研发时间；另一方面，坚持以我为主、为我所用，有助于更快地提高技术水平。

（3）一架大型客机是复杂的系统集成工程，由百万计的零部件组成，涉及飞行控制装置、液压系统、航电、环控等数十个系统，各个系统本身错综复杂，它们还必须共存在相对狭窄的空间。通过介绍我国的 C919 大飞机项目，指出作为新时代的工程师，应树立系统工程的理念和运用系统工程的方法，着眼于事物的整体性，遵循系统内部结构的有序性，注重系统内部结构的优化趋向，用综合的思想方式认识事物。

课程思政素材出处

［1］董宇航. 浅谈国产大飞机 C919 对民用航空工业发展的影响［J］. 中国高新科技，2017，1（11）：14-16.

［2］张璐晶. 专访中国商飞公司副总经理、C919 大型客机项目总设计师吴光辉"国产大飞机的四大进展"［J］. 中国经济周刊，2012（3）：40-41.

［3］王运锋. C919 大型客机总装下线助推我国材料产业发展［J］. 新材料产业，2016

（1）：25-31.

［4］　秦伟. C919 飞起来［J］. 装备制造，2014（10）：44-47.

［5］　携手共进 逐梦蓝天——中航西飞 C919 大型客机项目研制历程［J］. 大飞机，2022（3）：34-36.

［6］　C919［EB/OL］.［2023-03-20］https：//baike. baidu. com/item/C919/2400615.

思 考 与 练 习

1. 边界层的定义是什么？边界层方程的推导中，由 $\frac{\partial u}{\partial x} \to 0$ 可以推导得到边界层的一个性质是什么？

2. 当流体绕过长柱形物体时，尾流中周期性产生的旋涡有可能产生什么危害？

3. 何为黏性底层？

4. 湍流边界层的流速分布与层流相比较有何特点？

5. 为什么等速均匀流绕曲面流动时，边界层内的压强在曲面的前半部分沿程减小，在曲面的后半部分沿程增大？

6. 将某二维物体置于来流速度为 3.0m/s 的流场中，假设其阻力系数 $C_D = 0.87$，迎流面积为 3.5m×1.0m，流体密度为 $\rho = 1.12 \times 10^3 \text{kg/m}^3$。试求物体静止时所受的阻力。

7. 在风洞中以 15m/s 的风速垂直吹向直径为 0.45m 的圆盘，设空气的温度为 20℃，密度 $\rho = 1.205 \text{kg/m}^3$，绕流阻力系数 $C_D = 1.1$。求圆盘所受的阻力。

8. 高压电缆线直径为 1.2cm，两相邻电缆塔的距离为 60m，风速为 25m/s，空气密度为 1.3kg/m^3，长圆柱体的阻力系数 $C_D = 1.2$。试求风作用在电缆线上的力。

9. 一光滑平板长 1.0m，宽 4.0m，沿长度方向顺流放置。水流速度 0.5m/s，运动黏度 $\nu = 1.139 \times 10^{-6} \text{m}^2/\text{s}$。试判断平板上边界层的发展情况。设临界雷诺数为 3×10^5。

10. 已知长 1.22m、宽 1.22m 的平板沿长度方向顺流放置，空气流动速度为 3.05m/s，密度 $\rho = 1.2 \text{kg/m}^3$，运动黏度 $\nu = 0.149 \text{cm}^2/\text{s}$。试求平板受力。

9

项目 9
相似原理和量纲分析

前面已经讨论了流体运动的基本方程,求解这些方程是解决工程流体力学问题的途径。然而,由于流体黏性的存在和边界条件的多样性,往往无法直接求得方程的解析解,故不得不采用实验等其他方法。由于实际工程尺寸太大,实验时往往需要采用缩小的模型,通过相似理论和量纲分析合理地组织和简化实验,有根据地将模型实验结果推广运用于实践中。本章主要介绍量纲分析的两种方法和相似准则。

【案例导入】

汽 车 风 洞

风洞是依据运动相似性原理,通过人工产生和控制气流,以模拟飞行器或物体周围气体的流动,并可量度气流对物体的作用以及观察物理现象的一种管道状实验设备,它是进行空气动力实验最常用、最有效的工具。随着全球汽车工业的发展,它也被广泛运用于新型汽车的设计和研发之中。通过模拟空气相对流动、日照、降水等各种行车环境,设计出最省油、最安全和具有最美观外形的汽车,确保零部件具有最安全、最耐久的性能。

1. 汽车风洞的技术发展历史

随着工业技术的发展,汽车专用风洞也得到了迅速发展。1976 年奔驰公司改建成全尺寸现代化汽车风洞,驱动风扇的电动机功率高达 4000kW,其风扇直径达 8.5m,风洞内用来进行实车试验段的空气流速达 270km/h,成为当时世界上最先进的汽车风洞。1980 年美国通用汽车投资数亿美元,在位于密歇根州沃伦的空气动力学试验室研制出了世界上最大的汽车风洞装置,如图 9.1 所示。该装置风扇直径 43ft(约 13m),有六个风扇叶片,每个叶片重 1t,高 12ft,用西加云杉薄片制成。由 4500 马力[⊖]的电动机推动,可使六个叶片的风扇的转速达到 270r/min。测试区最大风速为 220km/h。它每天 24h、每周 7d 不停地运转,通用汽车的全部车型都要经过该风洞测试才能生产。

1999 年 2 月,美国戴姆勒克莱斯勒集团耗资 3750 万美元,在密歇根州奥本山(Auburn Hills)总部风洞测试中心建设一座气动-声学风洞,于 2002 年 7 月投入使用。该风洞总面积 3100m^2,测试区面积 21m×15m×10m,喷口面积 28m^2,安装有一台 4730kW 的 12 叶片风机,转速 290r/min。最大测试风速 240km/h。在速度为 140km/h 时,测试室背景噪声为 62.5dB。1999 年 12 月,德国奥迪汽车在英戈尔斯塔特投入巨资建设的气动声学

⊖ 1 马力 = 735.499W。——编辑注

262

风洞和热环境整车风洞投入使用，气动声学风洞安装有一台 2600kW 风机，风量为 916m³/s，最高测试速度 235km/h。另一座热环境整车风洞，温度设定范围可以从 -25℃ 到 55℃，还可以在低温或者极端温度下进行除水测试等气候实验、在超高速行驶、高温状况下进行引擎冷却模拟。除温度外，还可以进行降雨模拟和太阳光暴晒模拟，必要的时候还可以制造降雪。

如今几乎所有的参加一级方程的大车队都有自己的一个或者几个风洞试验室，例如米纳尔迪拥有一个价值 300 万美元的二手风洞，法拉利建在博洛尼亚的带有金属滚道的风洞则价值 2200 万美元，索伯车队在瑞士建造的全新风洞造价高达 4500 万美元。赛车测试用的所有风洞都保证最少 50m/s 的强力风速，用以模拟 F1 赛车在高速行驶时车体各部位所受到的空气阻力和下压力。通过风洞试验能让 F1 赛车的外形向着更符合空气动力学的方向发展。

法拉利风洞由意大利建筑师伦佐·皮亚诺（Renzo Piano）设计，这个设计师在 20 世纪 70 年代和英国的理查德·罗杰斯联合设计了巴黎的蓬皮度艺术中心，20 世纪 80 年代又设计了大阪附近的日本关西国际机场，是世界顶级的建筑师。法拉利风洞（见图 9.2）竣工于 1997 年，据说专门用于模拟 F1 赛车在赛道上所能遇到的真实场景。风洞配有金属轧制路，5m 宽，功率为 2200kW 的风机，能够根据湍流度、角度和均匀性生成极高质量的气流。风洞还具有世界最先进的数据获取系统和作用力及压力监控系统，可使用汽车的比例模型，结合由 300 多个传感器监控的复杂机构模拟任何一种设置或运动，类似滚动、侧滑、俯仰和过度转向。

图 9.1　通用汽车公司风洞

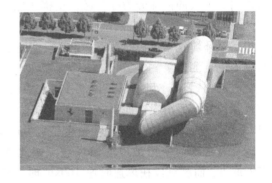

图 9.2　法拉利 F1 风洞

2. 汽车风洞的分类

（1）全尺寸风洞和模型风洞　为试验 1∶1 模型（全尺寸模型）或真车的风洞叫作"全尺寸风洞"，为试验缩比模型或零部件的较小尺寸的风洞叫作"模型风洞"。日本和苏联多采用 1∶5 比例的模型，欧美国家多采用 1∶3 或 1∶4 比例模型。目前全世界有近 30 座可用于全尺寸汽车试验的风洞。

（2）全天候风洞、声学风洞、气动力风洞　全天候风洞（或气候风洞）可改变气流温度、湿度、阳光强弱和其他气候条件（雨、雪等）；声学风洞在建造过程中采用了多种降噪措施，背景噪声极低，可以分离并测量出汽车行驶时产生的气动噪声。这两种风洞统称为特种风洞。其余风洞大都为气动力风洞。近年来新建的风洞，都是气动/声学风洞，或气动/气候风洞，甚至气动/声学/气候风洞，这类风洞又称为多用途风洞。

3. 汽车风洞测试实验

"汽车风洞"最开始时其实不是用来测试汽车，而是用来测试飞机、研究飞机的气动性能的。实验时，常将模型或实物固定在风洞内，使气体流过模型。这种方法，流动条件容易控制，可重复地、经济地取得实验数据。为使实验结果准确，实验时的流动必须与实际流动状态相似，即必须满足相似律的要求。但由于风洞尺寸和动力的限制，在一个风洞中同时模拟所有的相似参数是很困难的，通常是按所要研究的课题，选择一些影响最大的参数进行模拟。

此外，风洞实验段的流场品质，如气流速度分布均匀度、平均气流方向偏离风洞轴线的大小、沿风洞轴线方向的压力梯度、截面温度分布的均匀度、气流的湍流度和噪声级等必须符合一定的标准，并定期进行检查测定。汽车时速达到110km时，风的阻力就占总阻力的70%，大部分燃油用在了克服风阻上，因此通过风洞试验，模拟汽车在行驶中的情况，优化汽车外形设计，减少风阻、节约燃油、降低噪声，这是汽车风洞试验的主要目的。

4. 我国汽车产业发展的里程碑

2009年9月19日，斥资4.9亿元建造的国内第一个"汽车风洞"——上海地面交通工具风洞中心（见图9.3）在同济大学正式落成启用，填补了中国国内汽车研发设计领域多个空白。被视为突破自主研发瓶颈的上海地面交通工具风洞中心，位于同济大学嘉定校区，占地面积约213亩，总建筑面积21095m^2，建设内容包括三大块：汽车风洞试验室、汽车风洞测试中心和管理中心、风洞中心研究大楼。其中，汽车风洞试验室隐身在一幢2.1万 m^2 的大楼内。大楼的前部分为办公区，整幢大楼只在二楼有一个狭窄的通道，通向后面的"风洞区"。穿过通道，左右两座巨大的"风洞"便进入视线。右边是汽车气动-声学整车风洞，左边是热环境整车风洞。两座"风洞"功能不同，一个用来测风阻力、测噪声；另一个用来测温度、测热量。

气动-声学整车风洞（见图9.4）主要用于车辆气动力性能测试、气动声学测试和低噪声优化设计。风洞喷口面积达到27m^2，安装有一台上海鼓风机厂制造的轴流风机，总功率4125kW，总重量110t，风机叶轮直径8.5m，转速为195r/min，每秒风量达到1920m^3，相当于近1万台普通家用吊扇的出风量。如此强大的动力可以在30s内将静止的空气加速到250km/h。而测试段在风速时速160km时，背景噪声仅为61dB，是目前国际上同等规模汽车风洞中最安静的一座。此外该风洞还设有五带移动系统和六分量测试天平。

图9.3 上海地面交通工具风洞中心　　　　　　图9.4 气动-声学整车风洞

热环境整车风洞主要用车辆热力学测试和热环境性能评估，设有 7~14m^2 可变大小喷口，安装有一台上海鼓风机厂制造的 1600kW 风机，叶轮直径 4m，总重量 24t，转速为 740r/min，每秒风量为 390m³，试验最大风速 200km/h，模拟温度 -20~55℃，可控湿度 5%~95%，并设有可变强度和角度的全光谱阳光模拟装置以及双轴驱动转鼓系统，模拟阳光 300~1200W/m²。能模拟阳光暴晒、风吹雨淋、冰雪结霜等各种气候条件和车辆行驶工况。

据悉，作为公共汽车和轨道车辆的关键技术平台，风洞中心不仅能够进行轿车、客车、SUV、货车等各类汽车的整车和零部件以及高速铁路、地铁轨道车辆模型等系列试验，还可以为我国大飞机的自主研发提供不可缺少的关键技术支撑平台。通过风洞试验，可以为车辆设计过程中的优化造型、降低油耗，提高车辆行驶安全性和操纵稳定性，控制车辆内外空气动力噪声，以及优化发动机冷却系统及空调系统等提供第一手的数据，从而在较短时间内完成车型开发、改型设计以及热力学性能测评等内容。此风洞的关键技术指标均达到世界领先水平，并拥有全部自主知识产权。

【教学目标】

1. 了解量纲为一的量的特点和量纲一致性原则，掌握量纲分析的方法；
2. 理解和掌握相似的基本概念，了解动力相似准则及流动相似条件；
3. 了解近似模型实验，掌握模型律选择的原则和模型设计。

任务 1　量纲分析

量纲分析是与相似理论密切相关的一种通过实验去探索流动规律的重要方法，特别是对那些很难从理论上进行分析的流动问题，更能显出其优越性。它通过对运动中有关物理量的量纲进行分析，使各函数关系中的自变量数目成为最少，以简化实验。常用的量纲分析法有瑞利法（Rayleigh method）和 π 定理（Buckingham theorem 或 pi theorem）。

1. 单位和量纲

在流体力学中涉及许多物理量，如长度、时间、质量、速度、加速度、密度、压强、黏度、力等，所有这些物理量都由两个因素构成：一是自身的物理属性，称为量纲；二是量度物理属性而规定的量度标准，即单位。

例如，长度为 1m 的管道，可用 100cm、1000mm 等不同单位表示，所选单位不同，数值也不同，但它们的物理属性是一样的，都是线性几何量；长度、宽度、高度、厚度、深度等名称虽不同，但都可以用单位"m"来量度，它们的物理属性是一样的，即量纲是一样的。显然，量纲是物理量的实质，不受人为因素的影响。

物理量的量纲又可分为基本量纲和导出量纲两大类。所谓基本量纲，是指具有独立性的、不能由其他基本量纲的组合来表示的量纲。流体力学的基本量纲共有 3 个：长度量纲 L、时间量纲 T 和质量量纲 M。由基本量纲组合来表示的量纲称为导出量纲。除长度、时间和质量外，其他物理量的量纲均为导出量纲。

流体力学中常用物理量的量纲和单位见表 9.1。由表 9.1 可以看出，任一物理量 x 的量纲都可以用 L、T、M 这 3 个基本量纲的指数乘积来表示，即

$$[x] = L^\alpha T^\beta M^\gamma \tag{9.1}$$

式（9.1）称为量纲公式。

物理量纲的性质由量纲指数 α、β、γ 决定：

（1）当 $\alpha \neq 0$，$\beta = 0$，$\gamma = 0$ 时，x 为几何学量；

（2）当 $\alpha \neq 0$，$\beta \neq 0$，$\gamma = 0$ 时，x 为运动学量；

（3）当 $\alpha \neq 0$，$\beta \neq 0$，$\gamma \neq 0$ 时，x 为动力学量。

（4）当 $\alpha = \beta = \gamma = 0$ 时，物理量 $[x] = L^0 T^0 M^0 = 1$，则称 x 为量纲为一的量。

量纲为一的量可由两个具有相同量纲的物理量相比得到，如水力坡度 $J = h_w / l$，其量纲 $[J] = L/L = 1$；

量纲为一的量也可以由几个有量纲的物理量通过乘除组合而成，组合的结果是各基本量纲的指数均为零，如雷诺数 $Re = \dfrac{vd}{\nu}$，其量纲 $[Re] = \dfrac{LT^{-1} L}{L^2 T^{-1}} = 1$。

表 9.1 流体力学中常用物理量的量纲和单位

物理量			量纲 LTM 制	单位（SI）
几何学	长度	L	L	m
	面积	A	L^2	m^2
	体积	V	L^3	m^3
	水头	H	L	m
	坡度	J	L^0	m^0
运动学	时间	t	T	s
	流速	v	LT^{-1}	m/s
	加速度	a	LT^{-2}	m/s^2
	角速度	ω	T^{-1}	rad/s
	流量	Q	$L^3 T^{-1}$	m^3/s
	单宽流量	q	$L^2 T^{-1}$	m^2/s
	环量	Γ	$L^2 T^{-1}$	m^2/s
	流函数	ψ	$L^2 T^{-1}$	m^2/s
	速度势	ϕ	$L^2 T^{-1}$	m^2/s
	运动黏度	ν	$L^2 T^{-1}$	m^2/s
动力学	质量	m	M	kg
	力	F	MLT^{-2}	N
	密度	ρ	ML^{-3}	kg/m^3
	动力黏度	μ	$ML^{-1}T^{-1}$	Pa·s
	压强	p	$ML^{-1}T^{-2}$	Pa
	切应力	τ	$ML^{-1}T^{-2}$	Pa
	体积模量	E	$ML^{-1}T^{-2}$	Pa
	动量	K	MLT^{-1}	kg·m/s
	功、能	W	ML^2T^{-2}	J
	功率	P	ML^2T^{-3}	W

量纲为一的量特点如下：

1）量纲为一的量的数值大小与所采用的单位制无关。

如判别有压管道流态的临界雷诺数 $Re = 2000$，无论采用国际单位制还是英制，其数值保持不变。

2）量纲为一的量可进行超越函数的运算。

有量纲的量只能作简单的代数运算，进行对数、指数、三角函数的运算则没有意义，只

有量纲为一的量才能进行超越函数的运算。如气体等温压缩时所做的功 W 的计算式为

$$W = p_1 V_1 \ln\left(\frac{V_2}{V_1}\right) \tag{9.2}$$

式中，V_2/V_1 是压缩后与压缩前的体积比，只有组成这样的量纲为一的项，才能进行对数运算。

3）不受运动规模影响。

既然是量纲为一的量，其数值大小与量度单位无关，也不受运动规模的影响。如规模大小不同的流动是相似的流动，则相应的量纲为一的数相同。在模型试验中，常用同一个量纲为一的数（如雷诺数 Re 或弗劳德数 Fr）作为模型和原型流动相似的判据。

例 9-1 试用国际单位制表示流体动力黏度 μ 的量纲。

【解】 由牛顿内摩擦公式

$$\tau = \mu \frac{\mathrm{d}u}{\mathrm{d}y}$$

可知

$$[\mu] = \frac{[\tau][l]}{[v]}$$

所以

$$[\mu] = \frac{\mathrm{ML^{-1}T^{-2}L}}{\mathrm{LT^{-1}}} = \mathrm{ML^{-1}T^{-1}}$$

2. 量纲一致性原则

在自然现象中，互相联系的物理量可构成物理方程。物理方程可以是单项式或多项式，甚至是微分方程，同一方程中各项又可由不同物理量组合而成。凡是正确反映客观规律的物理方程，其各项的量纲必须是一致的，这就是量纲一致性原则，也称量纲齐次性原则或量纲和谐原理。

量纲一致性原则是检验方程推导和工程计算是否正确的十分有用的工具。量纲一致性原则还可以用来确定方程中系数的量纲，以及分析经验公式的结构是否合理。其最重要的用途在于能确定方程中物理量的指数，从而找到物理量间的函数关系，以建立结构合理的物理、力学方程。量纲一致性原则是量纲分析法的理论依据。

如前面项目中推导出的黏性流体总流伯努利方程

$$z_1 + \frac{p_1}{\rho g} + \frac{\alpha_1 v_1^2}{2g} = z_2 + \frac{p_2}{\rho g} + \frac{\alpha_2 v_2^2}{2g} + h_\mathrm{w} \tag{9.3}$$

式中，各项的量纲均为 L。只有两个同类型的物理量，即相同量纲的量才能相加减，否则是没有意义的。

由量纲一致性原则可得以下结论：

1）凡正确反映客观规律的有量纲的物理方程均可以改写成由量纲为一的项组成的量纲为一的方程，仍保持原方程的性质。

如理想流体的总流伯努利方程可以进行下面的改写：

$$z+\frac{p}{\rho g}+\frac{\alpha v^2}{2g}=C \Rightarrow 1+\frac{p}{\rho gz}+\frac{\alpha v^2}{2gz}=C' \tag{9.4}$$

2）量纲一致性原则规定了一个物理过程中有关物理量之间的关系。

因为一个正确完整的物理方程中，各物理量量纲之间的关系是确定的，就可建立该物理方程各物理量的关系式，量纲分析方法就是根据这一原理发展起来的，它是20世纪初在力学上的重要发现之一。量纲一致性原则是量纲分析方法的基础。在量纲一致的方程中，其系数和常数应该是量纲为一的。但在工程中有一些根据试验资料和观测数据整理而成的经验公式，具有带量纲的系数。

如在明渠均匀流中应用很广的谢才公式，若采用曼宁公式计算谢才系数 C 值，公式变为

$$v=\frac{1}{n}R^{\frac{2}{3}}J^{\frac{1}{2}} \tag{9.5}$$

式中，v 为明渠断面的平均水流流速，量纲为 LT^{-1}；R 为水力半径，量纲为 L；n 为渠壁的粗糙系数；J 为水力坡度。

n 和 J 均为量纲为一的量，显然式（9.5）量纲是不一致的。在运用这些经验公式时必须使用规定的单位，不得更换。这些经验公式从量纲上分析是不和谐的，表明人们对这一部分流动规律的认识尚不充分，只能用不完全的经验关系式来表示局部的规律性，这些公式将随着人们对流动本质的进一步认识而逐步被修正。

量纲一致性原则说明一个正确、完整的物理方程中，各物理量量纲之间的关系是确定的，因此可以按照物理量量纲之间的这一规律，建立表征一个物理过程的新的方程。

任务2 量纲分析方法

在实际工程技术问题中，一些物理现象会涉及很多物理量，而其中一些物理量之间会相互影响，也就是说，这些物理量之间具有一定的函数关系，这就增加了问题的复杂性，目前还不能完全应用理论方法来确定这些物理量之间的关系，因此需要利用科学实验来解决。

在流体力学的实验研究中，如果采用传统的实验方法，则需要测定很多的物理量，而且实验数据的整理也很烦琐。采用量纲分析法可将物理现象所涉及的物理量组成量纲一致性的量，这样就可将自变量数目减到最少，从而减少实验的次数，也使得实验结果的整理变得更简便。

量纲分析法（Dimension analysis method）有瑞利法和 π 定理两种，下面对这两种方法进行介绍。

1. 瑞利法

若一个物理过程所涉及的物理量为 y（因变量），x_1，x_2，$\cdots$，x_n（自变量），它们之间的待定函数一般可表示为

$$y=f(x_1,x_2,\cdots,x_n)$$

由于所有物理量的量纲都只能由基本量纲的积和商导出，所以可将因变量与自变量的关系写成下列显式方程：

$$y=kx_1^{a_1}x_2^{a_2}\cdots x_n^{a_n} \tag{9.6}$$

式中，y 为被决定的物理量；x_1，x_2，$\cdots$，x_n 为影响因素；k 为量纲一的系数，这些都可通过试验测定；而 a_1，a_2，$\cdots$，a_n 为待定系数。而式（9.6）可以用基本量纲（长度 L、时间 T、质量 M）表示为

$$L^{\alpha}M^{\gamma}T^{\beta} = (L^{\alpha_1}M^{\gamma_1}T^{\beta_1})^{a_1}(L^{\alpha_2}M^{\gamma_2}T^{\beta_2})^{a_2}\cdots(L^{\alpha_n}M^{\gamma_n}T^{\beta_n})^{a_n} \tag{9.7}$$

根据量纲一致性原则，由式（9.7）两端基本量纲的指数可得以下三个代数式：

$$\left.\begin{array}{l} \alpha = \alpha_1 a_1 + \alpha_2 a_2 + \cdots + \alpha_n a_n \\ \beta = \beta_1 a_1 + \beta_2 a_2 + \cdots + \beta_n a_n \\ \gamma = \gamma_1 a_1 + \gamma_2 a_2 + \cdots + \gamma_n a_n \end{array}\right\} \tag{9.8}$$

通过对方程（9.8）进行求解来确定各待定系数，从而得到各物理量之间的具体函数关系式。n 个指数有 3 个代数方程，说明只有 3 个指数是独立的。当待定系数多于 3 个时，需要假设特定的系数值，也就是说这种情形下解不唯一，需要通过试验来检验最终的函数关系式是否正确。

例 9-2　已知矩形堰（见图 9.5）的流量 q_v 主要与堰上水头 H、堰宽 b 和重力加速度 g 有关，试用瑞利法导出矩形堰流量的表达式。

【解】　按照瑞利法可以写出

$$q_v = kb^{a_1}g^{a_2}H^{a_3} \tag{9.9}$$

如果用基本量纲表示方程中各物理量的量纲，则有

$$L^3T^{-1} = L^{a_1}(LT^{-2})^{a_2}L^{a_3}$$

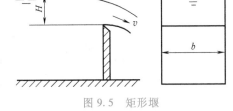

图 9.5　矩形堰

根据物理方程量纲一致性原则，由等式两端基本量纲 L、T 的指数可得

$$3 = a_1 + a_2 + a_3$$
$$-1 = -2a_2$$

联立求解以上两式，可得 $a_2 = \dfrac{1}{2}$；$a_1 + a_3 = \dfrac{5}{2}$。

由实验已知，流量与堰宽成正比，故 $a_1 = 1$，于是 $a_3 = \dfrac{3}{2}$。

将 a_1、a_2、a_3 代入式（9.9），并令 $C_q = kg^{1/2}$ 得

$$q_v = C_q bH^{3/2} \tag{9.10}$$

式中，C_q 为堰流流量系数，由实验确定。

例 9-3　不可压缩黏性流体在粗糙管内定常流动时，沿管道的压强降 Δp 与管道长度 l、内径 d、绝对粗糙度 ε、平均流速 v、流体的密度 ρ 和动力黏度 μ 有关。试用瑞利法导出压强降的表达式。

【解】　按照瑞利法可以写出

$$\Delta p = kl^{a_1}d^{a_2}\varepsilon^{a_3}v^{a_4}\rho^{a_5}\mu^{a_6} \tag{9.11}$$

如果用基本量纲表示方程中的各物理量，则有

$$ML^{-1}T^{-2} = L^{a_1}L^{a_2}L^{a_3}(LT^{-1})^{a_4}(ML^{-3})^{a_5}(ML^{-1}T^{-1})^{a_6}$$

根据物理方程量纲一致性原则，由等式两端基本量纲 L、T、M 的指数可得

$$-1 = a_1 + a_2 + a_3 + a_4 - 3a_5 - a_6$$

$$-2 = -a_4 - a_6$$

$$1 = a_5 + a_6$$

六个指数有三个代数方程，只有三个指数是独立的、待定的。例如取 a_1、a_3 和 a_6 为待定指数，则联立求解以上三式，可得

$$a_4 = 2 - a_6$$

$$a_5 = 1 - a_6$$

$$a_2 = -a_1 - a_3 - a_6$$

代入式（9.11），可得

$$\Delta p = k \left(\frac{l}{d} \right)^{a_1} \left(\frac{\varepsilon}{d} \right)^{a_3} \left(\frac{\mu}{\rho v d} \right)^{a_6} \rho v^2 \tag{9.12}$$

由于沿管道的压强降是随管长线性增加的，故 $a_1 = 1$，式（9.12）右侧第一个量纲为一的量为管道的长径比，第二个量纲为一的量为相对粗糙度，第三个量纲为一的量为相似准则数 $1/Re$。于是可将式（9.12）写成

$$\Delta p = f \left(Re, \frac{\varepsilon}{d} \right) \frac{l}{d} \frac{\rho v^2}{2} \tag{9.13}$$

令 $\lambda = f \left(Re, \frac{\varepsilon}{d} \right)$，称为沿程能量损失系数，由实验确定，则式（9.13）成为

$$\Delta p = \lambda \frac{l}{d} \frac{\rho v^2}{2} \tag{9.14}$$

这就是不可压缩黏性流体定常流动的压强降表达式。令 $h_f = \Delta p / (\rho g)$，其单位重量流体的沿程能量损失系数为

$$h_f = \lambda \frac{l}{d} \frac{v^2}{2g}$$

这就是著名的达西-魏斯巴赫（Darcy-Weisbach）公式。

由以上例题的分析可以看出，对于变量较少的简单流动问题，用瑞利法可以方便地直接求出结果；对于变量较多的复杂流动问题，比如说有 n 个变量。由于按照基本量纲只能列出三个代数方程，只有三个指数是独立的，这时就需要根据经验选取待定指数，选取的待定指数不同，得到的方程也不尽相同，就出现了解的不唯一问题，这也是瑞利法使用的局限性。

2. π 定理

美国物理学家布金汉（Buckingham）1915 年提出的 π 定理是量纲分析中更为通用的方法，这种方法用 π 代表多个变量组合的量纲为一的参数。所以称为 π 定理。

π 定理表述为：在一个物理过程中，如果涉及 n 个物理量，并包含有 m 个基本量纲，则这个物理过程可以用由 n 物理量组成的 $n-m$ 个量纲为一的变量（即 π）来描述。这些量纲为一表示为 π_i（$i = 1, 2, \cdots, n-m$）。

倘若物理过程的方程为

$$F(x_1, x_2, \cdots, x_n) = 0 \tag{9.15}$$

则式（9.15）可写成量纲为一的方程为

$$F(\pi_1, \pi_2, \cdots, \pi_{n-m}) = 0 \tag{9.16}$$

π 定理的应用可以分成以下四步：

1）分析并找出影响流动问题的全部主要变量。

π 定理应用是否成功，关键在于能否正确地预测问题中所牵涉的所有的主要变量（ n 个）。如果多选，则会增加分析难度和试验工作量；如果漏选，则会使分析结果不能全面反映问题的要求，导致分析和试验结果不能正确地使用。

2）分析所有变量的量纲，从 n 个物理量中选取 m 个相互独立的基本物理量。

对于不可压缩流体运动，一般取 $m = 3$。设 x_1、x_2、x_3 为所选的基本物理量，由量纲公式（9.1），可得

$$[x_1] = L^{\alpha_1} T^{\beta_1} M^{\gamma_1}$$

$$[x_2] = L^{\alpha_2} T^{\beta_2} M^{\gamma_2}$$

$$[x]_3 = L^{\alpha_3} T^{\beta_3} M^{\gamma_3}$$

满足 x_1、x_2、x_3 量纲独立的条件是量纲式中的指数行列式不等于 0，即

$$\begin{vmatrix} \alpha_1 & \beta_1 & \gamma_1 \\ \alpha_2 & \beta_2 & \gamma_2 \\ \alpha_3 & \beta_3 & \gamma_3 \end{vmatrix} \neq 0$$

3）基本物理量依次与其余量组合成 $(n-m)$ 个量纲为一的 π 项，即

$$\pi_1 = \frac{x_4}{x_1^{a_1} x_2^{b_1} x_3^{c_1}}$$

$$\pi_2 = \frac{x_5}{x_1^{a_2} x_2^{b_2} x_3^{c_2}}$$

$$\vdots$$

$$\pi_{n-3} = \frac{x_n}{x_1^{a_{n-3}} x_2^{b_{n-3}} x_3^{c_{n-3}}}$$

式中，a_i、b_i、c_i（$i = 1, 2, \cdots, n-3$）为各 π 项的待定系数。

4）根据量纲一致性原则，求出各 π 项的指数 a_i、b_i、c_i（$i = 1, 2, \cdots, n-3$）。

5）写出描述该物理过程的关系式

$$F(\pi_1, \pi_2, \cdots, \pi_{n-3}) = 0$$

这样，就把一个具有 n 个物理量的关系式简化成 $(n-3)$ 个量纲为一的表达式。

例 9-4　实验研究水流对光滑球形潜体的绕流阻力。已知作用力 D 与流体物理性质（包括流体的密度 ρ 和动力黏度 μ）、流动边界的特性（潜体直径 d）和流体运动特征值（来流流速 v）有关。试用 π 定理推导绕流阻力 F 的表达式。

【解】　由已知条件建立一般函数关系式

$$f(D, \rho, \mu, d, v) = 0$$

相关物理量个数 $n = 5$，选择 ρ、d、v 三个物理量作为基本量（$m = 3$），各物理量的量纲用 L-T-M 基本量纲系来表示，组成 $n-m = 2$ 个 π 项。

$$\pi_1 = \frac{D}{\rho^{a_1} d^{b_1} v^{c_1}} \qquad\qquad (9.17)$$

$$\pi_2 = \frac{\mu}{\rho^{a_2} d^{b_2} v^{c_2}} \qquad\qquad (9.18)$$

根据量纲一致性原则确定各 π 项的指数：

对 π_1，如果用基本量纲表示方程中的各物理量，则有

$$LT^{-2}M = (ML^{-3})^{a_1} L^{b_1} (LT^{-1})^{c_1}$$

等式两端相同量纲的指数应相等，即

$$L： 1 = -3a_1 + b_1 + c_1$$
$$M： 1 = a_1$$
$$T： -2 = -c_1$$

解方程组得 $a_1 = 1, b_1 = 2, c_1 = 2$，代入 π_1 得

$$\pi_1 = \frac{D}{\rho d^2 v^2}$$

对 π_2，如果用基本量纲表示方程中的各物理量，则有

$$ML^{-1}T^{-1} = (ML^{-3})^{a_2} L^{b_2} (LT^{-1})^{c_2}$$

等式两端相同量纲的指数应相等，即

$$L： -1 = -3a_2 + b_2 + c_2$$
$$M： 1 = a_2$$
$$T： -1 = -c_2$$

解方程组得 $a_2 = 1$，$b_2 = 1$，$c_2 = 1$，代入 π_2 得

$$\pi_2 = \frac{\mu}{\rho d v} = \frac{1}{Re}$$

将 π_1、π_2 代入量纲为一的方程（9.16），得

$$f\left(\frac{D}{\rho d^2 v^2}, \frac{1}{Re} \right) = 0$$

整理方程得

$$D = \rho d^2 v^2 f'(Re) = \frac{8}{\pi} \frac{\pi d^2}{4} \frac{\rho v^2}{2} f(Re) = C_D A \frac{\rho v^2}{2}$$

式中，C_D 为绕流阻力系数，其值为

$$C_D = \frac{8}{\pi} f'(Re) = f''(Re)$$

由上述表达式可知，要研究绕流阻力，即要由实验测定阻力系数 C_D 与雷诺数 Re 的关系，就只需用一个球，在一定温度的流体中实验，通过改变流动速度，整理成不同雷诺数 Re 和阻力系数 C_D 的实验曲线，且其结论对任何绝对尺寸的球体和不同黏度的流体都是有效的。倘若不先进行量纲分析，则实验需分 4 次进行，依次获得绕流阻力 D 与其他 4 个量（ρ、μ、d、v）各自之间的关系，最终整理成方程，此法虽然可行，但方法原始、费时费力，至少 4 倍于采用量纲分析法需要的时间。

例 9-5 已知圆管两端压强降 Δp 与管道长度 l、内径 d、绝对粗糙度 k_s、平均流速 v，以及流体的密度 ρ 和动力黏度 μ 有关，试用 π 定理求压强降 Δp 的表达式。

【解】 根据题意，压强降 Δp 与有关物理量 l、d、k_s、v、ρ 和 μ 之间存在下面的函数关系：

$$f(\Delta p, l, d, k_s, v, \rho, \mu) = 0$$

式中共有 $n = 7$ 个物理量，选取 d、v 和 ρ 为基本量，即 $m = 3$，则 $n - m = 4$。应用 π 定理可将上述物理量的函数关系式转化为 4 个量纲为一的量表示的函数关系式

$$F(\pi_1, \pi_2, \pi_3, \pi_4) = 0$$

组成 4 个量纲一的 π 项

$$\pi_1 = \frac{\Delta p}{\rho^{a_1} d^{b_1} v^{c_1}}$$

$$\pi_2 = \frac{\mu}{\rho^{a_2} d^{b_2} v^{c_2}}$$

$$\pi_3 = \frac{l}{\rho^{a_3} d^{b_3} v^{c_3}}$$

$$\pi_4 = \frac{k_s}{\rho^{a_4} d^{b_4} v^{c_4}}$$

根据量纲一致性原则，确定各 π 项的指数，计算过程与例 9-4 相同，这里略去具体步骤，直接写出结果为

$$\pi_1 = \frac{\Delta p}{\rho v^2}$$

$$\pi_2 = \frac{\mu}{\rho d v}$$

$$\pi_3 = \frac{l}{d}$$

$$\pi_4 = \frac{k_s}{d}$$

写出量纲一的量方程，把 π_2 写成一般雷诺数形式，即

$$Re = \frac{v d \rho}{\mu}$$

则可得

$$\Delta p = f\left(\frac{l}{d}, \frac{k_s}{d}, Re\right) \rho v^2$$

这就是圆管流动压强损失的一般关系，由实验得知压强损失 Δp 和管长 l 成正比，所以上式还可以写成

$$\Delta p = 2f\left(\frac{k_s}{d}, Re\right) \frac{l}{d} \frac{\rho v^2}{2}$$

令 $\lambda = 2f\left(\frac{k_s}{d}, Re\right)$，则上式改写成为

$$\Delta p = \lambda \frac{l}{d} \frac{\rho v^2}{2}$$

由此可见，采用 π 定理和瑞利法均可以推导出同样的管路损失公式。

3. 量纲分析方法的讨论

1）量纲分析方法的理论基础是量纲一致性原则，即凡正确反映客观规律的物理方程，量纲一定是和谐的。

2）量纲一致性原则是判别经验公式是否完善的基础。19 世纪量纲分析原理未发现之前，水力学中积累了不少纯经验公式，每一个经验公式都有一定的试验根据，都可用于一定条件下流动现象的描述，这些公式孰是孰非，无从判断。量纲分析方法可以从量纲理论做出判别和权衡，使其中一些公式从纯经验的范围内分离出来。

3）量纲分析方法不是万能的工具，π 定理的应用，首先必须基于对所研究的物理过程有深入的了解，π 定理本身对有关物理量的选取不能提供任何指导和启示。如果遗漏某一个具有决定性意义的物理量，可能导致建立错误的方程；也可能因选取了没有决定性意义的物理量，造成方程中出现累赘的量纲量。研究量纲分析方法的前驱者之一瑞利，在分析流体通过恒温固体的热传导问题时，就曾遗漏了流体黏度 μ 的影响，导出了一个不全面的物理方程。弥补量纲分析方法的局限性，既需要已有的理论分析和试验成果，也需要依靠研究者的经验和对流动现象的观察认识能力。

4）量纲分析为组织实施试验研究、整理试验资料提供了科学的方法。可以说量纲分析方法是沟通流体力学理论和试验之间的桥梁。

任务3 相似原理

相似的概念最早出现于几何学中，即假如两个几何图形的对应边成一定的比例，那么这两个图形便是几何相似的。可以把这一概念推广至某个物理现象的所有物理量上。例如，对于两个流动相似，则两个流动的对应点上同名物理量（如线性长度、速度、压强、各种力等）应具有各自的比例关系。分类说明的话，就是两个流动应满足几何相似、运动相似和动力相似以及初始条件和边界条件相似。

为了便于理解和掌握相似的基本概念，定义 λ_q 表示原型（prototype）与模型（model）对应物理量 q 的比例，称之为比尺，即

$$\lambda_q = \frac{q_p}{q_m} \tag{9.19}$$

1. 力学相似

流体力学的力学相似包括以下 4 个方面：

（1）几何相似　如果两个流动的线性变量间存在着固定的比例关系，即原型和模型对应的线性长度的比值相等，则称这两个流动是几何相似的。

如以 l 表示某一线性尺度，θ 表示角度，则有长度比尺和角度比尺：

$$\lambda_l = \frac{l_p}{l_m} \tag{9.20}$$

$$\frac{\theta_p}{\theta_m} = 1$$

由此可推得其他有关几何量的比尺，例如，面积 A 和体积 V 的比尺分别为

$$\lambda_A = \frac{A_p}{A_m} = \frac{l_p^2}{l_m^2} = \lambda_l^2$$

$$\lambda_V = \frac{V_p}{V_m} = \frac{l_p^3}{l_m^3} = \lambda_l^3$$

严格地讲，原型和模型表面粗糙度也应该具有相同的长度比尺，而实际上只能近似做到。

几何相似是力学相似的前提，只有在几何相似的流动中，才有可能存在相应的点，才有可能进一步探讨对应点上其他物理量的相似问题。

（2）运动相似　运动相似是指流体运动的速度场相似。也就是指两个流动各对应点（包括边界上各点）的速度 u 方向相同，其大小成一固定的比尺 λ_u，即

$$\lambda_u = \frac{u_p}{u_m} \tag{9.21}$$

由于各相应点速度成比例，所以相应断面的平均速度有同样的比尺，即

$$\lambda_v = \frac{v_p}{v_m} = \lambda_u$$

注意到流速是位移对时间 t 的微商 $\mathrm{d}l/\mathrm{d}t$，则时间比尺为

$$\lambda_t = \frac{t_p}{t_m} = \frac{(l/u)_p}{(l/u)_m} = \frac{\lambda_l}{\lambda_u}$$

同理，在运动相似的条件下，流场中对应点处流体质点的加速度比尺为

$$\lambda_a = \frac{a_p}{a_m} = \frac{\lambda_u}{\lambda_t} = \frac{\lambda_u^2}{\lambda_l} \tag{9.22}$$

由此可见，只要速度相似，加速度也必然相似。反之亦然。

由几何相似和运动相似还可导出用 λ_l、λ_u 表示的有关运动学量的比例尺如下：

体积流量比例尺

$$\lambda_{q_v} = \frac{q_{v_p}}{q_{v_m}} = \frac{l_p^3/t_p}{l_m^3/t_m} = \frac{\lambda_l^3}{\lambda_t} = \lambda_l^2 \lambda_u \tag{9.23}$$

运动黏度比例尺

$$\lambda_\nu = \frac{\nu_p}{\nu_m} = \frac{u_p/l_p}{u_m/l_m} = \frac{\lambda_u}{\lambda_l} \tag{9.24}$$

角速度比例尺

$$\lambda_\omega = \frac{\omega_p}{\omega_m} = \frac{l_p^2/t_p}{l_m^2/t_m} = \frac{\lambda_l^2}{\lambda_t} = \lambda_l \lambda_u \tag{9.25}$$

可见，只要确定了模型与原型的长度比例尺和速度比例尺，便可由它们确定所有运动学量的比例尺。

（3）动力相似　若两流动对应点处流体质点所受同名力 F 的方向相同，其大小之比均

成一固定的比例尺 λ_F，则称这两个流动是动力相似的。所谓同名力是指具有同一物理性质的力。例如重力 F_G、黏性力 F_μ、压力 F_p、弹性力 F_E、表面张力 F_σ 等。

如果作用在流体质点上的合力不等于零，根据牛顿第二定律，流体质点必产生加速度，此时可根据理论力学中的达朗贝尔原理，引进流体质点的惯性力，那么惯性力与质点所受诸力"平衡"，形式上构成封闭力多边形，这样，动力相似又可表征为两相似流动对应质点上的封闭力多边形相似。例如假定两流动具有流动相似，作用在流体质点上的力有重力 F_G、压力 F_p、黏性力 F_μ 和惯性力 F_I，若两流动动力相似，则有

$$\frac{F_{Gp}}{F_{Gm}} = \frac{F_{pp}}{F_{pm}} = \frac{F_{\mu p}}{F_{\mu m}} = \frac{F_{Ip}}{F_{Im}} \tag{9.26}$$

$$\lambda_{F_G} = \lambda_{F_p} = \lambda_{F_\mu} = \lambda_{F_I}$$

由流场的几何相似、运动相似和动力相似容易证明模型与原型流场的密度也必互成一定比例，即

密度比例尺

$$\lambda_\rho = \frac{\rho_p}{\rho_m} = \frac{F_{Ip}/(a_p V_p)}{F_{Im}/(a_m V_m)} = \frac{\lambda_{F_I}}{\lambda_a \lambda_V} = \frac{\lambda_{F_I}}{\lambda_l^2 \lambda_u^2} \tag{9.27}$$

由于两个流场的密度比例尺常常是已知的或者是已经选定的，故做流体力学的模型试验时，经常选取 λ_ρ、λ_l、λ_u 作为基本比例尺，即选取 ρ、l、u 作为独立的基本变量，于是可导出用 λ_ρ、λ_l、λ_u 表示的有关动力学的比例尺如下：

力的比例尺

$$\lambda_F = \lambda_\rho \lambda_l^2 \lambda_u^2 \tag{9.28}$$

力矩（功、能）比例尺

$$\lambda_M = \frac{M_p}{M_m} = \frac{F_p l_p}{F_m l_m} = \lambda_F \lambda_l = \lambda_\rho \lambda_l^3 \lambda_u^2 \tag{9.29}$$

压强（应力）比例尺

$$\lambda_p = \frac{p_p}{p_m} = \frac{F_p/A_p}{F_m/A_m} = \frac{\lambda_F}{\lambda_A} = \lambda_\rho \lambda_u^2 \tag{9.30}$$

功率比例尺

$$\lambda_P = \frac{P_p}{P_m} = \frac{F_p u_p}{F_m u_m} = \lambda_F \lambda_u = \lambda_\rho \lambda_l^2 \lambda_u^3 \tag{9.31}$$

动力黏度比例尺

$$\lambda_\mu = \frac{\mu_p}{\mu_m} = \frac{\rho_p \nu_p}{\rho_m \nu_m} = \lambda_\rho \lambda_\nu = \lambda_\rho \lambda_l \lambda_u \tag{9.32}$$

可见，只要确定了模型与原型的长度比例尺、速度比例尺和密度比例尺，便可由它们确定所有动力学量的比例尺。

有了以上关于几何学量、运动学量和动力学量的三组比例尺（又称相似倍数），模型与原型流场之间各物理量的相似换算就很方便了。以上三种相似是互相联系的。流场的几何相似是力学相似的前提条件，动力相似是决定运动相似的主导因素，而运动相似则是几何相似和动力相似的表现。因此，模型与原型流场的几何相似、运动相似和动力相似是两个流场完

全相似的重要特征。

（4）初始条件和边界条件的相似 初始条件和边界条件的相似是保证相似的必要条件。在非恒定流中，初始条件是必需的；在恒定流中初始条件则失去意义。边界条件相似是指两个流动相应的边界性质相同，如固体边界上的法向流速都为 0；自由液面上压强均等于大气压强等，对于模型和原型都是一样的。当然，如果把边界条件相似归类于几何相似，对于恒定流来说，又无须考虑初始条件相似问题，这样流体运动的力学相似就只包括几何相似、运动相似和动力相似 3 个相似条件。

2. 动力相似准则

众所周知，任何系统的机械运动都必须服从牛顿第二定律 $F = ma$。对模型与原型流场中的流体微团应用牛顿第二定律，再按照动力相似，各种力大小的比例相等，可得

$$\frac{F_p}{F_m} = \frac{\rho_p V_p \mathrm{d}u_p / \mathrm{d}t_p}{\rho_m V_m \mathrm{d}u_m / \mathrm{d}t_m}$$

将上式中各物理量的比换成对应的比例尺，可得式（9.27）的另一表示式

$$\frac{\lambda_{F_I}}{\lambda_\rho \lambda_l^2 \lambda_u^2} = 1 \tag{9.33}$$

也可写成

$$\frac{F_p}{\rho_p l_p^2 u_p^2} = \frac{F_m}{\rho_m l_m^2 u_m^2} \tag{9.34}$$

令

$$\frac{F_m}{\rho_m l_m^2 u_m^2} = Ne \tag{9.35}$$

式中，Ne 称为牛顿（Newton）数，它是作用力与惯性力的比值，是量纲为一的数。由式（9.34）可知，模型与原型的流场动力相似，它们的牛顿数必定相等，即 $Ne' = Ne$；反之亦然。这便是由牛顿第二定律引出的牛顿相似准则。

作用在流场上的力有各种性质的力，诸如重力、黏滞力、总压力、弹性力、表面张力等。不论是何种性质的力，要保证两种流场的动力相似，它们都要服从牛顿相似准则，也即符合式（9.33）和式（9.34）的关系。于是，可以导出在单项力作用下的相似准则。

（1）重力相似准则 在重力作用下相似的流动，其重力场必须相似。作用在两流场流体微团上的重力之比可以表示为

$$\lambda_F = \frac{F_{Gp}}{F_{Gm}} = \frac{\rho_p V_p g_p}{\rho_m V_m g_m} = \lambda_\rho \lambda_l^3 \lambda_g$$

式中，λ_g 为重力加速度比例尺。将上式代入式（9.33），得

$$\frac{\lambda_u}{(\lambda_l \lambda_g)^{1/2}} = 1 \tag{9.36}$$

也可写成

$$\frac{u_p}{(g_p l_p)^{1/2}} = \frac{u_m}{(g_m l_m)^{1/2}} \tag{9.37}$$

令

$$\frac{u_{\mathrm{m}}}{\left(g_{\mathrm{m}}l_{\mathrm{m}}\right)^{1/2}} = Fr \qquad (9.38)$$

式中，Fr 称为弗劳德（Froude）数，它是惯性力与重力的比值。两流动的重力作用相似，它们的弗劳德数必定相等，即 $Fr_{\mathrm{p}} = Fr_{\mathrm{m}}$；反之亦然。这便是重力相似准则，又称弗劳德准则。由此可知，重力作用相似的流场，有关物理量的比例尺要受式（9.36）的制约，不能全部任意选择。由于在重力场中 $g_{\mathrm{p}} = g_{\mathrm{m}}$，$\lambda_g = 1$，故有

$$\lambda_u = \left(\lambda_l\right)^{1/2}$$

（2）黏滞力相似准则　在黏滞力作用下相似的流动，其黏滞力场必须相似。作用在两流场流体微团上的黏滞力之比可以表示为

$$\lambda_F = \frac{F_{\mu\mathrm{p}}}{F_{\mu\mathrm{m}}} = \frac{\mu_{\mathrm{p}}\left(\mathrm{d}u_{x\mathrm{p}}/\mathrm{d}y_{\mathrm{p}}\right)A_{\mathrm{p}}}{\mu_{\mathrm{m}}\left(\mathrm{d}u_{x\mathrm{m}}/\mathrm{d}y_{\mathrm{m}}\right)A_{\mathrm{m}}} = \lambda_\mu \lambda_u \lambda_l$$

代入式（9.33），得

$$\frac{\lambda_\rho \lambda_u \lambda_l}{\lambda_\mu} = 1, \quad \frac{\lambda_u \lambda_l}{\lambda_\nu} = 1 \qquad (9.39)$$

也可写成

$$\frac{\rho_{\mathrm{p}} u_{\mathrm{p}} l_{\mathrm{p}}}{\mu_{\mathrm{p}}} = \frac{\rho_{\mathrm{m}} u_{\mathrm{m}} l_{\mathrm{m}}}{\mu_{\mathrm{m}}}, \quad \frac{u_{\mathrm{p}} l_{\mathrm{p}}}{\nu_{\mathrm{p}}} = \frac{u_{\mathrm{m}} l_{\mathrm{m}}}{\nu_{\mathrm{m}}} \qquad (9.40)$$

令

$$\frac{\rho_{\mathrm{p}} u_{\mathrm{p}} l_{\mathrm{p}}}{\mu_{\mathrm{p}}} = \frac{u_{\mathrm{p}} l_{\mathrm{p}}}{\nu_{\mathrm{p}}} = Re$$

式中，Re 称为雷诺（Reynolds）数，它是惯性力和黏滞力的比值。两流动的黏滞力作用相似，它们的雷诺数必定相等，即 $Re_{\mathrm{p}} = Re_{\mathrm{m}}$；反之亦然。这便是黏滞力相似准则，又称雷诺准则。由此可知，黏滞力作用相似的流场，有关物理量的比例尺要受式（9.39）的制约，不能全部任意选择。例如，当模型与原型用同一种流体时，$\lambda_\rho = \lambda_\mu = 1$，故有

$$\lambda_u = \frac{1}{\lambda_l}$$

（3）压力相似准则　在压力作用下相似的流动，其压力场必须相似。作用在两流场流体微团上的总压力之比可以表示为

$$\lambda_F = \frac{F_{p\mathrm{p}}}{F_{p\mathrm{m}}} = \frac{p_{\mathrm{p}} A_{\mathrm{p}}}{p_{\mathrm{m}} A_{\mathrm{m}}} = \lambda_p \lambda_l^2$$

代入式（9.33），得

$$\frac{\lambda_p}{\lambda_\rho \lambda_u^2} = 1 \qquad (9.41)$$

也可写成

$$\frac{p_{\mathrm{p}}}{\rho_{\mathrm{p}} u_{\mathrm{p}}^2} = \frac{p_{\mathrm{m}}}{\rho_{\mathrm{m}} u_{\mathrm{m}}^2} \qquad (9.42)$$

令

$$\frac{p_p}{\rho_p u_p^2} = Eu \tag{9.43}$$

式中，Eu 称为欧拉（Euler）数，它是总压力与惯性力的比值。两流动的压力作用相似，它们的欧拉数必定相等，即 $Eu_p = Eu_m$，反之亦然。这便是压力相似准则，又称欧拉准则。欧拉数中的压强 p 也可用压差 Δp 来代替，这时

欧拉数

$$\frac{\Delta p}{\rho u^2} = Eu \tag{9.44}$$

欧拉相似准则

$$\frac{\Delta p_p}{\rho_p u_p^2} = \frac{\Delta p_m}{\rho_m u_m^2} \tag{9.45}$$

（4）非定常性相似准则　对于非定常流的模型试验，必须保证模型与原型的流动随时间的变化相似。由当地加速度引起的惯性力之比可以表示为

$$\lambda_F = \frac{F_{up}}{F_{um}} = \frac{\rho_p V_p \partial u_{xp} / \partial t_p}{\rho_m V_m \partial u_{xm} / \partial t_m} = \lambda_\rho \lambda_l^3 \lambda_u \lambda_t^{-1}$$

代入式（9.33），得

$$\frac{\lambda_l}{\lambda_u \lambda_t} = 1 \tag{9.46}$$

也可写成

$$\frac{l_p}{u_p t_p} = \frac{l_m}{u_m t_m} \tag{9.47}$$

令

$$\frac{l_p}{u_p t_p} = Sr \tag{9.48}$$

式中，Sr 称为斯特劳哈尔（Strouhal）数，也称谐时数。它是当地惯性力与迁移惯性力的比值。两非定常流相似，它们的斯特劳哈尔数必定相等，即 $Sr_p = Sr_m$，反之亦然。这便是非定常性相似准则，又称斯特劳哈尔准则或谐时性准则。

倘若非定常流是流体的波动或振荡，其频率为 f，则

斯特劳哈尔数

$$Sr = \frac{lf}{u} \tag{9.49}$$

斯特劳哈尔准则

$$\frac{l_p f_p}{u_p} = \frac{l_m f_m}{u_m} \tag{9.50}$$

（5）弹性力相似准则　对于可压缩流的模型试验，要保证流动相似，由压缩引起的弹性力场必须相似。作用在两流场流体微团上的弹性力之比可以表示为

$$\lambda_F = \frac{F_{Ep}}{F_{Em}} = \frac{\mathrm{d}p_p A_p}{\mathrm{d}p_m A_m} = \frac{K_p A_p \mathrm{d}V_p / V_p}{K_m A_m \mathrm{d}V_m / V_m} = \lambda_K \lambda_l^2$$

式中，K 为体积模量；λ_K 为体积模量比例尺。

代入式（9.33），得

$$\frac{\lambda_\rho \lambda_u^2}{\lambda_K} = 1 \tag{9.51}$$

也可写成

$$\frac{\rho_p u_p^2}{K_p} = \frac{\rho_m u_m^2}{K_m} \tag{9.52}$$

令

$$\frac{\rho_p u_p^2}{K_p} = Ca \tag{9.53}$$

式中，Ca 称为柯西（Cauchy）数，它是惯性力与弹性力的比值。两流动的弹性力作用相似，它们的柯西数必定相等，即 $Ca_p = Ca_m$，反之亦然。这便是弹性力相似准则，又称柯西准则。

对于气体，需将柯西准则转换为马赫准则。由于 $\dfrac{K}{\rho} = c^2$（c 为声速），故弹性力的比例尺又可表示为 $\lambda_F = \lambda_c^2 \lambda_\rho \lambda_l^2$。代入式（9.33），得

$$\frac{\lambda_u}{\lambda_c} = 1 \tag{9.54}$$

也可写成

$$\frac{u_p}{c_p} = \frac{u_m}{c_m} \tag{9.55}$$

令

$$\frac{u_p}{c_p} = Ma \tag{9.56}$$

式中，Ma 称为马赫（Mach）数，它仍是惯性力与弹性力的比值。两流动的弹性力作用相似，它们的马赫数必定相等，即 $Ma_p = Ma_m$，反之亦然。这仍是弹性力相似准则，又称马赫准则。

（6）表面张力相似准则 在表面张力作用下相似的流动，其表面张力场必须相似。作用在两流场流体微团上的张力之比可表示为

$$\lambda_F = \frac{F_{\sigma p}}{F_{\sigma m}} = \frac{\sigma_p l_p}{\sigma_m l_m} = \lambda_\sigma \lambda_l$$

式中，σ 为表面张力；λ_σ 为表面张力比例尺。

将上式代入式（9.33），得

$$\frac{\lambda_\rho \lambda_l \lambda_u^2}{\lambda_\sigma} = 1 \tag{9.57}$$

也可写成

$$\frac{\rho_p u_p^2 l_p}{\sigma_p} = \frac{\rho_m u_m^2 l_m}{\sigma_m} \tag{9.58}$$

令

$$\frac{\rho_p u_p^2 l_p}{\sigma_p} = We \tag{9.59}$$

式中，We 称为韦伯（Weber）数，它是惯性力与张力的比值。两流动的表面张力作用相似，它们的韦伯数必定相等，即 $We_p = We_m$；反之亦然。这便是表面张力相似准则，又称韦伯准则。

上述的牛顿数、弗劳德数、雷诺数、欧拉数、斯特劳哈尔数、柯西数、马赫数、韦伯数统称为相似准则数。

我们知道，牛顿第二定律所表述的是形式最简单的最基本的运动微分方程。根据该方程可导出在各种性质单项力作用下的相似准则数。在实际流动中，作用在流体微团上的力往往不是单项力，而是多项力，这时牛顿第二定律中的力代表的便是多项力的合力。显然，流体微团在多项力作用下的运动微分方程将是比较复杂的，但实质上仍是牛顿第二定律的具体表达式。因此，如果已经有了某种流动的运动微分方程，令方程中的有关力项与惯性力项相比，同样可以导出相关的相似准则数。

3. 流动相似条件

相似条件系指保证流动相似的必要和充分条件。这些条件正是模型试验必须遵守的。综合前面的讨论，可以表述如下：

1）相似的流动都属于同一类的流动，它们都应为相同的微分方程组所描述，这是流动相似的第一个条件。

2）服从相同微分方程组的同类流动有无数个，从这无数同类流动中单一地划分出某一具体流动的条件是它的单值条件。单值条件包括几何条件、边界条件（进口、出口的速度分布等）、物性条件（密度、黏度等）；对于非定常流动，还有初始条件（初瞬时速度分布等）。若两流动的单值条件相同，则由相同微分方程组得到的解是同一个，即它们是相同的流动；若两流动的单值条件相似，则由相同微分方程组得到的解是相似的，即它们是相似的流动。单值条件相似是流动相似的第二个条件。

3）由单值条件中的物理量所组成的相似准则数相等是流动相似的第三个条件。

综上所述，可将相似条件概述为：凡属同一类的流动，当单值条件相似而且由单值条件中的物理量所组成的相似准则数相等时，这些流动必定相似。这是保证流动相似的必要和充分条件，是前面讨论的几何相似、运动相似和动力相似的概括和发展，是设计模型、组织模型试验及在模型与原型各物理量之间进行换算的理论根据。

由于单值条件是从无数同类流动中单一地划分出某一具体流动的条件，因此，单值条件中的各物理量称为定性量，即决定性质的量。由定性量组成的相似准则数称为定性准则数；包含被决定量的相似准则数称为非定性准则数。例如，在工程上常见的不可压缩黏性流体的定常流动中，密度 ρ、特征长度 l、流速 u、黏度 μ、重力加速度 g 等都是定性量，由它们组成的雷诺数 Re、弗劳德数 Fr 便是定性准则数。压强 p 与流速 u 总是以一定的关系式互相联系着，知道了流速分布，便确定了压强分布，压强是被决定量，包含有压强（或压差）的欧拉数 Eu 便是非定性准则数。

相似条件解决了模型试验中必须解决的下列问题：

1）应根据单值条件相似和由单值条件中的物理量所组成的相似准则数相等的原则去设

计模型，选择模型中的流动介质。

2）试验过程中应测定各相似准则数中所包含的应需测定的一切物理量，并把它们整理成相似准则数。

3）用与试验数据相拟合的方法找出相似准则数之间的函数关系，即准则方程。该准则方程便可推广应用到原型及其他相似流动中去，有关物理量可按各自的比例尺进行换算。

例 9-6　当通过油池底部的管道向外输油时，如果池内油深太小，会形成大于油面的旋涡，并将空气吸入输油管，如图 9.6 所示。为了防止这种情况的发生，需要通过模型试验去确定油面开始出现旋涡的最小油深 $h_{\min}$。已知输油管内径 $d = 250\text{mm}$，油的流量 $q_v = 0.14\text{m}^3/\text{s}$，运动黏度 $\nu = 7.5 \times 10^{-5}\text{m}^2/\text{s}$。倘若选取的长度比例尺 $\lambda_l = 1/5$，为了保证流动相似，模型输出管的内径、模型内液体的流量和运动黏度应等于多少？在模型上测得 $h'_{\min} = 60\text{mm}$，油池的最小油深 $h_{\min}$ 应等于多少？

【解】　这是不可压缩黏性流体的流动问题，必须同时考虑重力和黏滞力的作用。因此，为了保证流动相似，必须按照弗劳德数和雷诺数分别同时相等去选择模型内液体的流速和运动黏度。

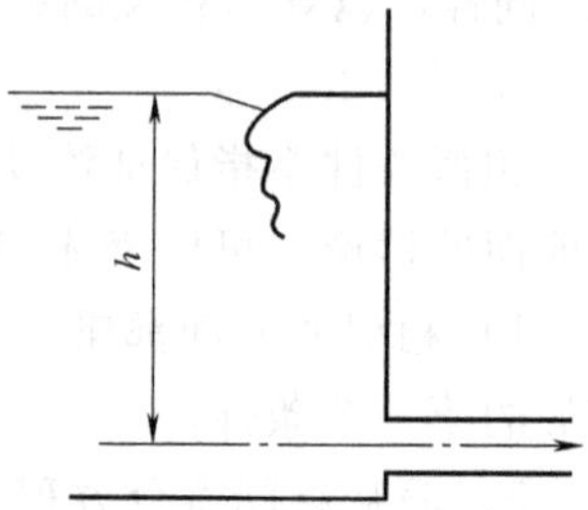

图 9.6　油池模型

按长度比例尺得模型输出管内径

$$d_m = \lambda_l d_p = \frac{250}{5}\text{mm} = 50\text{mm}$$

在重力场中 $g_m = g_p$，故 $\lambda_g = 1$，由式（9.36）可得

$$\lambda_u = \lambda_l^{1/2}$$

依据上式和式（9.23），可得模型内液体的流量为

$$q_{vm} = \lambda_u \lambda_l^2 q_v = \lambda_l^{1/2} \lambda_l^2 q_v = [(1/5)^{5/2} \times 0.14]\text{m}^3/\text{s} = 0.0025\text{m}^3/\text{s}$$

由式（9.39）可得

$$\lambda_\nu = \lambda_u \lambda_l$$

则模型内液体的运动黏度为

$$\nu_m = \lambda_\nu \nu = \lambda_u \lambda_l \nu = [(1/5)^{3/2} \times 7.5 \times 10^{-5}]\text{m}^2/\text{s} = 6.708 \times 10^{-6}\text{m}^2/\text{s}$$

油池的最小油深为

$$h_{\min} = \frac{h'_{\min}}{\lambda_l} = (60 \times 5)\text{mm} = 300\text{mm}$$

任务 4　模型试验

以相似原理为基础的模型试验方法，按照流体流动相似的条件，可设计模型和安排试验。这些条件是几何相似、运动相似和动力相似。前两个相似是第三个相似的充要条件，同时满足以上条件为流动相似，模型试验的结果方可用到原型设备中去。

1. 模型律的选择

要想使流动完全相似，就要求模型与原型的雷诺数、弗劳德数和欧拉数分别相等，实际上满足所有的相似准则是很难办到的，定性准则数越多，模型试验的设计越困难，甚至根本无法进行，一般只能达到近似相似，也就是保证对流动起主要作用的力相似。一般模型试验时，根据情况选择与原型流动雷诺数相等或者弗劳德数相等。

1) 对于不考虑自由面的作用及重力的作用，只考虑黏性影响的不可压缩定常流的问题，定性准则可只考虑雷诺数 Re。如管中的有压流动，低速飞行器的运动可选用雷诺准则。

2) 对于大多数明渠流动，重力起主要作用，则应按弗劳德准则设计模型试验。如自由式孔口出流、坝上溢流、围绕桥墩的水流以及大多数的明渠流动都是重力起主要作用，一般应选弗劳德准则。

若要满足雷诺准则

$$(Re)_p = (Re)_m$$

即

$$\frac{u_p l_p}{\nu_p} = \frac{u_m l_m}{\nu_m}$$

由上式可求得原型和模型的速度比尺为

$$\frac{u_p}{u_m} = \frac{l_m \nu_p}{l_p \nu_m}$$

即

$$\lambda_u = \frac{\lambda_\nu}{\lambda_l}$$

若要满足弗劳德准则

$$(Fr)_p = (Fr)_m$$

即

$$\frac{u_p^2}{l_p g_p} = \frac{u_m^2}{l_m g_m}$$

由上式可求得原型和模型的速度比尺为

$$\frac{u_p}{u_m} = \sqrt{\frac{l_m}{l_p}}$$

即

$$\lambda_u = (\lambda_l)^{1/2}$$

2. 模型设计

模型设计大致的步骤为：

1) 根据实验场地、供水设备、模型制作和量测条件定出长度比尺 λ_l。

2) 以选定的比尺 λ_l 缩小原型的几何比尺，得出模型的几何边界。

3) 一般情况下模型液体就采用原型液体，即 λ_ρ、λ_ν 为 1，根据对流动受力情况分析，满足对流动起主要作用的力相似，选择模型律。

4) 按选用的相似准则，确定流速比尺 λ_u 及模型流量比尺。

根据这些步骤便可实现原型、模型流动在相应准则控制下的流动相似。

按雷诺准则和按弗劳德准则进行模型设计时，各物理量的相应比尺见表 9.2。

上面谈到几何相似是液流相似的前提，意即长度比尺 λ_l 不论在水平方向还是竖直方向都是一致的，这种几何相似模型称为正态模型。但是，在河流或港口水工模型中，水平长度比值较大，如果竖直方向也采用同样的长度比值，则模型中的水深可能很小。在水深很小的水流中，表面张力的影响将很显著，这样模型并不能保证水流相似。为了克服这一困难，可取竖直线性比值较水平线性比值稍小，而形成了广义的"几何相似"，这种水工模型称为变态模型（Abnormal Model）。变态模型改变了水流的流速场，因此，它是一种近似模型，为了保证一定程度的精度，竖直长度比值不能与水平长度比值相差太多。

表 9.2　雷诺相似准则和弗劳德相似准则的模型比尺

物理量	弗劳德相似准则	雷诺相似准则	
		$\lambda_\nu = 1$	$\lambda_\nu \neq 1$
流速比尺 λ_u	$\lambda_l^{1/2}$	λ_l^{-1}	$\lambda_\nu \lambda_l^{-1}$
加速度比尺 λ_a	λ_l^0	λ_l^{-3}	$\lambda_\nu^2 \lambda_l^{-3}$
流量比尺 λ_Q	$\lambda_l^{5/2}$	λ_l	$\lambda_\nu \lambda_l$
时间比尺 λ_t	$\lambda_l^{1/2}$	λ_l^2	$\lambda_\nu \lambda_l^2$
力的比尺 λ_F	λ_l^3	λ_l^0	λ_ν^2
压强的比尺 λ_p	λ_l	λ_l^{-2}	$\lambda_\nu^2 \lambda_l^{-2}$
功的比尺 λ_W	λ_l^4	λ_l	$\lambda_\nu^2 \lambda_l$
功率比尺 λ_P	$\lambda_l^{3.5}$	λ_l^{-1}	$\lambda_\nu^3 \lambda_l^{-1}$

例 9-7　有一直径为 15cm 的输油管，管长 10m，通过流量为 0.04m³/s 的油。现用水来做实验，选模型管径和原型相等，原型中油的运动黏度 $\nu = 0.13\text{cm}^2/\text{s}$，模型中的实验水温为 $t = 10℃$。（1）问模型中的流量为多少才能达到与原型相似？（2）若在模型中测得 10m 长管段的压差为 0.35cm，反算原型输油管 1000m 长管段上的压强差为多少？（用油柱高表示）

【解】　（1）输油管路中的主要作用力为黏滞力，所以相似条件应满足雷诺准则，即

$$\frac{\lambda_u \lambda_l}{\lambda_\nu} = 1$$

由于 $d_p = d_m$，所以 $\lambda_l = 1$，则上式简化为 $\lambda_u = \lambda_\nu$。

已知 $\nu = 0.13\text{cm}^2/\text{s}$，而 10℃ 水的运动黏度查表 2.3 可得 $\nu_m = 0.0131\text{cm}^2/\text{s}$。

$$\lambda_\nu = \frac{0.13}{0.0131} = 10$$

当以水作为模拟介质时，

$$Q_m = \frac{Q_p}{\lambda_u \lambda_l^2} = \frac{Q_p}{\lambda_\nu} = \frac{0.04}{10}\text{m}^3/\text{s} = 0.004\text{m}^3/\text{s}$$

（2）要使黏滞力为主的原型与模型的压强高度相似，就要保证两种液流的雷诺数和欧拉数的比尺关系式都等于 1，即要求

$$\lambda_{\Delta p} = \lambda_\rho \lambda_u^2, \quad \lambda_u = \frac{\lambda_\nu}{\lambda_l}$$

或

$$\lambda_{(\Delta p/\gamma)} = \frac{\lambda_{\Delta p}}{\lambda_\gamma} = \frac{\lambda_u^2}{\lambda_g} = \frac{\lambda_\nu^2}{\lambda_g \lambda_l^2}$$

故原型压强用油柱高表示为

$$h_p = \left(\frac{\Delta p}{\gamma}\right)_p = \frac{h_p \lambda_\nu^2}{\lambda_g \lambda_l^2}$$

已知模型中测得 10m 长管段中的水柱压差为 0.0035m，则相当于原型 10m 长管段中的油柱压差为

$$h_p = \frac{0.0035 \times (0.13/0.0131)^2}{1 \times 1^2} \text{m 油柱} = 0.345 \text{m 油柱}$$

因而在 1000m 长的输油管段中的压差为（0.345×1000/10）m 油柱 = 34.5m 油柱（注：工程上往往根据每 1000m 长管路中的水头损失来作为设计管路加压泵站扬程选择的依据。）

综 合 实 例

东方明珠广播电视塔（简称东方明珠）位于上海市浦东新区黄浦江畔，塔体是由 3 根与地面成 58°交角、直径 7m 的斜柱支撑着 3 根直径 9m 的擎天大柱，连同上中下 3 个直径分别为 14m、45m、50m 的球体组成的巨型空间结构，由于该塔体型特殊，没有现成的风载荷数据可供结构设计应用，因此采用 1∶100 的模型试验测量风载荷分布，试验中的关键是要模拟圆柱绕流相似，原型柱直径为 9m，已知建筑结构载荷规范给出的塔址处的设计风速为 30m/s，（1）试确定试验风速范围；（2）写出根据试验数据计算阻力 F_d、横风向力 F_l、底部弯矩 M 的公式。

【解】　（1）本试验应满足雷诺准则

$$\frac{u_p l_p}{\nu_p} = \frac{u_m l_m}{\nu_m}$$

由于原型和实验介质均为空气，故 $\lambda_\nu = 1$，因此 $\lambda_u = \lambda_l^{-1} = 0.01$。

$$u_m = \frac{u_p}{\lambda_u} = \frac{30}{0.01} \text{m/s} = 3000 \text{m/s}$$

原型塔设计风速 30m/s 对应的试验风速是 3000m/s，显然这在风洞中是不可能实现的，必须另找办法。圆柱结构存在一个雷诺数"自准区"，也就是说，当雷诺数超过某一数值（约为 3.25×10^5）时，达超临界状态，只要进入超临界状态，就满足相似准则。

20℃时，空气运动黏度 $\nu = 1.50 \times 10^{-5} \text{m}^2/\text{s}$，按设计风速以及 20℃ 的空气计算原型圆柱的雷诺数为

$$Re = \frac{30 \times 9}{1.50 \times 10^{-5}} = 1.8 \times 10^7 > 3.25 \times 10^5$$

故流动属于超临界状态，这样一来只要模型圆柱的雷诺数超过 3.25×10^5 这一临界值即

可。因此试验风速可由下式得到：

$$u_m = \frac{\nu Re_{cr}}{d_m} = \frac{1.50 \times 10^{-5} \times 3.25 \times 10^5}{0.09} \text{m/s} = 54.2 \text{m/s}$$

所以试验时，只要风洞风速超过 54.2m/s 即可。

（2）由风洞模型试验得出如下力系数：

$$C_d = \frac{F_{dm}}{\frac{1}{2}\rho A_m v_m^2}$$

$$C_l = \frac{F_{lm}}{\frac{1}{2}\rho A_m v_m^2}$$

$$C_M = \frac{M_m}{\frac{1}{2}\rho A_m H_m v_m^2}$$

进一步得到原型塔所受的风力如下：

$$F_{dp} = C_d \times \frac{1}{2}\rho A_p v_p^2$$

$$F_{lp} = C_l \times \frac{1}{2}\rho A_p v_p^2$$

$$M_p = C_M \times \frac{1}{2}\rho A_p H_p v_p^2$$

式中，A 为迎风面积；H 为总高度。下标 p 和 m 分别表示的是相应的原型参数和模型参数。

拓展提高：溃坝洪水模型试验研究

水库大坝对人类社会和经济的发展起到了极其重要的推动作用，但是一旦由于某种原因发生溃坝事故，对下游所造成的生命和财产损失将无法估计。基于溃坝后果的严重性，世界各国对于大坝的安全问题均给予了高度重视。自 19 世纪以来，各国学者分别从理论分析、物理模型试验、数值模拟、溃坝洪水计算模型研究、历史资料统计分析等方面对溃坝问题进行了详细的研究。尽管溃坝问题研究主要以数值模拟及历史资料统计分析为主，但物理模型试验仍是研究溃坝问题不可或缺的技术手段。溃坝模型试验成果不但可以弥补溃坝历史资料在数量及可靠性上的局限，也可为数值模拟提供验证数据，并在溃坝机理研究方面具有上述两种手段无可比拟的优越性。

1. 溃坝洪水模型试验研究

溃坝洪水模型试验的目的主要有几方面：一是校核溃坝波理论解，二是验证溃坝洪水数值模拟结果，三是研究洪水演进特性及其影响范围。试验研究的主要内容包括溃坝波水力特性、溃坝坝址峰顶流量、坝址水位流量过程以及洪水演进规律等。

（1）溃坝波理论解校核试验研究　自 1892 年德国学者里特（Ritter）给出简化条件下的溃坝波理论解后，奥地利、美国、南斯拉夫、法国等国的学者对其进行了大量试验并进行校核。通过试验研究发现，当坝体下游原先干涸时，溃坝波在下游波峰附近为凸曲线形式而非里特解所给出的凹曲线，且坝址水深大于里特解，实际波峰传播速度由于受阻力影响较里特解减小；而当坝体下游有水且水深较小时，溃坝波形状则接近理论解。无论下游是否干涸，坝体溃决后上游各瞬时的水面线则都不符合里特解，且负波向上游传播的速度大于里特解。中国学者谢任之则从理论上对上述差异进行了详尽地分析及探讨。

（2）溃坝波水力特性研究　　在对溃坝波理论解进行校核的同时，各国学者也对溃坝波相关水力特性进行了系统研究。试验以研究瞬时溃坝为主，内容涉及溃坝波型式、波高及波速变化，溃坝波传播规律及上、下游水面变化，河床阻力、河床底坡、下游初始水深及下游河道型式等对溃坝波的影响等。除进行概化试验外，法国曾对失事的马尔帕塞坝进行了溃坝模型试验（正态模型，比尺为 1：400），所给出的溃坝波的波峰传播速度与实测值基本相同，且试验中各地最高水位有 80% 与实测值之差小于 2m，误差约 15%。

（3）溃坝洪水流量研究　　国内外溃坝洪水流量研究主要有两类，一类是通过大量试验总结出溃坝洪水流量的经验公式。例如，肖克利奇于 1949 年根据试验成果提出了瞬间部分溃坝的坝址峰顶流量经验公式，而中国铁道部科学研究院在进行板桥水库溃坝模型试验时，分别针对 7 种库长、5 种坝长、8 种坝高、15 种横向局部溃坝情况、8 种竖向局部溃坝情况等组合条件共进行了约 600 次水工试验，总结出了可用于任何溃决情况的溃坝最大流量计算公式。第二类则是为数学模型计算成果进行验证。欧盟委员会于 1998 年启动了 CADAM 项目，旨在完整地评价现有溃坝模型的水平，并进一步改进现有溃坝模拟技术，从而建立最为先进的溃坝模拟指南与实用技术。评价过程从解析解验证，进而到水槽断面试验及整体物理模型试验验证，最终为实际溃坝事故的验证。为此，各国学者进行了相关的模型试验并采用了国际水力学研究协会（IAHR）的前期研究成果以及相关的溃坝实测资料。验证结果表明，现有数学模型精度有限，预测的溃坝最大流量与实测值相差约 ±50%，因此建议采用敏感性分析方法进行典型区域的溃坝流量预测。

（4）溃坝洪水演进研究　　溃坝洪水演进过程直接关系到下游居民防护及撤离等紧急措施的实施，因此各国学者对此方面的研究较为重视，研究成果较多。20 世纪 50 年代及 80 年代，为配合三峡工程设计和科研任务，中国水利水电科学研究院及长江水利委员会分别进行了三峡大坝小比尺（水平比尺 1：30000，垂直比尺 1：300）及大比尺（水平比尺 1：500，垂直比尺 1：125）变态模型溃坝试验。试验针对不同库水位及相应库容、不同入流条件和溃决条件等组合进行了大量试验，确定了洪水波演进路线、下游淹没范围、灾害损失以及相应的防护对策等，并提出了不同库水位下的运行方案。清华大学水利系在 20 世纪六七十年代前后做过密云、郭堡、庞庄、子洪等 4 座水库的溃坝洪水试验，均采用变态模型。20 世纪 70 年代黄河水利委员会水利科学研究所针对小浪底水库进行了溃坝试验（水平比尺 1：1000，垂直比尺 1：100），通过试验总结出了坝址流量及溃坝下游断面流量过程线等经验公式。中国铁道部科学研究院针对板桥水库进行的溃坝模型试验（水平比尺 1：1000，垂直比尺 1：100）中，模型溃坝洪水波经历 40km 的传播后其水位变化过程与水文站实测资料相当吻合。

2. 溃坝模型比尺

对于溃决过程研究，国内外一般采取室外大比尺（1：2~1：1）模型试验及相应的室内小比尺（1：75~1：10）模型试验相结合的方法，例如国内的鸭河口水库自溃坝试验及欧盟的 IMPACT 项目的溃决过程试验。但由于大比尺模型在制作成本及时间上的限制，目前该方面的成果较少，最大坝高在 6m 左右。基于溃决过程的复杂性，试验中的缩尺效应将直接影响到研究成果的精确性。而对于溃坝洪水演进过程研究，一般均采用变态模型，水平比尺一般在 1∶1000～1∶500 之间，垂直比尺在 1∶125～1∶50 之间，也有试验采用了正态模型（三峡 1∶500 模型）。

3. 模型相似理论

溃坝模型试验除需满足几何相似及重力相似外，在研究溃坝过程时还需满足坝体材料相似，而在研究溃坝洪水演进过程时还需满足下游河道的阻力相似。由于溃坝过程涉及水力学、土力学、泥沙运动力学及结构力学等多方面相似问题的影响，因此在模型设计中无法完全满足坝体材料的相似。早期的试验中通常采用与原型相近的坝料、级配及坝体施工质量，或者利用系列模型试验逐步逼近法来达到坝体材料相似的目的。近期则将泥沙输移理论引入溃坝研究，认为坝体材料需满足泥沙输移相似，并且试验中应保证水流雷诺数及沙粒雷诺数分别大于 1500 和 70，以确保水流黏滞力不会对试验结果产生影响。泥沙输移相似的引入，进一步完善了溃坝试验相似理论，对提高溃坝试验的精度起到了较大作用。今后应在进一步完善已有相似理论的基础上，针对混凝土面板、沥青混凝土心墙等新型坝体结构进行相关的模拟研究。此外，还需对模型施工工艺加以研究，以减小施工工艺所带来的不确定因素。在研究溃坝洪水的演进过程时，由于需采用变态模型，且所选取的变态率一般较大，因此，河道糙率模拟成为试验的关键。国内学者通过研究提出了宽浅河道及窄深河道糙率的相似准则以及沿水深分段加糙的方法，但其精确度仍需大量实测河道糙率验证，国外则已对洪泛区内的森林以及建筑物的糙率进行了探索性研究。

思政专题：挺起民族工业脊梁——中国最早的万吨水压机

1962 年 6 月 22 日是中国工业史上一个值得纪念的日子，我国自行设计制造的第一台万吨水压机——12000t 自由锻造水压机建成并正式投产（见图 9.7）。万吨水压机是锻造万吨巨轮发动机主轴、大型发电机转子轴、大型轧钢机架、炮管及导弹壳必不可少的设备。这台水压机的制造成功，让我国的锻造事业跨进了世界先进行列，是中国重大技术装备尝试从仿造走向自行设计制造的一个重要标志。

图 9.7　中国第一台万吨水压机

新中国成立后，虽然确立了优先发展重工业的国家战略，但重工业发展所需的设备条件和技术能力严重不足。20 世纪五六十年代，随着大型液压机受到军备竞赛的影响与重型工业发展的带动，"万吨水压机"逐渐成为一个国家发展工业的核心装备和工业实力的重要象征。当时的中国，只有几台中小型水压机，根本无法锻造大型锻件，所需的大型锻件只得依赖进口，制造万吨水压机迫在眉睫。为此，1959 年 2 月，江南造船厂成立万吨水压机工作大队，从而拉开了打一场加工制造硬仗的序幕。

万吨水压机有两大特点，一是大和重：机身高 33.65m，机上有 13 个特大件，即 3 座横梁、4 根立柱和 6 只工作缸。3 座横梁的重量是 100~300t，像一座小山，最重的下横梁是用 100 多块钢板拼焊成的；4 根立柱各长 18m，直径 1m，重 80t，就连立柱上的螺丝帽一个就有五六吨重。二是精密：要求加工的零件具有高精度，否则就安装不起来。当时的中国没有建造万吨水压机的资料和设备，也没相关的设计经验。为此设计人员先将万吨水压机缩小成 1/10，造 1 台 1200t 水压机，让它投入生产，进行模拟试验。在 1200t 水压机的制造过程中，由于没有锻造大型铸钢件的设备，经过反复论证和分析，决定采用"钢板整体焊接结构"，将"上横梁、活动横梁、下横梁"用多块钢板焊接成一个整体。但整体焊接究竟能承受多少压力，谁也说不清楚，为了确保安全，制造了一台 120t 水压机进行试验。经过实际测试，水压达到 430t 时，横梁仍完好无损，于是当即决定 12000t 水压机的 3 座横梁采用整体焊接的方案。这是一次工艺改革，不仅使横梁总重量从原来的 1150t 减轻到 570t，同时使机械加工和装配工作量也减少了一半以上，为国家节约了大量资金。

要完成万吨水压机的建造任务，还需要闯过"金、木、水、火、电"5 个大关。"金"是金属切削；"木"是大摆楞木阵，闯过起重运输关；"水"是水压试验关；"火"是热处理关；"电"是特大件电渣焊接关。

首先要过的是"电"关。万吨水压机的 3 座横梁、4 根立住和 6 只工作缸都是采用铸钢件焊接来代替整段结构，焊缝厚度一般为 80~300mm，最厚的达 600mm。如果将全部焊缝折成 100mm 厚，它的长度可延伸 3km 以上；如果用一般的手工焊，一个电焊工要足足干 30 年才能焊完。工程师们决定采用"电渣焊"技术，他们从 1200t 水压机的大件开始，失败一次接连一次，几次出现漏渣险象，几次奋不顾身地堵漏，化险为夷，经过一段时间的摸索，全面掌握了这门电渣焊的新技术，经鉴定，万吨水压机的焊缝质量完全符合技术要求，焊缝性能如同原材料一样好，焊接变形也控制在设计要求之内。

接着攻克"木"关。万吨水压机的肢体重，100t 左右的零件 12 个，50t 左右的零件 20 余个，最大的部件为 300t。万吨水压机的工地设在上海重型机器厂金加工车间，厂房的屋顶刚刚盖好，里面只有一台 8t 的履带式起重机和一些小型千斤顶，靠这几件工具设备是不可能把大部件运进车间的。起重组长魏茂利受到大船下水用滑板涂上牛油把几千吨重的船体稳稳推下黄浦江的启示，建议用同样方法，铺下了长长的木滑板，木滑板上涂了一层厚厚的牛油，就这样把一只只上百吨重的零件慢慢地拖进了加工车间。

水压机的 3 座横梁焊接后，必须放进炉子里进行热处理，这样焊接处才不会断裂。横梁热处理工序是：炉内温度烧到 900℃，经保温后，再让工件逐渐冷却，但这样做降温太慢，于是工人们打破在 100℃ 左右拆炉门的常规，当炉内温度还在 400℃ 就开始拆炉门。第一次整整用了 7 个小时，才把 3 万块耐火砖砌成的炉门拆下；第二次拆炉门时，工人们搞了技术革新，只花了 2 个小时；第三次拆炉门时，又搞了个机械化，结果不到一分钟就拆完了炉门。经过试验测定，3 座横梁顺利地通过了"火"关，质量完全符合要求。

接着攻克金属切削关。3 座横梁金属切削精密度要求极高，当时又没有 10m 以上的大刨床，困难自然不少。工程师用几台移动式土铣床直接放在横梁上加工，并用 53 把刀盘同时铣削，不但加快了进度，而且各刀盘间的接缝处理得非常好，质量超过设计要求。另外，3

座横梁上各有 4 个大立柱孔，要求同一直线上误差不能超过 0.7mm，厂里没有大型精密镗床，工人们经过研究，决定采用 4 根简易镗排同时加工。加工开始后，工人们几天几夜不离机床，在精加工最后一刀时，他们扛来几十斤重的量具，上上下下量了 100 多次，最后使 3 座横梁 12 个孔累计误差只有 0.24mm。金属切削关的攻克，为万吨水压机精确安装奠定了基础。

最后，强攻"水"关。万吨水压机总体安装完成后，开始对这个身高 20 余米，体重千余吨的"巨人"进行压力测定试验。压力表的指针缓缓上升：8000t，正常；10000t，良好；12000t，没问题；16000t，机器完好无损。在人们的欢呼声中，第一台万吨水压机建造成功了。

这台万吨级锻造水压机，从调研设计到投产，历时 4 年，其中 1 年半时间进行调研、设计和试验，2 年加工制造，半年时间安装试车。1962 年，全国人大常委会委员长朱德视察万吨水压机时兴奋地说，这台机器制造成功，代表了我国的工业发展已达到一个新的水平。过去，外国人不相信我们能造这样大的机器；现在，事实说明了我们中国人民是有能力的，不仅能造万吨水压机，而且造得好，造得快。

"思政内容" 与现实的结合点

（1）作为第一台国产大机器，万吨水压机的诞生标志着中国重型机器制造业步入了更高水平，展现了中国产业工人自力更生发奋图强的精神，更成为"大国工匠"一词的最佳诠释。在那个物质匮乏、精神饱满的年代里，它曾经为国人注入一剂"强心针"，成为中国人心中浓墨重彩的工业记忆。

（2）在工程建设的历史长河中，常会遇到难以逾越的困难，即使在科学技术发达的今天，也会让人感到束手无策、无计可施，然而工程建设者的先辈们，以他们超凡的智慧，克服一个又一个的困难，创造了奇迹。

课程思政素材出处

［1］ 万吨水压机 ［EB/OL］. ［2023-03-21］. https：//baike. so. com/doc/6362912-6576550. html.

［2］ 新中国第一台万吨水压机 ［EB/OL］. ［2023-03-21］. https：//www. scei. org. cn/djgz/dqxddfh/index. html.

思　考　与　练　习

1. 几何相似、运动相似和动力相似三者之间的关系如何？

2. 两液流满足力学相似的一般条件是什么？

3. 原型和模型中采用同一种液体，能否同时满足重力相似和黏性力相似？

4. 有量纲物理量和量纲为一的物理量各有什么特点？角度和弧度是有量纲物理量还是量纲为一的物理量？

5. 在应用 π 定理时如何选择基本量？

6. 不可压缩流体稳定流动中，有一固定不动的直径为 D 的圆球，试用瑞利法确定作用于球上的拉力 F_T 与球直径 D、流体流动速度 u，以及密度 ρ 和动力黏度 μ 之间的关系。

7. 假设理想流体通过小孔的流量 Q 与小孔的直径 d、液体密度 ρ 以及压差 Δp 有关，用量纲分析法建立理想流体的流量表达式。

8. 某流动受下列物理量影响：流动速度 u、流体密度 ρ、管道直径 d、管道长度 l、表面粗糙度 k_s、压差 Δp、重力加速度 g、动力黏度 μ、表面张力 σ、弹性模量 E。试用 π 定理建立这些物理量之间的关系式。

9. 如图 9.8 所示，深为 $H_p = 4\text{m}$ 的水在弧形闸门下流动。试求：

(1) 当 $k_\rho = 1$，$k_l = 1/10$ 的模型上的水深 H_m；

(2) 当在模型上测得流量 $q_{vm} = 0.155\text{m}^3/\text{s}$，收缩断面的速度 $v_m = 1.3\text{m/s}$，作用在闸门上的力 $F_m = 50\text{N}$，力矩 $M_m = 75\text{N} \cdot \text{m}$ 时，原型流动上的流量、收缩断面上的速度、作用在闸门上的力和力矩。

10. 为了探索输油管道上的一段弯管的压力降，进行了水模拟试验。选取的长度比例尺 $k_l = 1/5$。已知输油管内径为 $d_p = 100\text{mm}$，油的流量 $q_{vp} = 0.02\text{m}^3/\text{s}$，运动黏度 $\nu_p = 0.625 \times 10^{-6}\text{m}^2/\text{s}$，密度 $\rho_p = 720\text{kg/m}^3$，水的运动黏度 $\nu_m = 1.0 \times 10^{-6}\text{m}^2/\text{s}$，密度 $\rho_m = 998\text{kg/m}^3$。

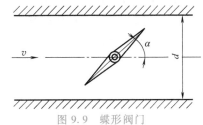

图 9.8 弧形阀门

(1) 为了保证流动相似，试求水的流量；

(2) 如果测得在该流量下模型弯管的压力降 $\Delta p_m = 1.177 \times 10^4\text{Pa}$，试求原型弯管在对应流量下的压力降。

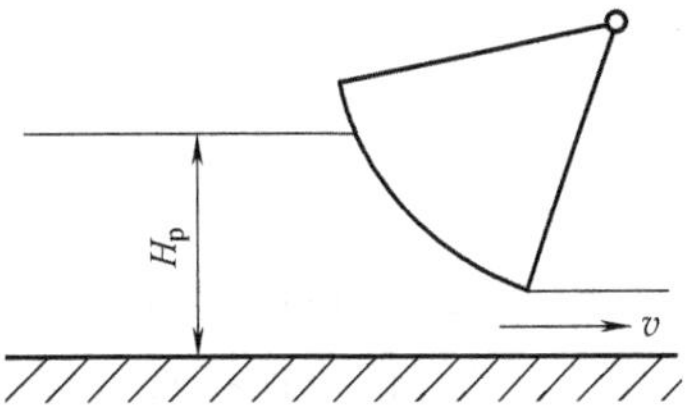

11. 为了求得水管中蝶阀（见图 9.9）的特性，预先在空气中做模型试验。两种阀的 α 角相同，空气密度 $\rho_m = 1.25\text{kg/m}^3$ 时，空气流 $q_{vm} = 1.6\text{m}^3/\text{s}$，试验模型的直径 $d_m = 250\text{mm}$，试验模型得出阀的压力损失 $\Delta p_m = 275\text{mm}$ 水柱，作用力 $p_m = 140\text{N}$，作用力矩 $M_m = 3\text{N} \cdot \text{m}$，实物蝶阀直径 $d_p = 2.5\text{m}$，实物流量 $q_{vp} = 8\text{m}^3/\text{s}$。试验是根据力学相似设计的。试求：

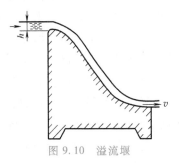

图 9.9 蝶形阀门

(1) 速度比例尺 k_v、长度比例尺 k_l 和密度比例尺 k_ρ；

(2) 实物蝶阀上的压力损失、作用力和作用力矩。

12. 如图 9.10 所示，用模型研究溢流堰的流动，采用的长度比例尺 $k_l = 1/20$。

(1) 已知原型堰上水头 $H_p = 4\text{m}$，试求模型的堰上水头 H_m；

(2) 测得模型上的流量 $q_{vm} = 0.2\text{m}^3/\text{s}$，试求原型上的流量；

(3) 测得模型堰顶的真空值 $h_{vm} = 200\text{mm H}_2\text{O}$，试求原型堰顶上的真空值。

13. 在风速为 8m/s 的条件下，在模型上测得建筑物模型背风面压强为 -24N/m^2，迎风面压强为 40N/m^2。试估计在实际风速为 10m/s 的条件下，原型建筑物背风面和迎风面压强为多少？

14. 长度比例尺 $k_l = 1/40$ 的船模，当牵引速度 $v_m = 10\text{m/s}$，测得波浪阻力 $F_m = 1.1\text{N}$。如不计黏性影响，试求原型船的速度、阻力及消耗的功率。

图 9.10 溢流堰

15. 汽车高度 $H_p = 2\text{m}$，速度 $v_p = 108\text{km/h}$，行驶环境为 20℃ 时的空气。模型试验的空气为 0℃，气流速度为 $v_m = 60\text{m/s}$，试求：

(1) 模型中的汽车 H_m；

(2) 在模型中测得正面阻力为 1500N，原型汽车行驶时的正面阻力为多少？

不可压缩流体模型可以简化所研究的问题，对于液体及低速流动的气体这种简化是完全适用的。当气体流速接近或超过声速时，其状态参数的变化规律与不可压缩流体有着本质的不同，此时必须考虑气体的可压缩性，分析温度、密度等对流体动力学特性和热力学特性的影响。本项目的任务是讨论可压缩气体一维定常流动的基本规律，即在每个截面上每项流动参数都是同一个值，这些参数只随一个坐标变量变化，不随时间变化，而且必须计及可压缩性气体的流动规律。

【案例导入】

勇士 3.9 万 m 跳伞创纪录突破音障成全球第一人

网易体育 2012 年 10 月 15 日报道：奥地利著名极限运动员菲利克斯·鲍姆加特纳打破世界纪录，他昨天在美国墨西哥州东南部罗斯韦尔地区从 128097ft（约 39044m）高空携带降落伞自由落体跳下（见图 10.1），成为世界上首位成功完成超声速自由落体的跳伞运动员，他在降落中的最高时速曾达到 833.9mile/h（1342km/h，而声速为 1224km/h），成功突破声障并创造跳伞高度的新纪录。

由于跳伞的高度在 39043.9m，这一位置超出了臭氧层的界限，为此鲍姆加特纳身着特制的飞行服及头盔（见图 10.2），将自己全身武装起来。由于突破声障需要对抗的压强也非常巨大，这对抗压服是一个很大的考验。同时他所乘坐的飞行器也并不是什么飞机，而是一个世界上最大的超级氦气球，其重量达到 2t，46m 的高度甚至超过了自由女神像。

鲍姆加特纳在跳伞的过程中突破的声障是一种物理现象，当物体（通常是航空器）的速度接近声速时，将会逐渐追上自己发出的声波。声波叠合累积的结果，会造成震波的产生，进而对飞行器的加速产生障碍，而这种因为声速造成提升速度的障碍称为声障。突破声障进入超声速后，

图 10.1 3.9 万 m 高空跳伞

从航空器最前端起会产生一股圆锥形的声锥，在旁观者听来这股震波犹如爆炸一般，故称为声爆（Sonic Boom）。强烈的声爆不仅会对地面建筑物产生损害，对于飞行器本身伸出冲击面之外部分也会产生破坏。

除此之外，由于在物体的速度快要接近声速时，周边的空气受到声波叠合而呈现非常高压的状态，因此一旦物体穿越声障后，周围压强将会陡降。在比较潮湿的天气，有时陡降的压力所造成的瞬间低温可能会让气温低于它的露点（Dew Point），使得水汽凝结变成微小的水珠，肉眼看来就像是云雾般的状态。但由于这个低压带会随着空气离机身的距离增加而恢复到常压，因此整体看来形状像是一个以物体为中心轴、向四周均匀扩散的圆锥状云团。图 10.3 所示为 FA-18 "超级大黄蜂" 突破声障时的圆锥状云团图，图 10.4 所示为 F-22 "猛禽" 战斗机超声速飞行时的圆锥状云团图。

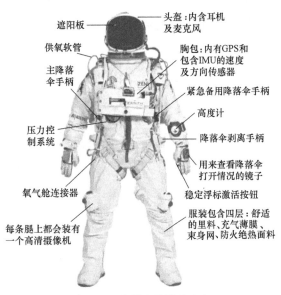

图 10.2 特制飞行服及头盔

图 10.3 FA-18 "超级大黄蜂" 突破声障

图 10.4 F-22 "猛禽" 战斗机超声速飞行

除了航空器以外，同样有人在陆地上尝试取得突破声障的速度极限，并且获得了成功。超声速推进号（Thrust SSC，SSC 是 "超声速车" Super Sonic Car 的缩写）是一辆由英国人设计制造，使用两组战斗机用涡扇发动机（Turbofan Engine）为动力，专门用来打破世界陆上极速纪录（Land Speed Record，LSR）的特殊车辆，如图 10.5 所示。它是第一辆在正式规则之下，于陆地上突破声障的车子，创下 1mile 距离内平均车速 763.035mile/h（1227.99km/h）的惊人成绩。

2012 年 11 月 21 日，英国工程师研制出的一辆车顶装有混合火箭发动机，名为 "寻血猎犬" 的汽车

图 10.5 超声速推进号 Thrust SSC

293

（见图10.6），它在南非一处干旱的河床上测试成功，最高时速 1000mile/h（1609.3km/h），超过了超声速推进号喷气式汽车。

图 10.6 "寻血猎犬" 超声速汽车

【教学目标】

1. 掌握可压缩气体一维定常流动的基本方程；
2. 掌握喷管流动的计算和分析方法；
3. 理解声速、马赫数、马赫锥等基本概念和气体一维定常流的三种参考状态；
4. 了解气流参数和通道截面之间的关系。

任务 1 气体流动的热力学基础

1. 气体的状态方程

气体的热力学性质包括气体常数 R、比定压热容 c_p、比定容热容 c_V、比热比 $\kappa = c_p/c_V$。气体的密度 ρ（或者比体积 $v = 1/\rho$）取决于这种气体的绝对压强 p 和热力学温度 T。实际气体在低压和中温或高温的条件下，这些性质间的关系可近似用理想气体状态方程来表示。即

$$p/\rho = pv = RT \tag{10.1}$$

为与理想流体区分开，满足式（10.1）的气体称为完全气体。

2. 热力学过程

完全气体的热力学过程有以下几种：

（1）等温过程　$pv =$ 常数

等温过程是温度没有变化的过程，气体的内能保持不变。

（2）等熵过程　$p/\rho^\kappa = pv^\kappa =$ 常数

等熵过程是可逆的绝热过程，在这种过程中假设流体没有黏性，流体在流动过程中没有能量损失。所有的实际过程都是不可逆的，但是当不可逆过程影响因素很小时，可以把它近似为可逆过程。例如，在摩擦很小、热传递很小或没有的条件下，可以把通过收缩喷嘴的出流过程近似认为是可逆过程。

3. 焓

单位质量气体的焓可以表示为

$$h = u + \frac{p}{\rho} \tag{10.2}$$

式中，u 为单位质量气体的内能，p/ρ 为单位质量气体的压强能，因此焓是表明气体综合能量的一种特性。

对于完全气体，焓是只与温度有关的函数，也是一个状态参数。于是有

$$h = c_p T = \frac{c_p}{R} \frac{p}{\rho} = \frac{c_p}{c_p - c_V} \frac{p}{\rho} = \frac{\kappa}{\kappa - 1} \frac{p}{\rho} \tag{10.3}$$

任务 2　微弱扰动在空间的传播

1. 声速

在可压缩流体中，如果某处产生一个局部的微弱压力扰动，这个压力扰动将以波阵面的形式在流体内传播，其传播速度为声速，记作 c。

如图 10.7a 所示，半无限长等截面直圆管内充满压强为 p、密度为 ρ、温度为 T、速度 $v = 0$ 的空气。当左端封住管子的活塞以微速度 $\mathrm{d}v$ 向右运动时，紧靠活塞右侧的一层气体首先受到压缩，接着这层气体又压缩下一层的气体，一层层传递下去，产生一道微弱扰动波 m—n，以声速 c 向右传播，使右侧气体不断受到压缩，波后气体的压强、密度、温度略有增大，并且以和活塞同样的微速度 $\mathrm{d}v$ 向右运动。必须指出，扰动传播速度 c 和气体质点的速度 $\mathrm{d}v$ 不同，前者是扰动信号在介质中的传播速度，后者是质点本身的运动速度，它们分别属于两种不同的运动形态——波动及质点的机械运动。由于气体中的微弱扰动是由气体被压缩产生的，称其为微弱扰动压缩波。如果活塞向左运动，则气体膨胀产生微弱膨胀波。

下面用微弱扰动压缩波流动模型推导声速公式。选用与微弱扰动波一起运动的相对坐标系来分析管内流动，如图 10.7b 所示。对于该坐标系，扰动波静止不动，而压强、密度、温度分别为 p、ρ 和 T 的波前气体以声速 c 向扰动波运动。气体经过扰动波后，速度降为 $c - \mathrm{d}v$，压强 $p + \mathrm{d}p$、密度 $\rho + \mathrm{d}\rho$、温度 $T + \mathrm{d}T$ 均较波前气体的有微量升高，流动定常。

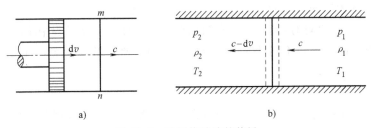

图 10.7　微弱扰动波的传播

取控制体如图 10.7b 中虚线所示，则由连续性方程得

$$(\rho + \mathrm{d}\rho)(c - \mathrm{d}v) = \rho c A$$

略去二阶微量，得

$$c\,\mathrm{d}\rho = \rho\,\mathrm{d}v \tag{a}$$

由动量方程得

$$[p-(p+dp)]A=\rho cA[(c-dv)-c]$$

整理后得

$$dp=\rho cdv \qquad (b)$$

由式（a）、式（b）得

$$c=\sqrt{\frac{dp}{d\rho}} \qquad (10.4a)$$

由式（10.4a）可知，声速的大小和扰动过程中压强变化量与密度变化量的比值有关，即与流体的可压缩性有关。流体越容易压缩，$dp/d\rho$ 越小，则其中的声速就越小，反之就越大。水与空气相比不容易压缩，所以水中的声速比空气的声速要大得多。

在微弱扰动的传播过程中，气流的压强、密度、温度和速度的变化都是无穷小量，而且传播过程进行得相当迅速，来不及与外界进行热交换，因而可以忽略黏性作用和传热，把微弱扰动波的传播过程视为绝热可逆的等熵过程。

$$c=\left(\sqrt{\frac{dp}{d\rho}}\right)_s$$

由等熵过程关系式 $p/\rho^\kappa=C$，得

$$\frac{dp}{p}=\kappa\frac{d\rho}{\rho}$$

再联立完全气体的状态方程 $p/\rho=RT$，可得

$$\left(\sqrt{\frac{dp}{d\rho}}\right)_s=\kappa\frac{p}{\rho}=\kappa RT$$

代入式（10.4a），得

$$c=\sqrt{\kappa RT} \qquad (10.4b)$$

由式（10.4b）知，可压缩流体中的声速仅取决于该介质的热力学温度。

对于空气，$\gamma=1.4$，$R=287.1J/(kg\cdot K)$，得空气中的声速

$$c=20.05\sqrt{T} \qquad (10.4c)$$

海平面上标准大气的温度为 288.2K，对应的声速为 340.3m/s。

值得注意的是，流体的声速随流体参数而变化，流体在流动过程中不同点上有不同的参数，所以不同点上的声速是不同的，通常我们所说的声速是指特定点上的声速，故称为当地声速或者局部声速。

2. 马赫数

流动气体的可压缩性不能仅仅由声速的大小去表征，而是需要用到马赫数的概念。气体在某点的流动速度与当地声速之比称为马赫数，用符号 Ma 表示，即

$$Ma=\frac{v}{c} \qquad (10.5a)$$

当 $Ma\leqslant 0.3$ 时，可以忽略气体密度的变化，视其为不可压缩，使问题简化。当 $Ma>0.3$ 时，就必须考虑气体可压缩性的影响，否则会导致很大误差，甚至与事实不相符合。因此，马赫数是衡量流体可压缩性大小的一个重要依据，也是气体动力学中研究高速流动的一个重要参数。

气体的流动状态可以根据 Ma 的大小来进行划分。当 $Ma<1$ 时，气流速度小于当地声

速，称为亚声速流；当 $Ma=1$ 时，气流速度等于当地声速，称为声速流（在 $Ma=1$ 附近既有亚声速流，又有超声速流，称为跨声速流）；当 $Ma>1$ 时，气流速度大于当地声速，称为超声速流。而当 $Ma^2>10$ 时，称为高超声速流。在气体动力学的有关研究中，常用马赫数表示飞行器运动速度的大小。如用马赫数表示飞机和火箭的速度等。

对于完全气体，

$$Ma^2 = \frac{v^2}{\kappa RT} \tag{10.5b}$$

式（10.5b）表明，马赫数表示了气体的宏观运动动能与气体内能之比。

3. 马赫锥

由上述分析可知，微弱扰动波是以当地声速在气体中传播的。任务 1 中分析的半无限长圆管中的扰动波在管道中做一维传播。如果在空间的某一点设置一个扰动源，周围无任何限制，则扰动源发出的扰动波将以球面压强波的形式向四面八方传播，其传播速度为声速。若在空间不动的扰动源，每隔 1s 发生一次微弱扰动波，下面分四种情况讨论前 4s 扰动波在匀态气体空间中的传播情况，以分析微弱扰动波的传播规律。

（1）$Ma=0$ 气体静止不动，扰动源发出的球面波以声速 c 向四面八方传播，如图 10.8a 所示。假定微弱扰动波在传播过程中没有能量损失，则随着时间的延续，扰动波将传遍所能到达的全部流体空间，即微弱扰动波在静止气体中的传播是无界的。

（2）$Ma<1$ 气体自左向右以亚声速流动，球面扰动波在向四面八方传播的同时还被气流带往下游，如图 10.8b 所示。扰动波传播的绝对速度是气流速度和声速的叠加，如果取气流的方向为正方向，则顺流方向的绝对速度为 $v+c$，而在逆流方向则为 $v-c<0$。这说明，扰动仍能逆流传播。假定微弱扰动波在传播过程中没有能量损失，则随着时间的延续，扰动将传遍所能到达的全部空间，即微弱扰动波在亚声速气流中的传播也是无界的。

（3）$Ma=1$ 气体自左向右以声速流动，球面扰动波相对气流的传播速度仍然是 c，在顺流方向上的绝对传播速度为 $v+c=2c$，而在逆流方向则为 $v-c=0$，这说明，扰动波已不能逆流向上游传播。随着时间的延续，球面波不断向外扩大，但无论它扩到多么大，也只能局限在下游的半个空间内，其上游的半个空间则始终不受影响。扰动区（又称影响区）与无扰动区（又称寂静区）被以扰动源为公切点的球面波阵的公切面分开，这个分界面就是，并称它为马赫锥，此时马赫锥的锥角为 90°。所以，在声速流中，微弱扰动波的传播是有界的，界限就是马赫锥。

（4）$Ma>1$ 气体自左向右以超声速流动，球面扰动波在 4s 末的传播情况如图 10.8d 所示。扰动波在顺流方向上的绝对传播速度为 $v+c>2c$，而在逆流方向上由于 $v-c>0$，不同时刻产生的微弱压缩波均被气流带向扰动源的下游。扰动所能影响的区域只局限在球面波阵的包络圆锥面内。马赫锥以内为扰动区，马赫锥以外为无扰动区。由上述分析知，在超声速流中，微弱扰动波传播是有界的，界限就是马赫锥。马赫锥的半顶角，即圆锥母线与来流速度方向之间的夹角，用 α 表示，称为马赫角，且

$$\sin\alpha = \frac{c}{v} = \frac{1}{Ma}, \quad \alpha = \arcsin\left(\frac{1}{Ma}\right) \tag{10.6}$$

其大小决定于气流马赫数。马赫数越大，马赫角越小；反之就越小。当 $Ma=1$ 时，$\alpha=90°$，达到马赫锥的极限位置，即图 10.8c 中 AOB 公切面，所以也称它为马赫锥。当 $Ma<1$ 时，微

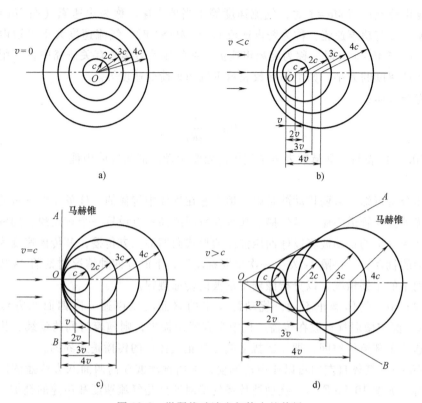

图 10.8　微弱扰动波在气体中的传播

弱扰动波的传播已无界，不存在马赫锥。

　　以上讨论的是扰动源不动气体运动的情况，如果扰动源以亚声速、声速或超声速在静止的气体中运动，则微弱扰动波相对于扰动源的传播，同样会出现图 10.8b、c、d 所示的情况，如图 10.9 所示。当扰动源的速度为亚声速时，由于扰动波的传播速度大于扰动源的运

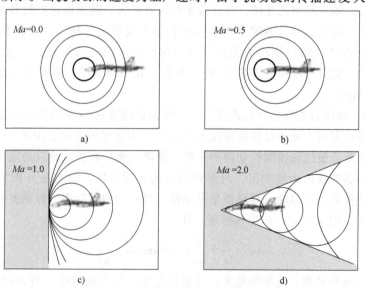

图 10.9　不同飞行速度下声音的传播

动速度，扰动波将超越扰动源向前传播，扰动可以传遍整个流场，扰动波为无界传播。对于以超声速运动的扰动源，由于扰动波的速度小于扰动源的运动速度，扰动波总是在扰动源后面，从而形成以扰动源为顶点的马赫锥，锥内为扰动区，锥外为无扰动区，即扰动的传播有界，界限即为和扰动源一起运动的马赫锥。这一结论也同样适用于以声速运动的扰动源。

任务 3　气体一维定常流动的基本方程

1. 连续性方程

一维定常可压缩流体的连续性方程如下：

$$\rho v A = 常数 \tag{10.7}$$

取对数后微分得微分形式的连续性方程如下：

$$\frac{\mathrm{d}\rho}{\rho} + \frac{\mathrm{d}v}{v} + \frac{\mathrm{d}A}{A} = 0 \tag{10.8}$$

2. 运动微分方程

由流体伯努利方程，可得到下面的方程

$$u + \frac{v^2}{2} + gz + \frac{p}{\rho} = 常数$$

对于气体，质量力可以忽略不计，$gz = 0$，不考虑流体黏性时，单位质量气体的内能 $u = 0$，有

$$\frac{v^2}{2} + \frac{p}{\rho} = 常数$$

写成微分形式得

$$\mathrm{d}\left(\frac{v^2}{2}\right) + \frac{\mathrm{d}p}{\rho} = 0$$

或

$$v\mathrm{d}v + \frac{\mathrm{d}p}{\rho} = 0 \tag{10.9}$$

3. 能量方程

$$h_0 = h + \frac{v^2}{2}$$

气体一维绝热流动的能量方程有以下几种形式：

$$\frac{\kappa}{\kappa-1} \frac{p}{\rho} + \frac{v^2}{2} = h_0 \tag{10.10a}$$

由声速公式（10.4b），式（10.10a）又可表示为

$$\frac{c^2}{\kappa-1} + \frac{v^2}{2} = h_0 \tag{10.10b}$$

由完全气体状态方程（10.1），式（10.10a）还可表示为

$$\frac{\kappa}{\kappa-1} RT + \frac{v^2}{2} = h_0 \tag{10.10c}$$

任务 4 气体一维定常流动的参考状态

1. 滞止状态

在气体动力学中用以描述流场状态的有压强 p、密度 ρ 和温度 T 等参数，这些参数通常称为静参数。如果气流按照一定的过程滞止到零，这时的参数称为滞止参数或总参数。滞止状态为实际中存在的状态，如机翼前缘附近驻点位置，气流的流速在此处降为零。有些气体在流动过程不存在实际的滞止状态，如一段管路中的流动，沿程气流速度均不为零。此时，为了分析和计算方便，不妨设想气流速度等熵地滞止到零，并以此作为参考状态。滞止参数常用静参数符号加下标"0"表示，如 p_0、ρ_0、T_0 等。气体一维定常绝能流的滞止焓 h_0 是个常数。

对于比热容为常数的完全气体，焓与温度的关系为

$$T + \frac{v^2}{2c_p} = T_0 \tag{10.11}$$

式（10.11）为绝能流动时用温度表示的能量方程，不论过程等熵与否，都是适用的。

用滞止温度表示的声速为

$$c_0 = \sqrt{\kappa R T_0} \tag{10.12}$$

由于滞止温度可以看成常数，所以滞止声速在一维定常绝能流中同样是个常数。利用 $c_p = \kappa R/(\kappa-1)$，$\kappa R T = c^2$，$Ma^2 = v^2/c^2$ 的关系可得

$$\frac{T_0}{T} = \frac{c_0^2}{c^2} = 1 + \frac{\kappa-1}{2} Ma^2 \tag{10.13}$$

由等熵过程关系式状态方程可以推导出压强比和密度比的关系式

$$\frac{p_0}{p} = \left(1 + \frac{\kappa-1}{2} Ma^2\right)^{\frac{\kappa}{\kappa-1}} \tag{10.14}$$

$$\frac{\rho_0}{\rho} = \left(1 + \frac{\kappa-1}{2} Ma^2\right)^{\frac{1}{\kappa-1}} \tag{10.15}$$

由式（10.13）~式（10.15）可知，在一维定常绝能等熵流动中，随着马赫数的增大，温度、声速、压强和密度都将降低。

2. 极限状态（最大速度状态）

由气体的一维定常绝能流动的能量方程可知，随着气体的加速流动，静温和静压逐渐降低，气体的焓逐渐减小。当静压和静温降低到零时，气流速度达到极限速度 v_{max}，气体的焓全部转化为气体宏观运动的动能，称之为极限状态。极限状态也称为最大速度状态，极限速度是气流膨胀到完全真空所能达到的最大速度，由能量方程得

$$v_{max} = \sqrt{\frac{2\kappa R}{\kappa-1} T_0} \tag{10.16}$$

极限速度仅仅是一个理论上的极限值，实际上并不可能达到。对于一定的气体，极限速度只决定于总温 T_0，也是一个常数，可用来作为参考速度。由极限速度可以得出能量方程的另一种形式

$$\frac{c^2}{\kappa-1}+\frac{v^2}{2}=\frac{v_{\max}^2}{2}=\frac{c_0^2}{\kappa-1} \tag{10.17}$$

式（10.17）表明，一维定常绝能流中单位质量气体所具有的总能量等于极限速度的速度头。

3. 临界状态

由式（10.17）可知，气流速度和当地声速的变化是相互关联的。当气流速度滞止到零时，当地声速增大到滞止声速 c_0，当气流速度加速到极限速度 $v_{\max}$ 时，当地声速降低到零。在气流速度由小变大，当地声速由大变小的过程中，必然存在气流速度等于当地声速的状态，即 $Ma=1$ 的状态，称之为临界状态。临界状态的气流参数称为临界参数，可用静参数符号加下标 cr 表示。

由式（10.17），当气流达到临界状态时，$v_{cr}=c_{cr}$，可得

$$c_{cr}=\sqrt{\frac{2}{\kappa+1}}c_0=\sqrt{\frac{\kappa-1}{\kappa+1}}v_{\max} \tag{10.18a}$$

或

$$c_{cr}=\sqrt{\kappa R T_{cr}}=\sqrt{\frac{2\kappa R}{\kappa+1}T_0} \tag{10.18b}$$

显然，对于一定的气体，临界声速也决定于总温，在定常绝能流中是个常数，所以，在气体动力学中临界声速也是一个重要的参考速度。

在实际计算中，经常遇到临界参数和滞止参数的比值，令 $Ma=1$，代入式（10.13）~式（10.15）可得临界参数和滞止参数的关系式

$$\frac{T_{cr}}{T_0}=\frac{c_{cr}^2}{c_0^2}=\frac{2}{\kappa+1} \tag{10.19}$$

$$\frac{p_{cr}}{p_0}=\left(\frac{2}{\kappa+1}\right)^{\frac{\kappa}{\kappa-1}} \tag{10.20}$$

$$\frac{\rho_{cr}}{\rho_0}=\left(\frac{2}{\kappa+1}\right)^{\frac{1}{\kappa-1}} \tag{10.21}$$

由这一组公式可以看出，对于一定的气体，临界参数和滞止参数的比值为常数。对于空气，$\kappa=1.4$，$T_{cr}/T_0=(c_{cr}/c_0)^2=0.8333$，$p_{cr}/p_0=0.5283$，$\rho_{cr}/\rho_0=0.6339$。

4. 速度系数

气流速度与临界声速的比值称为速度系数，用 M_* 表示。

$$M_*=\frac{v}{c_{cr}} \tag{10.22}$$

在气体动力学的有关计算中，速度系数是除了马赫数之外，经常用到的另一个量纲为一的系数。和马赫数相比，速度系数可给有关计算提供很大的方便。如某问题中，需要求出定常绝热流动中不同点上的气流速度，如果用 Ma，必须先求出每个点上的当地声速 c，再乘以各点的 Ma 求出 v。而用速度系数 M_* 计算时，由于临界声速 c_{cr} 是个常数，只需分别乘以各点的 M_* 就可求出 v，比用 Ma 简便。另外，在绝热流中，当气流速度 v 由零增加到 $v_{\max}$ 时，c 下降为零，Ma 趋于无穷大，在作图表曲线时就很不方便，无法把 $v\to v_{\max}$ 附近的情况描绘出来。而 M_* 是一个有限量，可以避免上述问题。当 $v=v_{\max}$ 时，有

$$M_{*\max} = \frac{v_{\max}}{c_{cr}} = \sqrt{\frac{\kappa+1}{\kappa-1}} \tag{10.23}$$

例如空气，$\kappa = 1.4$，$M_{*\max} = 2.4495$。

将 $c_{cr} = \sqrt{\frac{\kappa-1}{\kappa+1}} v_{\max}$ 代入式（10.17），同除以 v^2，得

$$\frac{1}{\kappa-1} \frac{1}{Ma^2} + \frac{1}{2} = \frac{\kappa+1}{2(\kappa-1)} \frac{1}{M_*}$$

整理得 M_* 与 Ma 的关系式

$$M_*^2 = \frac{(\kappa+1)Ma^2}{2+(\kappa-1)Ma^2} \tag{10.24}$$

$$Ma^2 = \frac{2M_*^2}{(\kappa+1)-(\kappa-1)M_*^2} \tag{10.25}$$

由式（10.25）绘制的 M_* 与 Ma 的关系曲线如图 10.10 所示（该图是针对 $\kappa = 1.4$ 的气体绘制的）。

由图 10.10 可以看出，当 $Ma < 1$ 时，$M_* < 1$，为亚声速流；当 $Ma = 1$ 时，$M_* = 1$，为声速流；当 $Ma > 1$ 时，$M_* > 1$，为超声速流。因此，也可以依据速度系数划分气体的流动状态。

将式（10.24）代入式（10.19）~式（10.21）可得

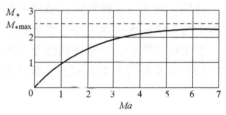

图 10.10　M_* 与 Ma 的关系曲线

$$\frac{T}{T_0} = \frac{c^2}{c_0^2} = 1 - \frac{\kappa-1}{\kappa+1} M_*^2 \tag{10.26}$$

$$\frac{p}{p_0} = \left(1 - \frac{\kappa-1}{\kappa+1} M_*^2\right)^{\frac{\kappa}{\kappa-1}} \tag{10.27}$$

$$\frac{\rho}{\rho_0} = \left(1 - \frac{\kappa-1}{\kappa+1} M_*^2\right)^{\frac{1}{\kappa-1}} \tag{10.28}$$

由这组公式可以看出，对于定常绝能等熵流动，随着速度系数的增大，气流参数温度、声速、压强和密度都将降低，与随马赫数的变化趋势相同。

任务 5　变截面管流

1. 气流参数和通道截面之间的关系

设无黏性的完全气体沿微元流管做定常流动，在该流管的微元距离 $\mathrm{d}x$ 上，气体流速由 v 变为 $v+\mathrm{d}v$，压强由 p 变为 $p+\mathrm{d}p$，质量力可以不计，应用动量方程可得

$$-\mathrm{d}p = \rho v \mathrm{d}v$$

将上式两端同除以压强，并应用声速公式 $c = \sqrt{\kappa R T}$，可得

$$\frac{\mathrm{d}p}{p} = -\frac{\rho}{p} v \mathrm{d}v = -\kappa Ma^2 \frac{\mathrm{d}v}{v} \tag{a}$$

对等熵过程关系式取对数后微分有

$$\frac{\mathrm{d}p}{p} = \kappa \frac{\mathrm{d}\rho}{\rho} \tag{b}$$

对完全气体状态方程取对数后微分得

$$\frac{\mathrm{d}p}{p} = \frac{\mathrm{d}\rho}{\rho} + \frac{\mathrm{d}T}{T} \tag{c}$$

联立式（10.8）和式（a）~式（c），可得

$$\frac{\mathrm{d}A}{A} = (Ma^2 - 1)\frac{\mathrm{d}v}{v} \tag{10.29}$$

$$\frac{\mathrm{d}p}{p} = \frac{1 - Ma^2}{\kappa Ma^2}\frac{\mathrm{d}A}{A} \tag{10.30}$$

$$\frac{\mathrm{d}\rho}{\rho} = -Ma^2 \frac{\mathrm{d}v}{v} \tag{10.31}$$

$$\frac{\mathrm{d}T}{T} = -(\kappa - 1)Ma^2 \frac{\mathrm{d}v}{v} \tag{10.32}$$

对于一维定常绝能等熵流动，不论是亚声速还是超声速，若气流加速流动，压强、密度和温度不断下降，气流经历的是膨胀加速的过程；反之，当气流减速流动时，其经历的将是压缩过程。上述关系式还表明，气流参数的变化都与马赫数有关。

1）当气体亚声速流动时，$Ma<1$，$\mathrm{d}v$ 与 $\mathrm{d}A$ 异号，$\mathrm{d}p$ 与 $\mathrm{d}A$ 同号。即随着流通截面积的增大，气流速度降低、压强增大；截面积减小，则流速增大、压强降低。参数变化规律和不可压缩流体相同。

2）当气体超声速流动时，$Ma>1$，$\mathrm{d}v$ 与 $\mathrm{d}A$ 同号，$\mathrm{d}p$ 与 $\mathrm{d}A$ 异号。即随着流通截面积的增大，气流速度增大、压强降低；截面积减小，则流速减小，压强增大。参数变化规律和不可压缩流体相反。

3）当气体跨声速流动时，$Ma=1$，$\mathrm{d}A=0$，$\mathrm{d}v=0$，$\mathrm{d}p=0$。即气流由亚声速变为超声速时，管道必须先收缩、后扩张，中间必然出现一个最小截面。在这一截面上气流速度实现声速，达到临界状态，最小截面称为喉部。其后随着截面积的增大，气流做超声速流动。

综上所述，不论亚声速气流转化为超声速气流，还是超声速气流转化为亚声速气流，除对气流在进出口的参数有要求以外，还要求气流必须在最小截面上达到声速，否则，就不能达到预想的流动速度。

在气体动力学中，沿流动方向增压减速的管道称为扩压管，如亚声速气流在渐扩管中的流动和超声速气流在渐缩管中的流动。扩压管的功用是通过减速增压使高速气流的动能转换为气体的压强势能和内能，以满足增压和节能的需要。气流沿流动方向膨胀加速的管道称为喷管，如亚声速气流在渐缩管中的流动和超声速气流在渐扩管中的流动就符合喷管的特征。喷管的功用是使高温高压气体的热能经降压加速转换为高速气流的动能，以便利用它去做功或满足某些特殊需要。

亚声速气流在收缩形喷管中流动时，出口气流速度最高只能达到当地声速。瑞典工程师拉瓦尔（Laval）于 19 世纪末发明了可使亚声速气流连续地转化为超声速气流的缩放喷管，又叫作拉瓦尔喷管。图 10.11 所示为拉瓦尔喷管在设计工况下各过流截面上速度和压强的变

化规律。

2. 收缩喷管

如图 10.12 所示，假设气体从大型容器经收缩喷管等熵出流，由于容器很大，可近似将其中的气体看作是静止的，即容器中的气体处于滞止状态。喷管进口的气流参数用对应的滞止参数表示，分别为 p_0、ρ_0、T_0，喷管出口处的气流参数分别为 p、ρ、T、v。

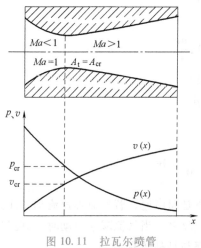

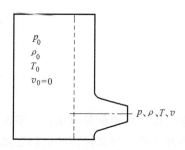

图 10.11 拉瓦尔喷管　　　　图 10.12 容器经收缩喷管的出流

对容器内虚线面和喷管出口面列能量方程

$$\frac{\kappa}{\kappa-1}\frac{p}{\rho}+\frac{v^2}{2}=\frac{\kappa}{\kappa-1}\frac{p_0}{\rho_0}$$

由上式解得

$$v=\sqrt{\frac{2\kappa}{\kappa-1}\frac{p_0}{\rho_0}\left(1-\frac{p}{p_0}\frac{\rho_0}{\rho}\right)} \tag{10.33}$$

根据等熵过程方程和气体状态方程整理得

$$v=\sqrt{\frac{2\kappa}{\kappa-1}\frac{p_0}{\rho_0}\left[1-\left(\frac{p}{p_0}\right)^{\frac{\kappa-1}{\kappa}}\right]}=\sqrt{\frac{2\kappa}{\kappa-1}RT_0\left[1-\left(\frac{p}{p_0}\right)^{\frac{\kappa-1}{\kappa}}\right]} \tag{10.34a}$$

通过喷管的质量流量为

$$q_m=A\rho v=A\rho_0\left(\frac{p_1}{p_0}\right)^{1/\kappa}v=A\rho_0\sqrt{\frac{2\kappa}{\kappa-1}\frac{p_0}{\rho_0}\left[\left(\frac{p}{p_0}\right)^{\frac{2}{\kappa}}-\left(\frac{p}{p_0}\right)^{\frac{\kappa+1}{\kappa}}\right]} \tag{10.34b}$$

以上公式表明，对于一定的气体，在收缩喷管出口未达到临界状态前，压强比 p/p_0 越大，出口速度越高，流量就越大。根据以上分析可知，收缩喷管出口气流速度最高可达当地声速，即出口气流处于临界状态。此时出口截面上的压强为

$$p=p_0\left(\frac{2}{\kappa+1}\right)^{\frac{\kappa}{\kappa-1}}=p_{cr}$$

即喷管出口气流达临界状态 $Ma=M_*=1$ 时，收缩喷管的流速和流量达到最大值。将上式代入式（10.34a）、式（10.34b），可得收缩喷管出口气流的临界速度和临界流量分别为

$$v_{cr} = \sqrt{\frac{2\kappa}{\kappa+1}\frac{p_0}{\rho_0}} = \sqrt{\frac{2\kappa R}{\kappa+1}T_0} = \sqrt{\frac{2}{\kappa+1}}c_0 = c_{cr} \qquad (10.35a)$$

$$q_{mcr} = A\left(\frac{2}{\kappa+1}\right)^{\frac{\kappa+1}{2(\kappa-1)}}\sqrt{\kappa p_0 \rho_0} \qquad (10.35b)$$

喷管在设计工况下工作时，气流由入口开始膨胀加速，至出口时达到临界状态。但有些情况下喷管并不按设计工况工作。当上述容器内的气体总压或喷管出口的环境背压发生变化时，喷管将在变动的工况下工作。

由本项目任务 2 已知，微弱扰动波是以当地声速传播的。当喷管出口的气流速度为亚声速时，此时若喷管出口气流静压和环境背压 p_b 不一致，将产生微弱扰动波。由于微弱扰动波的传播速度大于气流速度，扰动波可以逆流向上游传播，使喷管内的气流参数得以调整，当气流参数调整到 $p = p_b$ 时，喷管将在这一背压下稳定工作。当 $p = p_b = p_{cr}$ 时，喷管出口气流处于临界状态，达到收缩喷管的设计工况。如果 p_a 再进一步降低，由于压强波的传播速度等于出口气流的临界速度，压强波已不能逆流上传，喷管出口气流压强保持 $p_1 = p_{cr}$，而不受 p_b 的影响。

根据环境压强的变化将收缩喷管的变工况分成以下三种情况。

1）$p_b/p_0 > p_{cr}/p_0$ 时，喷管内各截面的气流速度都是亚声速，在出口截面处 $Ma < 1$，$p = p_b$；当 p_b 降低时，速度 v 和流量 q_m 都增大，气体在喷管内得以完全膨胀。

2）$p_b/p_0 = p_{cr}/p_0$ 时，喷管内为亚声速流动，出口截面的气流达临界状态，$Ma = 1$，$p = p_{cr} = p_b$，$q_m/q_{mmax} = 1$，气体在喷管内仍可得到完全膨胀。

3）$p_b/p_0 < p_{cr}/p_0$ 时，喷管内仍为亚声速流动，出口截面的气流达临界状态，$Ma = 1$，$p = p_{cr} > p_b$，$q_m/q_{mmax} = 1$。由于出口的气流压强高于环境背压，气体在喷管内没有完全膨胀，气体流出喷管后将继续膨胀，故称膨胀不足。此时，虽然背压小于临界压强，由于微弱扰动波不能逆流上传，流量不再随背压降低而增大，称这种现象为壅塞现象。

例 10-1　封闭容器中滞止参数为 $p_0 = 10.35\times10^5\mathrm{Pa}$，$T_0 = 350\mathrm{K}$。空气的 $\kappa = 1.4$，$R = 287\mathrm{J/(kg \cdot K)}$，经过安装于容器壁面上的收缩喷管出流，已知喷管出口截面的直径 $d = 15\mathrm{mm}$，出口环境背压分别为 $7\times10^5\mathrm{Pa}$ 和 $5\times10^5\mathrm{Pa}$ 时，试计算喷管的质量流量。

【解】

$$\frac{T_{cr}}{T_0} = \frac{2}{\kappa+1} = \frac{2}{1.4+1} = 0.8333$$

$$\frac{p_{cr}}{p_0} = \left(\frac{T_{cr}}{T_0}\right)^{\frac{\kappa}{\kappa-1}} = 0.8333^{\frac{1.4}{1.4-1}} = 0.5283$$

根据以上两式可以算得

$$T_{cr} = 291.67\mathrm{K}, \quad p_{cr} = 5.4679\times10^5\mathrm{Pa}$$

（1）当 $p_b = 7\times10^5\mathrm{Pa}$ 时，$p_b > p_{cr}$，喷管出口压强为 $p = p_b = 7\times10^5\mathrm{Pa}$，$\frac{T}{T_0} = \left(\frac{p}{p_0}\right)^{\frac{\kappa-1}{\kappa}}$，则

$$T = T_0\left(\frac{p}{p_0}\right)^{\frac{\kappa-1}{\kappa}} = \left[350\times\left(\frac{7\times10^5}{10.35\times10^5}\right)^{\frac{1.4-1}{1.4}}\right]\mathrm{K} = 313\mathrm{K}$$

$$\rho = \frac{p}{RT} = \frac{7\times10^5}{287\times313}\mathrm{kg/m^3} = 7.7924\mathrm{kg/m^3}$$

$$v = \sqrt{2c_p(T_0 - T)} = \sqrt{2\frac{\kappa R}{\kappa - 1}(T_0 - T)} = \sqrt{\frac{2 \times 1.4 \times 287}{1.4 - 1} \times (350 - 313)} \, \text{m/s} = 272.64 \, \text{m/s}$$

$$q_m = \rho v \frac{\pi d^2}{4} = \left(7.7924 \times 272.64 \times \frac{3.14 \times 0.015^2}{4}\right) \text{kg/s} = 0.3752 \, \text{kg/s}$$

（2）当 $p_b = 5 \times 10^5 \text{Pa}$ 时，$p_b < p_{cr}$，喷管出口气流为临界状态，所以

$$\rho_{cr} = \frac{p_{cr}}{RT_{cr}} = \frac{5.4679 \times 10^5}{287 \times 291.67} \text{kg/m}^3 = 6.532 \, \text{kg/m}^3$$

$$v_{cr} = \sqrt{\kappa R T_{cr}} = \sqrt{1.4 \times 287 \times 291.67} \, \text{m/s} = 342.33 \, \text{m/s}$$

$$q_m = \rho_{cr} v_{cr} \frac{\pi d^2}{4} = \left(6.532 \times 342.33 \times \frac{\pi \times 0.015^2}{4}\right) \text{kg/s} = 0.395 \, \text{kg/s}$$

3. 缩放喷管

缩放喷管可以使气流从亚声速加速到超声速，被广泛应用于高参数蒸汽或燃气涡轮机、超声速风洞、引射器、喷气式飞机、火箭等动力和试验装置中，在焊接、纺织机械等方面也有所应用。

缩放喷管收缩部分的作用与收缩喷管完全一样，气流在收缩部分膨胀加速，到最小截面处达到临界状态。之后气流在喷管扩大部分继续加速到超声速。假设缩放喷管进口处的气流处于滞止状态，总压为 p_0，出口外部的环境背压为 p_b，且 $p_0 > p_b$，在两端压差的作用下，气流在喷管内流动。当环境背压变化时，缩放喷管的出口将呈现不同的流动状态。

假设喷管内气流为绝热等熵流动，在设计工况下得到完全膨胀，流动参数在喷管内的变化情况如图 10.13 所示。按照和收缩喷管同样的推导方法，喷管出口处的气流速度可按式（10.35a）和式（10.34a）计算，通过喷管的质量流量可按式（10.34b）计算，也可按式（10.35b）计算，但其中的截面面积必须代之以喉部截面面积 $A_t = A_{cr}$。即通过喷管的流量就是喉部能通过的流量的最大值。

由连续性方程 $\rho v A = \rho_{cr} v_{cr} A_{cr}$ 得

$$\frac{A}{A_t} = \frac{A}{A_{cr}} = \frac{\rho_{cr} c_{cr}}{\rho v}$$

式中，A 为喷管出口截面面积。

将式（10.18b）、式（10.27）、式（10.35b）以及等熵过程关系式 $\rho/\rho_0 = (p/p_0)^{1/\kappa}$ 代入上式，得

$$\frac{A}{A_{cr}} = \left(\frac{2}{\kappa + 1}\right)^{\frac{1}{\kappa - 1}} \left\{\frac{\kappa + 1}{\kappa - 1}\left[\left(\frac{p}{p_0}\right)^{2/\kappa} - \left(\frac{p}{p_0}\right)^{(\kappa+1)/\kappa}\right]\right\}^{-1/2} \tag{10.36a}$$

将式（10.14）代入整理得

$$\frac{A}{A_{cr}} = \frac{1}{Ma}\left(\frac{2}{\kappa + 1} + \frac{\kappa - 1}{\kappa + 1} Ma^2\right)^{\frac{\kappa+1}{2(\kappa-1)}} = \frac{1}{M_*}\left(\frac{\kappa + 1}{2} - \frac{\kappa - 1}{2} M_*^2\right)^{-\frac{1}{\kappa-1}} \tag{10.36b}$$

式（10.36b）即为缩放喷管的出口面积与喉部面积比公式。

由式（10.36a）和式（10.36b）作出的面积比与压强比、马赫数的关系曲线如图 10.13 所示。对于一定的气体来说，压强比与面积比的曲线是单值关系；马赫数与面积比的曲线在

亚声速与超声速各自的范围内也是单值关系。也就是说，要利用缩放喷管得到一定马赫数的超声速气流，需要唯一面积比的缩放喷管（几何条件），与这个面积比对应的压强比也是唯一的（物理条件），二者缺一不可。

以上讨论了设计工况下工作的缩放喷管几何参数和气流参数的计算问题，非设计工况的有关问题在此不做讨论。

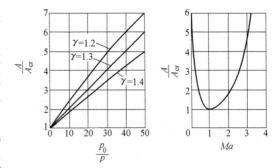

图 10.13　面积比与压强比、马赫数的关系曲线

例 10-2　空气从气罐经缩放喷管流入背压为 $p_b = 0.981 \times 10^5 \mathrm{Pa}$ 的大气中，气罐中的气体压强为 $p_0 = 7 \times 10^5 \mathrm{Pa}$，温度为 $T_0 = 313\mathrm{K}$，已知缩放喷管喉部的直径为 $d_{cr} = 25\mathrm{mm}$，试求：

（1）出口马赫数 Ma_2；

（2）喷管的质量流量；

（3）喷管出口截面的直径 d_2。

【解】　（1）出口压强 $p_2 = p_b = 0.981 \times 10^5 \mathrm{Pa}$，由 $\dfrac{p_0}{p_2} = \left(1 + \dfrac{\kappa-1}{2} Ma_2^2\right)^{\frac{\kappa}{\kappa-1}}$ 得

$$Ma_2 = \sqrt{\left[\left(\frac{p_0}{p_2}\right)^{\frac{\kappa-1}{\kappa}} - 1\right] \times \frac{2}{\kappa-1}} = \sqrt{\left[\left(\frac{7\times10^5}{0.981\times10^5}\right)^{\frac{1.4-1}{1.4}} - 1\right] \times \frac{2}{1.4-1}} = 1.9406$$

（2）由于出口马赫数 $Ma_2 > 1$，因此气流在喉部达到临界状态。

由式（10.19）得

$$T_{cr} = \frac{2}{\kappa+1} T_0 = \left(\frac{2}{1.4+1} \times 313\right) \mathrm{K} = 260.83 \mathrm{K}$$

$$v_{cr} = c_{cr} = \sqrt{\kappa R T_{cr}} = \sqrt{1.4 \times 287 \times 260.83} \, \mathrm{m/s} = 323.73 \mathrm{m/s}$$

由式（10.20）得

$$p_{cr} = p_0 \left(\frac{2}{\kappa+1}\right)^{\frac{\kappa}{\kappa-1}} = \left[7\times10^5 \times \left(\frac{2}{1.4+1}\right)^{\frac{1.4}{1.4-1}}\right] \mathrm{Pa} = 3.698 \times 10^5 \mathrm{Pa}$$

又

$$\rho_{cr} = \frac{p_{cr}}{R T_{cr}} = \frac{3.698\times10^5}{287 \times 260.83} \mathrm{kg/m^3} = 4.94 \mathrm{kg/m^3}$$

所以喷管的质量流量为

$$q_m = \rho_{cr} v_{cr} \frac{\pi}{4} d_{cr}^2 = (4.94 \times 323.73 \times 0.785 \times 0.025^2) \mathrm{kg/s} = 0.785 \mathrm{kg/s}$$

（3）由式（10.13）得

$$T_2 = \frac{T_0}{1 + \dfrac{\kappa-1}{2} Ma_2^2} = \left(\frac{313}{1 + \dfrac{1.4-1}{2} \times 1.9406^2}\right) \mathrm{K} = 178.53 \mathrm{K}$$

所以

$$\rho_2 = \frac{p_2}{RT_2} = \frac{0.981 \times 10^5}{287 \times 178.53} \mathrm{kg/m^3} = 1.9146 \mathrm{kg/m^3}$$

又

$$v_2 = Ma_2 c_2 = Ma_2 \sqrt{\kappa RT_2} = (1.9406 \times \sqrt{1.4 \times 287 \times 178.53}) \mathrm{m/s} = 519.75 \mathrm{m/s}$$

所以出口截面面积

$$A_2 = \frac{q_m}{\rho_2 v_2} = \frac{0.785}{1.9146 \times 519.75} \mathrm{m^2} = 7.8885 \times 10^{-4} \mathrm{m^2}$$

出口截面直径

$$d_2 = \sqrt{\frac{4A_2}{\pi}} = \sqrt{\frac{4 \times 7.8885 \times 10^{-4}}{3.14}} \mathrm{m} = 0.03169 \mathrm{m} = 31.69 \mathrm{mm}$$

任务 6 实际气体在管道中的定常流动

实际气体都是具有黏性的，当其在管道中流动时，会产生摩擦损失，将一部分机械能不可逆地转化成热能。我们将引进气体黏性因素，讨论工程中经常遇到的实际气体在绝热和等温条件下的流动规律。

1. 等截面管中的绝热流

实际工程中的一些输气管道很短，且有保温措施。气体在其中高速流动时，来不及和周围环境进行热交换，可近似将其作为有摩擦的绝热管流来分析。

在图 10.14 所示的变截面圆管中取长度为 $\mathrm{d}x$ 的微元管段作为控制体。在定常流动的条件下，控制体内的流体在流动方向上的受力是平衡的。

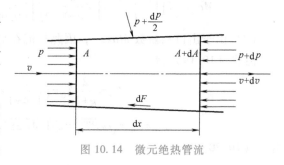

图 10.14 微元绝热管流

其中，气体的质量力可以忽略不计，表面力包括上游断面上的压力 pA、下游断面上的压力 $(p+\mathrm{d}p)(A+\mathrm{d}A)$、管壁面上的摩擦力 $\mathrm{d}F$ 和压力 $\left(p+\dfrac{\mathrm{d}p}{2}\right)\mathrm{d}A$。

对控制体内的流体沿运动方向列动量方程，有

$$\rho v A[(v+\mathrm{d}v)-v] = pA - (p+\mathrm{d}p)(A+\mathrm{d}A) + \left(p+\frac{\mathrm{d}p}{2}\right)\mathrm{d}A - \mathrm{d}F$$

整理并略去二阶以上的无穷小量，有

$$\rho v A \mathrm{d}v = -A\mathrm{d}p - \mathrm{d}F$$

两端同除以 ρA，有

$$v\mathrm{d}v + \frac{\mathrm{d}p}{\rho} + \frac{\mathrm{d}F}{\rho A} = 0$$

比较上式和无黏性气体的运动微分方程（10.9）可知，$\mathrm{d}F/\rho A$ 为摩擦损失项。比照前

述沿程损失的达西公式，此处单位质量流体的损失可以表示为

$$\frac{\mathrm{d}F}{\rho A}=\lambda\,\frac{\mathrm{d}x}{d}\,\frac{v^2}{2}$$

式中，d 为管道直径。因此，黏性气体的绝热流动微分关系式可表示为

$$v\mathrm{d}v+\frac{\mathrm{d}p}{\rho}+\lambda\,\frac{\mathrm{d}x}{d}\,\frac{v^2}{2}=0 \tag{10.37}$$

由式（10.37）和连续性方程（10.8）、能量方程（10.10a）及状态方程联立可导出

$$(Ma^2-1)\frac{\mathrm{d}v}{v}=\frac{\mathrm{d}A}{A}-\lambda\,\frac{\mathrm{d}x}{d}\,\frac{\kappa Ma^2}{2} \tag{10.38}$$

比较式（10.29）和式（10.38）可知，在变截面管道中，摩擦的作用就相当于改变沿流动方向的截面变化率。对于渐缩喷管，$\mathrm{d}A/A<0$，摩擦增大了截面的减小率，使亚声速气流速度增速加快；对于渐扩喷管，$\mathrm{d}A/A>0$，摩擦减小了截面的增大率，使超声速气流增速减慢。对于缩放喷管，临界截面将不再出现在管道的最小截面 $\frac{\mathrm{d}A}{A}=0$ 处，而在 $\frac{\mathrm{d}A}{A}=\lambda\,\frac{\kappa}{2}\,\frac{\mathrm{d}x}{d}>0$ 处，说明临界截面应出现在扩张段内，其位置与 λ 有关。

对于等截面管道，由于沿管长截面积不变，$\frac{\mathrm{d}A}{A}=0$，由式（10.38）得

$$(Ma^2-1)\frac{\mathrm{d}v}{v}=-\lambda\,\frac{\mathrm{d}x}{d}\,\frac{\kappa Ma^2}{2} \tag{10.39}$$

式（10.39）右端恒为负值，若 $Ma<1$，$\mathrm{d}v>0$；若 $Ma>1$，$\mathrm{d}v<0$，即亚声速气流沿流动方向速度加快，超声速气流沿流动方向速度减小。由于摩擦的作用，气流类似于在渐缩管中流动，亚声速气流不能连续地加速至超声速，超声速气流也不能连续地减速至亚声速；无论是超声速气流还是亚声速气流，出口的极限状态只能是声速。

当出口实现临界状态时，由于微弱扰动波不能逆流传播，无论外界压强如何变化，都不能影响管内的流动，管道流动处于壅塞状态，流量保持最大流量 $q_{m\max}$ 不变，此时的管长称为极限管长，用 L^* 表示。工程实际中管道长度不应超过极限管长。

将马赫数 $Ma=v/c=v/\sqrt{\kappa RT}$ 取对数后微分得

$$\frac{\mathrm{d}v}{v}=\frac{\mathrm{d}Ma}{Ma}+\frac{\mathrm{d}T}{2T} \tag{10.40}$$

由式（10.40）和式（10.32）联立消去 $\mathrm{d}T/T$ 得

$$\frac{\mathrm{d}v}{v}=\frac{\mathrm{d}Ma/Ma}{1+\dfrac{(\kappa-1)Ma^2}{2}} \tag{10.41}$$

代入式（10.39）整理得

$$\lambda\,\frac{\mathrm{d}x}{d}=\frac{2(1-Ma^2)\mathrm{d}Ma}{\kappa Ma^3\left[(\kappa-1)Ma^2/2+1\right]}$$

将上式分离变量，并取 $x=0$，$Ma=Ma_1$；$x=L$，$Ma=Ma_2$，积分得

$$\bar{\lambda}\,\frac{l}{d}=\frac{1}{\kappa}\left(\frac{1}{Ma_1^2}-\frac{1}{Ma_2^2}\right)+\frac{\kappa+1}{2\kappa}\ln\left[\left(\frac{Ma_1^2}{Ma_2^2}\right)^2\frac{(\kappa-1)Ma_2^2+2}{(\kappa-1)Ma_1^2+2}\right] \tag{10.42}$$

式中，$\bar{\lambda} = \dfrac{1}{L}\displaystyle\int_0^L \lambda\,dx$ 是按管长 L 的平均沿程阻力系数。

将 $Ma_2 = 1$ 代入上式，可得极限管长

$$L^* = \frac{d}{\bar{\lambda}}\left\{\frac{1}{\kappa}\left(\frac{1}{Ma_1^2}-1\right)+\frac{\kappa+1}{2\kappa}\ln\left[\frac{(\kappa+1)Ma_1^2}{(\kappa-1)Ma_1^2+2}\right]\right\} \tag{10.43}$$

式（10.43）表明，给定一个马赫数 Ma_1，可得一个对应的极限管长。在亚声速范围内，极限管长随 Ma_1 的增大而减小，在超声速范围内，极限管长随 Ma_1 的减小而减小。

若实际管长 $L=L^*$，管道出口气流恰好到达临界状态，通过的流量为最大值；

若实际管长 $L<L^*$，管道出口气流尚未到达临界状态，通过的流量也未达到最大流量；

若实际管长 $L>L^*$，管道出口仍为临界状态，通过的流量不会超过最大流量，而是小于或等于最大流量，这是摩擦造成的壅塞现象。

对式（10.41）积分，并由等截面管流连续性方程 $\rho_1 v_1 = \rho_2 v_2$，得管道两截面的密度比和速度比

$$\frac{\rho_2}{\rho_1}=\frac{v_1}{v_2}=\frac{Ma_1}{Ma_2}\left[\frac{2+(\kappa-1)Ma_2^2}{2+(\kappa-1)Ma_1^2}\right]^{1/2} \tag{10.44}$$

将式（10.41）代入式（10.40），整理得

$$\frac{dT}{T}=\frac{(\kappa-1)Ma}{1+\dfrac{(\kappa-1)Ma^2}{2}}dMa$$

对上式积分得管道两截面的温度比

$$\frac{T_2}{T_1}=\frac{2+(\kappa-1)Ma_2^2}{2+(\kappa-1)Ma_1^2} \tag{10.45}$$

由气体状态方程可得两截面的压强比

$$\frac{p_2}{p_1}=\frac{\rho_2}{\rho_1}\frac{T_2}{T_1}=\frac{Ma_1}{Ma_2}\left[\frac{2+(\kappa-1)Ma_1^2}{2+(\kappa-1)Ma_2^2}\right]^{1/2} \tag{10.46}$$

将式（10.46）联立静总压强比关系式（10.14），可得总压比

$$\frac{p_{02}}{p_{01}}=\frac{p_{02}}{p_2}\frac{p_1}{p_{01}}\frac{p_2}{p_1}=\frac{Ma_1}{Ma_2}\left[\frac{2+(\kappa-1)Ma_2^2}{2+(\kappa-1)Ma_1^2}\right]^{\frac{\kappa+1}{2(\kappa-1)}} \tag{10.47}$$

将式（10.44）与式（10.46）代入熵方程，得

$$s_2-s_1=\frac{R}{\kappa-1}\ln\left[\frac{T_2}{T_1}\left(\frac{\rho_1}{\rho_2}\right)^{\kappa-1}\right]=R\ln\left\{\frac{Ma_2}{Ma_1}\left[\frac{2+(\kappa-1)Ma_1^2}{2+(\kappa-1)Ma_2^2}\right]^{\frac{\kappa+1}{2(\kappa-1)}}\right\} \tag{10.48}$$

联立式（10.47）与式（10.48）得

$$\frac{p_{02}}{p_{01}}=e^{-\frac{s_2-s_1}{R}} \tag{10.49}$$

由于 $s_2-s_1>0$，故 $p_{02}<p_{01}$，说明等截面摩擦管流的总压沿程下降，可用机械能减小。

由式（10.44）~式（10.49）即可进行等截面摩擦绝热管流的计算，但必须注意实际管长不要超过极限管长。

例 10-3 压强为 10^5Pa，温度为 288.5K 的空气以 $Ma_1 = 0.3$ 的速度流进内径为 10cm 的等截面直管道，其平均沿程阻力系数为 0.03，试求管道进口的气流速度、极限管长和极限状态下气流的速度、温度和压强。

【解】 管道进口的气流速度为

$$v_1 = Ma_1 \sqrt{\kappa R T_1} = (0.3 \times \sqrt{1.4 \times 287 \times 288.5})\,\text{m/s} = 102.14\text{m/s}$$

由式（10.43）可得极限管长

$$L^* = \frac{d}{\bar{\lambda}}\left\{\frac{1}{\kappa}\left(\frac{1}{Ma_1^2}-1\right)+\frac{\kappa+1}{2\kappa}\ln\left[\frac{(\kappa+1)Ma_1^2}{(\kappa-1)Ma_1^2+2}\right]\right\}$$

$$= \frac{0.1}{0.03}\times\left\{\frac{1}{1.4}\times\left(\frac{1}{0.3^2}-1\right)+\frac{1.4+1}{2\times1.4}\ln\left[\frac{(1.4+1)\times0.3^2}{(1.4-1)\times0.3^2+2}\right]\right\}\text{m}$$

$$= 17.664\text{m}$$

极限状态下，出口 $Ma_2 = 1$，代入式（10.44）～式（10.46）可得极限状态下气流的速度、温度和压强

$$\frac{v_1}{v_2} = \frac{Ma_1}{Ma_2}\left[\frac{2+(\kappa-1)Ma_2^2}{2+(\kappa-1)Ma_1^2}\right]^{1/2} = 0.3\times\left[\frac{2+(1.4-1)\times1}{2+(1.4-1)\times0.3^2}\right]^{1/2} = 0.3257$$

$$v_2 = \frac{v_1}{0.3257} = \frac{102.14}{0.3257}\text{m/s} = 313.6\text{m/s}$$

$$T_2 = T_1\frac{2+(\kappa-1)Ma_1^2}{2+(\kappa-1)Ma_2^2} = \left[288.5\times\frac{2+(1.4-1)\times1}{2+(1.4-1)\times0.3^2}\right]\text{K} = 340.08\text{K}$$

$$p_2 = p_1\frac{Ma_1}{Ma_2}\left[\frac{2+(\kappa-1)Ma_1^2}{2+(\kappa-1)Ma_2^2}\right]^{1/2} = \left\{10^5\times0.3\times\left[\frac{2+(1.4-1)\times0.3^2}{2+(1.4-1)\times1}\right]^{1/2}\right\}\text{Pa} = 2.763\times10^4\text{Pa}$$

2. 等截面管中的等温流

工程中常常有气体在长管道中做低速流动的情况，这种情况下气体和周围环境能够进行充分的热交换，整个管道的气体温度可以当作常数处理，流动可看作等温流动。

由考虑摩擦的运动微分方程（10.37），按等温过程 $\text{d}\rho/\rho = \text{d}p/p$，仿照绝热流的有关推导过程，可以得到等温管流的压降公式

$$\frac{\text{d}p}{\text{d}x} = \frac{\dfrac{\lambda}{d}\dfrac{p}{2}Ma^2}{Ma^2-\dfrac{1}{\kappa}} \tag{10.50}$$

由式（10.50）可以看出，等温摩擦管流的气流速度应符合 $Ma < \sqrt{1/\kappa}$ 的条件。因为当速度较大时，往往不能保证管路中的气体与外界的气体充分热交换，难以满足等温流动的条件。

气体在等截面管中做等温流动时的流动参量和管道参数的分析与绝热流动相同，在此不再赘述。

综 合 实 例

已知大容器内的过热蒸汽参数为 $p_0 = 200\text{kPa}$，$T_0 = 500\text{K}$，$\kappa = 1.33$，$R = 462\text{J/(kg·K)}$，拟用喷管使过热蒸汽的热能转换成高速气流的动能。如果喷管出口的环境背压 $p_b = 11.7\text{kPa}$，试分析应采用什么形式的喷管？若不计蒸汽流过喷管的损失，试求蒸汽的临界流速、出口流速和出口马赫数。欲使通过喷管的流量 $q_m = 3\text{kg/s}$，试求喷管喉部和出口截面的直径。

【解】 临界压强 $p_{cr} = p_0 \left(\dfrac{2}{\kappa+1} \right)^{\frac{\kappa}{\kappa-1}} = \left[200 \times \left(\dfrac{2}{1.33+1} \right)^{\frac{1.33}{1.33+1}} \right] \text{kPa} = 183.304\text{kPa} > p_b$

故应采用缩放喷管。这时喷管出口的气流压强决定于环境压强，$p = p_b = 11.7\text{kPa}$，由式（10.35a）、式（10.34a）和式（10.14）可求得蒸汽流经喉部时的临界速度、出口流速和马赫数，

$$v_{cr} = \sqrt{\frac{2\kappa R}{\kappa+1} T_0} = \sqrt{\frac{2 \times 1.33 \times 462}{1.33+1} \times 500}\ \text{m/s} = 513.5\text{m/s}$$

$$v = \sqrt{\frac{2\kappa}{\kappa-1} R T_0 \left[1 - \left(\frac{p}{p_0} \right)^{\frac{\kappa-1}{\kappa}} \right]} = \sqrt{\frac{2 \times 1.33}{1.33-1} \times 462 \times 500 \times \left[1 - \left(\frac{11.7}{200} \right)^{\frac{1.33-1}{1.33}} \right]}\ \text{m/s} = 970.24\text{m/s}$$

$$Ma = \sqrt{\frac{2}{\kappa-1} \left[\left(\frac{p_0}{p} \right)^{\frac{\kappa-1}{\kappa}} \right] - 1} = \sqrt{\frac{2}{1.33-1} \left[\left(\frac{200}{11.7} \right)^{\frac{1.33-1}{1.33}} \right] - 1} = 3.36$$

此时喉部流动必为声速，喉部面积可由式（10.35b）求得。

由状态方程 $\rho_0 = \dfrac{p_0}{R T_0} = \dfrac{2 \times 10^5}{462 \times 500}\text{kg/m}^3 = 0.8658\text{kg/m}^3$，则

$$A_t = A_{cr} = \frac{q_{mcr}}{\left(\dfrac{2}{\kappa+1} \right)^{\frac{\kappa+1}{2(\kappa-1)}} \sqrt{\kappa p_0 \rho_0}} = \frac{3}{\left(\dfrac{2}{1.33+1} \right)^{\frac{1.33+1}{2(1.33-1)}} \sqrt{1.33 \times 2 \times 10^5 \times 0.8658}}\ \text{m}^2 = 0.0107\text{m}^2$$

出口面积可由式（10.36a）求得

$$A = A_{cr} \left(\frac{2}{\kappa+1} \right)^{\frac{1}{\kappa-1}} \left\{ \frac{\kappa+1}{\kappa-1} \left[\left(\frac{p}{p_0} \right)^{2/\kappa} - \left(\frac{p}{p_0} \right)^{(\kappa+1)/\kappa} \right] \right\}^{-1/2}$$

$$= 0.0107 \times \left(\frac{2}{1.33+1} \right)^{\frac{1}{1.33-1}} \left\{ \frac{1.33+1}{1.33-1} \left[\left(\frac{11.7}{200} \right)^{2/1.33} - \left(\frac{11.7}{200} \right)^{(1.33+1)/1.33} \right] \right\}^{-1/2}\ \text{m}^2$$

$$= 0.0301\text{m}^2$$

故喉部直径为

$$d_{cr} = \sqrt{\frac{4A_{cr}}{\pi}} = \sqrt{\frac{4 \times 0.0107}{3.14}}\ \text{m} = 0.11675\text{m} = 11.675\text{cm}$$

出口直径为

$$d = \sqrt{\frac{4A}{\pi}} = \sqrt{\frac{4 \times 0.0301}{3.14}}\ \text{m} = 0.1958\text{m} = 19.58\text{cm}$$

拓展提高：我国首个具有独立知识产权的
高超声速风洞——JF12 激波风洞

JF12 激波风洞是我国首个具有独立知识产权的高超声速风洞，如图 10.15 所示。该项目是我国 8 个国家重大科研装备研制项目之一，于 2008 年 1 月启动，耗资 4600 万元，2012 年 5 月顺利通过验收。它的主体是一根被架起半人多高的金属质地的长管子，265m 的身长居世界激波风洞长度之首，被称为"超级巨龙"，图 10.16 所示为风洞近景。

JF12 激波风洞是一个典型的自主创新的实验设备，以我国独创的反向爆轰驱动方法为核心，克服了自由活塞驱动技术的弱点，集成了五大关键创新技术，设计、加工、建造及调试工作均由中国人负责，安装调试工作历时两年，取得了一次性安装、调试、验收合格、获得试验结果的成就。中国空气动力学学会前理事长、著名空气动力学家张涵信院士参观 JF12 激波风洞，并在留言簿上写下感言："创新理论，成功实践，中国制造，世界领先"。

图 10.15　JF12 激波风洞

图 10.16　风洞近景

JF12 激波风洞是国际首座可复现高超声速飞行条件的长试验时间激波风洞，整体性能优于国外同类产品，可复现 25~40km 高空、5~9 倍声速的高超声速飞行条件。高超声速发动机需要的实验时间至少需要 60ms，JF12 激波风洞已经能做到 100ms，国外的相关风洞大约为 30ms。中国的喷管直径可达 2.5m，实验舱直径 3.5m，都明显优于国外同类风洞。JF12 激波风洞里的"风"，速度最高可达 9 倍声速，温度可达 3000℃ 左右，可以说是个"超级风洞"。

JF12 激波风洞是高超声速飞行器的摇篮和孵化器，央视《还看今朝——喜迎十九大特别节目》2017 年 10 月 8 日期节目中，介绍了 JF12 激波风洞，在相关画面中出现了多款高超声速飞行器的测试模型。

所谓高超声速飞行器是指飞行速度大于 $5Ma$，以吸气式发动机为动力、在大气层和跨大气层中实现高超声速远程飞行的飞行器，主要包括 3 类：高超声速巡航导弹、高超声速飞机和航天飞机。它们采用的超声速冲压发动机被认为是继螺旋桨和喷气推进之后的"第三次动力革命"。

高超声速飞行器至少可承担两类作战任务：一是战区直至全球范围的远程快速精确打击以及战略战术侦察与投送。二是空间优势作战，包括快速往返空间、驻留空间、控制空间等。高超声速飞行器具有传统飞机和导弹无可比拟的优势，航程远、速度快，能够快速打击远程目标，还可击溃全球所有现役的导弹防御系统，在军事上具有非凡意义，被誉为下一场军事科技的核心项目。同时高超声速飞行器也被视为防卫者的梦魇，目前全球没有任何国家的导弹防御系统能够拦截。所以，以高超声速飞行器为核心的空天突袭武器，成为世界主要国家纷纷发展的战略制高点武器。

目前，世界上对于高超声速飞行器的研究呈加速发展态势。美国高超声速技术已进入武器化关键时期，正在加速部署高超声速导弹研制进程，同时布局多个高超声速飞机型号项目，推动可重复使用高超声速飞行器发展。俄罗斯也在持续推进高超声速导弹试验部署进程，启动多个新型号，强化在高超声速领域的技术优势和领先地位，密集开展"锆石"高超声速导弹试射，推进高超声速技术成熟。法国正在稳步开展高超声速导弹研制工作，V-MAX 高超声速滑翔导弹和 LEA 高超声速巡航导弹项目陆续计划开展试飞。日本 2021 年为高超声速巡航导弹（HCM）和高速滑翔弹（HVGP）开发申请了 2.186 亿美元，重点加速高超声速导弹总体设计技术、弹头技术、火控技术、制导技术、推进技术等关键技术成熟。朝鲜成功试射"火星-8"高超声速助推滑翔导弹，验证了导弹飞行控制性能和稳定性、滑翔体制导机动性能以及燃料系统和发动机稳定性，高超声速导弹技术取得突破性进展。韩国也公布了 Hycore 陆基高超声速巡航导弹原型，加入高超声速竞赛。

高超声速技术目前属于世界最尖端技术领域，是现代航空和航天高新技术的集合，涉及多门学科，是多项前沿技术的综合成果。在未来的战争中，高超声速武器将集超高速、高毁伤、高突防能力等诸多优点于一身，大幅拓展战场空间、提升突防与打击能力，从而成为大国之间空天军事竞争的又一战略制高点，具备改变"战争游戏规则"的潜力。

高超声速技术的发展，离不开高超声速风洞试验的支持。JF12 激波风洞利用反向爆轰驱动技术和一系列延长试验时间的创新技术，解决了困扰高超声速地面试验 60 年的世界难题，实现了风洞试验状态从流动"模拟"到"复现"的跨越，实现了我国高超声速飞行器地面试验的全面复现能力，能够在高超声速下模拟大气飞行环境，为我国某重大"杀手锏"工程和某型核武器项目关键技术研究和新型高温气体动力学基础研究提供了可靠的地面试验手段。

思政专题：展翅高飞　呼啸长空——歼-20 隐形战斗机

2011 年 1 月 11 日，我国航空工业迎来了一个历史性的时刻——中国首款具有自主知识产权的五代机歼-20 首飞成功！歼-20（代号：威龙）是中航工业成都飞机设计研究所为中国人民解放军研制的最新一代（欧美旧标准为第四代，新标准以及俄罗斯标准为第五代）双发重型隐形战斗机（见图 10.17）。它采用了单座、双发、全动双垂尾、DSI 鼓包式进气道、上反鸭翼带尖拱边条的鸭式气动布局。机头、机身呈菱形，垂直尾翼向外倾斜，起落架舱门使用锯齿边设计，机身深墨绿色涂装，远观近似于黑色。侧弹舱采用创新结构，可将导弹发射挂架预先封闭于外侧，同时配备国内最先进的新型格斗导弹。该机具有高隐身性、高态势感知、高机动性等能力，用于接替歼-10、歼-11 等第三代空中优势/多用途歼击机的重型歼击机型号，担负着我国空军对空、对海的主权维护任务。歼-20 是中国现代空中力量的代表作，中国国防能力高速发展的一个象征，也是我国航天、航空事业以及科技发展中具有重要意义的里程碑，它还象征着我们国家有信心、有能力维护祖国统一，并为实现中华民族的伟大复兴保驾护航。

图 10.17　歼-20 战斗机

　　进入 21 世纪后，国际局势风云变幻。以隐身、超声速巡航、超机动性、超视距空战、综合航电及自保障等诸多全新技术为典型特征的五代战斗机，成为掌握空中制胜的利器，同时对我国空中安全构成威胁。中国作为一个世界大国，加快第五代战机研制、建设强大的人民空军迫在眉睫。但隐形飞机研制的技术难度之高，财政投入之大是常人难以想象的，这是因为新型飞机的研制必须要经过论证、设计、制造、科研试飞四大阶段，来验证飞机是否达到或满足设计指标要求。军机试飞，在基本飞行特性方面，有飞机操纵性、安定性测试；在飞行性能方面，有高空的最大允许马赫速度测试、低空的最大允许表速测试，飞机的最小允许平飞速度测试，飞机的升限测试；飞机的爬升性能、盘旋性能、加/减速性能、发动机性能测试；在显示信息方面，有航电综合显示系统性能等测试。通常的军机试飞大致分常规科目和风险科目，隐形战斗机应该还有更复杂、更缜密的科技考核科目。另外，在新飞机的科研试飞中，还要进行一系列高风险科研飞行试验，如国际公认的风险科目：失速、尾旋、颤振、空中停车、低空大表速、低空小速度、操稳、强度、发动机、电子火控等。只有所有的测试和试飞都圆满完成，才算是新型飞机研制成功。可见歼-20 飞机的研制是一段披荆斩棘、风雨兼程的岁月。

　　时光如白驹过隙，2011 年 1 月 11 日下午 1 时 11 分，中国首款具备自主知识产权的第五代隐身战机歼-20 首飞成功。为了纪念这一历史瞬间，航空人专门树立了一座名为"一飞冲天"的雕塑，八个"1"暗合八一，威龙亮剑，一飞冲天。2019 年 10 月 1 日，歼-20 现身庆祝中华人民共和国成立 70 周年阅兵式；阅兵中，歼-20 与歼-16、歼-10C 三型飞机分别以 5 机楔队组成战斗队形接受检阅；该三款歼击机被誉为中国空军歼击机家族的"三剑客"，是未来联合作战的骨干力量。2022 年是人民空军成立 73 周年。在第十四届中国航展上，2022 年 11 月 11 日 11 时 11 分 11 秒，歼-20 准时登场，四机编队摆出"11"造型亮相。在飞行表演中，单机慢滚、360°翻滚、斜斤斗、跃升滚转等动作不断上演，展示"中国心"超强性能！如今，歼-20 已经成为世界航程最远的第五代战斗机，航程 5500km，作战半径达 2000km。

　　另外，困扰中国空军战机的最大难题——航空发动机，如今也得到了很好的解决。2016 年歼-20 装备的还都是进口发动机，但 2022 珠海航展展示的带有二元矢量推力控制喷管的国产太行涡扇-10C 发动机，目前已经装备在歼-20 上，相当程度上提升了战斗机的机动性能和隐身性能，同时战机的航电版本也完成了全面升级，使其信息化水平和能力得到进一步增强。美国《军事观察杂志》对中国歼-20 的战斗力给予了高度评价：中国歼-20 换装了国产涡扇-10C 发动机后具备了超声速巡航的能力，是目前全球唯一正在量产的可超声速巡航的战斗机。

2022 年珠海航展上的歼-20 装备的涡扇-10C 发动机，已展现出超强的机动性，如果有一天换装涡扇-15 发动机，其机动性和战斗力必将再迈上一个新台阶。涡扇-15 这款发动机早在 20 世纪 90 年代就已经确定方案，目标就是要确保其技术先进性，对标的就是美欧等国家最高水平的同类型号，其推重比、加力推力等技术参数也都是超前的。推重比是一个综合性的性能指标，它不仅体现喷气发动机在气动热力循环方面的水平，也体现了结构方面的设计水平。目前，高性能的加力式涡轮风扇发动机的推重比可达 12~15。另外，大推力才能保证五代机的超声速巡航，这是隐形战斗机的重要参数之一。推力大不仅仅是速度快，也意味着更强的机动性，隐形战机可以做到先敌发现、先敌攻击，攻击之后还能超声速巡航撤离现场。而且，超声速巡航还能大幅扩大敌方导弹的发射包线，降低敌方导弹瞄准时间。据传涡扇-15 发动机的加力推力高达 18t。目前中国民用航空发动机的工作时间已经超过四万小时，这说明我国的材料技术已经有了质的飞跃，这也为大幅提高涡扇-15 发动机的工作寿命奠定了技术基础。

歼-20 是我国自主研制的第五代战斗机，从 2007 年歼-20 研制工作正式启动到目前已列装空军部队，一直秉承着"非对称超越，无边界创造"的设计理念，它的研制实现了既定的四大目标——打造跨代新机、引领技术发展、创新研发体系、建设卓越团队。打造跨代新机，是按照性能、技术和进度要求，研制开发我国自己的新一代隐身战斗机。引领技术发展，是指通过自主创新实现强军兴军的目标。歼-20 在态势感知、信息对抗、协同作战等多方面取得了突破，这是中国航空工业从跟跑到并跑再到领跑的必由之路。创新研发体系，是指建设最先进的飞机研制条件和研制流程。通过一大批大国重器的研制，我们建立了具有中国特色的数字化研发体系。建设卓越团队，是指通过型号研制，锤炼一支爱党爱国的科研队伍，这些拥有报国情怀、创新精神的优秀青年是航空事业未来发展的生力军。未来，中国在战斗机的机械化、信息化、智能化发展征程上不断前行。

浩浩长空，看威龙列阵！遥遥大洋，听剑啸海疆！十年来，从首飞到首次公开亮相中国航展，从亮剑朱日和到装备作战部队，从形成战斗力到飞过天安门接受祖国和人民检阅，歼-20 飞机以大国重器的姿态，以逐梦蓝天的雄姿，诠释着航空人"航空报国、航空强国"的初心和使命。十年砥砺，十年进取，航空人一次次把新的奋斗书写在共和国的旗帜上。我们坚信，祖国未来的天空将更加精彩！

"思政内容"与现实的结合点

（1）歼-20 的成功研制充分证明了，只要我们能够坚持不懈地努力，咬定青山不放松，走自力更生的发展道路，中华民族伟大复兴的中国梦就一定能够实现！

（2）一直以来，困扰中国空军战机的最大难题就是航空发动机，如今得到了很好的解决，使歼-20 成为目前世界现役最强的战斗机，这归功于坚持走"自力更生"之路，不断创新、持续进步的中国军事科技和军工生产能力。

（3）科技是国家强盛之基，创新是民族进步之魂。正如习近平总书记所说："只有把核心技术掌握在自己手中，才能真正掌握竞争和发展的主动权，才能从根本上保障国民经济安全、国防安全和其他安全。"

课程思政素材出处

[1] 歼-20 [EB/OL]. [2023-03-21]. https：//baike. baidu. com/item/%E6%AD%BC-20/1555348.

[2] 徐博，杨柳. 砥砺勇超越 凌云再奋飞：纪念歼-20 战机首飞十周年 [J]. 国防科技工业，2021 (4)：32-35.

[3] 袁和平. 隐形战机冲击波：歼-20 列装的震撼 [J]. 国防科技工业，2017 (11)：50-53.

思 考 与 练 习

1. 什么是声速？在气体中声速的大小与哪些因素有关？

2. 什么是马赫数？为什么马赫数可以作为判别气体可压缩性对气体流动影响的一个标准？

3. 滞止状态、极限状态与临界状态各有什么特点？

4. 在流场中出现扰动时，亚声速气流和超声速气流的流动状态有什么本质上的区别？

5. 什么是极限管长？

6. 一飞机在离地面 1000m 的空中以 1.6 倍声速水平飞行，当飞过某人头顶时他并未听到飞机的声音，问飞机向前飞行多长距离后飞机发出的声音才能传到那人的耳中？（不计人的高度）

7. 过热水蒸气 $[\kappa = 1.33，R = 462 \mathrm{J/(kg \cdot K)}]$ 的温度为 430℃，压强为 $5 \times 10^6 \mathrm{Pa}$，速度为 525m/s，求水蒸气的滞止参数。

8. 滞止参数为 $p_0 = 10.35 \times 10^5 \mathrm{Pa}$，$T_0 = 350 \mathrm{K}$ 的空气气流进入收缩喷管，出口截面的直径为 $d = 15 \mathrm{mm}$，当出口背压 p_b 分别为 $7 \times 10^5 \mathrm{Pa}$ 和 $5 \times 10^5 \mathrm{Pa}$ 时，试计算喷管的质量流量。

9. 空气从气罐经缩放喷管流入背压为 $p_b = 0.981 \times 10^5 \mathrm{Pa}$ 的大气中，气罐中的气体压强为 $p_0 = 7 \times 10^5 \mathrm{Pa}$，温度为 $T_0 = 313 \mathrm{K}$，已知缩放喷管喉部的直径为 $d = 25 \mathrm{mm}$，试求：（1）出口马赫数 Ma_2；（2）喷管的质量流量；（3）喷管的出口直径 d_2。

10. 气流参数为 $p_1 = 2 \times 10^5 \mathrm{Pa}$，$T_1 = 323 \mathrm{K}$，$v_1 = 200 \mathrm{m/s}$ 的空气进入一条等截面管道做绝热摩擦流动，已知管径 $d = 100 \mathrm{mm}$，沿程损失系数 $\lambda = 0.025$，试求最大管长及其出口的压强和温度。

参 考 文 献

［1］ 陆小华. 土木工程事故案例［M］. 武汉：武汉大学出版社，2009.

［2］ 卡门，爱特生. 冯·卡门传［M］. 曹开成，译. 西安：西安交通大学出版社，2011.

［3］ 杨小龙，孙石. 工程流体力学［M］. 北京：中国水利水电出版社，2010.

［4］ 倪玲英. 工程流体力学［M］. 东营：中国石油大学出版社，2012.

［5］ 齐鄂荣. 流体力学基础与实践［M］. 武汉：武汉大学出版社，2011.

［6］ 杜广生. 工程流体力学［M］. 北京：中国电力出版社，2011.

［7］ 孔珑. 工程流体力学［M］. 4版. 北京：中国电力出版社，2014.

［8］ 严敬. 工程流体力学［M］. 重庆：重庆大学出版社，2007.

［9］ 王保国，等. 空气动力学基础［M］. 北京：国防工业出版社，2009.

［10］ 杜广生. 工程流体力学学习指导［M］. 北京：中国电力出版社，2009.

［11］ 张国强，吴家鸣. 流体力学［M］. 北京：机械工业出版社，2005.

［12］ 周云龙，洪文鹏. 工程流体力学［M］. 4版. 北京：中国电力出版社，2004.

［13］ 李玉柱，等. 流体力学［M］. 北京：高等教育出版社，2008.

［14］ 李良，周雄. 工程流体力学［M］. 北京：冶金工业出版社，2016.

［15］ 张兆顺，崔桂香. 流体力学［M］. 北京：清华大学出版社，2015.

［16］ 侯国祥. 流体力学［M］. 北京：机械工业出版社，2015.

［17］ 杨含离. 工程流体力学双语教程［M］. 北京：国防工业出版社，2015.

［18］ 孙丽君. 工程流体力学［M］. 北京：中国电力出版社，2014.

［19］ 周乃君. 工程流体力学［M］. 北京：机械工业出版社，2014.

［20］ 邹高万，贺征，顾璇. 粘性流体力学［M］. 北京：国防工业出版社，2013.

［21］ 赵琴. 流体力学与流体机械［M］. 北京：中国水利水电出版社，2016.

［22］ 禹华谦.《工程流体力学：水力学 第3版》学习指导［M］. 成都：西南交通大学出版社，2015.

［23］ 邢国清. 流体力学泵与风机［M］. 北京：中国电力出版社，2013.

［24］ 王英，谢晓晴. 流体力学［M］. 长沙：中南大学出版社，2015.

［25］ 莫乃榕. 工程流体力学［M］. 武汉：华中科技大学出版社，2015.

［26］ 陈小榆. 工程流体力学［M］. 北京：石油工业出版社，2015.

［27］ 王贞涛. 流体力学与流体机械［M］. 北京：机械工业出版社，2015.

［28］ 朱仁庆，杨松林，王志东. 船舶流体力学［M］. 北京：国防工业出版社，2015.

［29］ 许联锋. 工程流体力学学习指导与习题精讲［M］. 北京：煤炭工业出版社，2014.

［30］ 李大美，杨小亭. 水力学［M］. 2版. 武汉：武汉大学出版社，2015.

［31］ 许国良，王晓墨，邬田华. 工程传热学［M］. 北京：中国电力出版社，2011.

［32］ 闻德荪. 工程流体力学：水力学［M］. 北京：高等教育出版社，2004.

［33］ 丁祖荣. 工程流体力学：问题导向型：下［M］. 北京：机械工业出版社，2013.

［34］ 黄卫星，李建明，肖泽仪. 工程流体力学［M］. 北京：化学工业出版社，2009.

［35］ 刘亚坤. 水力学［M］. 2版. 北京：中国水利水电出版社，2016.

［36］ 周欣. 工程流体力学［M］. 2版. 北京：中国电力出版社，2014.

［37］ 赵琴，杨小林，严敬. 工程流体力学［M］. 2版. 重庆：重庆大学出版社，2014.

［38］ 赵孝保. 工程流体力学［M］. 3版. 南京：东南大学出版社，2012.

［39］ 谢振华. 工程流体力学［M］. 4版. 北京：冶金工业出版社，2013.

[40] 张景松. 流体力学与流体机械之流体力学 [M]. 徐州：中国矿业大学出版社，2002.

[41] 徐长祥，张晓忠，陈佑军. 流体的压力能与漏阻、流阻和流抗 [J]. 液压气动与密封，2015，09：4-10.

[42] 李榕. 有压管网流动的最小能量损失原理及管网计算的新途径 [J]. 西安冶金建筑学院学报，1986，3：73-80.

[43] 韩大鹏，杨利伟，王彤. 果园节水灌溉技术的研究 [J]. 西北林学院学报，2005，20（3）：53-55.

[44] 屈燕翔. 以色列的滴灌技术 [J]. 农村机械化，1996，05：32.

[45] 朱江. 以色列农业奇迹：节水滴灌打造沙漠绿洲 [J]. 河南水利与南水北调，2013，06：62-63.

[46] 李会知，刘敏珊，吴义章. 结合工程实例讲授相似理论 [J]. 力学与实践，2005，27（3）：88-89.

[47] 李云，李君. 溃坝模型试验研究综述 [J]. 水科学进展，2009，20（2）：304-310.

[48] 刘燕，张廷安，王强，等. 因次分析法在水模型实验中的应用 [J]. 工业炉，2007，29（6）：9-12.

[49] 严宗毅，郑桂珍. 在流体力学教学中通过重大事件实例教书育人 [J]. 力学与实践，2002，24（4）：68-69，80.

[50] 冯喜忠. 表面张力在生活现象中的应用分析 [J]. 三门峡职业技术学院学报，2004，3（4）：57-58.

[51] 解小琴，陈鹏. 流体力学在汽车车身设计中的应用 [J]. 四川职业技术学院学报，2015，25（6）：165-167.

[52] 赵金保. 球类运动中的流体力学问题 [J]. 力学与实践，1988，10（6）：33-35.

[53] 葛隆棋. 体育运动中的流体力学 [J]. 工科物理，1995，1：24-27.

[54] 奚德昌，王振林，高德，等. 包装工程与流体力学的一些关系（上）[J]. 哈尔滨商业大学学报（自然科学版），2003，19（2）：208-212.

[55] 王飞. 流体力学的原理在煤矿通风系统中的应用 [J]. 科学之友，2011，08：37-38.

[56] 刘起霞，邹剑峰，王海霞. 实际工程中的流体力学 [J]. 力学与实践，2006，28（6）：90-92.

[57] 丁祖荣. 试论静力学在流体力学课程中的地位 [J]. 力学与实践，2010，32（4）：79-81.

[58] 姜楠，孙伟. 液压技术中的流体力学 [J]. 力学与实践，2005，27（5）：83-85.

[59] 陈仁政，郑勇. 无处不在的伯努利原理 [J]. 知识就是力量，2009，11：52-55.

教学支持申请表

本书配有多媒体课件、试卷库及详解、作业题库及讨论专题等，为了确保您及时有效地申请，请您**务必完整填写**如下表格，加盖系/院公章后扫描或拍照发送至下方邮箱，我们将会在 2~3 个工作日内为您处理。

请填写所需教学资源的开课信息：

采用教材			□中文版　□英文版　□双语版
作　者		出版社	
版　次		ISBN	
课程时间	始于　年　月　日	学生专业及人数	专业：＿＿＿＿＿＿＿＿； 人数：＿＿＿＿。
	止于　年　月　日	学生层次及学期	□专科　□本科　□研究生 第＿＿＿学期

请填写您的个人信息：

学　校			
院　系			
姓　名			
职　称	□助教　□讲师　□副教授　□教授	职　务	
手　机		电　话	
邮　箱			

系/院主任：＿＿＿＿＿＿＿＿（签字）

（系/院办公室章）

＿＿＿年＿＿＿月＿＿＿日

100037　北京市西城区百万庄大街 22 号　机械工业出版社高教分社　张金奎
电话：（010）88379722
邮箱：jinkuizhang@ buaa. edu. cn
网址：www. cmpedu. com